개정증보판

공업역학

민묘식 · 박효열 · 유신오
공저

普 文 堂

개정증보판

공업역학

2006년 3월 5일 개정증보판 발행
2013년 3월 5일 개정증보판 6쇄 발행

지은이 | 민묘식, 박효열, 유신오
발행인 | 김병계
발행처 | 도서출판 보문당
등록 | 1990년 6월 15일(제1-1066호)
주소 | 서울시 마포구 신수동 448-6
전화 | 704-7025/ 704-0635
팩스 | 704-2324
홈페이지 | www.bomoondang.co.kr
전자우편 | bmdpub@naver.com

값 20,000원

ISBN 978-89-8413-167-5

머리말

역학은 자연계에 작용하고 있는 힘의 물리적 효과관계를 연구하는 학문으로, 이 역학의 내용을 공업분야의 실제문제로 압축하여 그 체계를 세운 것이 공업역학이다.

기계공학도로서 공업역학은 기계공학의 필수적인 기초과목임에도 불구하고 으레히 수학을 구사하여 계산을 해야 하는 매우 어려운 과목인양 생각하는 경향이 있었다.

기계공학분야의 활용성에 고심하여 오던 바 이 책을 집필하는 데 있어, 역학체계를 포괄적으로 이해하는 데 필요한 기초사항에 한정하여 어려운 수식을 피하고 용이하고도 상세하게 설명하려고 노력하였다.

또 이 책 전체를 정역학, 운동학, 병진운동하는 강체의 동역학, 회전운동하는 강체의 동역학, 진동의 5편으로 크게 나누었으며, 각 장마다 예제와 연습문제를 넣어 각 관계식을 실생활에 활용하고 응용할 수 있도록 하였고, 권 말에는 적절한 부록을 실어 설계 및 그 응용에 도움이 되게 하였다.

중복을 피하기 위하여 벡터 해석은 부록에 간략히 소개하였고, 세계 추세와 실사회의 현실성을 감안하여 SI단위와 공학단위를 혼용하였다.

주당 한정된 시간관계로 특성과 실정에 따라 필요한 내용을 적의 선택하시기 바라며, 본 교재의 내용에 미비한 점, 불만족스러운 점이 있을 것으로 사료되는 바 여러 교수님들의 기탄없는 충고를 바라마지 않는 바입니다.

끝으로 이 책을 집필하는데 활용한 참고문헌의 저자들께 심심한 사의를 표하며, 출판에 애를 쓰신 보문당 김병계 사장님이하 편집부 여러분께 감사를 드리는 바이다.

2006. 2.

저자

차례

1 정역학 1

제1장 힘의 합성과 분해 3

1. 힘의 표시 ······ 3
2. 평면상의 한 힘의 분해 ······ 4
3. 공간에 작용하는 한 힘의 분해 ······ 7
4. 한 힘의 모멘트 ······ 12
5. 한 점에 작용하는 평면력의 합력 ······ 17
6. 평행한 힘의 합력 ······ 21
7. 우력 ······ 24
8. 한 점에 작용하지 않고 평행하지 않은 역계의 합력 ······ 29
9. 도식에 의한 힘의 합성 ······ 33

연습문제 ······ 36

제2장 역계의 평형 53

1. 자유물체도 ······ 53
2. 한 질점에 작용하는 역계의 평형 ······ 57
3. 강체에 작용하는 평행한 역계의 평형 ······ 61
4. 한 질점에 작용하지 않고 평행하지 않는 역계의 평형 ······ 63
5. 연력도에 의한 평형 ······ 67

연습문제 ······ 70

제3장 구조물 81

1. 평면 트러스 ······ 81
2. 절점법 ······ 83
3. 단면법 ······ 85
4. 도해법 ······ 86

연습문제 ······ 89

제4장 분포력 93

1. 중심(질량의 중심) 93
2. 파프스-굴디누스의 정리 101
3. 가요성 케이블 104
연습문제 110

2 운동학 119

제5장 변위 · 속도 · 가속도 121

1. 병진운동 121
2. 변위 122
3. 속도 123
4. 가속도 125
연습문제 134

제6장 등가속도운동 137

1. 등가속도 직선운동 137
2. 낙체의 운동 139
3. 포물체의 운동 142
연습문제 146

제7장 원운동 149

1. 각속도와 각가속도 149
2. 극좌표상의 속도 · 가속도 150
3. 원운동의 속도 · 가속도 153
4. 등속원운동 · 등각가속도원운동 155
연습문제 159

제8장 단진동 161

1. 속도 · 변위 161
2. 주기 · 진폭 · 진동수 163
3. 등속원운동과 단진동 164

연습문제 169

제9장 상대운동 171

1. 병진좌표계에 의한 상대운동 171
2. 회전좌표계에 의한 상대운동 175

연습문제 180

제10장 회전운동을 포함하는 강체의 운동 183

1. 강체의 회전운동 183
2. 강체의 평면운동 186
3. 순간중심 189

연습문제 193

3 병진운동하는 강체의 동역학 199

제11장 운동의 법칙 201

1. 제 1 법칙-관성의 법칙 201
2. 제 2 법칙-가속도의 법칙 201
3. 제 3 법칙-작용 · 반작용의 법칙 202

연습문제 207

제12장 마 찰 209

1. 미끄럼 마찰 209
2. 구름마찰 213
3. 벨트의 마찰 215

연습문제 219

제13장 일 · 에너지 · 동력 223

1. 일 223
2. 에너지 228
3. 동력 232

연습문제 236

제14장 운동량과 역적 · 충돌 239
1. 운동량과 역적 239
2. 운동량보존의 법칙 241
3. 충돌 243
4. 충돌에 의한 운동 에너지의 손실 247
연습문제 249

제15장 가상 일의 원리 253
연습문제 257

제16장 겉보기 힘 261
1. 관성좌표계 261
2. 겉보기 힘 263
3. 관성력 263
4. 원심력과 코리오리의 힘 265
연습문제 270

4 회전운동하는 강체의 동역학 275

제17장 회전운동의 법칙 277
1. 각운동방정식 277
2. 관성모멘트와 회전반경 278
3. 관성모멘트와 성질 281
4. 관성모멘트의 계산 283
연습문제 291

제18장 일과 회전운동 에너지 295
1. 회전운동에 있어서의 일 295
2. 회전운동 에너지 296
연습문제 301

제19장 각운동량 305
1. 각운동량과 각충격량 ……305
2. 각운동량보본의 법칙 ……307
연습문제 ……312

제20장 복진자 315
1. 각운동방정식 ……315
2. 각속도 ……318
연습문제 ……324

제21장 평면운동을 하는 강체 327
1. 운동방정식 ……327
2. 충격력을 받는 강체의 평면운동 ……328
연습문제 ……333

제22장 고정점을 갖는 강체의 회전운동 337
1. 관성주축 ……337
2. 광의좌표 ……339
3. 강체의 각속도 ……341
4. 각운동량과 오일러의 운동방정식 ……343
5. 팽이의 운동 ……436
연습문제 ……352

5 진 동 355

제23장 자유진동과 감쇠진동 357
연습문제 ……363

제24장 강제진동 및 강제진동의 일 367
1. 강제진동 ……367
2. 강제진동의 일 ……370

연습문제 ······ 373

제25장 비틀림 진동 375

연습문제 ······ 381

참고문헌 383

부 록 385

찾아보기 426

제 1 편

정 역 학

1

힘의 합성과 분해

어느 기계이건 잘 살펴보면 외부에서 힘을 받아 운동을 하고 이에 의하여 일을 하고 있다. 따라서 기계를 잘 이해하기 위해서는 먼저 역계에 관한 것을 알아 두어야 한다.

이 장에서는 평면 및 공간상의 한 힘을 어느 성분으로 분해와 합성하는 방법을 공부하고, 그 한 힘의 어떤 점, 또는 축에 관한 모멘트를 공부한다. 그 다음 이 힘들의 합력과 치환에 대해서 알아 보기로 한다.

1) 힘의 표시

힘이란 물체를 끌거나 밀거나 회전시키거나 또는 변형시키는 작용을 하며, 운동량의 시간적 변화율 또는 에너지의 공간적 변화량으로 나타내지는 물리량이다.

국제단위계(SI단위계 : International System of Units)에서 유도단위로 힘의 단위는 N(newton)이고, 1 N은 1 kg의 질량에 1 m/s^{2}의 가속도를 주는 힘(질량×가속도)의 크기로 정의된다.

$$1\,\mathrm{N} = (1\,\mathrm{kg})(1\,\mathrm{m/s^2}) = 1\,\mathrm{kg \cdot m/s^2}$$

물체에는 중력이 작용하므로 질량 1 kg인 물체의 무게(질량×중력가속도)는

$$W = (1\,\mathrm{kg})(9.8\,\mathrm{m/s^2}) = 9.8\,\mathrm{N}$$

이다. 공학에서 힘의 단위로 중력단위인 kgf 또는 lbf를 사용하는데 질량의 단위와 혼돈할 염려가 없는 경우 kg 또는 lb로 표기하기도 한다. 그림 1-1(a)와 같이

10 N의 힘으로 물체를 끌거나 밀었을 때 나타나는 힘의 효과는 방위에 따라 다르다. 한 힘을 다른 힘들과 구별하는데 필요한 성질을 힘의 특성이라 하고, 강체에 미치는 외적 효과를 힘의 특성은 ① 크기, ② 방향, ③ 작용선상 점의 위치 등이 있다.

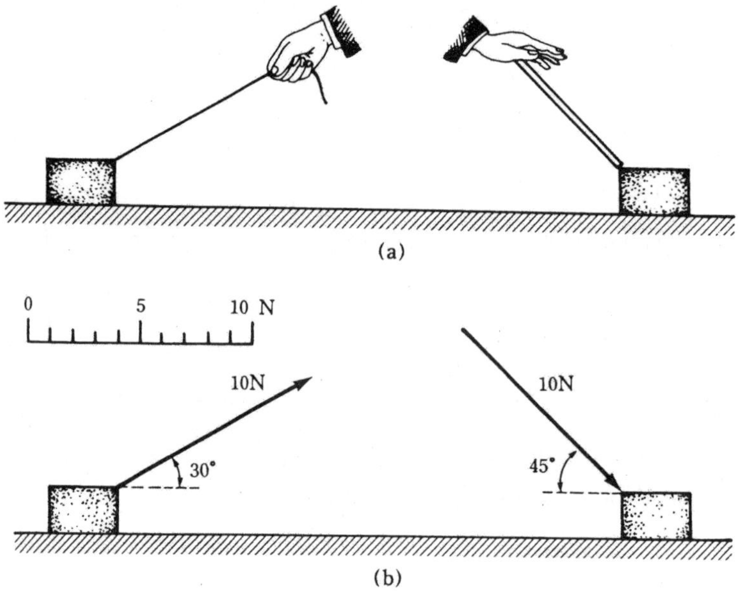

그림 1-1

따라서 힘을 도시하려면 그림 1-1(b)와 같이 힘의 세 가지 특성을 표시해야 한다. 여기서 힘의 크기를 선분의 길이로 표시하는 데는 상당길이(module)를 사용하여 힘의 크기를 표시한다. 그리고 작용점을 지나고 힘의 방향을 나타내는 직선을 힘의 작용선이라 하며, 같은 작용선상의 어디에 작용점을 옮기더라도 힘의 크기와 방향이 같으면 강체에 미치는 외부적 힘의 효과는 같다. 이것을 힘의 이동성 원리(principle of transmissibility)라 한다.

2) 평면상의 한 힘의 분해

그림 1-2와 같이 직교좌표에서 한 힘 $\mathbf{F}$가 +의 x축으로부터 반시계방향으로 측정한 각 θ로 작용하고 있을 때, 이 힘 $\mathbf{F}$는 x방향으로 작용하려는 힘 $\mathbf{F}_x$와 y 방향으로 작용하려는 힘 $\mathbf{F}_y$의 두 분력(성분)으로 구성되었다고 볼 수 있으므로,

이 때 $\mathbf{F}_x$ 및 $\mathbf{F}_y$를 힘 $\mathbf{F}$의 x, y축 선상의 수평분력, 수직분력 또는 성분이라 하고, 직교좌표상에서는 이들을 직각성분(rectangular components)이라 한다.

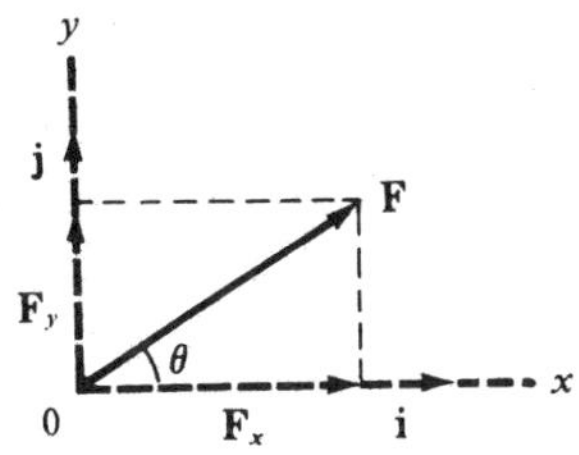

그림 1-2

한 힘을 성분별로 나타내는 것을 힘의 분해(resolution of force)라 하고, 피타고라스의 정리(Pythagorean theorem)를 적용하면, 그림 1-2로부터 다음 식을 얻을 수 있다.

$$\left.\begin{aligned} F_x &= F\cos\theta, \quad F=\sqrt{F_x^{\,2}+F_y^{\,2}} \\ F_y &= F\sin\theta, \quad \theta=\tan^{-1}F_y/F_x \end{aligned}\right\} \qquad (1\text{-}1)$$

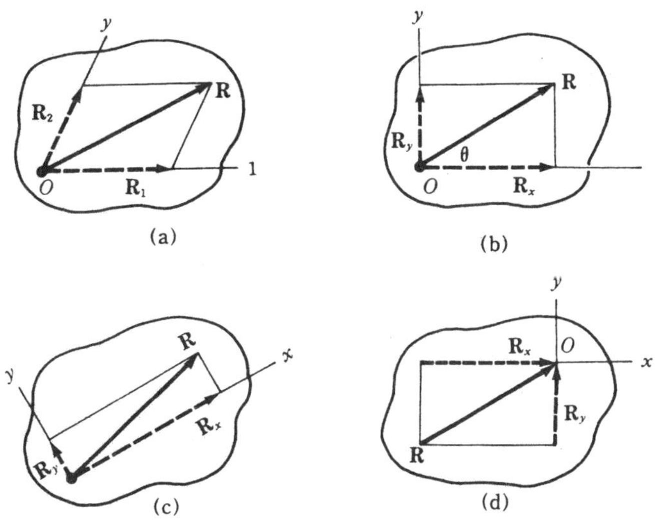

그림 1-3

여기서, F는 힘 $\mathbf{F}$의 크기이고, F_x, F_y는 분력 $\mathbf{F}_x$, $\mathbf{F}_y$의 크기이다. 그림

1-2에서 x, y 방향에 크기가 1인 단위벡터 $\mathbf{i}$와 $\mathbf{j}$를 사용하여 벡터방정식으로 표시하면

$$\mathbf{F} = \mathbf{F}_x + \mathbf{F}_y = F_x \mathbf{i} + F_y \mathbf{j} \tag{1-2}$$

그리고 분력을 구할 때, 직교하지 않는 두 성분으로도 분해할 수 있어 하나의 힘 $\mathbf{R}$에 대하여 두 성분으로 분해하는 방법은 그림 1-3과 같이 무수히 많다.

예제 1-1

100 N의 힘이 그림 1-4(a)에 표시한 바와 같이 고정 브래킷(bracket)에 작용하고 있다.

(1) x, y축 방향의 힘 $\mathbf{F}$의 분력과

(2) ξ, η축 방향의 힘 $\mathbf{F}$의 분력을 구하라.

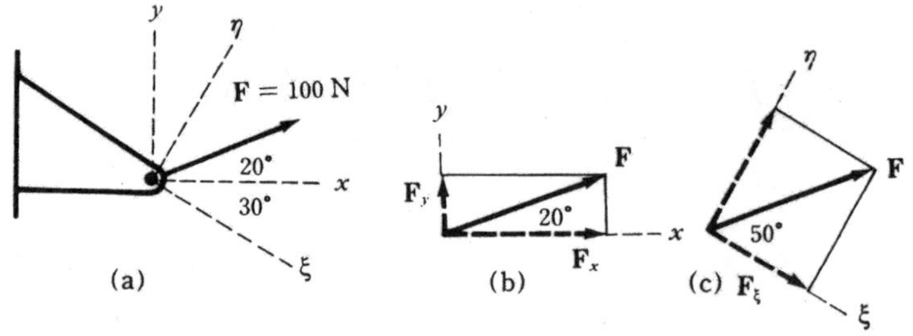

그림 1-4

〔풀 이〕 (1) 그림 1-4(b)에서 힘 $\mathbf{F}$의 x 및 y축 방향의 분력

$$F_x = F\cos\theta_x = 100\cos 20^\circ = 94.0\ \mathrm{N}$$
$$F_y = F\sin\theta_x = 100\sin 20^\circ = 34.2\ \mathrm{N}$$

(2) 그림 1-4(c)에서 힘 $\mathbf{F}$의 ξ, η축 방향의 분력

$$F_\xi = F\cos\theta_\xi = 100\cos 50^\circ = 64.3\ \mathrm{N}$$
$$F_\eta = F\sin\theta_\eta = 100\sin 50^\circ = 76.6\ \mathrm{N}$$

■◆■

예제 1-2

그림 1-5(a)와 같이 건물에 부착된 줄을 75 N의 힘으로 당길 때, 점 A에 주어지는 힘의 수평 및 수직분력을 구하라.

〔풀 이〕 그림 1-5(b)로부터 다음을 얻을 수 있다.

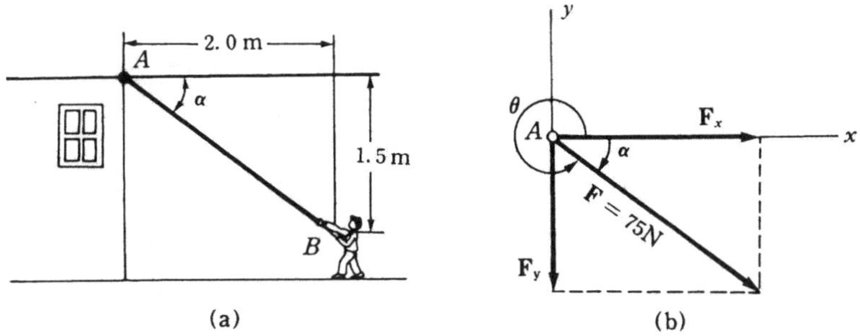

그림 1-5

$$F_x = +(75\text{ N})\cos\alpha$$
$$F_y = -(75\text{ N})\sin\alpha$$
$$\overline{AB} = \sqrt{2.0^2 + 1.5^2} = 2.5\text{ m}$$

이므로

$$\cos\alpha = \frac{2.0}{2.5} = \frac{4}{5}, \quad \sin\alpha = \frac{1.5}{2.5} = \frac{3}{5}$$

을 대입하여 수평 및 수직성분의 힘의 크기를 각각 구하면

$$F_x = +(75\text{ N})\frac{4}{5} = +60\text{ N} = 60\text{ N}\rightarrow$$
$$F_y = -(75\text{ N})\frac{3}{5} = -45\text{ N} = 45\text{ N}\downarrow$$

직각분력 F_x, F_y가 결정되면 75 N의 힘이 x축과 이루는 각 θ는

$$\tan\theta = \frac{F_y}{F_x}, \quad \tan\alpha = \frac{F_y}{F_x}$$

이므로

$$\alpha = \tan^{-1}\frac{F_y}{F_x} = \tan^{-1}\left(\frac{45}{60}\right) = 36.9°$$

단위벡터 **i**, **j**를 사용한 분력은

$$\mathbf{F} = (60\text{ N})\,\mathbf{i} - (45\text{ N})\,\mathbf{j}$$

로 표시된다. ■◆■

3) 공간에 작용하는 한 힘의 분해

공간에 작용하고 있는 한 힘 **F**를 직교좌표축에 평행하고 서로 직교하는 세 분력 $\mathbf{F}_x$, $\mathbf{F}_y$, $\mathbf{F}_z$로 분해할 수 있다. 그림 1-6에 표시된 각 θ_x, θ_y, θ_z를 좌표축

에 대한 힘의 방향각이라 하며, 0° 이상 180° 이하의 각을 취하게 된다. 각이 90° 보다 크면 코사인의 값은 음이 되며, 이것은 분력의 방향이 좌표축의 양의 방향과 반대임을 의미한다.

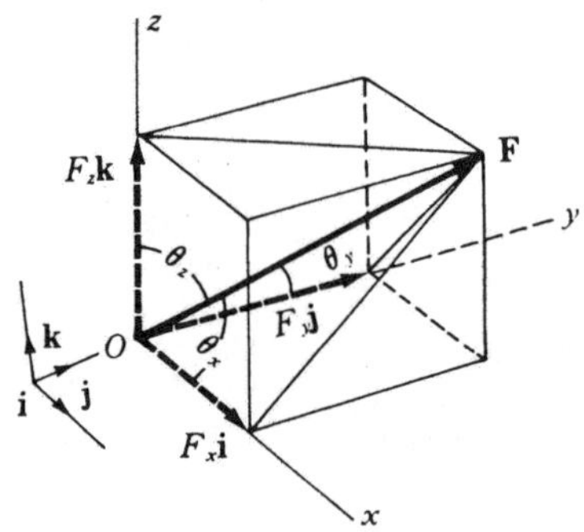

그림 1-6

힘, 분력, 방향각으로 이루어지는 직각삼각형에서 다음 식이 성립한다.

$$\left.\begin{aligned} &F_x = F\cos\theta_x, \quad F = \sqrt{{F_x}^2 + {F_y}^2 + {F_z}^2} \\ &F_y = F\cos\theta_y, \quad \mathbf{F} = F_x\,\mathbf{i} + F_y\,\mathbf{j} + F_z\,\mathbf{k} \\ &F_z = F\cos\theta_z, \quad \mathbf{F} = F(\cos\theta_x\,\mathbf{i} + \cos\theta_y\,\mathbf{j} + \cos\theta_z\,\mathbf{k}) \end{aligned}\right\} \qquad (1\text{-}3)$$

여기서, F_x, F_y, F_z는 점 O에서 작용하는 힘 **F**의 직각분력의 크기이고, **i**, **j**, **k**는 각각 x, y, z축 방향의 단위벡터이다.

힘 **F**의 방향 코사인을

$$\cos\theta_x = l, \quad \cos\theta_y = m, \quad \cos\theta_z = n$$

이라 놓으면 이들 사이에는 $l^2 + m^2 + n^2 = 1$의 관계가 성립하므로, 힘은

$$\mathbf{F} = F(l\,\mathbf{i} + m\mathbf{j} + n\mathbf{k}) \qquad (1\text{-}4)$$

힘의 방향을 표시하는데는 방향각 이외에 힘의 작용선이 지나는 점들의 좌표로 표시할 수 있다.

그림 1-7과 같이 힘 **F**가 점 $M(x_1,\ y_1,\ z_1)$에서 점 $N(x_2,\ y_2,\ z_2)$을 지날 때 M, N 사이의 거리는 다음과 같다.

$$d=\sqrt{(x_2-x_1)^2+(y_2-y_1)^2+(z_2-z_1)^2} \tag{1-5}$$

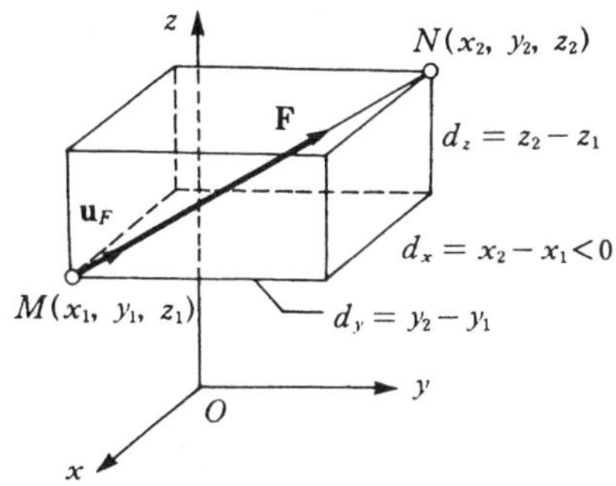

그림 1-7

$x_2 - x_1 = d_x$, $y_2 - y_1 = d_y$, $z_2 - z_1 = d_z$라 놓고, M, N을 연결하는 하나의 벡터 $\overrightarrow{MN}$을 생각하면 d_x, d_y, d_z는 $\overrightarrow{MN}$의 스칼라 성분이 되어 $\overrightarrow{MN}=d_x\mathbf{I}+d_y\mathbf{j}+d_z\mathbf{k}=d\mathbf{u}_F$. 여기서 $\mathbf{u}_F$는 힘 $\mathbf{F}$의 단위벡터이다.

힘 $\mathbf{F}$는 F와 $\mathbf{u}_F$의 적과 같다는 것을 생각하면

$$\mathbf{F} = F_x\mathbf{i} + F_y\mathbf{j} + F_z\mathbf{k} = F\mathbf{u}_F$$

가 되고, 이들 두 식에서 단위벡터 $\mathbf{i}$, $\mathbf{j}$, $\mathbf{k}$, $\mathbf{u}_F$의 계수는 비례하여야 하므로

$$\frac{F_x}{d_x} = \frac{F_y}{d_y} = \frac{F_z}{d_z} = \frac{F}{d} \tag{1-6}$$

인 관계식을 얻을 수 있다.

예제 1-3

그림 1-8과 같이 100 N의 힘 $\mathbf{F}$가 작용하고 있다. x, y, z축 방향의 직각분력과 $x-y$ 평면에서의 분력을 구하라.

〔풀이〕 식 (1-3)에 의하면 힘 $\mathbf{F}$의 직각분력은

$$F_x = F\cos\theta_x = 100\,\mathrm{N}\cos 60° = 50\,\mathrm{N}$$

$$F_y = F\cos\theta_y = 100\,\mathrm{N}\cos 60° = 50\,\mathrm{N}$$

$$F_z = F\cos\theta_z = 100\,\mathrm{N}\cos 45° = 70.7\,\mathrm{N}$$

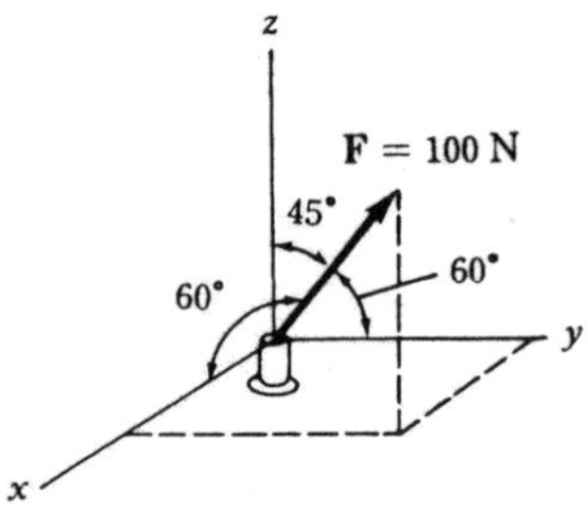

그림 1-8

$x-y$ 평면에서의 힘 **F**의 분력은

$$F_{xy}=\sqrt{F_x^{\,2}+F_y^{\,2}}=\sqrt{50^2+50^2}=70.7\,\mathrm{N}$$

벡터로 표시하면

$$\mathbf{F}=F\cos\theta_x\,\mathbf{i}+F\cos\theta_y\,\mathbf{j}+F\cos\theta_z\,\mathbf{k}$$

$$=\{50\,\mathbf{i}+50\,\mathbf{j}+70.7\,\mathbf{k}\}\mathrm{N}$$

$$\mathbf{F}_{xy}=\{50\,\mathbf{i}+50\,\mathbf{j}\}\mathrm{N}$$

■◆■

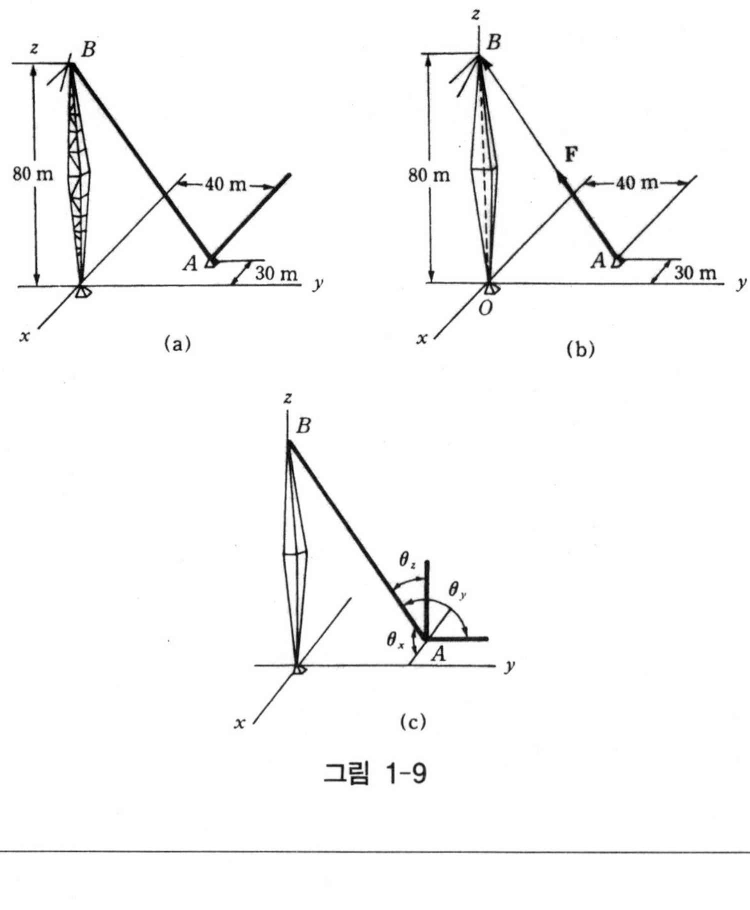

그림 1-9

예제 1-4

그림 1-9(a)와 같이 볼트 A와 철탑 꼭지점 B를 연결한 받침밧줄(guy wire)에 2500 N의 장력이 작용하고 있다. 볼트에 작용하고 있는 힘의 분력 F_x, F_y, F_z를 구하고, 공간좌표축과 이루는 힘의 방향각 θ_x, θ_y, θ_z를 구하라.

〔풀 이〕 볼트 A에 작용하는 힘의 작용선은 A와 B를 지나고, 힘의 방향은 A에서 B로 향한다. A와 B점의 좌표는 각각 (−30, 40, 0), (0, 0, 80)이므로 A, B 사이의 거리 d의 스칼라 성분은

$$d_x = 30\,\text{m}, \quad d_y = -40\,\text{m}, \quad d_z = 80\,\text{m}$$

이므로 A, B 두 점 사이의 거리는

$$d = \sqrt{(30)^2 + (-40)^2 + (80)^2} = 94.3\,\text{m}$$

식 (1-6)을 적용하면

$$\frac{F_x}{30\,\text{m}} = \frac{F_y}{-40\,\text{m}} = \frac{F_z}{80\,\text{m}} = \frac{2500\,\text{N}}{94.3\,\text{m}}$$

따라서

$$F_x = 795\,\text{N}$$
$$F_y = -1060\,\text{N}$$
$$F_z = 2121\,\text{N}$$

$\overrightarrow{AB}$가 축과 이루는 방향각은

$$\theta_x = \cos^{-1}\frac{d_x}{d} = \cos^{-1}\frac{30}{94.3} = 71.5°$$

$$\theta_y = \cos^{-1}\frac{d_y}{d} = \cos^{-1}\frac{-40}{94.3} = 115.1°$$

$$\theta_z = \cos^{-1}\frac{d_z}{d} = \cos^{-1}\frac{80}{94.3} = 32.0°$$

벡터로 표시하면

$$\mathbf{u}_F = \frac{\overrightarrow{AB}}{d} = \frac{d_x}{d}\,\mathbf{i} + \frac{d_y}{d}\,\mathbf{j} + \frac{d_z}{d}\,\mathbf{k}$$

이므로

$$\mathbf{F} = F\mathbf{u}_F = F\frac{\overrightarrow{AF}}{d}$$

$$= \frac{2500\,\text{N}}{94.3\,\text{m}}[(30\,\text{m})\,\mathbf{i} - (40\,\text{m})\,\mathbf{j} + (80\,\text{m})\,\mathbf{k}]$$

$$= \{795\,\mathbf{i} - 1060\,\mathbf{j} - 2121\,\mathbf{k}\}\,\text{N}$$

■◆■

4) 한 힘의 모멘트

자동차 핸들을 돌리 때, 스패너로 너트를 조이거나 풀 때 힘을 가하는 점이 회전의 중심에서 멀수록 작은 힘으로 작업을 할 수 있다. 이와 같이 물체를 회전시키려는 힘의 작용을 **힘의 모멘트**(moment of force)라 하고, 회전운동을 시키려는 능력을 표시한 것이 **토크**(torque)이다. 힘의 모멘트는 힘의 크기 F와 그 축 또는 점에서 힘의 작용선까지의 수직거리(모멘트의 팔) d의 곱으로 표시한다.

$$M = F \cdot d \qquad (1\text{-}7)$$

모멘트의 단위는 정의에서 [힘×수직거리]이므로 [N · m], [kgf · m] 등을 사용한다.

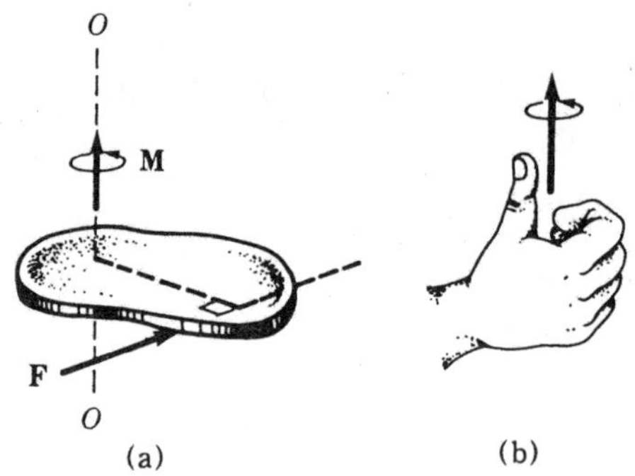

그림 1-10

그림 1-10(a)와 같이 물체의 임의의 점에 하나의 힘 **F**가 작용하면 $O-O$축에 관해서 $F \cdot d$ 만큼의 모멘트를 일으키며, 한 점에 관한 힘의 모멘트는 힘의 작용점이 작용선에 따라 이동할 때와 모멘트의 중심이 그 힘의 작용선과 평행한 선을 따라 이동할 때 그 모멘트의 크기는 변하지 않는다.

또 0이 아닌 힘은 모멘트의 팔이 0이 될 때, 즉 모멘트의 중심이 힘의 작용선상에 있을 때는 그 모멘트가 0이 된다.

모멘트의 방향표시는 일반적으로 오른손 법칙(right-hand rule)을 이용하는데, 그림 1-10(b)와 같이 오른손의 손가락을 축 $O-O$에 대하여 힘 **F**가 작용하는 방향으로 굽힐 때, 그 때 엄지 손가락은 모멘트의 방향을 지시한다. 따라서 모멘트 **M**의 방향은 힘 **F**와 수직하며, 모멘트의 팔 d와도 수직이 된다. 이와 같이 정의된 모멘트 **M**은 벡터의 합성법칙에 따라 합성되어지며, 모멘트의 회전축이 모멘트 **M**의 작용선이 된다.

평행한 자유 벡터의 합은 스칼라 대수로서 계산할 수 있으므로 모멘트에 관한 문제를 풀이할 때 반시계방향의 모멘트에 대하여 (+), 시계방향의 모멘트에 대하여 (−)의 부호로 구별한다. 시계방향을 (+), 반시계방향을 (−)부호로 구별하여도 상관없으나 동일 문제를 풀이하는 과정에서는 부호를 통일해야만 한다.

모멘트의 합성에 관하여 알아 보자. 그림 1-11에서 점 A에 힘 $\mathbf{F}_1$, $\mathbf{F}_2$가 작용할 경우, 두 힘의 합력이 **R**이다.

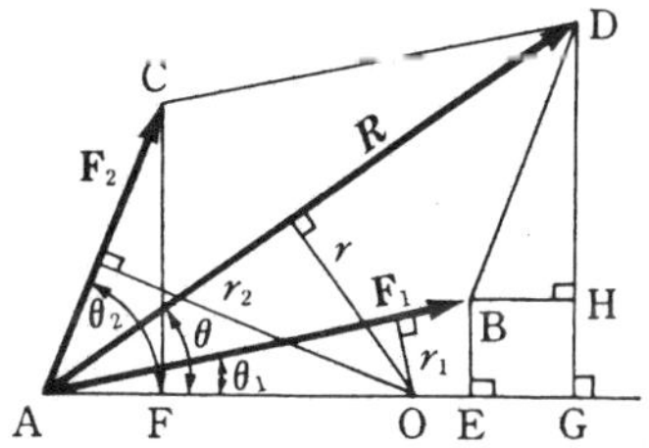

그림 1-11

힘 **R**에 의한 임의의 점 O에 관한 힘의 모멘트를 구하여 보자. 그림에서 $\overline{\text{OA}}$를 잇는 선분과 각 힘들이 이루는 각을 θ_1, θ_2, θ라 하고, 점 O에서 각 힘들의 작용선에 내린 수선의 길이(모멘트의 팔)를 각각 r_1, r_2, r라 할 때 각 힘들의 모멘트는

$$M_1 = F_1 r_1 = F_1 \overline{\text{AO}} \sin \theta_1$$

$$M_2 = F_2 r_2 = F_2 \overline{\text{AO}} \sin \theta_2$$

$$M = Rr = R \overline{\text{AO}} \sin \theta$$

F_1, F_2에 의한 모멘트를 합성하면

$$M_1 + M_2 = F_1 \overline{\text{AO}} \sin \theta_1 + F_2 \overline{\text{AO}} \sin \theta_2$$

$$= \overline{\text{AO}}(F_1 \sin \theta_1 + F_2 \sin \theta_2)$$

$$= \overline{\text{AO}}(\text{AB} \sin \theta_1 + \overline{\text{AC}} \sin \theta_2)$$

$$= \overline{\text{AO}}(\text{BE} + \overline{\text{BD}} \sin \theta_2) = \overline{\text{AO}}(\overline{\text{HG}} + \overline{\text{DH}})$$

$$= \overline{AO}\,\overline{DG} = \overline{AO}\,\overline{AD}\sin\theta = \overline{AO}R\sin\theta = M$$

$$\therefore M_1 + M_2 = M$$

이것은 점 O(모멘트의 중심)에 관한 합력 **R**의 모멘트는 같은 점에 관한 분력 $\mathbf{F}_1$ 및 $\mathbf{F}_2$의 모멘트합과 같음을 의미한다. 한 점에 작용하는 힘이 세 힘 이상의 경우에도 위와 같은 방법으로 순차적으로 더하여 구한다. 이와 같이 임의의 점 또는 축에 관한 어떤 역계의 합력 모멘트는 같은 점 또는 축에 관한 그 계 내의 분력에 의한 모멘트의 대수합과 같다. 이것을 **바리논의 정리**(Varignon's theorem) 또는 **모멘트의 원리**(principle of moments)라 한다. 이 정리는 한 점에서 교차하는 두 힘에만 국한되는 것이 아니고 임의의 역계까지 확장할 수 있다.

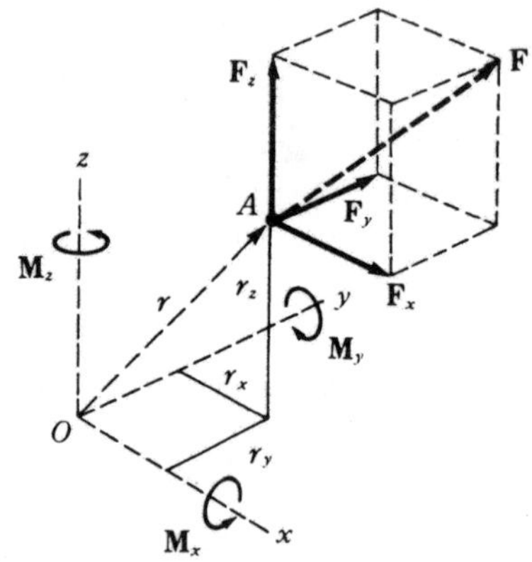

그림 1-12

공간상에 주어진 한 힘 **F**의 x, y, z축에 관한 모멘트를 구하여 보자. 그림 1-12에서 각 좌표에 표시된 회전 화살표는 양(+)의 모멘트 방향을 표시하며, $\mathbf{F}_x$, $\mathbf{F}_y$, $\mathbf{F}_z$는 힘 **F**의 x, y, z축 방향의 분력이다.

우선 x축 방향의 모멘트 $\mathbf{M}_x$를 생각하자. x축과 평행한 분력 $\mathbf{F}_x$는 x축에 대하여 회전효과를 발생시키지 못하고, $\mathbf{F}_y$는 x축에 대하여 시계방향의 모멘트를 일으키며, 모멘트의 팔의 길이는 r_z이고, $\mathbf{F}_z$는 x축에 대하여 반시계방향(↶)의 모멘트를 일으킨다. 모멘트의 팔의 길이는 r_y이므로 x축 방향의 모멘트는 다음과 같다.

$$M_x = r_y F_z - r_z F_y$$

같은 방법으로 y축, z축 방향에 대한 모멘트를 구하여 이것을 행렬식으로 표시하면

$$\left.\begin{aligned} \mathbf{M}_x &= \begin{vmatrix} r_y & r_z \\ F_y & F_z \end{vmatrix} \\ \mathbf{M}_y &= \begin{vmatrix} r_z & r_x \\ F_z & F_x \end{vmatrix} \\ \mathbf{M}_z &= \begin{vmatrix} r_x & r_y \\ F_x & F_y \end{vmatrix} \end{aligned}\right\} \tag{1-8}$$

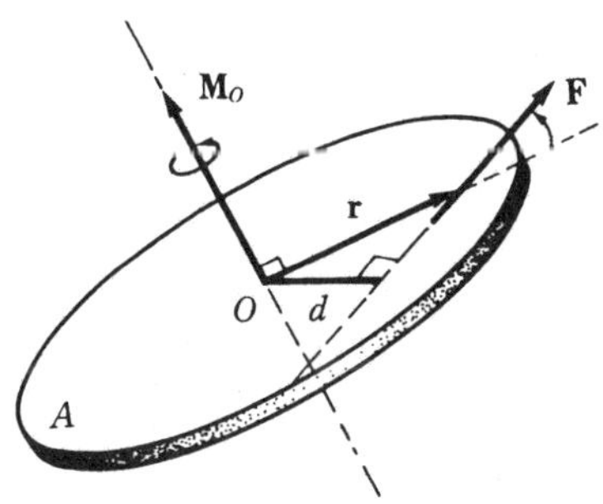

그림 1-13

그림 1-13에서 힘 $\mathbf{F}$와 위치벡터 $\mathbf{r}$의 사잇각이 α일 때 모멘트의 크기는

$$|\mathbf{M}| = F \cdot r \sin \alpha = F \cdot d$$

$\mathbf{r}$에서 $\mathbf{F}$쪽으로 회전하는 경우 벡터의 오른손 법칙을 이용하면 힘의 모멘트는

$$\mathbf{M}_O = \mathbf{r} \times \mathbf{F} \tag{1-9}$$

그림 1-12에서

$$\mathbf{r} = r_x \mathbf{i} + r_y \mathbf{j} + r_z \mathbf{k}$$
$$\mathbf{F} = F_x \mathbf{i} + F_y \mathbf{j} + F_z \mathbf{k}$$

이므로, 단위벡터를 사용한 점 O의 축에 대한 힘 F의 모멘트는 다음과 같다.

$$\mathbf{M}_O = \mathbf{r} \times \mathbf{F} = (r_x\, \mathbf{i} + r_y\, \mathbf{j} + r_z\, \mathbf{k}) - (F_x\, \mathbf{i} + F_y\, \mathbf{j} + F_z\, \mathbf{k})$$

$$= \begin{vmatrix} \mathbf{i} & \mathbf{j} & \mathbf{k} \\ r_x & r_y & r_z \\ F_x & F_y & F_z \end{vmatrix} \tag{1-9}'$$

예제 1-5

그림 1-14(a)와 같이 정4각형 평판 내에서 10 N의 힘이 작용하여 점 O에 대한 반시계방향의 최대 모멘트를 갖는 힘의 방향, 작용점 P의 위치, 이 때의 모멘트를 각각 구하여라.

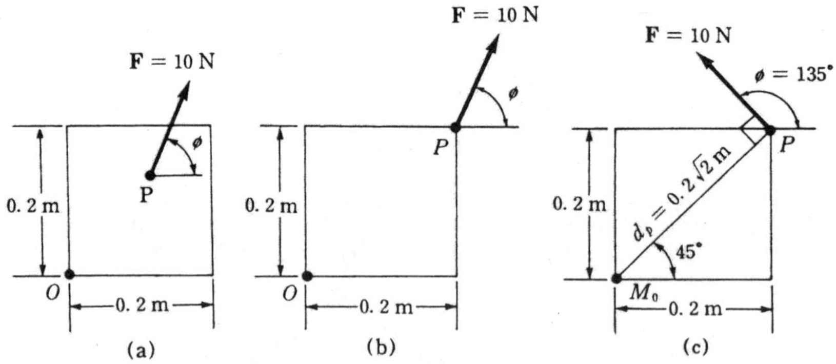

그림 1-14

〔풀 이〕 최대 모멘트를 일으키려면 그림 1-14(b)와 같이 점 O에서 가장 멀리 있는 모서리점이고, 반시계방향으로 회전하려면 작용각 $45° < \phi < 225°$ 에서 대각선 d_p에 수직인 $\phi = 135°$ 이다. 그림 1-14(c)에서 최대 모멘트의 크기는

$$M_O = Fd_p = (10\,\text{N})(0.2\sqrt{2}\,\text{m}) = 2.83\,\text{N}\cdot\text{m}$$

방향은 지면의 수직 상방향이다. ■◆■

예제 1-6

그림 1-15(a)와 같이 고정 브래킷에 **F**=200 kgf 이 적용하고 있다. 점 A에 대한 힘의 모멘트를 구하라.

〔풀 이〕 (1) 그림 1-15(b)에서 모멘트의 팔 d는 3각함수를 이용하여 구한다.
$\triangle BCD$에서

$$BC = d = 50\,\text{mm}\cos 45° = 35.35\,\text{mm} = 0.03535\,\text{m}$$

따라서

$$\overset{+}{\curvearrowleft} M_A = F\cdot d = 200\,\text{kgf}(0.03535\,\text{m}) = 7.07\,\text{kgf}\cdot\text{m}\curvearrowleft$$

(2) 벡터로 그림 1-15(c)에 힘과 위치벡터를 표시하였다.

$$\mathbf{F} = \{200\cos 45°\ \mathbf{i} + 20\ \sin 45°\ \mathbf{j}\}\,\text{kgf}$$

$$\mathbf{r}_B = \{150\,\mathbf{i} + 100\,\mathbf{j}\}\text{mm} = \{0.15\mathbf{i} + 0.01\mathbf{j}\}\,\text{m}$$

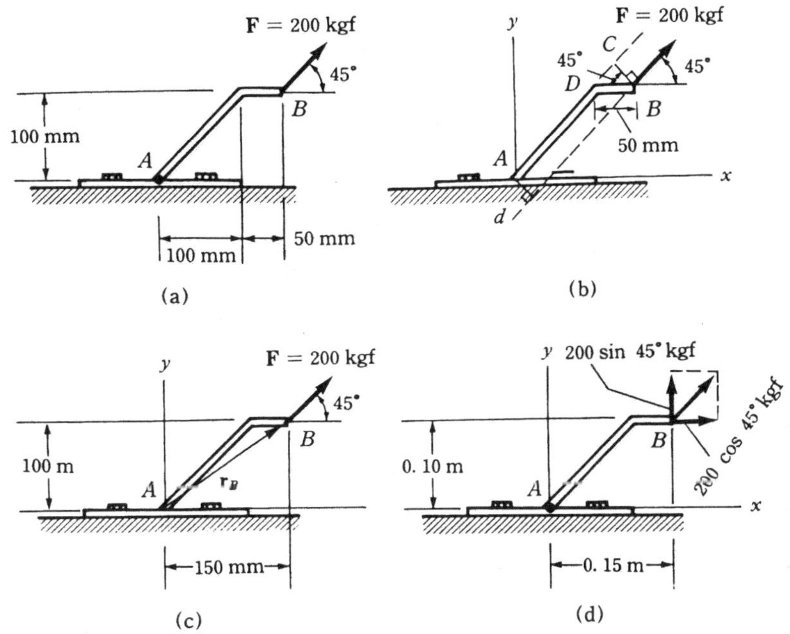

그림 1-15

따라서

$$\mathbf{M}_A = \mathbf{r}_B \times \mathbf{F} = \begin{vmatrix} \mathbf{i} & \mathbf{j} & \mathbf{k} \\ 0.15 & 0.10 & 0 \\ 200\cos 45^\circ & 200\sin 45^\circ & 0 \end{vmatrix} = \{7.07\,\mathbf{k}\}\text{kgf}\cdot\text{m}$$

(3) 그림 1-15(d)와 같이 200 kgf 의 힘을 x, y축의 성분으로 분해하여 바리논의 정리를 이용한다.

$$\overset{+}{\curvearrowleft} M_A = (200\sin 45^\circ)(0.15) - (200\cos 45^\circ)(0.10) = 7.07\,\text{kgf}\cdot\text{m}\curvearrowleft$$

즉

$$\mathbf{M}_A = \{7.07\,\mathbf{k}\}\text{kgf}\cdot\text{m}$$

■◆■

5) 한 점에 작용하는 평면력의 합력

많은 힘들이 모두 동일 평면상에 있을 때 이 힘들을 **평면역계**(coplanar forces)라 하고, 한 점에 작용하는 여러 힘은 이들과 같은 효과를 갖는 하나의 힘으로 대치될 수 있으며, 대치된 힘을 **합력**(resultant force)이라 부른다. 합력을 구하는 방법에는 **도식해법**(graphical method)과 **해석법**(analytical method)이 있다.

평면상에서 한 점에 작용하는 힘들의 합력을 도식해법으로 구하려면 그림 1-16의 예와 같은 방법으로 구하면 된다.

그림 1-16(a)에서 보는 바와 같이 두 힘 $\mathbf{F}_1$, $\mathbf{F}_2$가 같은 작용점 O에 작용한다. 이 두 합력을 구하기 위하여 $\mathbf{F}_1$, $\mathbf{F}_2$를 두 변으로 하는 평행사변 $OACB$를

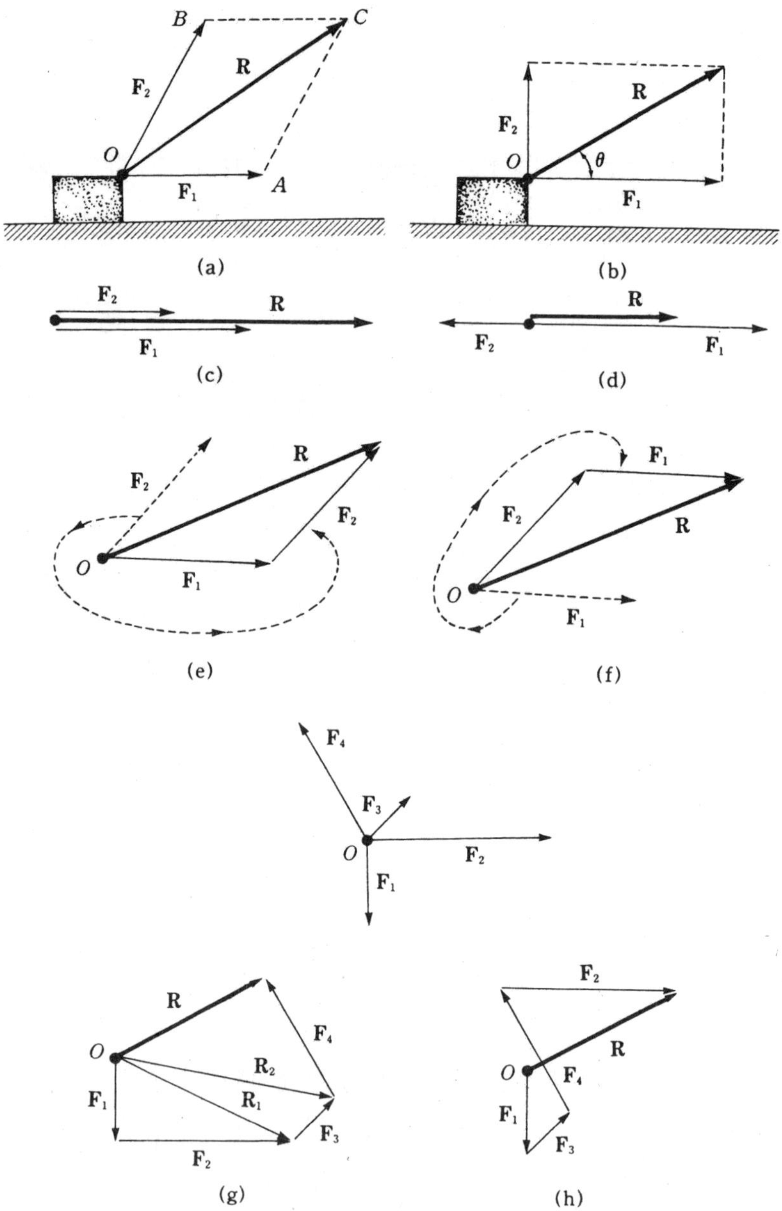

그림 1-16

만들었을 때 대각선 OC가 이루는 **R**의 값이 합력이 된다. 이와 같은 방법을 **평행사변형법**(parallelogram law)이라 한다. 그림 1-16(a)에서 OB를 AC로 평행 이동시키면 그림 1-16(e)와 같이 간단한 삼각형으로 표시할 수 있으므로 이 경우에도 OC를 연결하면 합력 **R**이 된다. 이 방법을 **삼각형법**(triangle rule), 그림 1-16(g), (h)와 같이 한 힘의 종점(tip)에 다(poligon rule)이라고 한다. 해석적 방법은 합성하고자 하는 힘을 임의의 축방향의 분력으로 나누고 각 힘의 분력을 각 축방향에 대하여 대수적으로 합하는 방법이다.

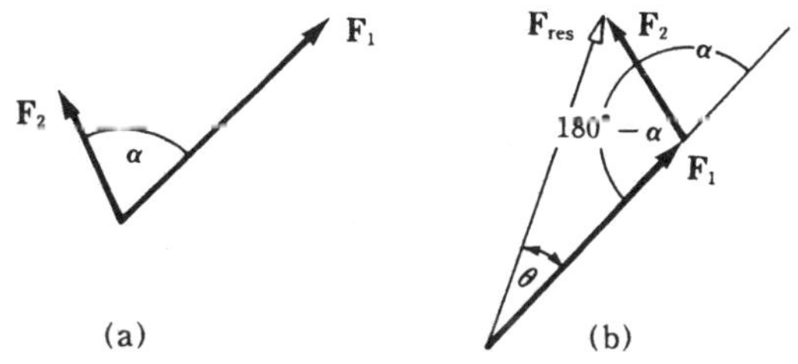

그림 1-17

그림 1-17과 같이 두 힘 $\mathbf{F}_1$, $\mathbf{F}_2$가 한 점에 작용하고 그 사잇각이 α일 때 합력의 크기 R과의 관계는 코사인 법칙에 의하여

$$R^2 = F_1{}^2 + F_2{}^2 - 2F_1 \cdot F_2 \cos(180° - \alpha)$$

가 되므로, 두 힘의 합력의 크기와 합력이 F_1의 작용선과 이루는 방향각은

$$\left.\begin{aligned} |\mathbf{R}| &= \sqrt{F_1{}^2 + F_2{}^2 + 2F_1 \cdot F_2 \cos\alpha} \\ \theta &= \tan^{-1}\frac{F_2 \sin\alpha}{F_1 + F_2 \cos\alpha} \end{aligned}\right\} \qquad (1\text{-}10)$$

여기서, θ는 F_1으로부터 합력 **R**이 이루는 각이고, 제2식의 분자 분모의 값의 부호에 따라 작용점에서 방향이 다르게 된다. 사인법칙에 의하여

$$\sin\theta / F_2 = \sin(180° - \alpha) / R = \sin\alpha / R$$

이므로

$$\sin\theta = \sin\alpha \cdot F_2 / R$$

의 관계가 성립한다.

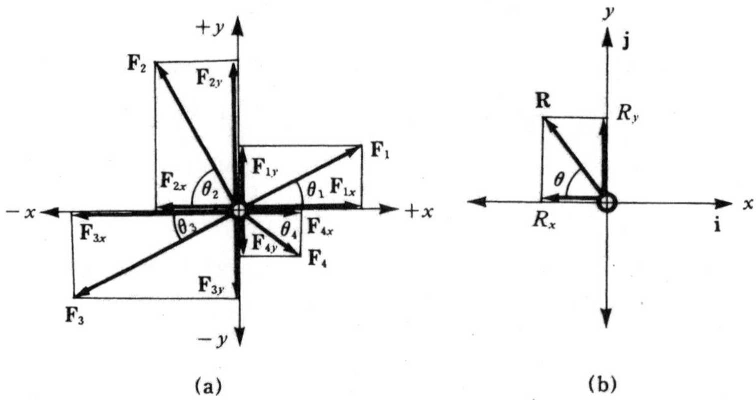

그림 1-18

그림 1-18(a)와 같이 평면상의 한 점 O에 작용하는 네 힘 F_1, F_2, F_3, F_4를 대수적으로 합성할 경우 합성하고자 하는 각각의 힘을 문제에 따라 편리한 좌표축 방향의 분력으로 나누어 구하면 편리하다. 이 때 기준선과 이루는 방향각, 각 성분의 부호에 유의해야 한다. 그림 1-18(b)와 같이 x, y축 방향의 합은 각각

$$R_x = F_1 \cos\theta_1 - F_2 \cos\theta_2 - F_3 \cos\theta_3 + F_4 \cos\theta_4$$

$$R_y = F_1 \sin\theta_1 + F_2 \sin\theta_2 - F_3 \sin\theta_3 - F_4 \sin\theta_4$$

그러므로 한 점에 작용하는 평면력의 합력의 크기와 방향은 다음 식으로 표시할 수 있다.

$$\left.\begin{aligned} &\mathbf{R} = \mathbf{F}_1 + \mathbf{F}_2 + \mathbf{F}_3 + \cdots\cdots\cdots\cdots = \sum \mathbf{F} \\ &\mathbf{R} = \mathbf{R}_x \mathbf{i} + \mathbf{R}_y \mathbf{j} \\ &R_x = \sum F_x,\quad R_y = \sum F_y,\quad R = \sqrt{(\sum F_x)^2 + (\sum F_y)^2} \\ &\theta = \tan^{-1}\frac{R_y}{R_x} = \tan^{-1}\frac{\sum F_y}{\sum F_x} \end{aligned}\right\} \qquad (1\text{-}11)$$

예제 1-7

그림 1-19에서 볼트 A에 작용하는 힘의 합력을 구하라.

〔풀이〕 식 (1-11)에 의하면 합력 $\mathbf{R}$의 x, y축 성분은

$$R_x = 150\cos 30° - 80\sin 20° + 100\frac{2}{\sqrt{5}} = 191.98\text{ N}$$

$$R_y = 150\sin 30° + 80\cos 20° - 110 - 100\frac{1}{\sqrt{5}} = -4.55\text{ N}$$

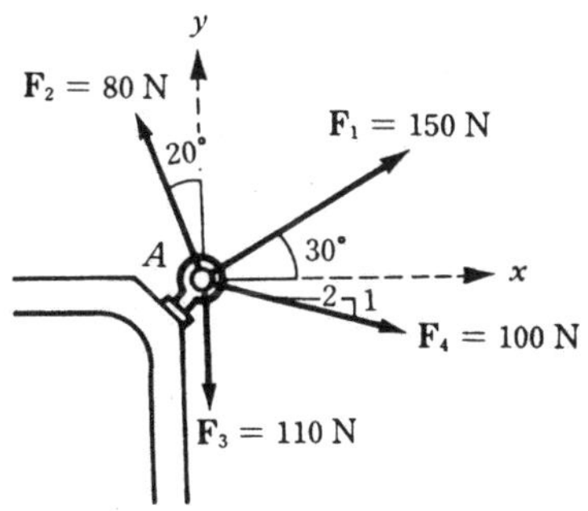

그림 1-19

합력의 크기는

$$|\mathbf{R}| = \sqrt{(191.98)^2 + (-4.55)^2} = 192.03\text{ N}$$

합력 **R**이 x축과 이루는 각은

$$\theta_x = \tan^{-1}\frac{-4.55\text{ N}}{191.98\text{ N}} = -1.4° = 358.6°$$

벡터로 표시하면

$$\mathbf{R} = (192.0\text{ N})\,\mathbf{i} + (-4.6\text{ N})\,\mathbf{j}$$

■◆■

6) 평행한 힘의 합력

평행역계(parallel force system)는 모든 힘들의 작용선이 평행한 역계를 말하며, 평행역계에서 합력의 크기는 각 힘들의 대수적 합과 같고 방향은 대수합의 큰 쪽 방향이다. 합력의 작용선은 각 힘들의 작용선과 평행하며 합력의 작용점 위치는 어떤 축에 대한 합력의 모멘트가 같은 축에 대한 그의 분력의 모멘트의 합과 같다는 바리논의 정리를 이용하여 평면 및 공간상에 작용하는 평행역계의 합력의 작용점의 위치를 구할 수 있다.

그림 1-20에서 세 힘이 $x-y$평면에 수직으로 작용할 때 합력의 작용점의 위치는 바리논의 정리에 의하여

$$\bar{x}R = F_1x_1 + F_2x_2 + F_3x_3 - F_4x_4$$

$$\bar{y}R = F_1y_1 + F_2y_2 + F_3y_3 - F_4y_4$$

가 되므로 평행한 힘의 합력의 크기와 작용점의 위치는 다음과 같다.

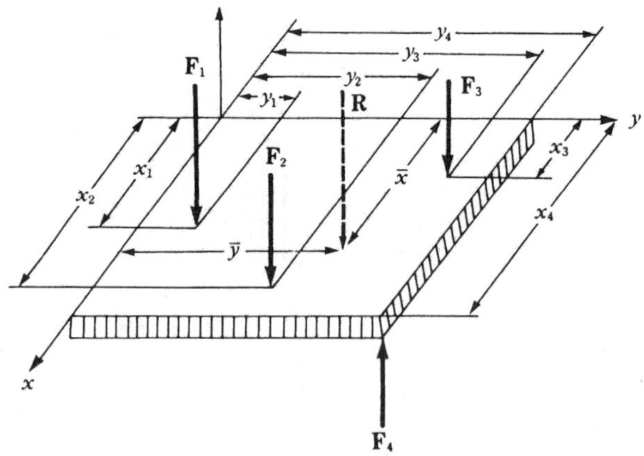

그림 1-20

$$\left.\begin{aligned} &R = F_1 + F_2 + F_3 + \cdots\cdots\cdots\cdots = \sum F \\ &\bar{x} = \frac{\sum \mathbf{M}_y}{R}, \quad \bar{y} = \frac{\sum \mathbf{M}_x}{R} \end{aligned}\right\} \qquad (1\text{-}12)$$

예제 1-8

그림 1-21(a)와 같이 평행한 세 힘이 외팔보에 작용하고 있다. 합력의 크기, 방향, 작용점의 위치를 구하라.

〔풀이〕 식 (1-12)에 의하여 합력의 크기는

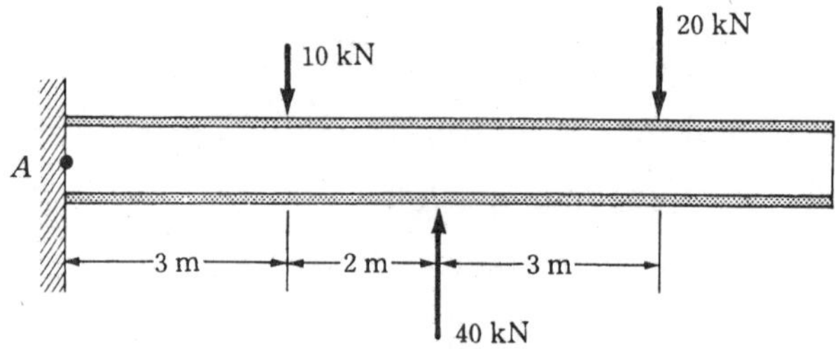

(a)

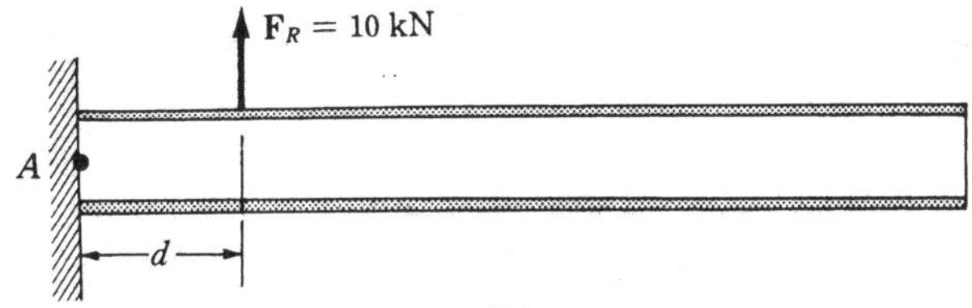

(b)

그림 1-21

$$+\uparrow R = -10\,\text{kN} + 40\,\text{kN} - 20\,\text{kN} = 10\,\text{kN}(\uparrow)$$

그림 1-21(b)와 같이 합력의 방향은 윗방향이다. 점 A에 대하여 모멘트의 원리를 적용하면

$$\curvearrowleft M_A = (10\,\text{kN})\,d = -(10\,\text{kN})\,3\,\text{m} + (40\,\text{kN})\,5\,\text{m} - (20\,\text{kN})\,8\,\text{m}$$

$$10\,\text{kN}d = 10\,\text{kN}\cdot\text{m}$$

합력의 작용점의 위치는 $d = 1\,\text{m}$이다. ■◆■

예제 1-9

그림 1-22(a)와 같이 8 m×10 m인 직4각형의 콘크리트 슬래브(slab) 면에 평행한 힘들이 수직으로 작용하고 있다. 이 힘들의 합력을 구하라.

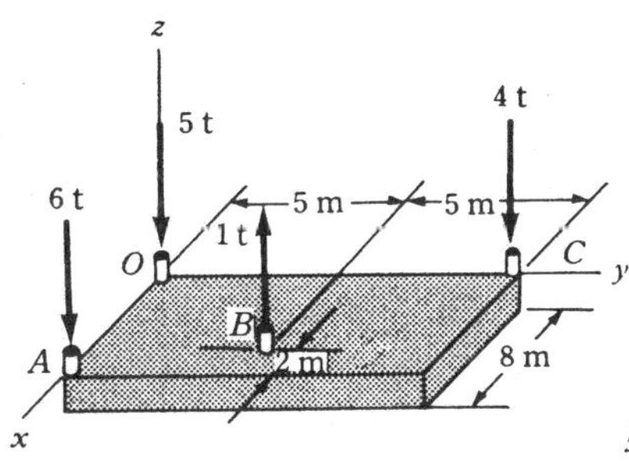

(a)

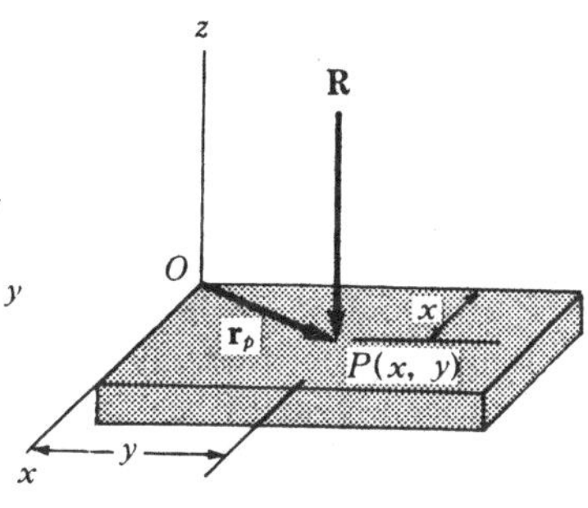

(b)

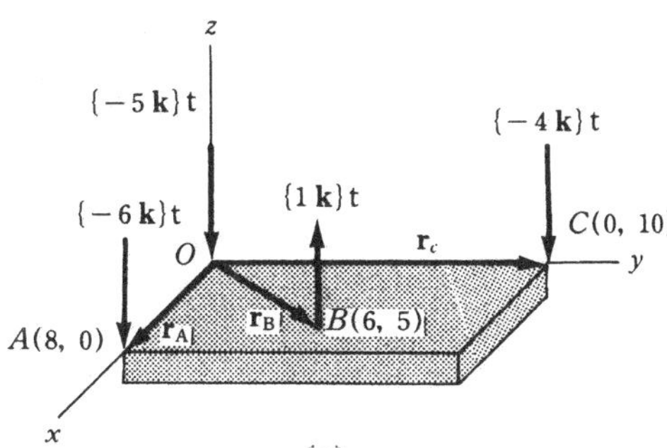

(c)

그림 1-22

〔풀 이〕 (1) 식 (1-12)에 의하여 평행한 힘들의 합력의 크기와 방향은

$$^{+}\downarrow R = 6 - 1 + 4 + 5 = 14\,\text{t}(\downarrow)$$

그림 1-22(b)와 같이 합력의 작용점을 $P(x,\ y)$로 가정한다. x축에 대한 모멘트에서 각 힘에 대한 모멘트의 팔은 y좌표가 되고, y축에 대한 모멘트에서 각 힘에 대한 모멘트의 팔은 x좌표가 된다. 모멘트의 원리에 의하여

$$M_x = -(14)\,y = (6)0 + (1)5 - (4)10 + (5)0 \qquad y = 2.50\,\text{m}$$

$$M_y = (14)\,x = (6)8 - (1)6 + (4)0 + 5(0) \qquad x = 3.00\,\text{m}$$

(2) 벡터로 그림 1-22(c)에서 합력은

$$\mathbf{R} = -6\,\mathbf{k} + 1\,\mathbf{k} - 4\,\mathbf{k} - 5\,\mathbf{k} = \{-14\,\mathbf{k}\}\,\text{t}$$

합력의 작용점의 위치를 그림 1-22(b)와 같이 가정하여 원점 O에 대한 모멘트의 원리를 적용한다.

$$\mathbf{r}_p \times \mathbf{R} = [\mathbf{r}_A \times (-6\,\mathbf{k})] + [\mathbf{r}_B \times (1\,\mathbf{k})] + [\mathbf{r}_O \times (-4\,\mathbf{k})]$$

$$(x\,\mathbf{i} + y\mathbf{j}) \times (-14\,\mathbf{k}) = [8\,\mathbf{i} \times (-6\,\mathbf{k})] + [(6\,\mathbf{i} + 5\,\mathbf{j}) \times (1\,\mathbf{k})] + [10\,\mathbf{j} \times (-4\,\mathbf{k})]$$

$$-14y\,\mathbf{i} + 14x\,\mathbf{j} = -35\,\mathbf{i} + 42\,\mathbf{j}$$

$$-14y = -35\,; \qquad y = 2.50\,\text{m}$$

$$14x = 42\,; \qquad x = 3.00\,\text{m}$$

■◆■

7) 우력

크기가 같고 방향이 반대이며 동일 직선상에 있지 않는 두 개의 평행력을 **우력**(couple), 또는 **짝힘**이라 하며, 우력은 이보다 더욱 간단한 역계로 줄일 수 없다. 우력의 합력은 0이므로 단지 회전효과만 갖는다. 이와 같이 우력에 의한 회전효과를 **우력 모멘트**(moment of couple)라 한다.

우력 모멘트의 크기, 우력의 평면의 방향, 우력의 회전방향 등 우력의 특성에 따라서 우력이 강체에 주는 외부효과는 다르다.

그림 1-23에서 크기가 같고 방향이 반대이며, 거리 d만큼 떨어진 평행한 두 힘 $\mathbf{F}$와 $-\mathbf{F}$가 작용하고 있을 때의 합력은 0이므로 이들의 힘은 물체를 병진운동시키지 않고 회전시키려고 한다. 그리고 임의의 점 O에서 힘 $\mathbf{F}$ 및 $-\mathbf{F}$의 적용선상 임의의 점 A, B의 위치벡터를 $\mathbf{r}_A$, $\mathbf{r}_B$라 하면, O 주위의 두 힘의 모멘트의 합은

$$\mathbf{M} = \mathbf{r}_A \times \mathbf{F} + \mathbf{r}_B \times (-\mathbf{F}) = (\mathbf{r}_A - \mathbf{r}_B) \times \mathbf{F}$$

이다. 짝힘의 팔을 $\mathbf{r}_A - \mathbf{r}_B = \mathbf{r}$이라 놓으면 임의점 O 주위의 우력 모멘트는

$$\mathbf{M} = \mathbf{r} \times \mathbf{F} \tag{1-13}$$

우력 모멘트의 크기는 $M = F \cdot d$이고, 이 때 d는 두 힘 사이의 수직거리이다. 우력 모멘트의 크기는 임의의 회전중심과는 무관계하다. 즉, 물체의 어느 점에 대하여도 우력 모멘트가 같게 작용된다는 것을 의미한다.

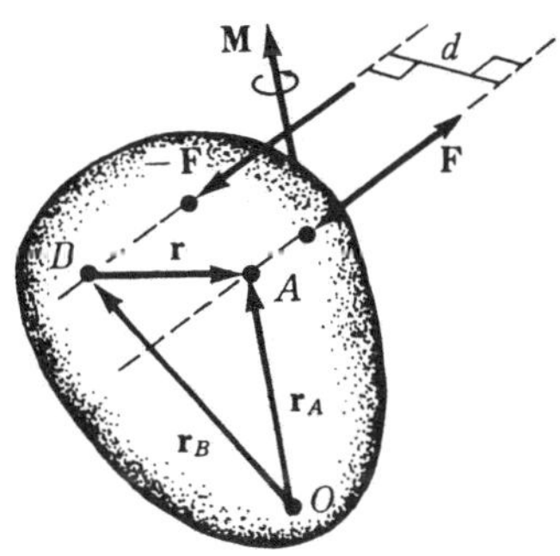

그림 1-23

우력 모멘트(토크 · 회전력) **M**은 자유벡터(free vector)량이며, 우력이 이루는 평면과 항상 수직이고, 회전방향은 오른손 법칙(right-hand rule)을 사용하면 편리하다. 해석시 동일 평면상에서 우력 모멘트 방향이 반시계방향일 때 (+), 시계방향일 때 (−)의 부호를 쓰기로 하자.

우력 모멘트의 단위는 모멘트의 단위와 같고 우력 모멘트는 그 특성에 아무런 변화를 주지 않는 한 변환이 가능하다. 따라서 다음과 같은 경우에는 등가인 우력으로 변환시킬 수 있다.

① 우력은 동일 평면 내에서 회전할 수 있다.
② 우력은 동일 평면 내에서 평행한 위치로 이동할 수 있다.
③ 우력은 그와 평행한 평면으로 이동할 수 있다.
④ 우력은 능력의 크기에 변함없이 우력의 힘 사이의 거리와 힘의 크기로 변환시킬 수 있다.

그림 1-24는 직육면체에 주어진 우력이 외부효과를 변화하지 않고 변환한 네 경우를 나타낸 것으로 모두 직육면체가 벡터 $\mathbf{M} = \mathbf{F} \cdot d$인 우력을 받고 있음을 표

시한 것이다.

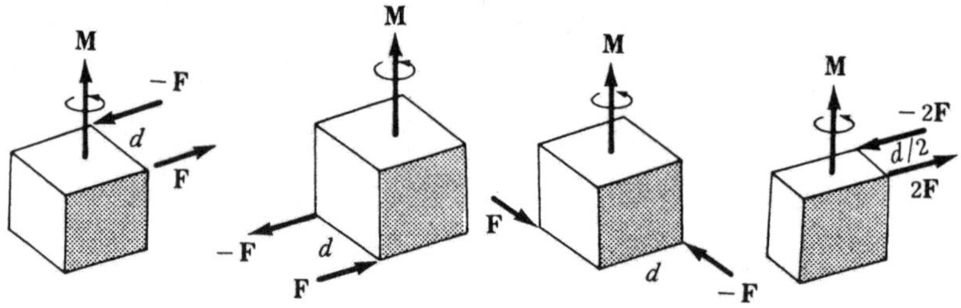

그림 1-24

그림 1-25는 두 우력을 각각 우력 모멘트 $\mathbf{M}_1$, $\mathbf{M}_2$로 나타내어, 두 우력 모멘트 $\mathbf{M}_1$, $\mathbf{M}_2$를 합성 모멘트 $\mathbf{M}$으로 합성한 것이다. 이와 같이 벡터의 가법에 따라 공간의 여러 짝힘을 하나의 우력으로 합성할 수 있다.

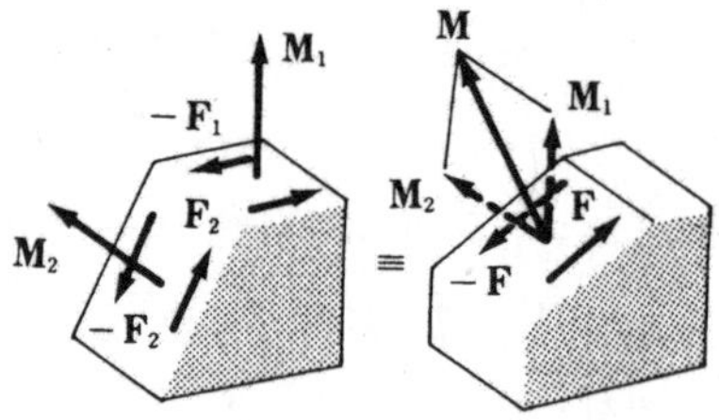

그림 1-25

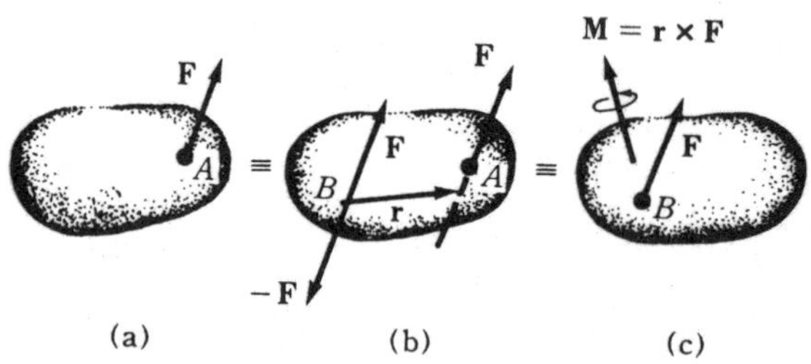

그림 1-26

그림 1-26(a)에 표시한 바와 같이 점 A에 하나의 힘 $\mathbf{F}$가 작용하고 있다. 여기에 임의의 점 B를 택하여 평행된 두 힘 $\mathbf{F}$와 $-\mathbf{F}$를 작용시킨다. 이 때 A점의 $\mathbf{F}$와 B점의 $\mathbf{F}$, 즉 이들 두 힘은 평행하며 크기가 같은 힘들이므로 힘의 효과면에

서 그림 1-26(a)와 (b)의 경우는 같다. 그림 (b)의 A점에 작용된 힘 **F**와 B점에 작용된 $-$**F**는 하나의 우력을 이루므로, 우력 모멘트로 표시하면 그림 1-26(c)와 같이 되어 우력의 크기와 방향이 모두 같은 힘의 효과를 나타내어 $\mathbf{M}=\mathbf{r}\times\mathbf{F}$가 된다. 따라서 하나의 힘은 이와 평행인 임의의 작용선상에 크기와 방향이 같은 하나의 힘과 이에 대응하는 하나의 우력 모멘트로 치환할 수 있다. 역으로 하나의 힘과 하나의 우력 모멘트는 다른 하나의 힘으로 치환할 수 있다. 특히 용어 사용에서 짝힘(우력)과 짝힘 모멘트(우력 모멘트)를 모두 우력이라 부르는 경우도 있어 두 가지 경우를 구별할 수 있어야 한다.

예제 1-10

그림 1-27(a)와 같이 정육면체에 두 우력이 작용하고 있다. 합성 모멘트 **M**의 크기와 방향을 구하라. 그리고 이와 대치할 수 있는 단일 우력의 평면을 그려 보아라.

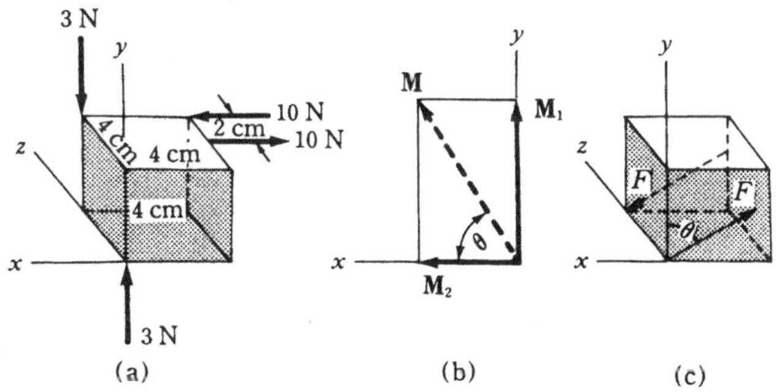

그림 1-27

〔풀 이〕 10 N에 의한 우력 모멘트의 크기는

$$M_1 = 10\,\mathrm{N}\cdot 2\,\mathrm{cm} = 20\,\mathrm{N}\cdot\mathrm{cm}\ (y\ 방향)$$

3 N에 의한 우력 모멘트의 크기는

$$M_2 = 3\,\mathrm{N}\cdot 4\,\mathrm{cm} = 12\,\mathrm{N}\cdot\mathrm{cm}\ (x\ 방향)$$

이다. 두 벡터는 서로 수직이므로 그림 1-27(b)와 같이 합성하면

$$|\mathbf{M}| = \sqrt{20^2+12^2} = 23.3\,\mathrm{N}\cdot\mathrm{cm}$$

x축과 이루는 방향각은

$$\theta = \tan^{-1}\frac{20}{12} - 59°2'$$

M과 대치할 수 있는 단일 우력은 그림 1-27(c)의 두 힘을 포함하는 평면상에 있거나, 이와 평행한 평면상에 있어야 한다. 그리고 힘들의 크기는

$$F=\frac{M}{d}=\frac{23.3}{4}=5.83\,\text{N}$$

■◆■

예제 1-11

그림 1-28(a)와 같이 고정축 OB에 부착된 수동 변속레버(control lever)의 A점에 400 N의 힘이 작용하고 있다. 이 힘을 고정축 O점에 작용되는 하나의 힘과 힘의 모멘트로 치환하라.

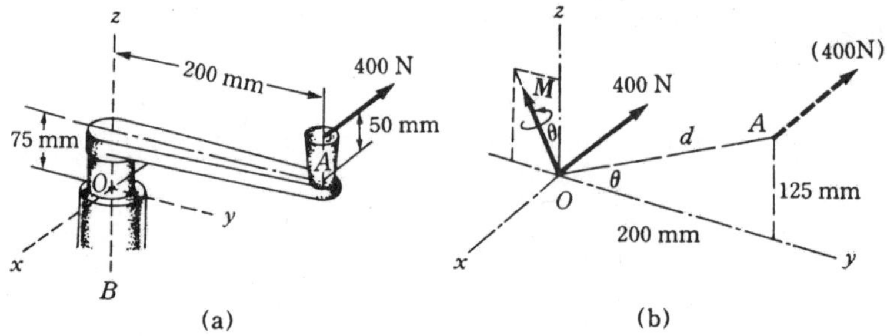

그림 1-28

〔풀 이〕 그림 1-28(b)와 같이 400 N의 힘을 O점으로 평행 이동시키면 거리는

$$d=\sqrt{125^2+200^2}=236\,\text{mm}$$

따라서 우력 모멘트 **M**의 크기는

$$M=400(0.236)=94.4\,\text{N}\cdot\text{m}$$

이고, 모멘트 **M**의 방향은 400 N의 힘과 수직이며, 이 힘과 O점이 이루는 평면에도 수직이어야 하므로 z축과 이루는 모멘트 **M**의 방향각은

$$\theta=\tan^{-1}\frac{125}{200}=32°\,0'$$

벡터로 표시하면

$$\mathbf{r}=\overrightarrow{OA}=200\,\mathbf{j}+125\,\mathbf{k}\,[\text{mm}]$$

$\mathbf{F}=-400\,\mathbf{i}\,\text{N}$ 이므로

$$\mathbf{M}=(0.200\,\mathbf{j}+0.125\,\mathbf{k})\times(-400\,\mathbf{i})$$
$$=-50\,\mathbf{j}+80\,\mathbf{k}\,[\text{N}\cdot\text{m}]$$

■◆■

8) 한 점에 작용하지 않고 평행하지 않는 역계의 합력

한 점에 작용하는 역계는 작용선상의 임의점에 대하여서는 모멘트를 발생시키지 않으나 한 점에 작용하지 않는 역계는 모멘트를 발생시킬 수 있다.

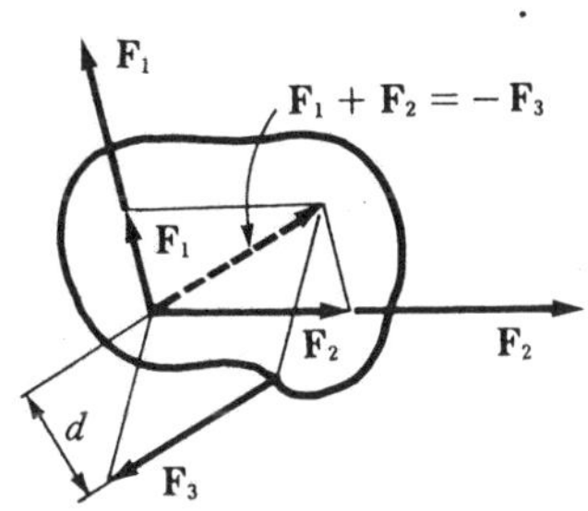

그림 1-29

지금 그림 1-29와 같은 역계를 생각해 보자. 합력 **R**은 0이 되나 F_3d인 하나의 우력이 있이므로 그 우력의 값은 임의의 점에 관한 모멘트의 합과 같다. 그러므로 평면역계의 합력은 하나의 힘, 또는 하나의 우력 중의 하나일 수 있다는 것을 알 수 있다. 한 점에 작용하지도 않고 평행하지도 않는 세 힘 $\mathbf{F}_1$, $\mathbf{F}_2$, $\mathbf{F}_3$가 그림 1-30(a)와 같이 강철판에 작용하고 있을 때 이 힘들의 합력을 구하여 보자.

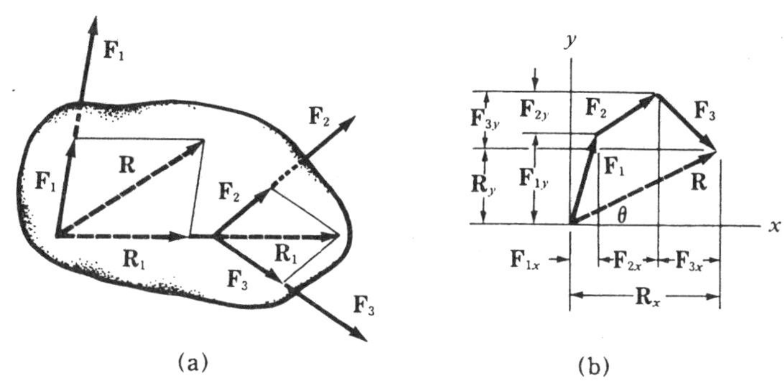

그림 1-30

먼저 두 개의 힘 $\mathbf{F}_2$, $\mathbf{F}_3$를 작용선을 따라 이동시켜 작용선과 만나는 점에서 두 힘을 합성하여 $\mathbf{R}_1$을 구하고, 같은 방법으로 $\mathbf{R}_1$과 $\mathbf{F}_1$을 합싱하면 세 힘의 합력 **R**을 구할 수 있다.

또 그림 1-30(b)는 힘의 다각형법으로 벡터의 전단과 후단을 차례로 연결하여 구한 합력 **R**과 직교좌표축에 따른 분력의 크기를 표시한 것이다. 따라서 평면상에 임의의 직교좌표축을 설정하고 각 축에 관한 분력들의 합력은 다음 식으로 구할 수 있다.

$$\left.\begin{aligned} &\mathbf{R} = \mathbf{F}_1 + \mathbf{F}_2 + \mathbf{F}_3 + \cdots\cdots\cdots = \sum \mathbf{F}_i \\ &R_x = \sum F_x,\ \ R_y = \sum F_y,\ \ R = \sqrt{(\sum F_x)^2 + (\sum F_y)^2} \\ &\theta = \tan^{-1}\frac{R_y}{R_x} = \tan^{-1}\frac{\sum F_y}{\sum F_x} \end{aligned}\right\} \quad (1\text{-}14)$$

그리고 한 점에 작용하는 평면역계의 합성에 관한 식 (1-11)과 비교하여 보자. 그림 1-31에 표시한 바와 같이 점 O에 대한 합력 **R**의 작용선의 위치는 바리논의 정리에 의하여 모멘트의 팔 d로 다음과 같이 주어진다.

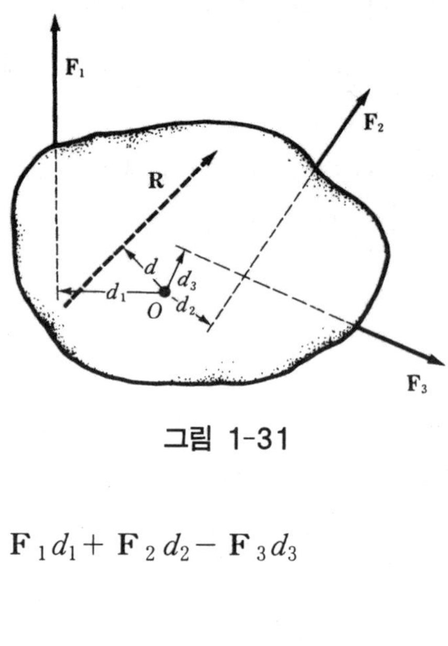

그림 1-31

$$-\mathbf{R}d = -\mathbf{F}_1 d_1 + \mathbf{F}_2 d_2 - \mathbf{F}_3 d_3$$

간단히 표시하면

$$\sum \mathbf{F}_i d_i = \sum \mathbf{M}_O \quad (1\text{-}15)$$

평행하지 않는 공간역계의 합력은 평면역계의 합력을 구하는 방법과 유사하며, 한 점에 작용하는 공간역계와 한 점에 작용하지 않는 공간역계로 나누어 생각한다. 평행하지 않고 한 점에 작용하는 공간역계의 협력은 각 힘의 x, y, z축 방향의 분력의 합이 된다.

일반적으로

$$R_x = \sum F_x,\ \ R_y = \sum F_y,\ \ R_z = \sum F_z$$

$$R = \sqrt{(\sum F_x)^2 + (\sum F_y)^2 + (\sum F_z)^2} \qquad (1\text{-}16)$$

$$\cos\theta_x = \frac{\sum F_x}{R},\ \ \cos\theta_y = \frac{\sum F_y}{R},\ \ \cos\theta_z = \frac{\sum F_z}{R}$$

여기서, $\cos\theta_x$, $\cos\theta_y$, $\cos\theta_z$는 x, y, z축과 **R**과의 사잇각을 각각 θ_x, θ_y, θ_z라 할 때 **R**의 방향 코사인이다. 또한 한 점에 작용하지도 않고 서로 평행하지도 않는 공간역계의 합력은 한 점에 작용하는 공간역계와 모멘트만 작용하는 공간역계로 구성되었다고 생각할 수 있으므로 이러한 공간역계의 합력은 각 힘을 어떤 공통점 혹은 원점을 지나는 평행한 힘과 우력으로 구분하여 구할 수 있다. 이리하여 힘들은 한 점에서 교차되는 역계를 형성하므로 합력은 식 (1-16)에 의하여 구할 수 있고, 우력계의 합력은 결국 우력이 되므로 우력 변환에 의하여 구할 수 있다. 합성 우력이 합력에 수직한 평면 내에 있지 않으면 이것은 두 우력으로 분해되는데, 그 중 하나는 힘에 수직한 평면 내로, 다른 하나는 힘에 평행한 평면 내로 각각 분해된다. 힘에 평행한 평면 내의 우력은 힘과 합성되어 평행한 힘이 되며, 이는 역계를 힘에 수직한 평면 내에 있는 하나의 힘과 하나의 우력으로 만든다. 따라서 모멘트는 자유벡터이므로 한 점에 모은다고 생각하면 합 모멘트는

$$\mathbf{M}_x = \sum(\mathbf{r}\times\mathbf{F})_x,\ \ \mathbf{M}_y = \sum(\mathbf{r}\times\mathbf{F})_y,\ \ \mathbf{M}_z = \sum(\mathbf{r}\times\mathbf{F})_z \qquad (1\text{-}17)$$

$$M = \sqrt{M_x^2 + M_y^2 + M_z^2}$$

합 모멘트의 방향 코사인 또는 방향여현(direction cosine)은

$$\cos\theta_{M_x} = \frac{M_x}{M},\ \ \cos\theta_{M_y} = \frac{M_y}{M},\ \ \cos\theta_{M_z} = \frac{M_z}{M} \qquad (1\text{-}18)$$

가 되어

$$\cos^2\theta_{M_x} + \cos^2\theta_{M_y} + \cos^2\theta_{M_z} = 1$$

이 성립한다.

예제 1-12

그림 1-32(a)와 같이 보 AE에 평면역계가 작용하고 있다. 이들의 합력을 구하라.

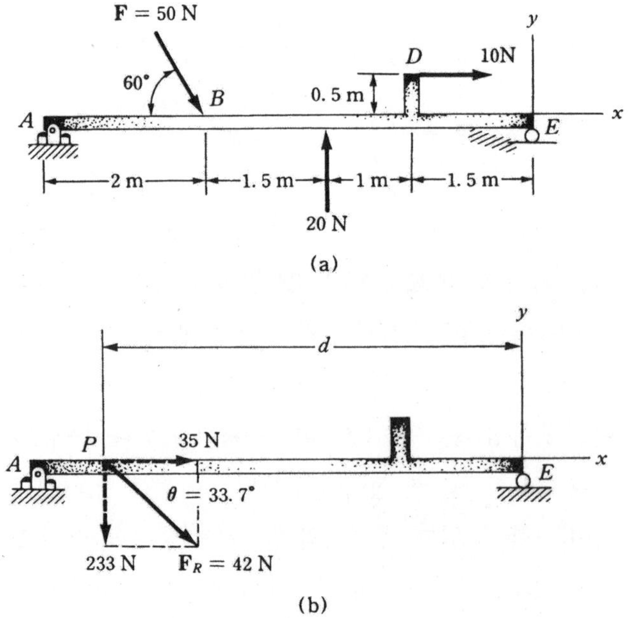

그림 1-32

〔풀 이〕 직각좌표에서 원점을 E로 하고, 50 N의 힘을 x, y축의 직각분력으로 분해하여 같은 성분끼리 합한다.

$$\xrightarrow{+} R_x = 50\,\text{N}\cos 60^\circ + 10\,\text{N} = 35.0\ \text{N}(\rightarrow)$$

$$+\uparrow R_y = -50\,\text{N}\sin 60^\circ + 20\,\text{N} = -23.3\,\text{N}(\downarrow)$$

그림 1-32(b)에 표시한 바와 같이 합력의 크기와 방향은

$$R = \sqrt{(35.0)^2 + (-23.3)^2} = 42.0\,\text{N}$$

$$\theta = \tan^{-1}\left(\frac{23.2}{35.0}\right) = 33.7^\circ$$

작용선의 위치는 그림 1-32(a), (b)에서 점 E에 대한 모멘트의 원리를 적용하여 구한다.

$$+\circlearrowleft M_E = (23.3)\,d + (35)0$$

$$= (50\sin 60^\circ)4 + (50\cos 60^\circ)0 - (10)0.5 - (20)2.5$$

$$d = \frac{118.2}{23.3} = 5.07\,\text{m}$$

9) 도식에 의한 힘의 합성

평면역계인 네 힘이 그림 1-33(a)와 같이 작용하고 있을 때, 이 힘들은 다각형법에 의하여 합력의 크기 **R**은 구할 수 있으나 정확한 작용선의 위치를 알 수 없으므로 도식법에 의하여 합력의 크기, 방향, 작용선의 위치를 구하여 본다.

합력의 크기는 그림 1-33(c)와 같이 힘의 다각형법에 의하여 R을 구한 후 힘의 다각형 선상이 아닌 임의점 P를 취한다.

이때의 P점을 극(pole)이라 하고, 극에서 다각형의 꼭지점에 방사선을 긋는다. 이 선을 사선(ray)이라 하며, 혼돈을 피하기 위하여 0, 1, 2, 3, 4와 같이 사선에 번호를 붙인다. 힘 F_1을 사선 0, 1의 방향으로 분해하면 그림 1-33(b)와 같이 F_1을 분력 S_0와 S_1으로, F_2를 $-S_1$과 S_2로, F_3를 $-S_2$와 S_3로, F_4를 $-S_3$와 S_4의 분력으로 각각 나눌 수 있다.

F_1, F_2, F_3, F_4의 작용선을 각각 W_1, W_2, W_3, W_4라 할 때, 그림 1-33의 (a)에서, 그림 (c)의 사선 O와 평행하며 F_1의 작용선인 W_1상의 임의점 Ⅰ을 지나는 선 O를 긋고, 다시 사선 1과 평행하며 점 Ⅰ을 지나는 선 1을 긋는다. 다음 Ⅰ을 작용점으로 하는 색선 0, 1의 방향에 따라 평형사변형법으로 F_1의 분력 S_0, S_1을 작도할 수 있다. 같은 방법으로 F_4의 분력 $-S_3$와 S_4까지 작도한 것이 그림 (a)이다. 이 때 작용선과 작용선 사이에 이어지는 선을 색선(string)이라고 한다. 이 색선상에 놓여 있는 분력들을 합성하면 S_1과 $-S_1$, S_2와 $-S_2$, S_3와 $-S_3$는 크기가 같고 방향이 반대이므로 서로 상대되어 평형을 이루고 나머지 S_0와 S_4를 합성하여 합력 **R**을 구할 수 있다. 이것은 마치 그림 1-33(a)에서 팽팽한 줄에 작용점을 Ⅰ, Ⅱ, Ⅲ, Ⅳ로 하여 평면력 F_1, F_2, F_3, F_4가 작용할 때의 합력과도 같다. 그리고 그림 (a)의 색선 0, 1, 2, 3, 4로 이루어지는 다각형을 연력도(string or funicular polygon)라 하고, 그림 (c)에서 힘의 다각형을 시력도(force diagram)라 한다.

힘을 표기한 다음 더하는 순서가 합력의 결과에는 아무런 영향을 주지않으나 시계방향으로 또는 좌에서 우의 순서로 더하는 것이 편리하다. 또, 연력도의 최초 출발점의 선택이 다르면 여러 형태의 다각형이 이루어질 것이나, 합력의 작용선은 연력도가 어디서 시작되든 관계없이 동일한 작용선상이 된다.

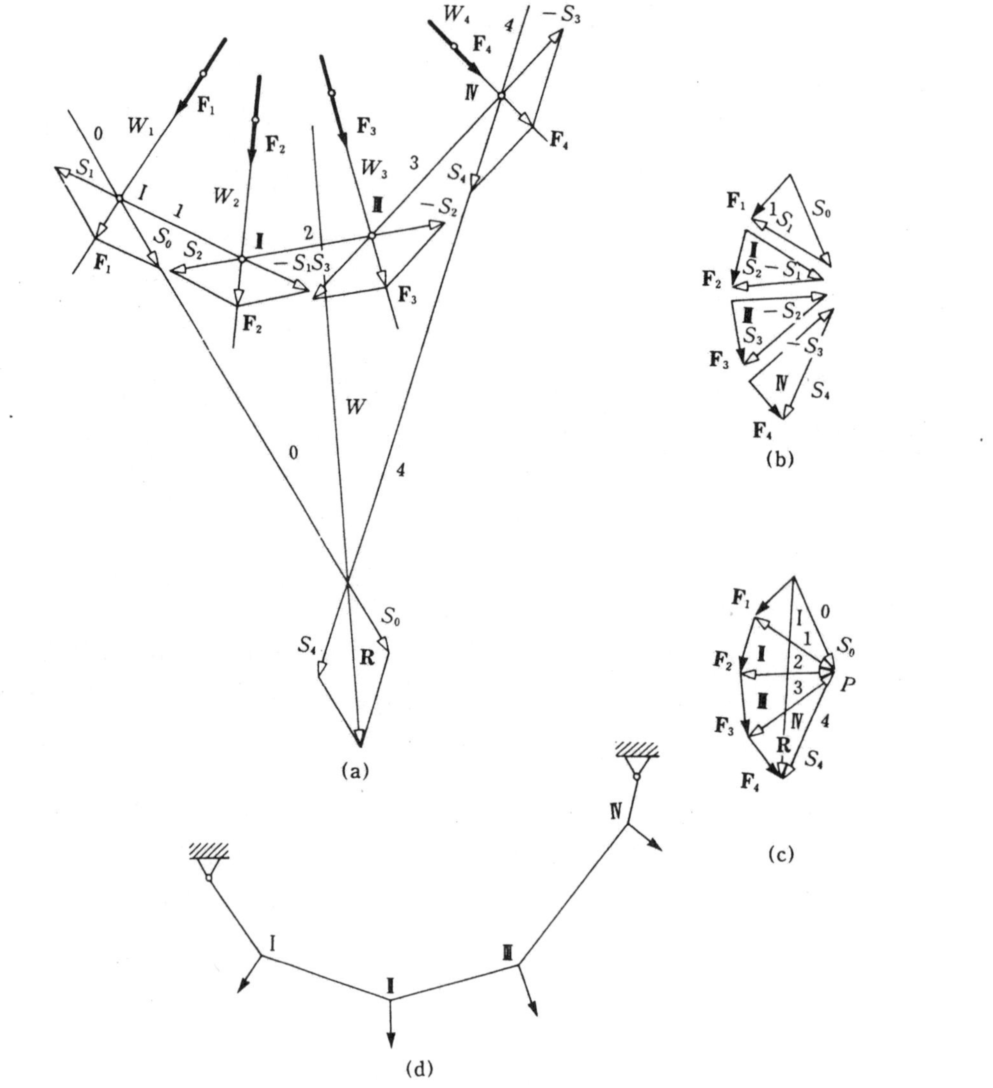

그림 1-33

예제 1-13

그림 1-34(a)와 같이 세 힘 $F_1 = 500\,\mathrm{N}(\theta_1 = 70^\circ)$, F_1의 작용점으로부터 $l_1 = 750$ mm 되는 곳에 $F_2 = 320\,\mathrm{N}(\theta_2 = 90^\circ)$, F_2로부터 $l_2 = 600$ mm 되는 곳에 $F_3 = 360$ mm$(\theta_3 = 60^\circ)$이 보(beam)에 작용하고 있다. 연력도와 시력도로 합력 **R**의 크기, 보와 이루는 방향각 θ, F_2로부터 작용선까지의 거리 l을 구하라.

〔풀 이〕 힘의 크기에 비례하는 상당길이를 200 N/cm라 하고, 작용선간의 거리를 300 mm/cm라 정한다면, 작도상으로

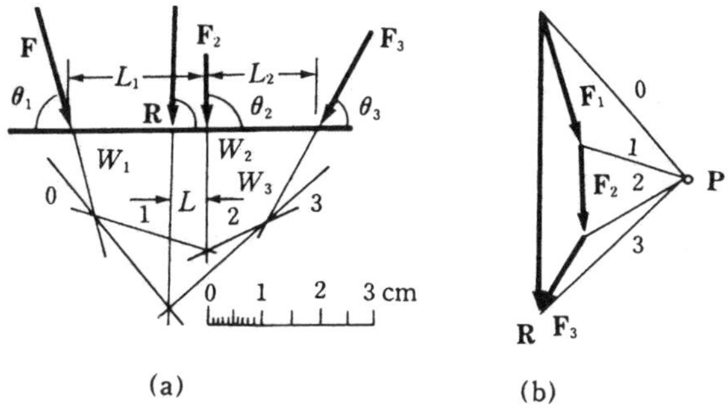

그림 1-34

$$l_1' = \frac{750\,\text{mm}}{300\,\text{mm/cm}} = 2.5\,\text{cm}, \quad l_2 = \frac{600\,\text{mm}}{300\,\text{mm/cm}} = 2\,\text{cm}$$

$$F_1' = \frac{500\,\text{N}}{200\,\text{N/cm}} = 2.5\ \text{cm}, \quad F_2' = 1.6\,\text{cm}, \quad F_3' = 1.8\ \text{cm}$$

다각형법에 의하여 합력의 크기 R을 구한 것이 그림 1-34(b)이다. 시력도에서 임의 극 P를 잡고 사선을 그은 다음, F_1의 작용선인 W_1의 선상 임의점을 지나며 시력도의 사선 0과 평행인 색선 0을 긋고 이의 교점을 지나면서 사선 1과 평행되게 색선 1을 그어 F_2의 작용선 W_2와의 교점을 구하고, 같은 방법으로 그림 (b)의 0, 1, 2, 3을 변으로 하는 연력도를 작도하면 그림 (a)와 같다.

작도상의 크기 $R' = 5.6$ cm, $l' = 0.55$ cm 이므로, 구하고자 하는 합력의 크기, 거리, 방향각은 다음과 같다.

$$F = 5.6\ \text{cm} \times 200\ \text{N/cm} = 1120\ \text{N}$$

$$l = 0.55\ \text{cm} \times 300\ \text{mm/cm} = 165\ \text{mm}$$

$$\theta = 87^\circ$$

■◆■

1-1 그림 문 1-1과 같이 400 kN의 힘이 작용하고 있을 때 AB면과 AB면에 수직으로 작용하는 힘의 분력을 구하라.

해답 C점을 통하여 320 kN, 240 kN

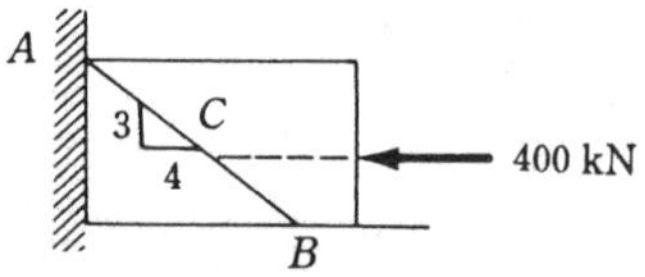

그림 문 1-1

1-2 그림 문 1-2와 같이 보의 A점에 작용하는 $T=15$ kN의 장력을 x 및 y성분으로 분해하라.

해답 $T_x=-12$ kN, $T_y=+9$ kN

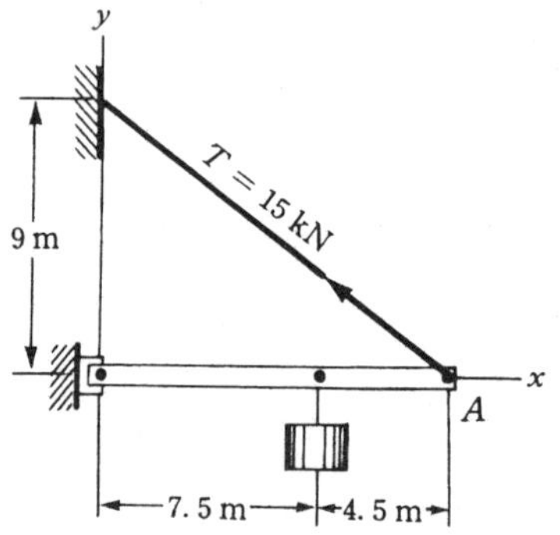

그림 문 1-2

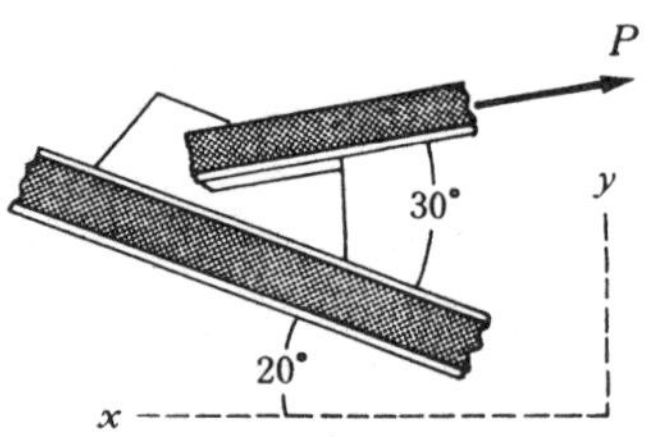

그림 문 1-3

1-3 그림 문 1-3과 같이 부재에 $P=20$ kN의 힘이 작용하고 있다. 이 힘의 x 및 y 축상의 성분을 구하라.

해답 $P_x=-19.70$ kN, $P_y=3.47$ kN

1-4 힘 F_1과 F_2의 합이 20 kN일 때 F_2로부터 F_1이 이루는 방향각 θ를 구하라(그림 문 1-4).

해답 $\theta = \cos^{-1}\frac{57}{300} = 75°31'$

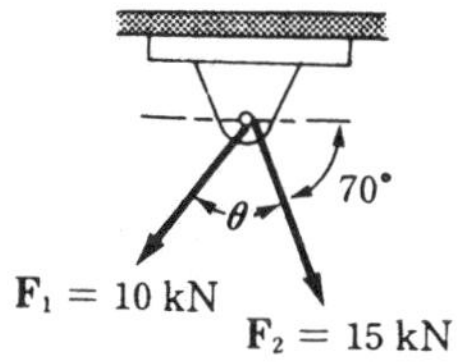

그림 문 1-4

1-5 수평과 12° 경사진 붐(boom)의 축 AB를 따라 합력이 작용되어 그림 문 1-5와 같은 상태로 될 때 힘 **F**와 합력 **R**을 구하라.

해답 **F**=117.6 kN, **R**=120.2 kN

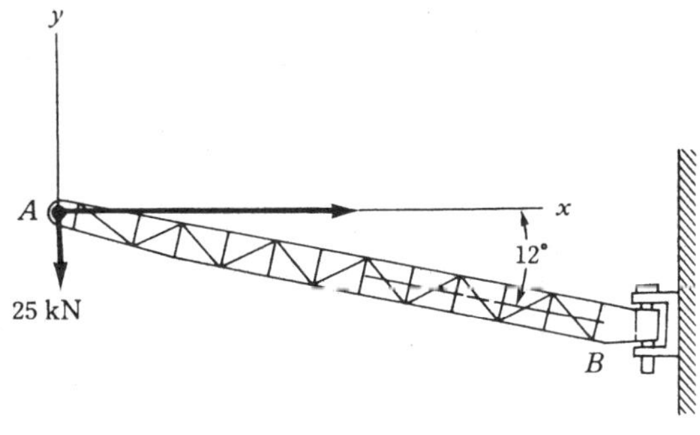

그림 문 1-5

1-6 그림 문 1-6과 같이 프레임(frame)에 80 N의 힘이 작용하고 있다. 점 A, B, C 및 D에 대한 힘의 모멘트를 구하라.

해답 $M_A = 80\,\text{N}(2.5\text{m}) = 200\text{N}\cdot\text{m}$ ↷

$M_B = 80\,\text{N}(1.5\text{m}) = 120\text{N}\cdot\text{m}$ ↷

$M_C = 80\,\text{N}(0) = 0$(힘의 작용선 이 점 C를 통과하므로)

$M_D = 80\,\text{N}(0.5) = 40\text{N}\cdot\text{m}$ ↶

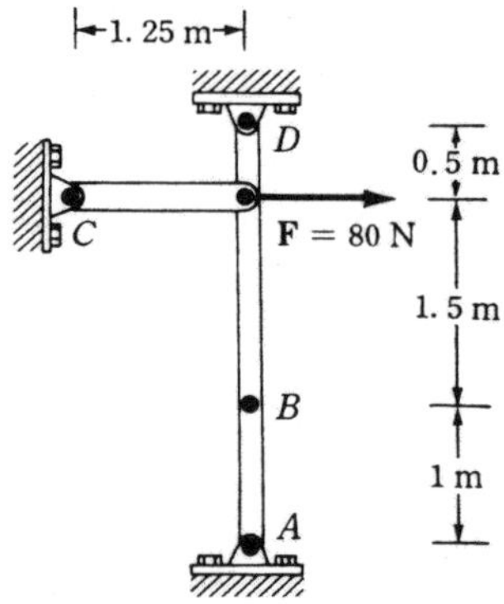

그림 문 1-6

1-7 승강 훅(lifting hook)을 설계하는 데 있어서 B를 지나는 수평 단면이 견딜 수 있는 우력이 3 ton · ft일 때 힘 **F**의 크기를 구하라(그림 문 1-7).

해답 9 ton

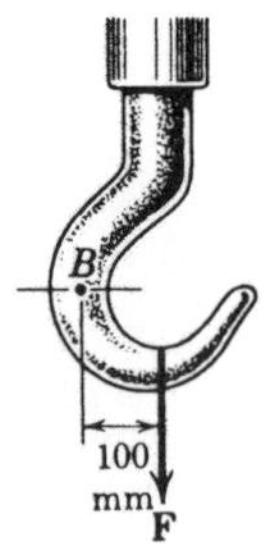

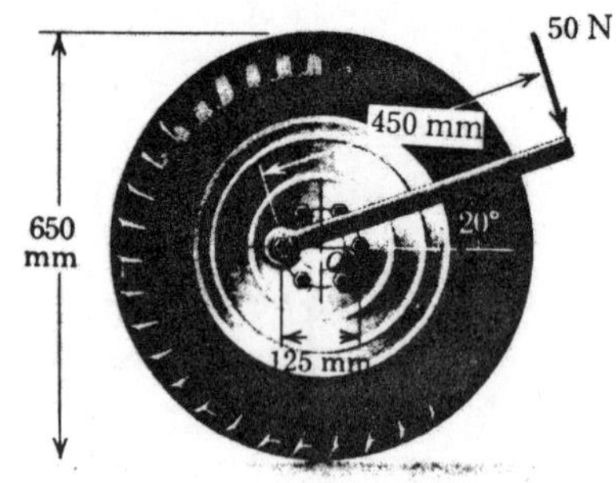

그림 문 1-7　　　　그림 문 1-8

1-8 그림 문 1-8과 같이 자동차 바퀴의 볼트를 조이기 위하여 50 N의 힘을 렌치 끝에 가했다. 볼트의 회전효과와 이 힘이 바퀴의 중심에 대해서 일으키는 모멘트를 구하라.

해답 22.5 N · m(↻), 19.56 N · m(↻)

1-9 그림 문 1-9에서 힘 **F**의 수평분력의 크기가 360 N일 때 다음을 구하라.

(a) 힘 **F**의 크기

(b) A점에 대한 힘 **F**의 모멘트

(c) A 점으로부터 힘 **F**의 작용선까지의 수직거리

해답 (a) 390 N, (b) 27 N · m(↱), (c) 69.2 mm

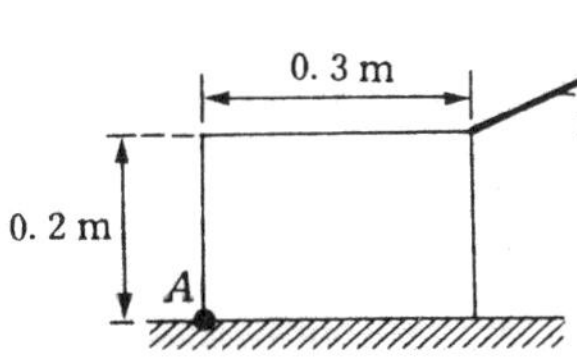

그림 문 1-9

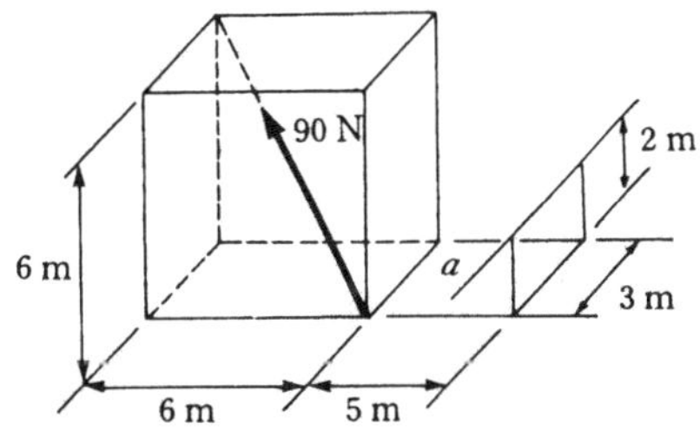

그림 문 1-10

1-10 그림 문 1-10과 같이 90 N의 힘이 작용할 때 a축에 관한 모멘트를 구하라.

해답 420 N · m(↷)

1-11 평면역계의 합력을 구하라(그림 문 1-11).

해답 4.80 kN→교차점을 통과

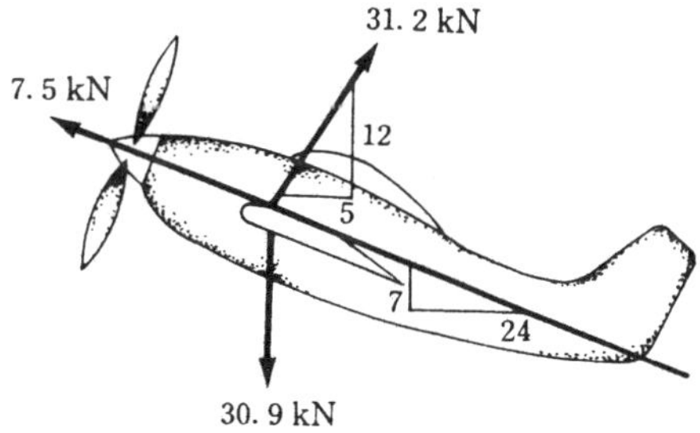

그림 문 1-11

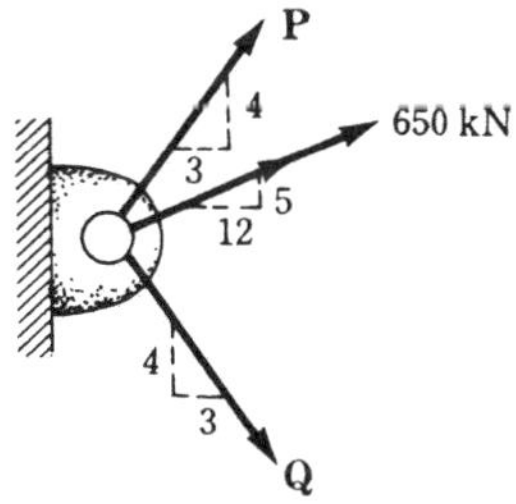

그림 문 1-12

1-12 그림 문 1-12에서 6500 N의 힘이 **P**와 **Q**의 두 힘의 합력이 될 때, 힘 **P**와 **Q**의 크기를 구하라.

해답 $|\mathbf{P}| = 656\,\text{kN}$

$|\mathbf{Q}| = 344\,\text{kN}$

1-13 질량 m=30 Mg인 제트기가 일정한 추진력 T=86 kN, 일정속도, 앙각 15°로 상승하고 있다. 속도가 일정하므로 제트기에 작용하는 힘의 합은 영이다. 항력 D, 양력 L, 현상태에서 수평안정판에 작용하는 힘 P를 구하라(그림 문 1-13).

해답 D=9.83 kN, L=279.6 kN, P=4.69 kN

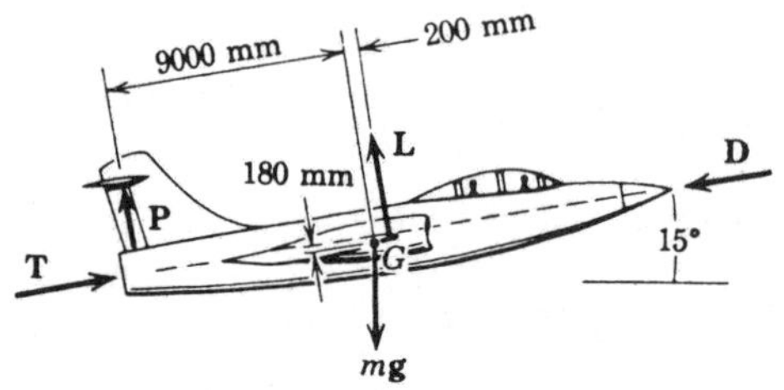

그림 문 1-13

1-14 항공기의 세 바퀴의 균형을 검사받기 위하여 그림 문 1-14와 같이 저울대 위에 올려졌다. 저울의 읽음이 각각 A=22.0 kN, B=22.4 kN, C=3.43 kN이었다. $x-y$ 평면 직교좌표상의 비행기 전무게(합력의 작용점)의 위치를 구하라.

해답 $\bar{x}=-0.0201$ m, $\bar{y}=0.215$ m

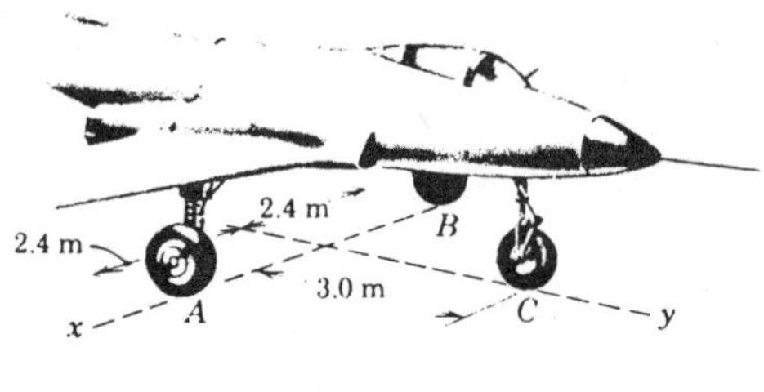

그림 문 1-14

1-15 그림 문 1-15에서 $F_1=F_2$=900 N이고, 합력 R=900 N의 힘이 양(+)의 x'축 방향으로 작용하기 위한 θ와 ϕ의 각을 구하라.

해답 $\theta=\phi=60°$

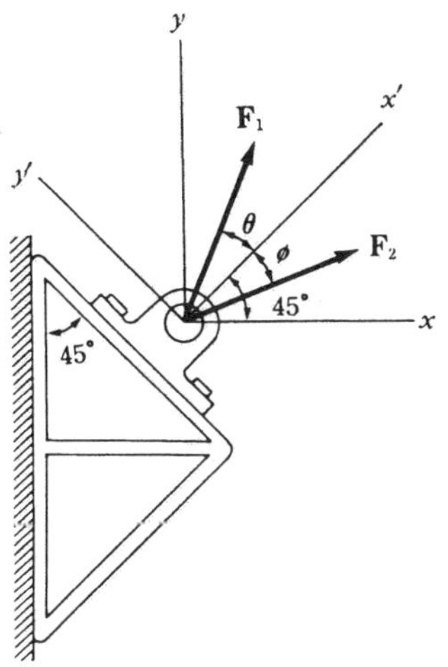

그림 문 1-15

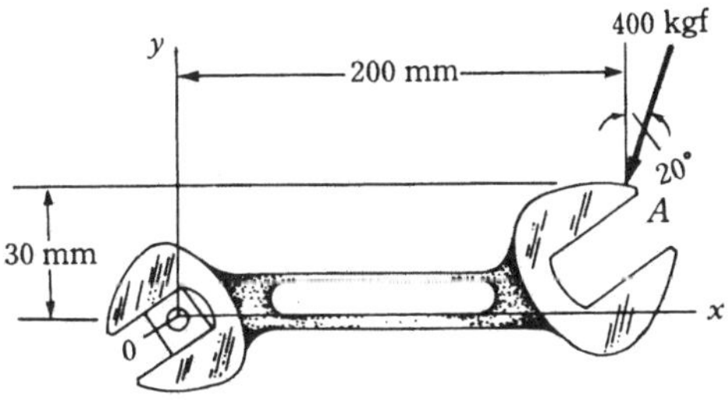

그림 문 1-16

1-16 40 kgf의 힘이 그림 문 1-16과 같이 렌치(wrench)의 손잡이에 작용하고 있다. 점 O에 대하여 이 힘의 모멘트를 구하라.

해답 7.11 kgf · m↷

1-17 그림 문 1-17과 같이 파이프의 끝 점 B에 400 kgf의 평면력이 작용하고 있다. 점 A에 대한 이 힘의 모멘트를 구하고, 점 C에서도 같은 모멘트를 얻기 위한 수평력의 크기와 방향을 구하라.

해답 171.8 kgf · m↶ , 190.8 kgf(→)

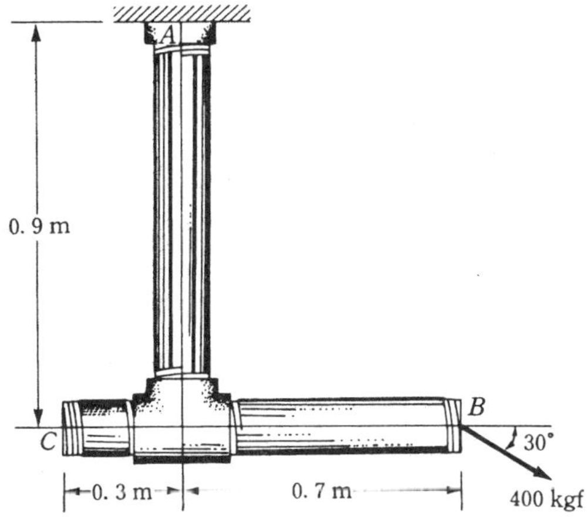

그림 문 1-17

1-18 그림 문 1-18에서 힘 **F**의 y, z축상의 분력의 크기가 각각 $\mathbf{F}_y=60$ kN, $\mathbf{F}_z=15$ kN이다. 힘 **F**가 x축과 이루는 각 $\alpha=45°$ 일 때 힘 **F**의 크기와 방향을 구하고, 분력 $\mathbf{F}_x$의 크기도 구하라.

해답 $F=87.5$ kN, 45°, 46.7°, 99.9°
$F_y=61.85$ kN

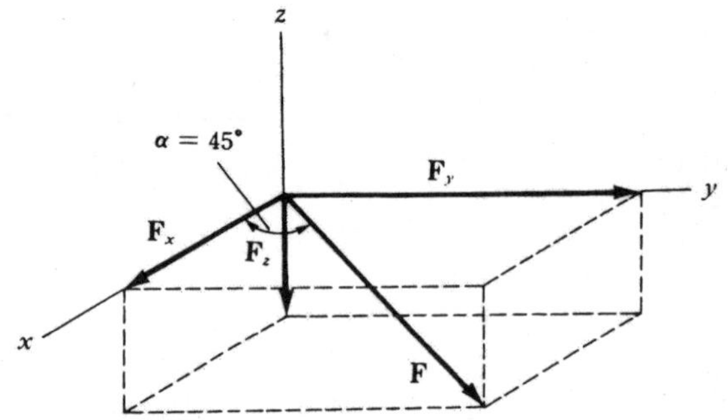

그림 문 1-18

1-19 그림 문 1-19와 같이 200 kgf가 브래킷에 작용하고 있다. x', y'축의 직각분력과 x, y'축에 따른 분력을 각각 구하라.

해답 $\mathbf{F}_{x'}=34.7$ kgf
$\mathbf{F}_{y'}=197.0$ kgf
$\mathbf{F}_x=40.1$ kgf
$\mathbf{F}_{y'}=217.0$ kgf

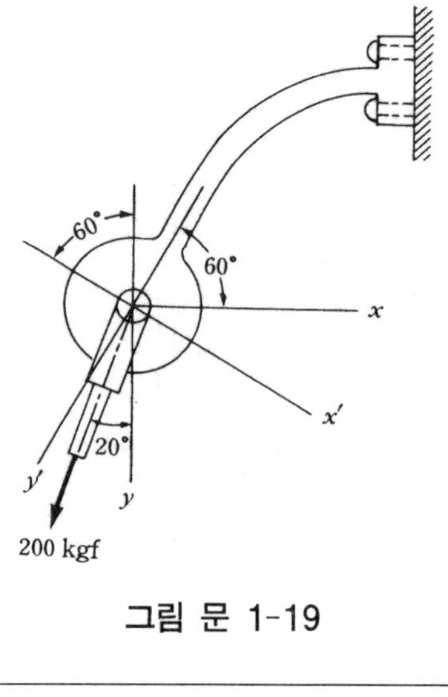

그림 문 1-19

1-20 소화전에 두 쌍의 합우력(모멘트) $\mathbf{M}_R = \{-15\,\mathbf{i}+30\,\mathbf{j}\}$ kgf · m가 작용하고 있을 때, 힘 P의 크기를 구하라. 단, $F=75$ kgf, $a=200$ mm, $b=150$ mm이다.

해답 200 kgf

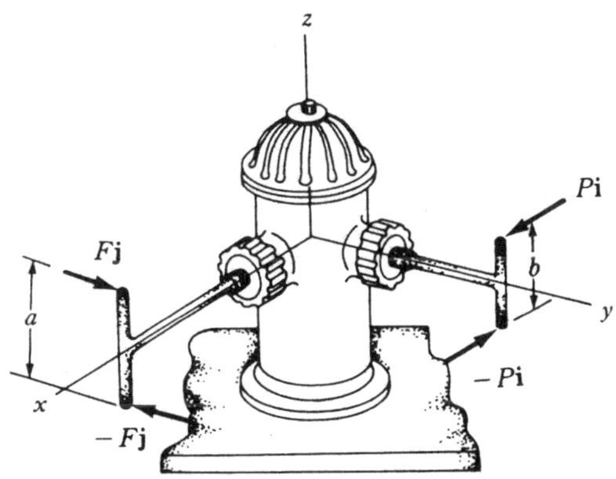

그림 문 1-20

1-21 그림 문 1-21(a)와 같이 작용하는 힘을 점 O에 대한 하나의 힘과 우력 모멘트로 치환하라.

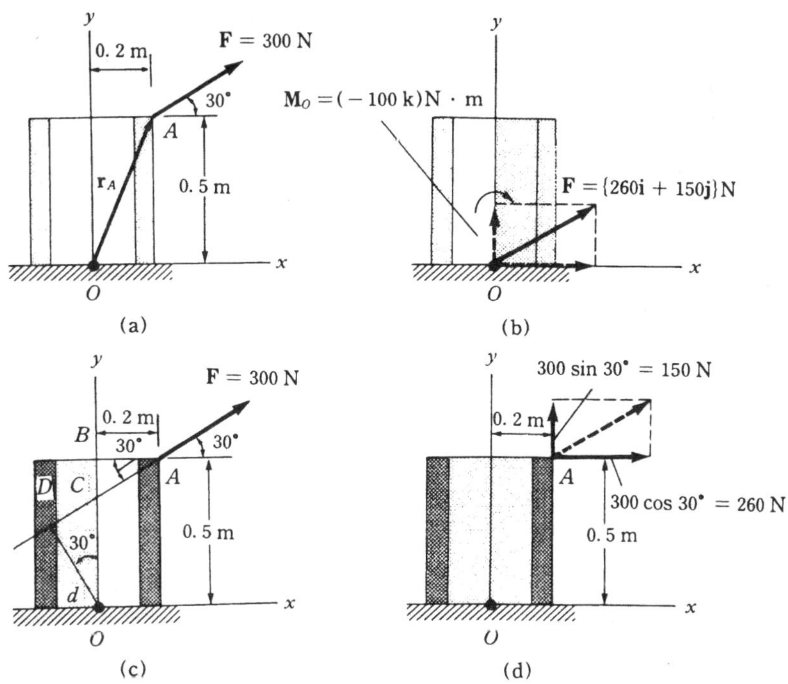

그림 문 1-21

(1) 벡터해석에 의하면 $\mathbf{r}_A = \{0.2\,\mathbf{i} + 0.5\,\mathbf{j}\}\text{m}$

$\mathbf{F} = 300\cos 30°\ \mathbf{i} + 300\sin 30°\ \mathbf{j} = \{260\,\mathbf{i} + 150\,\mathbf{j}\}\text{N}$

따라서

$$\mathbf{M}_O = \mathbf{r}_A \times \mathbf{F} = \begin{vmatrix} \mathbf{i} & \mathbf{j} & \mathbf{k} \\ 0.2 & 0.5 & 0 \\ 260 & 150 & 0 \end{vmatrix} = \{-100\,\mathbf{k}\}\text{N}\cdot\text{m}$$

결과를 그림 문 1-21(b)에 표시하였다.

(2) 스칼라 해석에 의하면

$BC = 0.2\tan 30° = 0.115\,\text{m}$, $CO = 0.5 - 0.115 = 0.385\,\text{m}$

$d = 0.385\cos 30° = 0.333\,\text{m}$

$M_O = Fd = 300(0.333) = 100\ \text{N}\cdot\text{m}$

$\mathbf{M}_O = \{-100\,\mathbf{k}\}\text{N}\cdot\text{m}$

(3) 바리논의 정리를 이용하여 스칼라 해석에 따르면

$+\circlearrowleft\ M_O = 150(0.2) - 260(0.5) = -100\ \text{N}\cdot\text{m}$

$\mathbf{M}_O = \{-100\,\mathbf{k}\}\text{N}\cdot\text{m}$

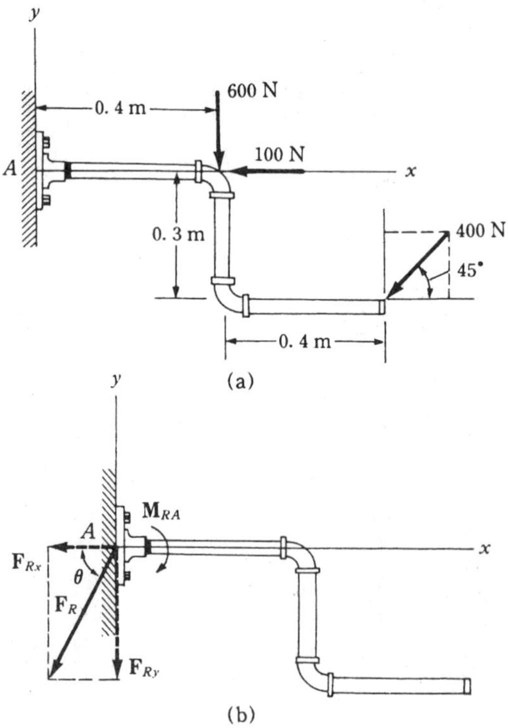

그림 문 1-22

1-22 그림 문 1-22(a)와 같이 파이프에 작용하는 세 힘들을 점 A에 작용하는 하나의 우력 모멘트로 치환하라.

해답

$$\stackrel{+}{\rightarrow} F_{Rx}=\sum F_x\ ;\ F_{Rx}=-100-400\cos 45^\circ=-382.8\text{ N}\leftarrow$$

$$+\uparrow F_{Ry}=\sum F_y\ ;\ F_{Ry}=-600-400\sin 45^\circ=-882.8\text{ N}\downarrow$$

$$F_R=\sqrt{(F_{Rx})^2+(F_{Ry})^2}=\sqrt{(382.8)^2+(882.8)^2}=962.2\text{ N}$$

$$\theta=\tan^{-1}\left(\frac{F_{Ry}}{F_{Rx}}\right)=\tan^{-1}\left(\frac{882.8}{382.8}\right)=66.6^\circ$$

-보충문제-

1-1 고정 브래킷의 A점에 300 N의 힘이 그림과 같이 작용하고 있다. 수평방향과 수직방향의 분력을 구하여라. ($F_x = 260$ N, $F_y = -150$ N)

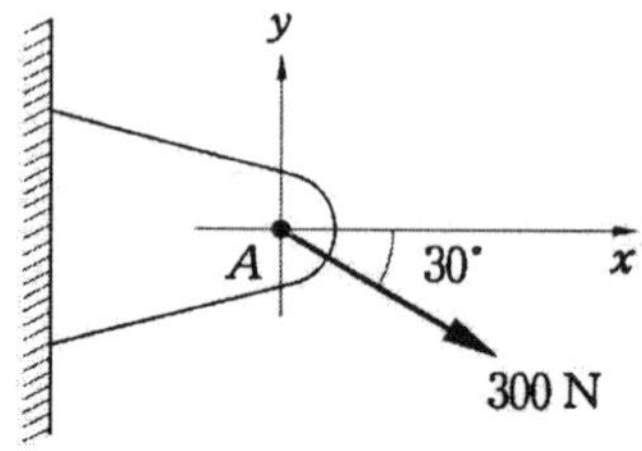

그림 문 1-1

1-2 그림의 고정점 A에 힘 $\mathbf{F}_1$, $\mathbf{F}_2$가 직각을 이루며 작용하고 있다. 합력 **R**을 작도하여라. $F_1 = 80$ N, $F_2 = 60$ N일 때 합력 **R**의 크기는 얼마인가? (100 N)

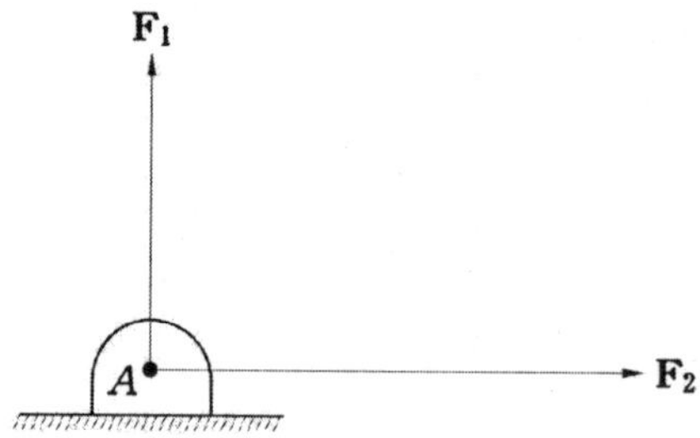

그림 문 1-2

1-3 그림의 풀리에 $T = 6$ kN의 같은 장력이 작용하고 있을 때 베어링에 걸리는 하중을 구하여라. (10.4 kN)

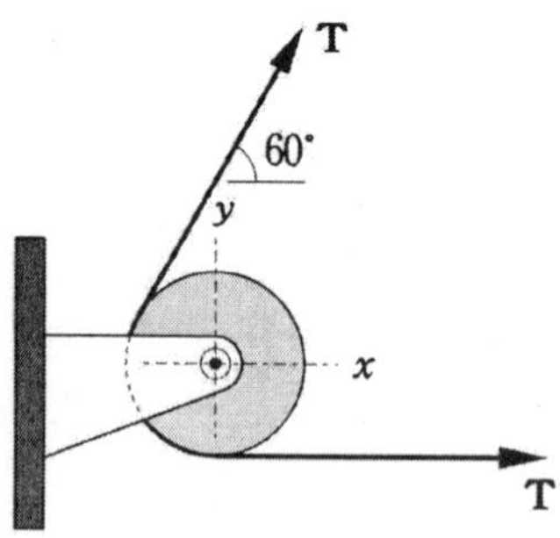

그림 문 1-3

1-4 나사못에 그림과 같이 600 N, 900 N의 두 힘이 작용하고 있다. 합력 **R**의 크기

와 방향을 구하여라. (1390.6 N, $\angle$ 47.8°)

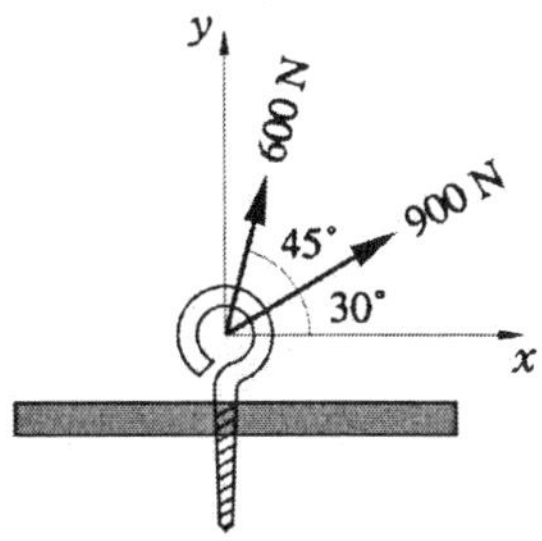

그림 문 1-4

1-5 그림에서 같은 크기의 힘 $F_1 = F_2 = 60$ N이 작용하고 있을 때 다음을 구하여라.

① 합력의 크기와 방향 (104 N, 수평(x축) 방향)

② O점 둘레의 모멘트 (208 N · m↻)

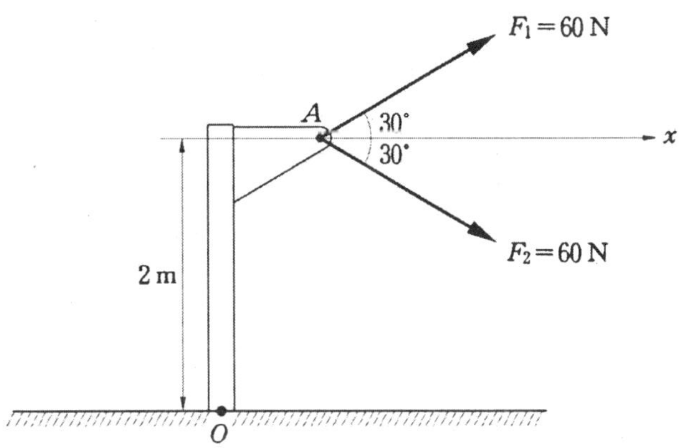

그림 문 1-5

1-6 기어에 그림과 같이 40 N의 힘이 작용할 때 O점 둘레의 모멘트를 구하여라. (3.8 N · m↺)

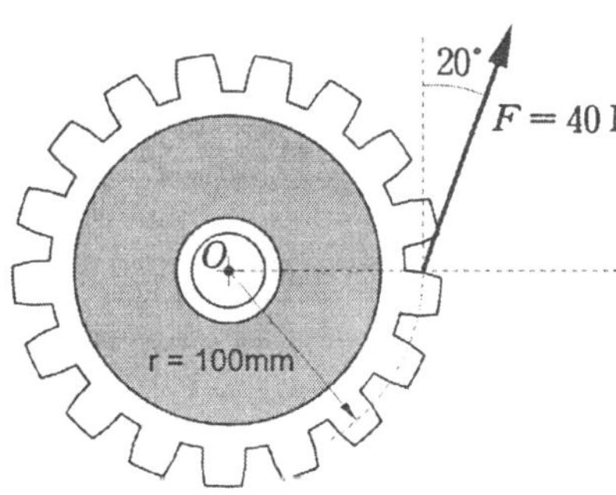

그림 문 1-6

1-7 직경 450 mm인 핸들에 그림과 같이 우력이 작용하고 있다. 핸들 축에 작용하는 모멘트는 얼마인가? (67.5 N · m ↻)

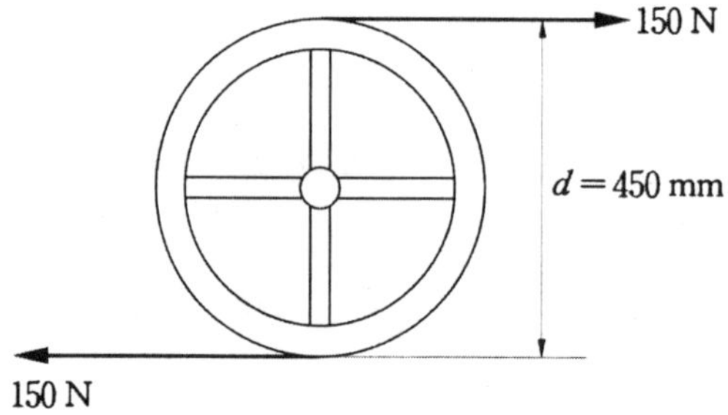

그림 문 1-7

1-8 그림과 같이 평행한 세 힘이 외팔보에 작용하고 있다. 합력의 크기, 방향, 작용점의 위치를 구하여라. (10 kN, ↑, A점으로부터 4 m)

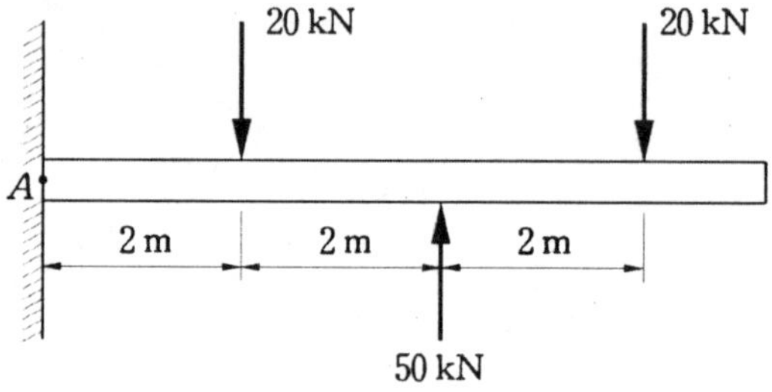

그림 문 1-8

1-9 그림의 볼트 A에 F_1=200 N, F_2=120 N이 작용하고 있다. 두 힘의 합력을 구하여라. (258.5 N, ∠3.35°)

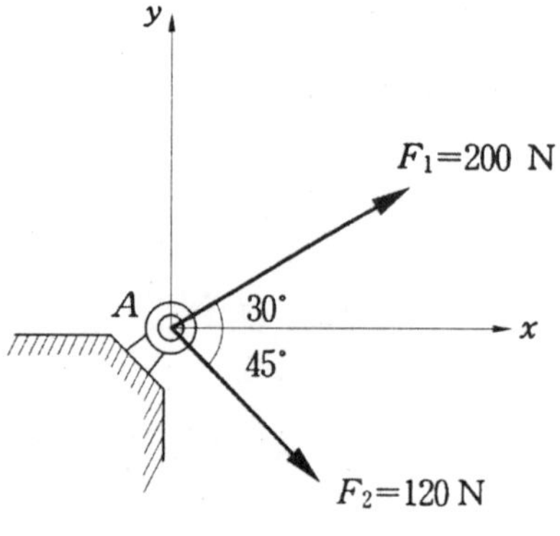

그림 문 1-9

1-10 그림과 같이 정 육면체에 두 우력이 작용하고 있다. 합성 모멘트 **M**의 크기와 방향을 구하여라. (63.25 N · cm, 71.57°)

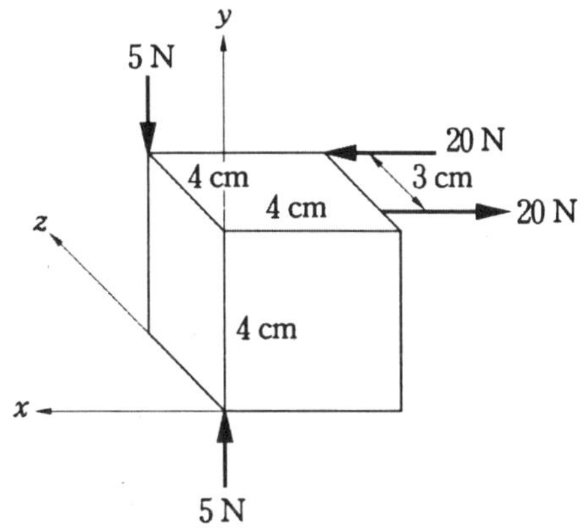

그림 문 1-10

1-11 그림과 같은 평판에 세 힘이 수직으로 작용하고 있다. 합력 **R**의 크기와 작용점 p의 위치를 구하여라. (-15 t, p(2 m, 2.67 m))

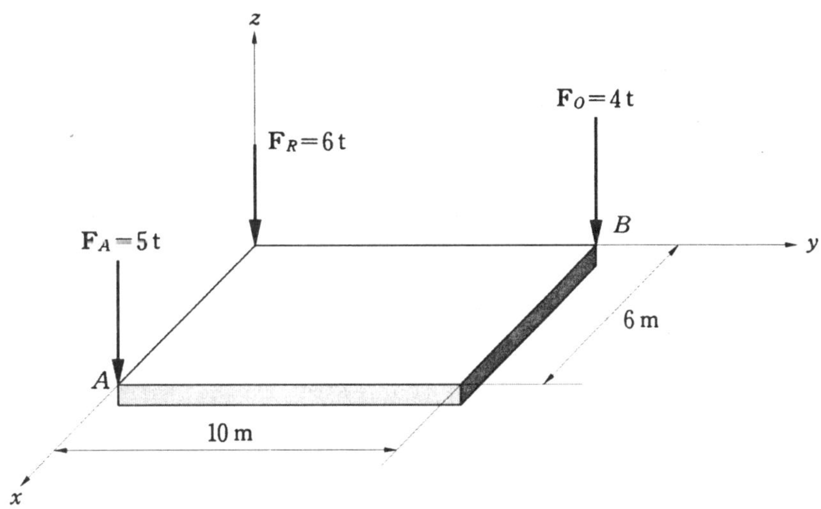

그림 문 1-11

1-12 그림에서 20 kgf의 힘이 나란하고 반대방향으로 작용하고 있을 때 A, B점 둘레의 모멘트는 얼마인가? ($M_A=M_B=80$ kgf · m)

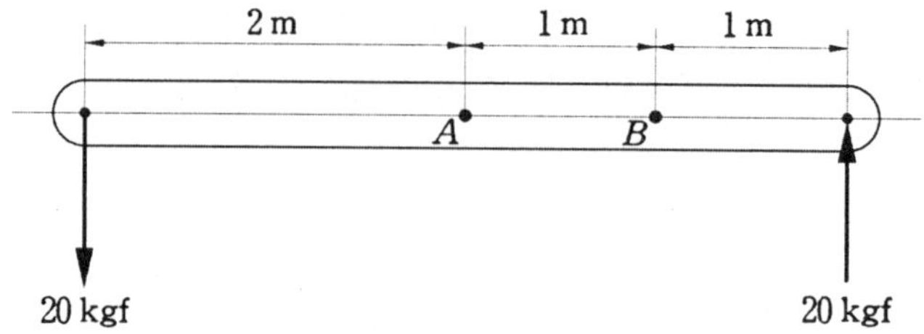

그림 문 1-12

1-13 회전문에 두 사람이 동시에 들어가면서 $F=15\,\text{kgf}$의 같은 힘으로 밀고 있다. 회전축에 작용하는 모멘트를 구하여라. (23.2 kgf · m↺)

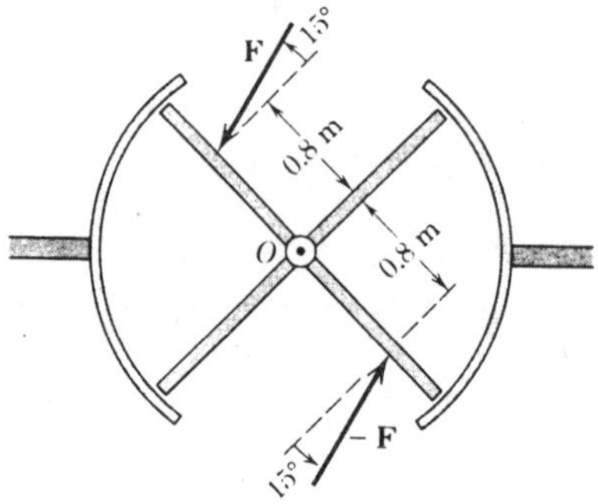

그림 문 1-13

1-14 바지선이 두 예인선에 의해 예인되고 있다. 수평선과 밧줄 1, 2가 이루는 각도는 30°, 45°이다. 바지선이 축 방향(수평 방향)으로 30 kN의 힘을 받아 예인되고 있을 때 밧줄 1, 2에 걸리는 장력을 구하여라. (21.96 kN, 15.53 kN)

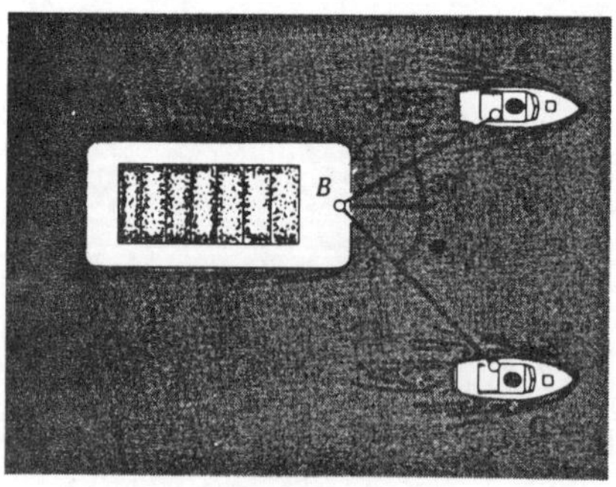

그림 문 1-14

1-15 모터크레인으로 보 BC를 들어올리고 있다. $\theta_1=35°$, 케이블 AB, AC에 걸

리는 장력은 각각 360 kgf, 450 kgf이고 합력 **R**의 방향은 지면에 수직으로 향하고 있다. θ_2와 합력 **R**의 크기를 구하여라. ($\theta_2 = 27.63$, $R=695$ kgf)

그림 문 1-15

2

역계의 평형

정역학에서는 물체가 정지상태에 있다고 가정하고 물체의 역학적 관계를 고찰하게 된다. 물체에 작용하는 외력의 합이 영이면 그 물체는 정지상태에 있거나 등속도 운동을 한다. 외력의 합이 영이 되어도 짝힘에 의하여 회전할 수 있으므로 모멘트의 합도 영이 되어야 한다. 이 두 조건을 동시에 만족하는 역계는 그 물체에 대하여 아무런 효과도 나타내지 않으므로 그 물체는 **평형상태**(equilibrium state)에 있다고 말한다. 만일 평형을 유지하지 못할 때는 기계나 구조물은 움직이게 된다. 이 장에서는 물체가 평형상태가 되기 위한 조건과 이에 따른 평형방정식의 응용법에 대하여 알아 본다.

1) 자유물체도

두 물체 A, B가 접촉하여 A가 B를 누르면 작용・반작용의 법칙에 따라 B는 A를 같은 힘으로 밀어 낸다. 이러한 힘을 접촉점에서의 **반력**(reaction force)이라 한다. 그림 2-1에 표시된 접촉 및 지지에 따른 역학적 힘의 작용에 관하여 알아 보자.

한 물체 또는 여러 물체들의 결합체로 구성된 구조물에 외력이 작용할 때 물체 하나 하나에 작용하는 힘을 구하는 것을 **구조물해석**(structural analysis)이라 한다. 이와 같이 구조물 해석에 있어서 해석하고자 하는 물체에 작용하는 힘을 구하기 위하여 그 구조물로부터 대상 물체를 격리시켜 간단히 작도하고, 한 약도상에 모든 작용, 반작용력을 나타낸 도면을 **자유물체도**(free-body diagram : FBD)라 하며, 그림 2-2가 그 예이다.

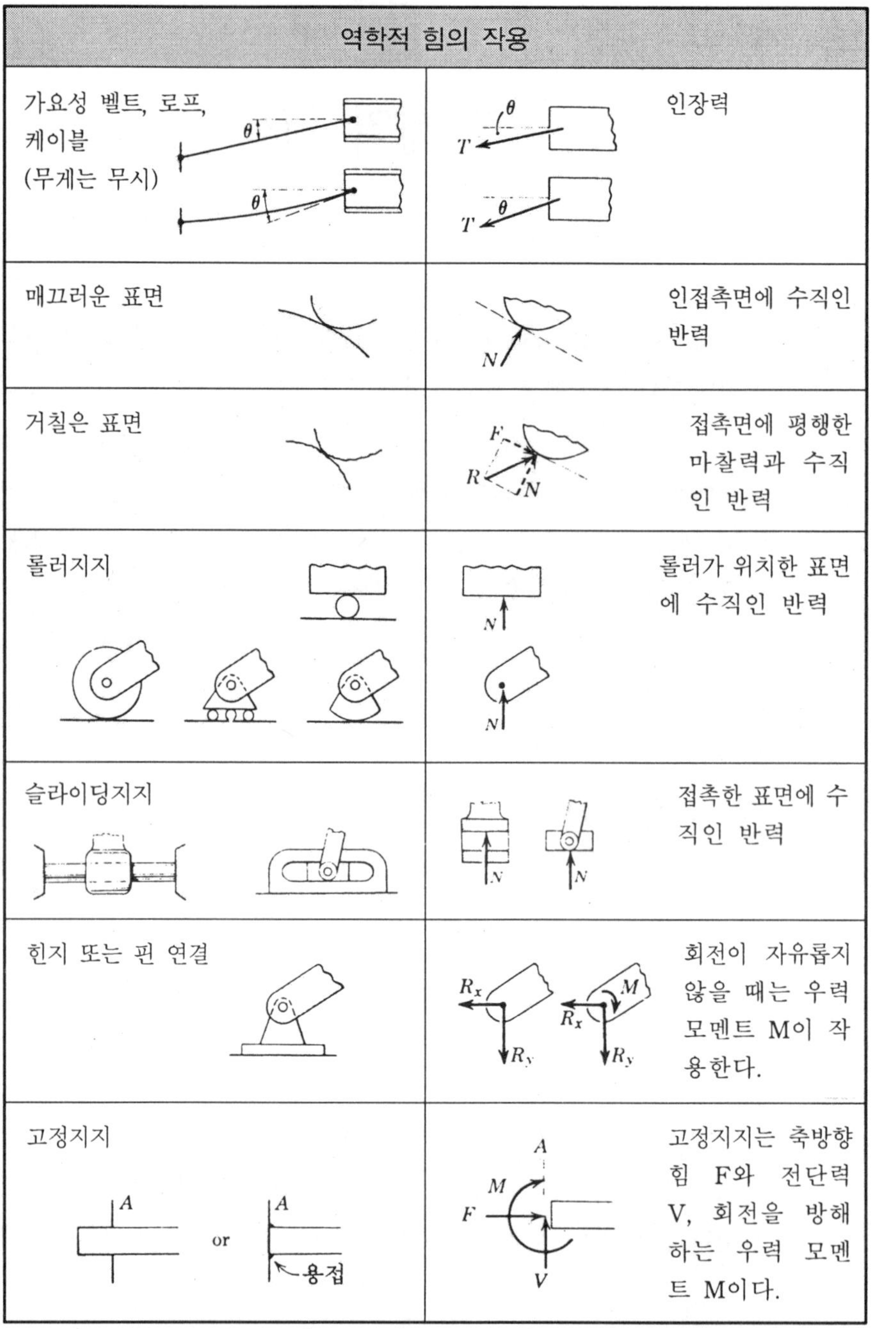
역학적 힘의 작용
가요성 벨트, 로프, 케이블 (무게는 무시)
θ
T
인장력
매끄러운 표면
N
인접측면에 수직인 반력
거칠은 표면
F
R
N
접촉면에 평행한 마찰력과 수직인 반력
롤러지지
N
롤러가 위치한 표면에 수직인 반력
슬라이딩지지
N
접촉한 표면에 수직인 반력
힌지 또는 핀 연결
R_x
R_y
M
회전이 자유롭지 않을 때는 우력 모멘트 M이 작용한다.
고정지지
A
or
용접
M
F
V
고정지지는 축방향 힘 F와 전단력 V, 회전을 방해하는 우력 모멘트 M이다.

그림 2-1

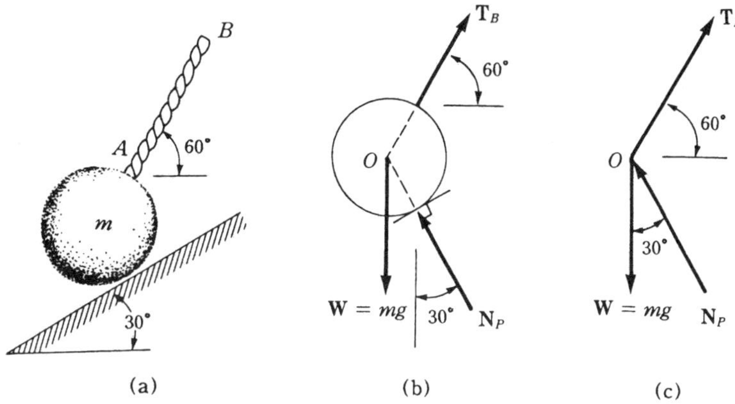

그림 2-2

한 물체의 자유물체도를 그리려면

① 대상 물체를 구조물로부터 격리시켜 물체의 외각을 표시하는 외형선을 긋는다.

② 완전히 고립화된 자유물체(free-body)에 외력이 작용하는 모든 기지 또는 미지의 힘을 정확한 위치벡터(position vector)로 표시한다.

③ 외력을 표시하되 이미 알고 있는 힘은 힘의 방향과 크기를 정확히 표시하고, 미지의 힘은 문자로 표시하되 임의로 가정한다. 해석 결과 수치의 (±)에 따라 (+)값이 나오면 가정한 미지의 방향이 옳고, (−)이면 가정한 방향이 반대로 되었으므로 수정하여야 한다. 이렇게 그린 자유물체도에 좌표축을 정하여 해석을 하게 된다.

자유물체도를 그릴 때의 작용 및 반작용이라 함은 물체에 직접 작용하는 힘, 중력, 자장에 의한 힘, 접촉반력, 지지 및 지점 반력, 마찰력 등을 말한다. 물체에는 중력(gravity) 이외에 접촉하고 있는 다른 물체로부터 항력(resistance)이나 장력(tension)이 작용한다.

예를 들어 그림 2-2(a)와 같이 질량 m인 강체구(이하 구라 한다)가 미끄러운 경사면과 밧줄(무게를 무시할 수 있고 늘어나지 않음) AB로 지지되고 있다. 작용하는 힘은 세 부분으로 나누어 생각할 수 있다. 힘 $\mathbf{T}_B$는 미지의 힘의 크기 T_B로 밧줄을 따라 구로부터 멀어지는 방향으로 작용하고, 평면의 반력 $\mathbf{N}_P$는 미지의 힘의 크기 N_P로 평면이 미끄러워 접촉점에서 경사면에 수직 윗방향으로 작용한다. 구의 무게 **W**는 중력의 효과로 지구 중심을 향하여 아래로 작용하고 있다. 이들의 자유물체도를 그리면 그림 2-2(b)와 같이 된다.

구의 각 질점들 무게의 합이 전체 무게가 되고 균질이라는 조건으로 전체 무게는 구의 기하학적 중심 O를 통하여 작용하는 집중된 힘으로 표현할 수 있다. 구의 질량이 m이므로 무게는 $W=mg$이고, g는 $9.8\,\mathrm{m/s^2}$이다.

그림 2-2(b)에 표시된 바와 같이 세 힘의 각각의 작용선은 공통점 O에서 만난다. 따라서 구가 평형이 되기 위하여서는 그림 2-2(c)와 같이 역계는 점 O에서 만나고 평면역계로 되고, 또한 질점에 관하여도 같은 형평조건 $\sum F=0$을 만족시켜야 한다.

선형탄성 스프링이 연결용으로 사용된다면 스프링의 길이는 작용하는 힘에 비례하여 변할 것이다.

스프링 탄성의 특성은 강성(stiffness)이다. 강성도 k를 갖는 스프링에 하중이 걸려 있지 않은 상태의 위치에서 힘을 가하여 압축 또는 인장(변형)된 길이를 x라 하면, 힘의 크기는

$$F=kx$$

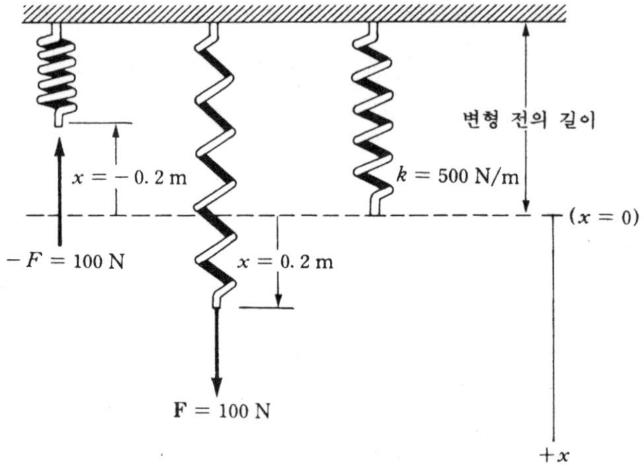

그림 2-3

예를 들면 그림 2-3에서 $k=500\,\mathrm{N/m}$의 강성도를 갖는 스프링을 인장, 또는 압축시켜 변형된 길이 $x=0.2\,\mathrm{m}$되게 하기 위하여

$$F = kx = 500\,\text{N/m} \times 0.2\,\text{m} = 100\,\text{N}$$

의 힘이 필요하다.

2) 한 질점에 작용하는 역계의 평형

어떤 물체의 크기(volume)는 무시하고, 질량(mass)만을 갖는 한 점(point)을 질점(particle)이라 한다.

역계의 평형이라 함은 물체에 작용하는 힘의 효과가 전연 없어야 하므로 역계의 합력과 합성한 짝힘의 모멘트가 영이 되어야 한다. 따라서 평형이 되기 위한 필요 충분조건은 다음 식을 동시에 만족시켜야 한다.

$$\mathbf{R} = \sum \mathbf{F} = 0, \qquad \mathbf{M} = \sum \mathbf{M} = 0 \tag{2-1}$$

어떤 물체의 한 점에 여러 힘이 작용하고 이 힘들이 모두 동일 평면상에 있을 경우의 역계의 평형조건(condition of equilibrium)을 생각하여 보자. 물체에는 짝힘 모멘트가 작용되지 않으므로 그림 2-4(a)와 같이 간단한 일직선상의 역계는 다음 조건 중 어느 하나만 성립하여도 평형이 된다.

$$\sum F_x = 0, \quad \sum M_A = 0$$

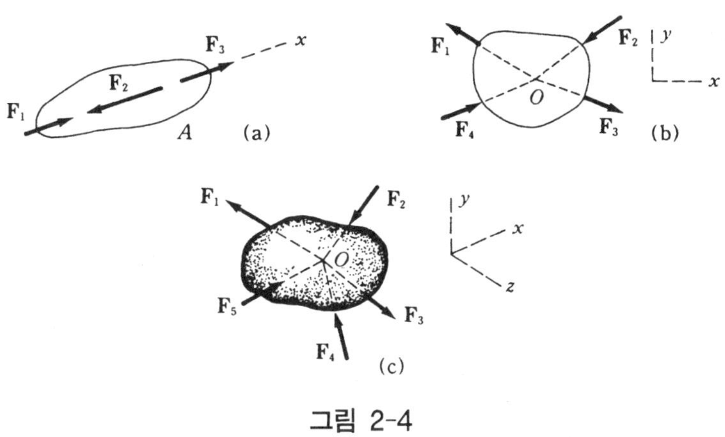

그림 2-4

여기서, A점은 합력의 작용선상에 있지 아니하여야 한다. 그림 2-4(b)와 같이

평면역계의 평형조건은

$$R=\sqrt{(\sum F_x)^2+(\sum F_y)^2}=0$$

즉, 각 축방향의 분력의 합

$$\sum F_x=0, \quad \sum F_y=0$$

이 성립하여야 한다.

그림 2-4(c)와 같은 경우, 공간역계의 평형조건은

$$R=\sqrt{(\sum F_x)^2+(\sum F_y)^2+(\sum F_z)^2}=0$$

즉, 각 축방향의 분력의 합은

$$\sum F_x=0, \ \sum F_y=0, \ \sum F_z=0$$

이 성립하여야 한다. 이러한 식을 **평형방정식**(equation of equilibrium)이라 한다. 이 평형상태의 물체를 질점으로 간주할 경우, 물체에 작용하는 힘의 착력점은 다르나 작용선이 한 점에서 교차되면 평형방정식으로 나타낼 수 있다. 그림 2-5(a)에 표시한 바와 같이 동일 평면상에서 힘 F_1, F_2, F_3가 작용하여 평형을 이루고 있을 때, F_1, F_2의 합력은 F_3와 같은 크기로 반대방향으로 작용하고 있다. 이 때 힘의 3각형은 닫힌 것으로 그림 2-5(b)의 벡터 3각형에서 사인정리를 사용하면

$$\frac{F_1}{\sin(180^\circ-\theta_1)}=\frac{F_2}{\sin(180^\circ-\theta_2)}=\frac{F_3}{\sin(180^\circ-\theta_3)}$$

$$\therefore \ \frac{F_1}{\sin\theta_1}=\frac{F_2}{\sin\theta_2}=\frac{F_3}{\sin\theta_3} \qquad (2\text{-}2)$$

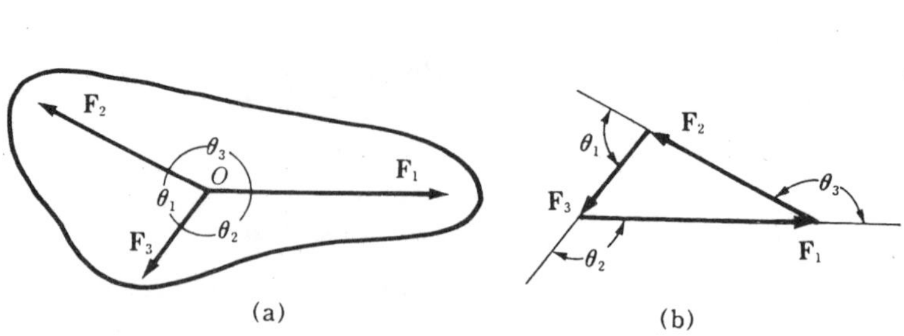

그림 2-5

세 힘의 크기와 이들로 이루어지는 각도와의 관계를 나타낸 식 (2-2)를 라미의 정리(Lami's theorem)라 한다.

예제 2-1

그림 2-6과 같이 질량 10 kg 의 블록(block)이 두 밧줄에 의하여 평형을 유지하고 있다. 밧줄 ABC가 마찰을 무시할 수 있는 도르래 위로 걸쳐져 있고 밧줄 끝단 C에 질량 m이 매달려 있다. 밧줄 AD의 장력과 평형상태를 유지하기 위한 점 C의 블록의 질량을 구하라.

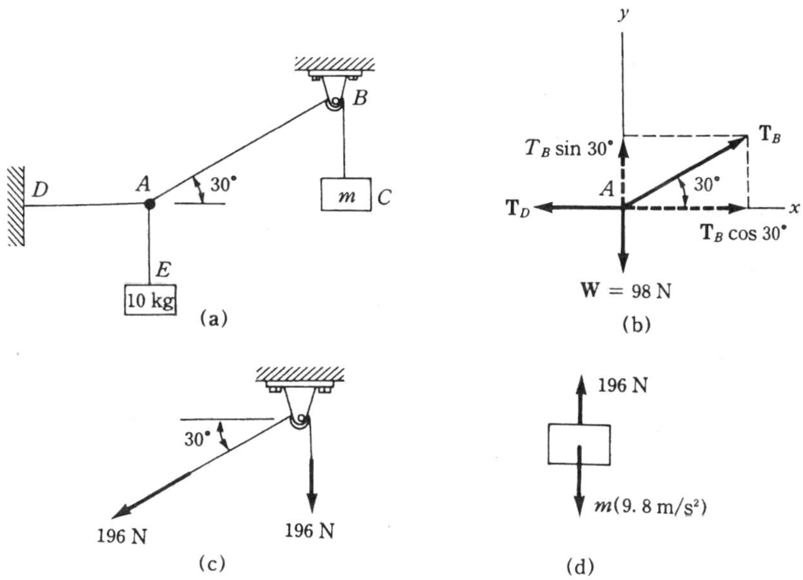

그림 2-6

〔풀 이〕 밧줄 AD의 장력과 C의 질량 m은 점 A에서의 평형조건으로 알 수 있다. 그림 2-6(b)의 자유물체도와 같이 장력 AE는 블록의 무게와 같다.

$$W = (10\text{ kg})(9.8\text{ m/s}^2) = 98\text{ N}$$

장력 $AD(\mathbf{T}_D)$와 $AB(\mathbf{T}_B)$는 방향만 주어졌다. x, y직교좌표에 각 힘(장력)의 분력을 구하여 평형방정식에 대입하면

$$\overset{+1)}{\rightarrow} \sum F_x = 0\ ;\ T_R\cos 30^\circ - T_D = 0$$

$$+\uparrow^{1)} \sum F_y = 0\ ;\ T_B\sin 30^\circ - 98\text{ N} = 0$$

1) 양(+)의 좌표축 방향으로 작용하는 힘의 방향을 (+)로 가정한다.

$$\therefore T_B = 196\text{N},\quad T_D = 169.7\text{N}$$

밧줄 ABC는 마찰을 무시할 수 있는 도르래 위를 지나가므로 그림 2-6(c)와 같이 $T_B = 196\text{ N}$으로 밧줄을 통하여 일정하다.
그림 2-6(d)에서 작용, 반작용법칙에 의하여 블록 C에 196 N의 힘의 작용하므로 블록 C가 평형이 되기 위하여

$$+\uparrow \sum F_y = 0\ ;\ 196\text{ N} - m(9.8\text{ m/s}^2) = 0$$

$$\therefore m = \frac{196\text{N}}{9.8\text{m/s}^2} = 20\text{kg}$$

■◆■

예제 2-2

질량 50 kg 인 운반용 나무상자가 그림 2-7(a)와 같이 미끄럽고 30° 경사진 평면 위를 일정속도로 끌려 올라가고 있다. 견인 케이블의 완충기(shockabsorber) 스프링에서 평형되기 위하여 필요한 변형의 길이를 구하라.
단, 스프링 강성도 $k = 500\text{ N/m}$ 이다.

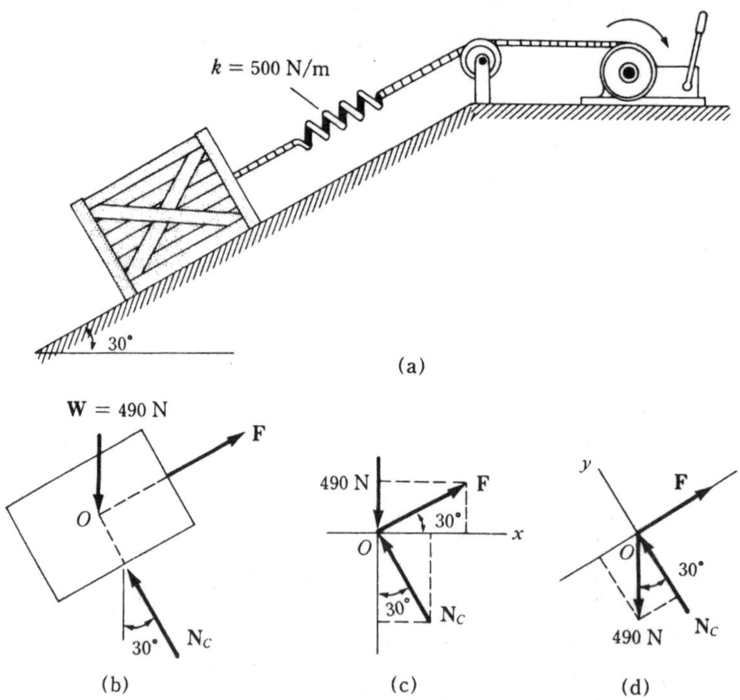

그림 2-7

[풀 이] 늘어난 스프링의 길이 x는 $F = kx$에 의하여 케이블에 작용되는 힘 $\mathbf{F}$에 관계되고, 이 힘 $\mathbf{F}$는 나무상자가 평형상태에 있다는 조건으로 구할 수 있다.

그림 2-7(b)의 자유물체도에서 나무상자는 $W=50\,\text{kg}\times9.8\,\text{m/s}^2=490\,\text{N}$의 힘이 연직하방으로 작용하고, 빗면에 작용하는 수직반력 $\mathbf{N}_C$와 케이블에 작용되는 힘 $\mathbf{F}$의 작용선은 점 O에서 모두 만난다. 이 점의 자유물체도는 그림 2-7(c)와 같이 생각할 수 있다. 직교좌표에 의한 분력들의 합을 평형조건 식 (2-1)에 대입하면

$$\overset{+}{\rightarrow}\sum F_x=0\ ;\quad F\cos 30^\circ - N_C\sin 30^\circ=0$$

$$+\uparrow\sum F_y=0\ ;\quad F\sin 30^\circ + N_C\cos 30^\circ - 490\,\text{N}=0$$

두 방정식을 연립시켜 풀면

$$F=245\,\text{N},\quad N_C=424.4\,\text{N}$$

또한 그림 2-7(d)와 같이 x, y축을 경사에 따라 방향을 맞추면 무게는 이들 방향의 성분으로 분해되어

$$+\nearrow\sum F_x=0\ ;\quad F-490\,\text{N}\sin 30^\circ=0\qquad F=245\,\text{N}$$

$$+\nwarrow\sum F_y=0\ ;\quad N_C-490\,\text{N}\cos 30^\circ=0\qquad N_C=424.4\,\text{N}$$

여기서, $\mathbf{F}$와 $\mathbf{N}_C$가 x, y 양 축의 성분을 갖고 있지 않기 때문에 해답을 쉽게 얻을 수 있었고, 또한 견인력 $\mathbf{F}$의 크기는 나무상자의 무게보다 적다는 것에 유의하자.
큰 하중이 더 적은 하중에 의하여 평형이 유지된다는 것은 경사평면이 단순기계로 작용함을 알 수 있다.
케이블의 장력과 스프링 강성도 k를 알고 있으므로 전체 변형된 길이 x는

$$F=kx\ ;\quad 245\,\text{N}=(500\,\text{N/m})x$$

$$x=\frac{245\,\text{N}}{500\,\text{N/m}}=0.49\,\text{m}=490\,\text{mm}$$

■◆■

3) 강체에 작용하는 평행한 역계의 평형

평면상의 평행한 역계의 합력은 하나의 힘과 어떤 점에 관한 모멘트로 치환할 수 있으므로 평행한 평면역계의 평형조건은 힘의 합이 0이고 평행력이 작용하는 평면상 임의점에 대한 모멘트의 합이 0이어야 한다.

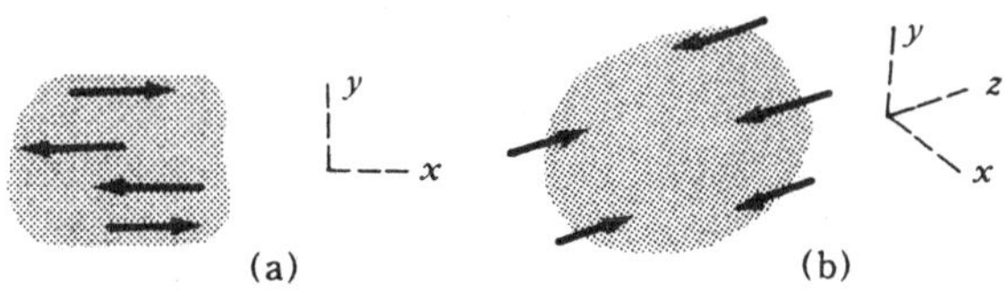

그림 2-8

그림 2-8(a)의 평면역계의 평형조건은

$$\sum F_x = 0, \quad \sum M_z = 0$$

역계의 모멘트는 그 합력에 의한 모멘트와 같으므로 모멘트의 중심이 합력의 작용선상에 있거나 합력의 크기가 0일 때에는 역계의 평형조건식을 다음과 같이 표시할 수도 있다. 즉,

$$\sum M_A = 0, \qquad \sum M_B = 0$$

여기에서 점 A, B를 연결한 직선이 평행역계의 작용선과 평행하게 잡아서는 안 된다.

또, 그림 2-8(b)에서 평행한 공간역계의 평형조건식은

$$\sum F_x = 0$$
$$\sum M_y = 0$$
$$\sum M_z = 0$$

예 제 2-3

그림 2-9와 같이 단순보 AB에 하중이 작용할 때, A, B에서의 반력을 구하라.

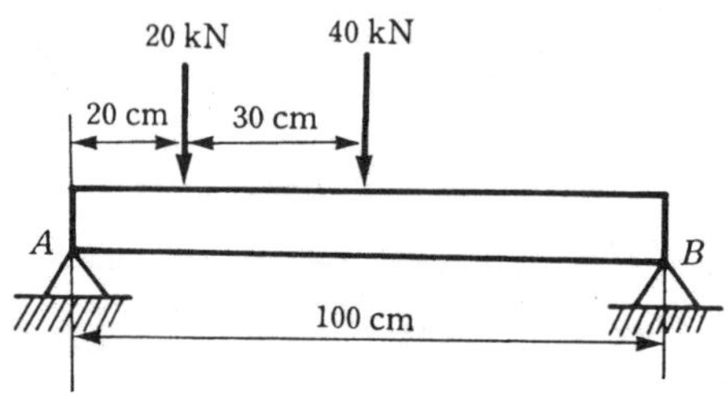

그림 2-9

〔풀 이〕 그림 2-9에 도시된 역계는 모두 같은 평면에서 평행역계이므로

$[\sum M_A = 0]$ $\quad 100R_B - 20\times 20 - 40\times 50 = 0$

$R_B = 24\text{ kN}$

$[\sum F_y = 0]$ $\quad R_A + 24 = 20 + 40$

$R_A = 36\text{ kN}$

4) 한 질점에 작용하지 않고 평행하지 않는 역계의 평형

물체에 작용하는 역계가 평형을 이루기 위한 필요충분조건은 합력 **R**과 합성우력 모멘트가 영벡터(zero vector)가 되어야 한다.

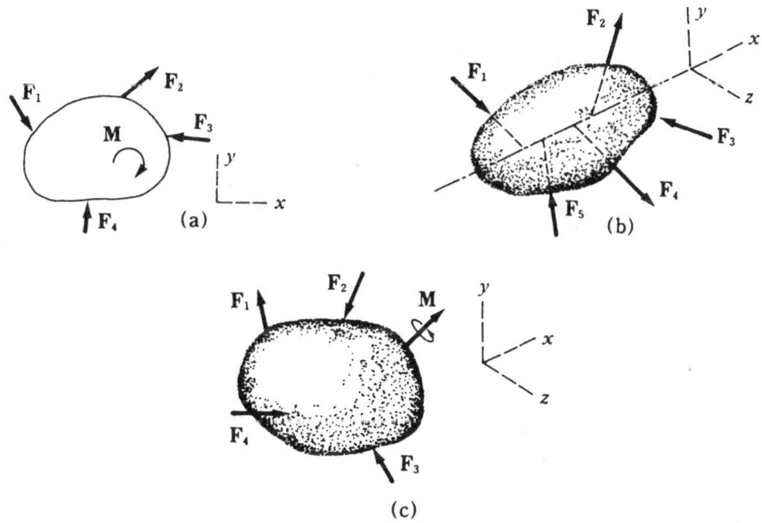

그림 2-10

그림 2-10(a)와 같이 평면역계에서 임의로 작용하는 힘의 합을 한 점에 작용하는 힘과 모멘트로 나타낼 수 있으므로 임의로 작용하는 평면역계의 평형조건은

$$\left.\begin{aligned}\sum F_x &= 0\\ \sum F_y &= 0\\ \sum M_O &= 0\end{aligned}\right\} \qquad (2\text{-}3)$$

여기서, $\sum M_O=0$은 물체 내, 혹은 밖의 임의의 점 O에 대한 모든 힘들의 모멘트의 합이 0이 됨을 나타낸다. 식 (2-3)은 합력의 크기가 0이 됨을 의미하므로 평면역계의 평행조건을 두 개의 모멘트 방정식으로도 표시할 수 있다.

$$\sum M_A = 0,\quad \sum M_B = 0$$

윗식은 역계의 모멘트는 합력에 의한 모멘트와 같아서 모멘트 중심이 합력의 작

용선상에 있거나 또는 합력의 크기가 0일 때 역계의 모멘트도 0이 되므로 평면역계의 평형조건은

$$\sum M_A = 0, \quad \sum M_B = 0, \quad \sum M_C = 0$$

로 표시할 수도 있다. 여기서 점 A, B, C는 동일 직선상에 있지 않아야 한다. 또한 그림 2-10(b), (c)와 같이 한 점에 작용하지 않고 평행하지 않는 공간역계의 평형조건도 합력과 모멘트의 합이 각각 0이라는 것을 고려하면

$$\sum F = 0 \text{ 또는 } \left.\begin{matrix} \sum F_x = 0 \\ \sum F_y = 0 \\ \sum F_z = 0 \end{matrix}\right\} \sum M = 0 \text{ 또는 } \left.\begin{matrix} \sum M_x = 0 \\ \sum M_y = 0 \\ \sum M_z = 0 \end{matrix}\right\} \tag{2-4}$$

가 성립되어야 한다.

예제 2-4

그림 2-11(a)와 같이 봉의 한 끝 A는 핀에 의하여 연직 벽면에 고정되고 봉의 중점 C는 줄에 의하여 수평으로 지지되어 있다. 봉의 다른 쪽 끝에 하중 $\mathbf{W}$를 매달았을 경우, 줄 CD에 작용하는 장력 $\mathbf{T}$와 점 A에서의 반력 $\mathbf{R}$의 크기를 구하라.

〔풀 이〕 봉은 수평으로 유지되어 정지상태에 있으므로 봉에 작용하는 하중 $\mathbf{W}$, 줄의 장력 $\mathbf{T}$, 핀의 반력 $\mathbf{R}$이 서로 평형을 이루고 있다. 세 힘 W, T, R이 평형되기 위해

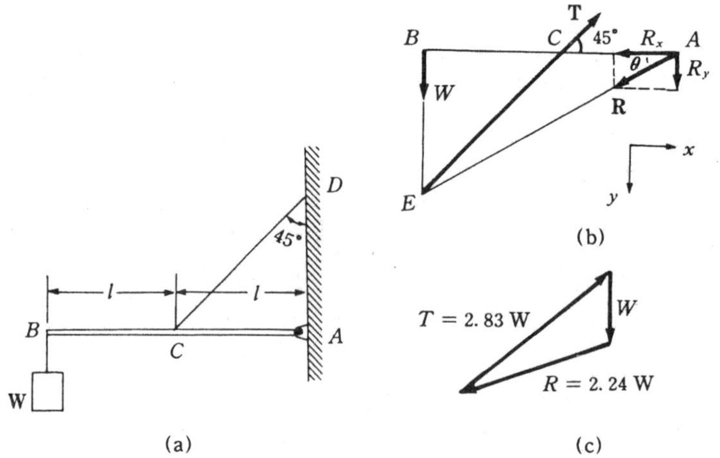

그림 2-11

서는 이들 작용선이 한 점에서 만나야 하므로 R의 작용선은 그림 2-11(b)에 표시한 바와 같이 AE로 된다. 좌표축을 그림과 같이 설정하여 R의 좌표축의 방향성분을 R_x, R_y로 하여 힘의 평형식을 만들면

$$T\cos 45° - R_x = 0 \qquad \text{(a)}$$

$$W + R_y - T\sin 45° = 0 \qquad \text{(b)}$$

여기서, 미지의 힘 R_x, R_y, T에 대하여 관계식의 수가 더 필요하다. 즉, A점에 관계되는 힘의 모멘트를 생각하여 힘의 평형식을 만들면

$$W \cdot 2l - T\sin 45° \, l = 0 \qquad \text{(c)}$$

식 (a), (b), (c)를 풀면

$$R_x = 2W, \quad R_y = W$$

$$T = 2\sqrt{2}\, W = 2.83\, W$$

따라서 반력 **R**의 크기와 방향은

$$R = \sqrt{R_x^{\,2} + R_y^{\,2}} = \sqrt{5}\, W = 2.24\, W$$

$$\theta = \tan^{-1}\frac{R_x}{R_y} = \tan^{-1}\frac{1}{2} = 26.5$$

또한 T, W, R을 벡터 삼각형으로 표시하면 그림 2-11(c)와 같다. ■◆■

예제 2-5

무게 W인 곧은 막대의 양단이 수평과 각각 α, β의 경사를 갖는 매끈한 경사면에 그림 2-12와 같이 얹혀 있다. 막대가 수평과 이루는 각 θ를 구하라.

〔풀 이〕 매끈한 접촉이므로 접촉점 A, B에서의 반력 R_A, R_B는 경사면에 대하여 수직이다. 막대에 작용하는 연직방향, 수평방향의 힘의 평형조건은

$$R_A\cos\alpha + R_B\cos\beta - W = 0 \qquad \text{(a)}$$

$$R_A\sin\alpha - R_B\sin\beta = 0 \qquad \text{(b)}$$

힘의 모멘트의 평형을 막대의 중점을 중심으로 보고 생각하면

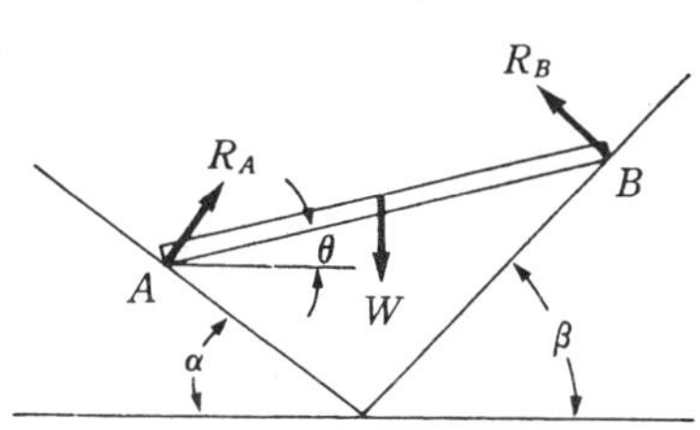

그림 2-12

$$R_A \cos(\alpha+\theta) - R_B \cos(\beta-\theta) = 0 \qquad \text{(c)}$$

식 (a), (b), (c)에서 미지수 R_A, R_B, θ를 구하면

$$R_A = W\frac{\sin\beta}{\sin(\alpha+\beta)}, \quad R_B = W\frac{\sin\alpha}{\sin(\alpha+\beta)}$$

$$\tan\theta = \frac{1}{2}(\cot\alpha - \cot\beta)$$

■◆■

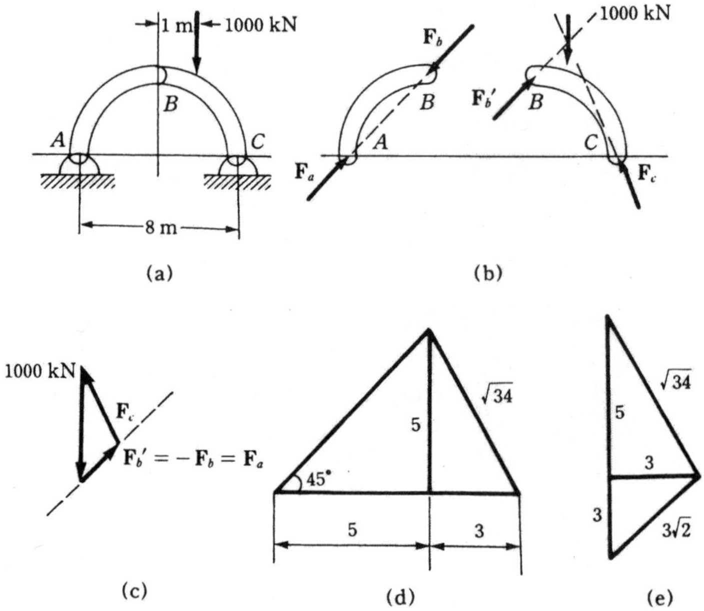

그림 2-13

예제 2-6

그림 2-13(a)와 같이 중앙에 핀으로 연결된 반원형 아치의 한 쪽이 1000 kN의 하중을 받고 있다. A, B, C점에 작용되는 힘을 구하라. 단, 아치의 무게는 무시한다.

〔풀 이〕 그림 2-13(b)와 같이 자유물체도를 나누어 그릴 수 있다. 그림 (b)의 왼쪽은 두 힘이 평형을, 오른쪽은 세 힘이 평형을 이루고 있으며, 이들 작용선은 한 점에서 만나야 한다. $\mathbf{F}_b$와 $\mathbf{F}_b'$는 크기가 같고 방향이 반대이므로

$$\mathbf{F}_a = -\mathbf{F}_b = \mathbf{F}_b'$$

가 된다. 오른쪽 아치는 평형이므로 그림 2-13(c)와 같이 벡터 삼각형을 그릴 수 있으므로 $\mathbf{F}_c$ 와 $\mathbf{F}_a$의 크기를 구할 수 있다. 그림 (b)의 역계를 표시하면 그림 2-13(d)와 같고, 이 그림에서 그림 (c)와 닮은 삼각형을 찾아 역계의 비로 표시하면 그림 2-13(e)와 같다. 따라서

$$\mathbf{F}_a = \frac{3\sqrt{2}}{8} \times 1000\,\text{kN} = 530\,\text{N}$$

$$\mathbf{F}_c = \frac{\sqrt{34}}{8} \times 1000\,\text{kN} = 729\,\text{kN}$$

5) 연력도에 의한 평형

제1장 9절에서 시력도와 연력도를 작도하여 도식에 의한 평면역계의 합력을 구하여 보았다. 평면역계가 평형을 이루기 위하여서는, 시력도가 힘의 폐다각형이 되어야 하고 힘의 작용선상이 아닌 임의의 점에 대한 모멘트의 합이 0이 되어야 한다.

따라서, 평면역계에 대한 연력도의 평형조건은

$$\sum F = 0, \qquad \sum M = 0$$

을 동시에 만족하여야 한다.

그림 2-14(a)와 같이 수평으로 놓인 보(beam) AB에 세 힘 $\mathbf{F}_1$, $\mathbf{F}_2$, $\mathbf{F}_3$가

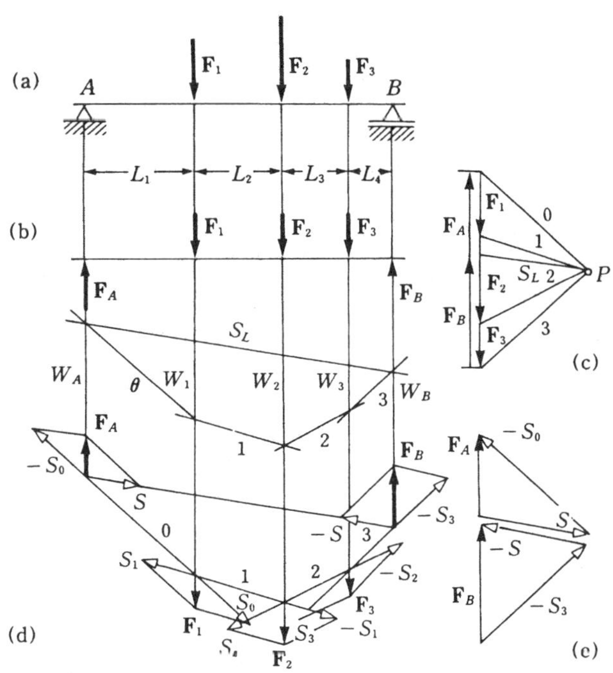

그림 2-14

연직으로 작용하고 있을 때, 도식에 의하여 A 및 B점의 반력을 구하려면 먼저 그림 2-14(b)와 같이 A, B점의 반력의 작용선과 세 힘의 작용선 및 W_A, W_B, W_1, W_2, W_3을 그어, 이 계는 평형역계라 보고, 그림 2-14(c)와 같이 상당길이에 의하여 작도한 세 힘을 다각형법으로 합성한 후 임의점의 극 P를 정하여 사선 0, 1, 2, 3을 긋는다. 작용선 W_A 선상의 임의점을 지나면서 사선 0에 평행인 색선 0을 그어 작용선 W_1과의 교점을 정한다. 이 교점을 지나면서 사선 1에 평행인 색선 1을 긋는다. 같은 방법으로 하여 색선 3과 작용선 W_B와의 교점을 정한 후 이 교점과 작용선 W_A의 색선 0과의 교점을 잇고 이 선을 S_L이라 하자.

극 P를 지나 색선 S_L과 평행인 사선 S_L'를 그어 합성력과의 교점이 정하여지면, 반력 $\mathbf{F}_B$는 사선 3과 S_L'로, 반력 $\mathbf{F}_A$는 사선 S_L'와 0으로서 정하여지고 상당길이에 의하여 환산된다. 그림 2-14(d)와 (e)의 방법은 제1장 9절을 참조하여 각자 생각하여 보자.

예제 2-7

그림 2-15(a)와 같이 6000 N의 힘은 수직으로, 4000 N의 힘은 60°로 보(beam)에 각각 작용하고 있을 때 A 및 B점의 반력을 구하여라.

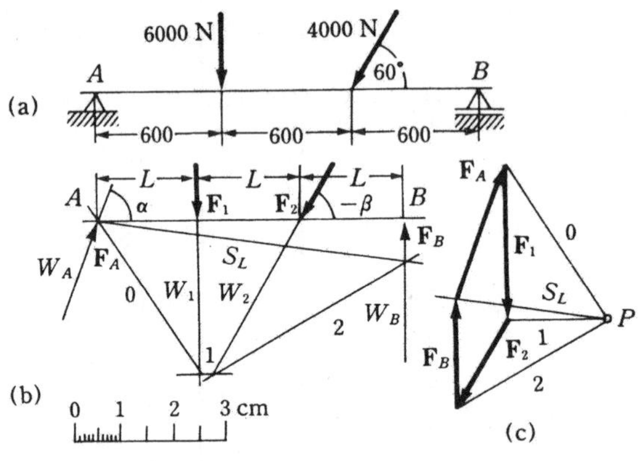

그림 2-15

〔풀 이〕 그림 2-15(b)와 같이 상당길이를

$$m_L = 300\ \text{mm/cm}$$

$$m_F = 2000\ \text{N/cm}$$

로 하여 $l = 2$ cm, $\mathbf{F}_1 = 3$ cm, $\mathbf{F}_2 = 2$ cm의 크기로 작도한 후, $\mathbf{F}_1$ 및 $\mathbf{F}_2$의 작용선

W_1, W_2와 보에 수직이며 B점을 지나는 반력 $\mathbf{F}_B$의 작용선 W_B를 긋는다.

그림 2-15(c)와 같이 시력도에서 $\mathbf{F}_1$, $\mathbf{F}_2$의 합력을 구하고 극 P와 연결한 사선 0, 1, 2를 긋고, A점을 지나면서 사선 0과 평행인 색선 0을 긋는다. 이 선과 작용선 W_1의 교점인 점을 지나면서 사선 1에 평행인 색선 1을 그어 작용선 W_2와의 교점을 구한다. 같은 방법으로 색선 2와 작용선 W_B와의 교점을 구한 후 이 점과 A점을 연결한 선 S_L을 작도한다. 시력도에서 극 P점을 지나면서 색선 S_L을 평행인 사선 S_L'를 그어 $\mathbf{F}_B$의 연장선과 만나는 점이 결정되고 $\mathbf{F}_B = 2.15\,\text{cm}$이다. 또한 평형역계는 폐다각형을 이루므로 $\mathbf{F}_A = 2.75\,\text{cm}$이다.

따라서

$$\mathbf{F}_A = 2.75\,\text{cm} \times 3200\,\text{N/cm} = 5500\,\text{N}$$

$$\mathbf{F}_B = 2.15\,\text{cm} \times 2000\,\text{N/cm} = 4300\,\text{N}$$

반력 $\mathbf{F}_A$가 보와 이루는 각은 A점을 지나며 시력도상의 $\mathbf{F}_B$를 평행이동하여 $\theta \approx 69°$를 구한다.

2·1 균질이고 질량 m인 원기둥은 두 케이블의 당기는 힘에 의하여 경사진 평면 위에 그림 문 2-1(a)와 같이 정지해 있다. 원기둥에 작용하는 힘들을 나타내는 자유물체도를 그려라.

해답 그림 문 2-1(b)

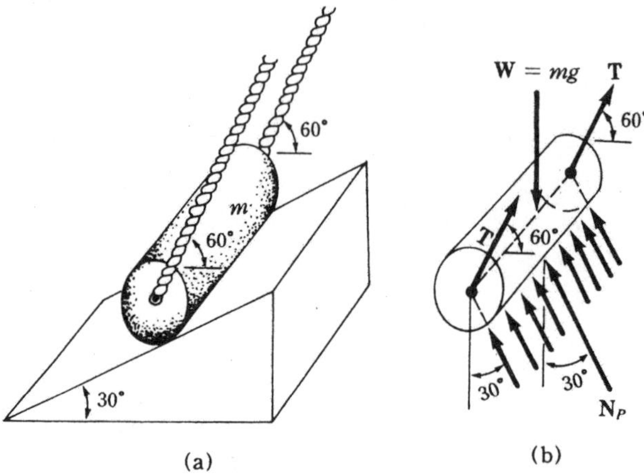

(a) (b)

그림 문 2-1

2·2 무게 W인 물체를 그림 문 2-2와 같은 경사면에 정지시키기 위하여 $\mathbf{P}$라는 힘을 가하였다. 이의 자유물체도를 그리고, $\mathbf{P}$의 크기와 경사면이 물체에 주는 반력을 구하라. 단, 직각좌표의 x축을 힘 P의 방향으로 한다.

해답 $P = W\sin\alpha$, 반력 $N = W\cos\alpha$

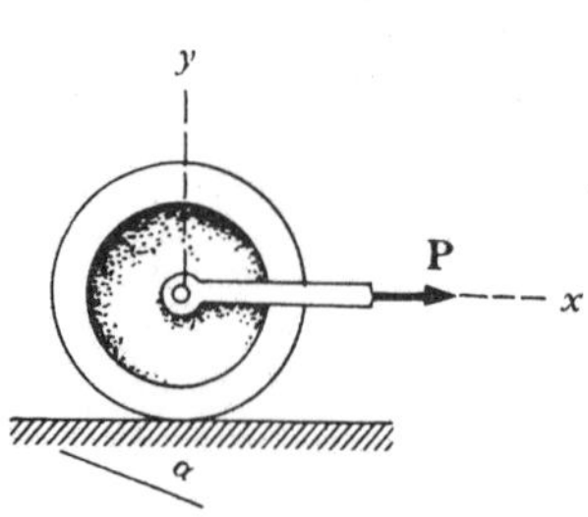

그림 문 2-2

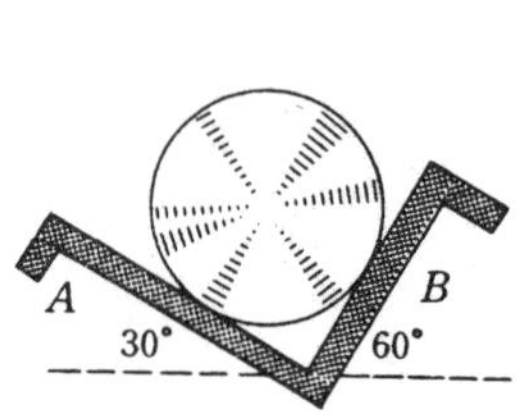

그림 문 2-3

2-3 질량 40 kg인 공이 그림 문 2-3과 같이 놓여 있다. 접촉면과의 마찰을 무시할 때, 공에 대한 자유물체도와 A, B 두 점에서의 반력을 구하라.

해답 $\mathbf{R}_A=340$ N, $\mathbf{R}_B=196$ N

2-4 그림 문 2-4와 같이 무게 200 kg의 물체가 매달렸을 경우, 직교좌표축을 이용하는 방법과 사인정리를 이용하는 두 가지 방법에 의하여 각 줄에 작용하는 장력을 구하라.

해답 $A=146.4$ kg, $B=179.3$ kg, $C=200$ kg

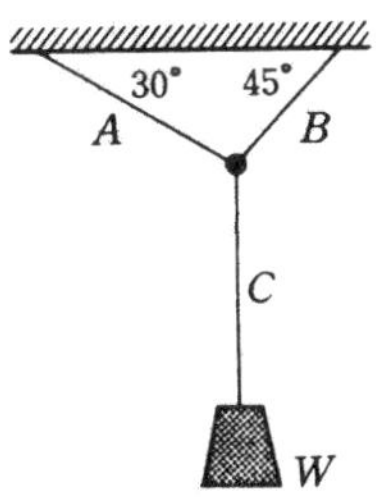

그림 문 2-4

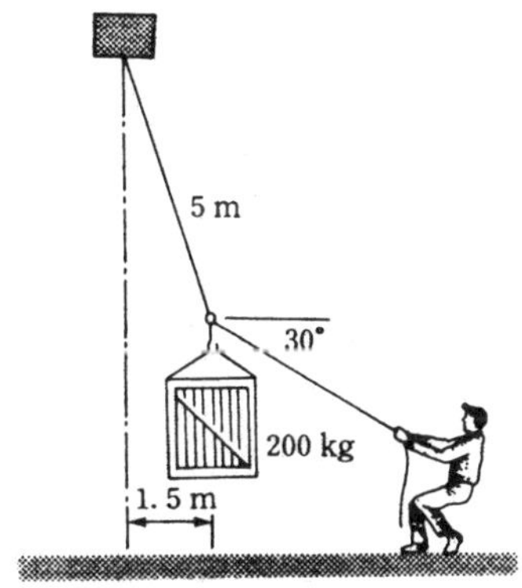

그림 문 2-5

2-5 그림 문 2-5와 같은 현 위치를 유지하기 위하여 사람이 줄을 당기고 있다. 이 줄의 장력은 몇 N인가?

해답 870 N

2-6 $\theta=30°$ 되게 하여 질량 10 kg인 구를 그림 문 2-6과 같이 매달아 평형상태를 유지할 때 두 힘 $\mathbf{F}_A$, $\mathbf{F}_B$의 크기를 구하라.

해답 $\mathbf{F}_A=85.6$ N, $\mathbf{F}_B=59.3$ N

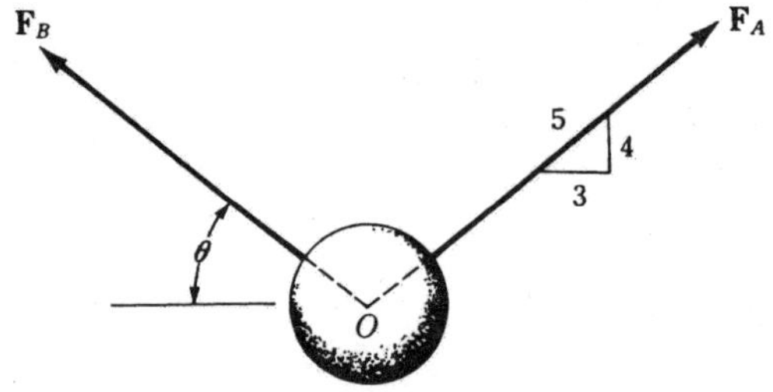

그림 문 2-6

2-7 그림 문 2-7에 표시된 바와 같이 마찰을 무시할 수 있는 도르래의 위로 걸쳐진 밧줄에 질량 5 kg, 2 kg, 5 kg의 블록들이 매달려 있다. 평형상태에서 처짐(sag) s의 크기를 구하라.

해답 204.2 mm

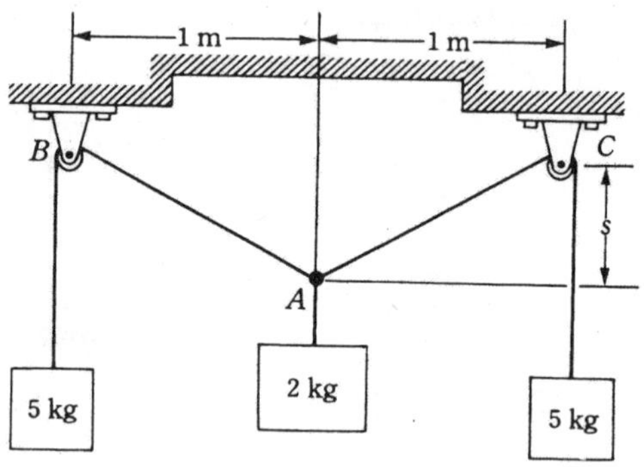

그림 문 2-7

2-8 그림 문 2-8(a)에 도시한 지브 크레인(jib crane)의 보의 자유물체도를 그리고 지지 케이블의 인장력 T와 핀 A에 작용되는 힘을 구하라. 단, 보 AB는 4.66 kN이고 균일한 0.5 m I형보이다.

해답 $T = 19.61\ \text{kN}$

$$A = \sqrt{A_x^{\,2} + A_y^{\,2}}$$

$$= \sqrt{17.77^2 + 6.37^2}$$

$$= 18.88\ \text{kN}$$

A점을 통하여 보와 이루는 각

$$\theta = \tan^{-1}\frac{6.37}{17.77} = 19.7°$$

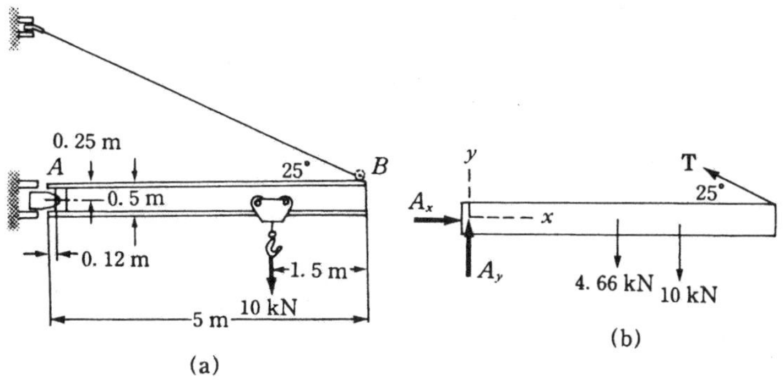

그림 문 2-8

2-9 그림 문 2-9와 같이 무게가 **W**이고 균질이며, 길이 a인 막대의 한 끝 A를 실로 매어 천정에 고정시키고 나머지 한 끝 B를 실로 매어 수평력 **F**로 잡아 당긴다. 실과 막대가 연직선에 대하여 이루는 각 θ, α를 F와 W로 표시하라.

해답 $\theta = \tan^{-1}\dfrac{F}{W}$

$\alpha = \tan^{-1}\dfrac{2l}{W}$

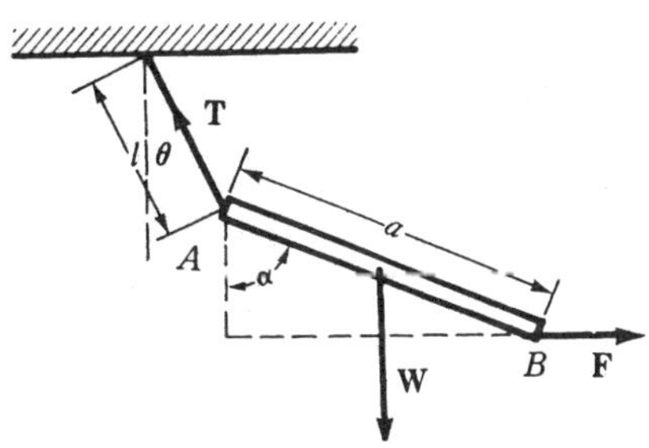

그림 문 2-9

2-10 목재 클램프(clamp)로서 500 N의 힘으로 두 블록을 조이고 있을 때, 두 나사의 연직력 $\mathbf{F}_A$와 $\mathbf{F}_B$를 구하라(그림 문 2-10).

해답 $\mathbf{F}_A = 1250$ N, $\mathbf{F}_B = 750$ N

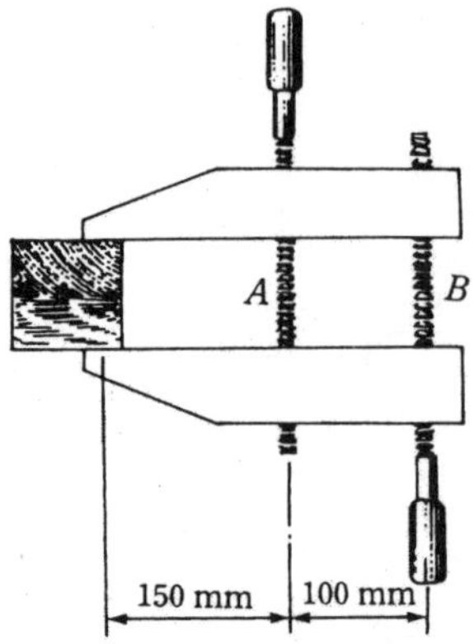

그림 문 2-10

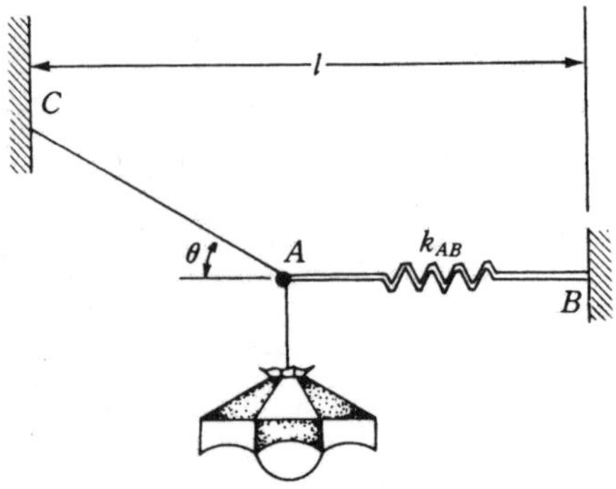

그림 문 2-11

2-11 그림 문 2-11과 같이 스프링 AB는 수평을 유지한 채 $\theta=30°$로 되기 위한 코드(cord)의 길이를 구하라. 단, 변형 전 스프링 길이 $l_{AB}=0.4$ m, $l=2$ m, $k_{AB}=300$ N/m이며, 등(lamp)의 질량 m은 8 kg이다.

해답 1.32 m

2-12 문제 2-11에서 $\theta=20°$, $l_{AB}=1.25$ ft, $l=4$ ft, $k_{AB}=30$ lb/ft, 등의 무게가 15 lbf일 때 코드의 길이를 구하라.

해답 1.46 ft

2-13 2 kg의 질량을 각각 갖는 두 개의 구가 미끄러운 경사진 평면 위에 그림 문 2-13과 같이 정지해 있다. 분리된 두 개의 구와 접촉된 상태의 두 개의 구에 대한 각각의 자유물체도를 그려라.

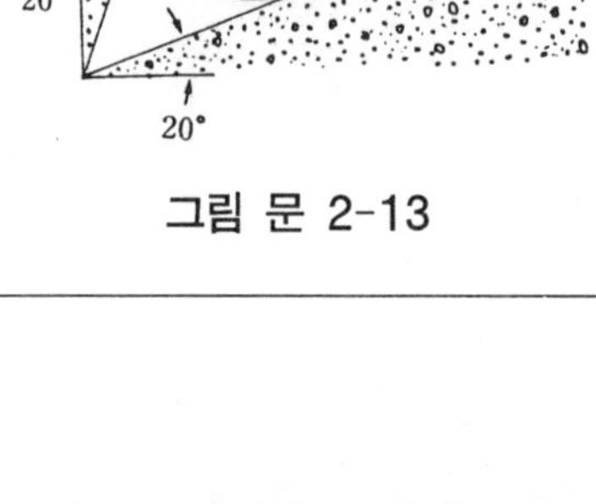

그림 문 2-13

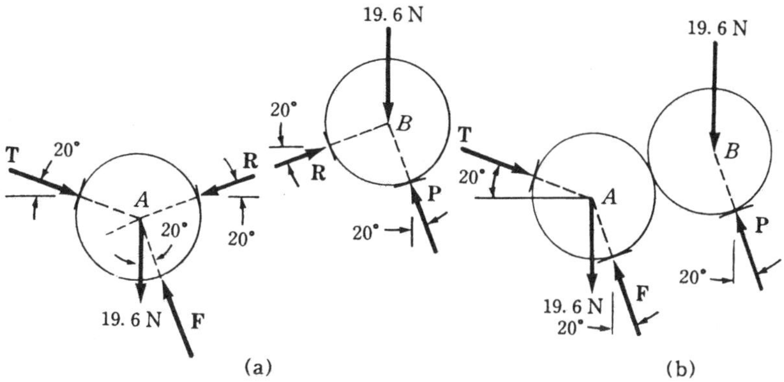

그림 답 2-13

2-14 그림 문 2-14에 표시한 바와 같이 나무통 속에 직경 $d_1=12$ cm, $d_2=6$ cm, 무게 $W_1=80$ kg, $W_2=30$ kg인 두 개의 원주가 들어 있다. 이들 원주와 양쪽 벽이 닿는 점의 반력 $\mathbf{R}_a$, $\mathbf{R}_b$, 원주와 밑면이 닿는 점의 반력 $\mathbf{R}_c$, 그리고 두 원주가 서로 닿는 점의 반력 $\mathbf{R}_d$를 구하라. 단, $b=d_1+\dfrac{d_2}{2}$ 이다.

해답 $R_a=R_b=71.6$ kg, $R_c=110$ kg, $R_d=107.2$ kg

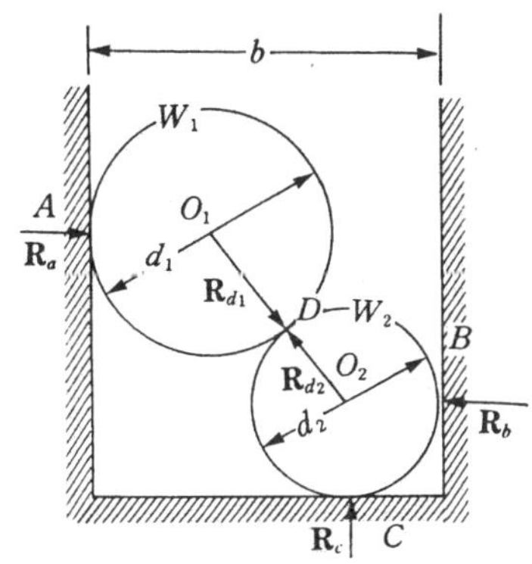

그림 문 2-14

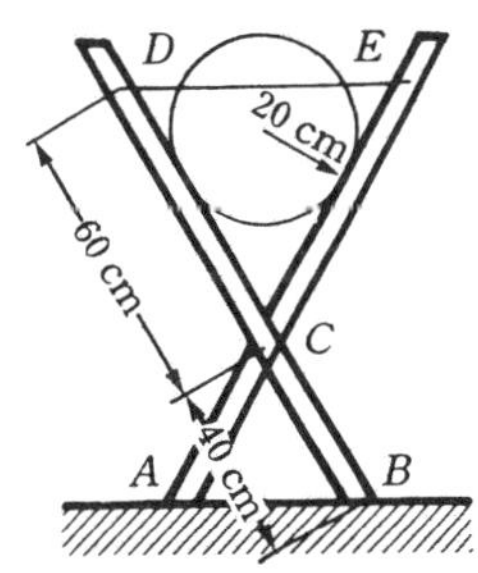

그림 문 2-15

2-15 그림 문 2-15에 표시된 바와 같이 서로 60°의 각으로 교차된 막대 위에 직경 40 cm, 무게 100 kgf인 원기둥이 놓여 있다. 표면마찰을 무시할 때 수평으로 된 줄 DE에 작용하는 장력을 구하라.

해답 86.6 kgf

2-16 그림 문 2-16과 같이 질량 10 kg의 두레박과 그 내용물이 조그만 도르래로 양끝

이 벽에 고정된 길이 6 m의 케이블에 매달려 있다. 평형상태로 보고 도르래의 위치(x)를 구하라.

해답 $x=2.45\,\text{m}$

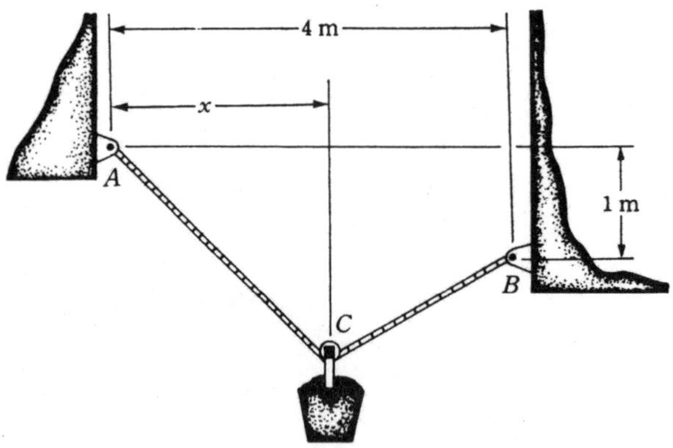

그림 문 2-16

2-17 그림 문 2-17과 같이 C클램프의 나사에 의하여 $F=800\,\text{N}$의 수직힘이 블록 B를 조이고 있다. 블록과 파이프 무게를 무시하고, 블록이 미끄러운 파이프의 C, D점에 작용하는 힘과 패드(pad)에 작용하는 힘을 구하라.

해답 $F_C=F_D=F_P=800\,\text{N}$

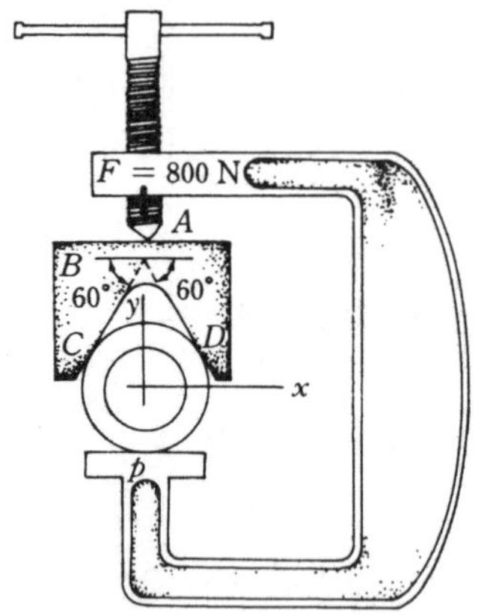

그림 문 2-17

-보충문제-

2-1 그림과 같이 3 kN의 집중하중과 400 N/m의 균일분포하중을 받는 단순보가 있다. A, B점에서의 반력을 구하여라. (R_A=1550 N, R_B=3050 N)

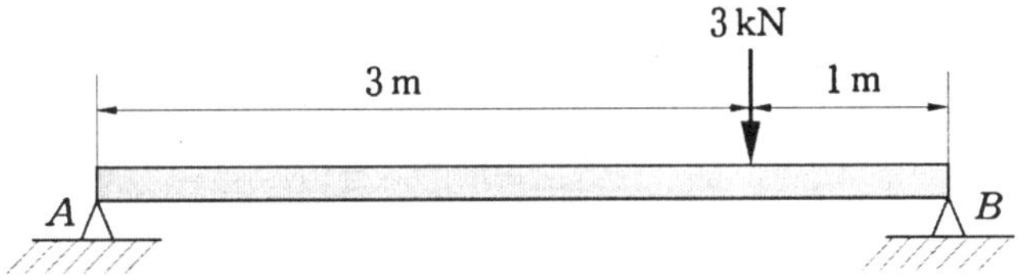

그림 문 2-1

2-2 그림에서 하물의 질량은 50 kg이다. 하물을 운반차의 중앙에 놓으려면 작업자가 얼마의 수평방향 힘으로 로프를 당겨야 하는가? (126.5 N)

2-3 무게 50 N의 손수레에 220 N의 비료를 넣고 정원사가 밀고 있다. 정원사의 양쪽 손에 걸리는 힘은 각각 얼마인가? (36.8 N)

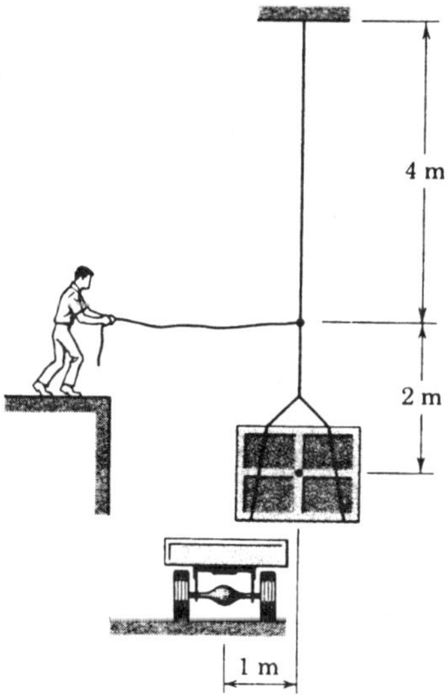

그림 문 2-2

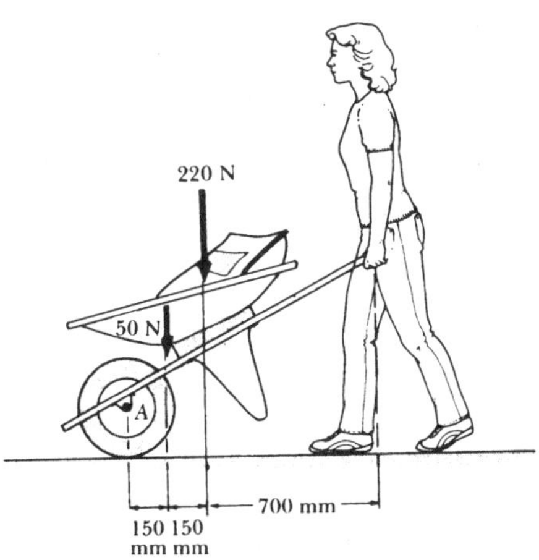

그림 문 2-3

2-4 무게 1600 kgf의 소형트럭의 무게중심의 위치는 G점과 같다. 무게 W_L인 하물이 적재되어 있고, 하물의 무게중심은 뒷바퀴 축으로부터 x=400 mm인 곳을 통과하고 있다. A, B점에서의 반력이 동일하다면 하물의 무게 W_L은 얼마인가? (W_L=244.4 kgf)

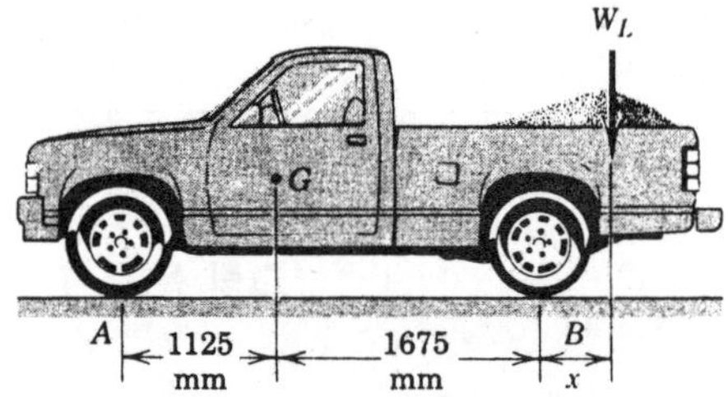

그림 문 2-4

2-5 장도리로 못을 빼고 있다. 장도리에 200 N의 힘을 가할 때 못에 작용하는 인장력을 구하여라. 또 A점에서의 반력의 크기를 구하여라. (T=800 N, R_A=756 N)

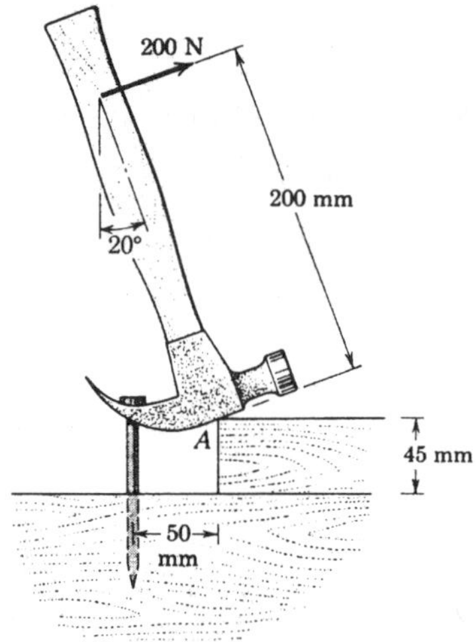

그림 문 2-5

2-6 그림과 같은 단순보에 75 kN, 30 kN, 30 kN의 수직하중이 작용하고 있다. A, B점에서의 반력을 구하여라. (R_A=30 kN, R_B=105 kN)

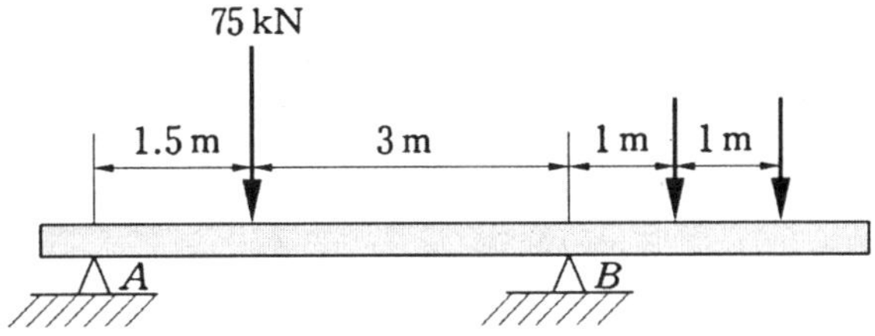

그림 문 2-6

2-7 질량 2800 kg의 지게차가 질량 1500 kg의 하물을 들어 올려 운반하고 있다. 앞바퀴(2개)와 뒷바퀴(2개)에 작용하는 반력을 구하여라. (R_A=30380 N, R_B=11760 N)

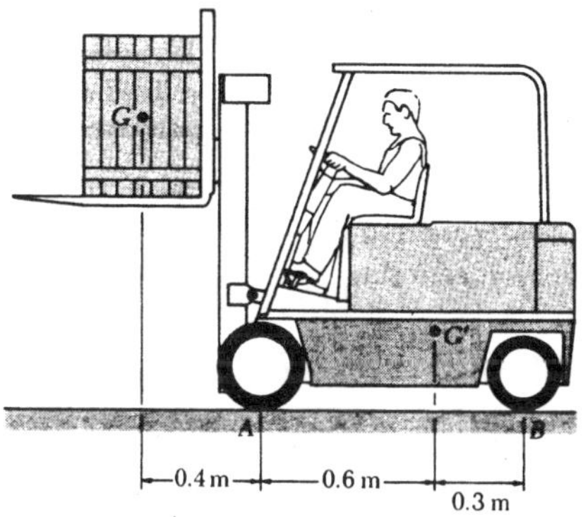

그림 문 2-7

2-8 그림에서 카트의 질량은 800 kg이고, 중심은 앞뒤 바퀴의 중앙에 위치하고 있다. 카트를 당기는 줄의 장력과 앞뒤 바퀴에서의 반력을 구하여라. 바퀴와 지면에서의 마찰은 무시한다. (T=5039 N, $R_A=R_B$=3003 N)

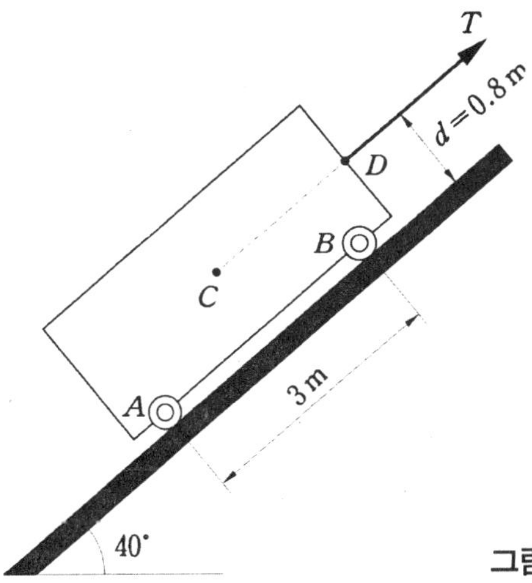

그림 문 2-8

2-9 그림에서 막대 AB의 재질은 균일하고 질량은 30 kg, 길이는 4 m이다. 접촉면은 모두 매끄럽다. A, B점에서의 반력을 구하여라. ($R_A=53.5$ N, $R_B=298.8$ N, $\theta=79.7°$ ↖)

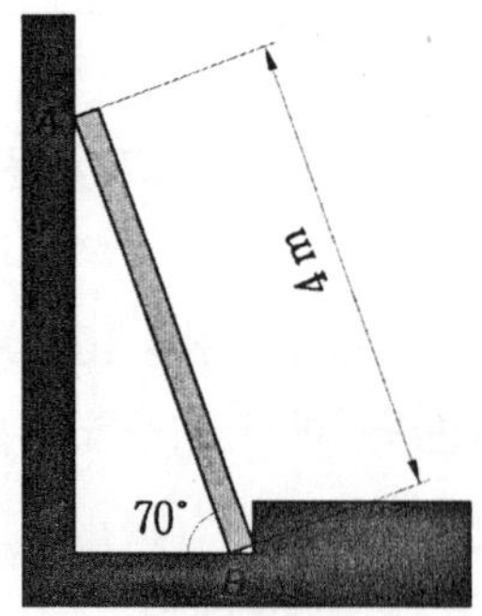

그림 문 2-9

2-10 질량 1000 kg의 크레인으로 질량 2400 kg의 하물을 들어올리고 있다. 지점 A는 핀으로 연결되어 있고, 지점 B는 로커(rocker)로 지지되어 있다. 크레인의 무게중심은 G점이다. A, B점에서의 반력을 구하여라. ($R_A=112.2$ kN, $\theta=17.3°$ ↖, $R_B=107.1$ kN→) (힌트 : 핀 A에는 수평방향과 수직방향의 반력이 작용하고, 로커 B에는 수평방향 반력만 작용한다. 그림 2-1 참조)

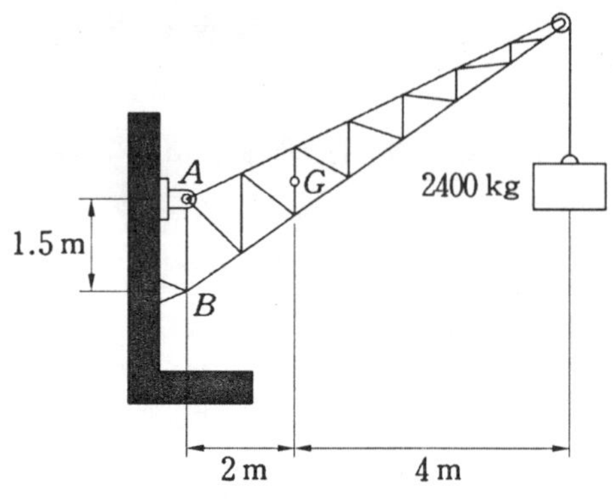

그림 문 2-10

3

구조물

제2장에서는 단일강체 또는 전체로서 연결된 **부재**(nember)들의 구조물계의 평형에 관한 것들이었다.

이 장에서는 정역학적 원리를 이용하여 실제 문제를 해결하는 방법으로서 구조물 중 평면 트러스의 내력해석을 원리적이고 기초적인 범위에서 설명하기로 한다.

1) 평면 트러스

교량이나 철탑, 기중기, 지붕받이 등의 구조를 보면 여러 개의 직선형의 부재가 조합되어 만들어져 있다. 이와 같은 구조물을 **골조구조**(frame structure)라 하고, 부재의 연결점을 **절점**(joint)이라 한다. 각 부재는 절점에서 회전이 자유로운 핀으로 연결되어 있다고 생각하며, 또 상대운동이 안되는 골조구조를 **트러스**(truss), 절점이 자유로이 회전할 수 없는 완전고정인 절점을 포함하는 구조를 라멘(rahmen)이라고 한다.

트러스는 하나의 부재가 지탱할 수 있는 량보다 더 큰 하중을 지지하거나 혹은 더 먼 거리를 걸쳐서 지지하는 데 그 효과가 있다.

각 부재와 이에 작용하는 힘들이 모두 동일 평면 내에 놓여 있는 트러스를 **평면 트러스**(plane truss), 입체적인 것을 **공간 트러스**(space truss)라 하며, 일반적으로 사용하고 있는 교량 및 지붕받이 트러스가 그림 3-1에 표시되어 있다.

기본삼각형으로 조립된 구조물을 **단순 트러스**(simple truss)라 하고, 단순 트러스는 양 끝이 힌지 연결(hinged joint) 또는 롤러(roller)로 지지되어 외력에 대

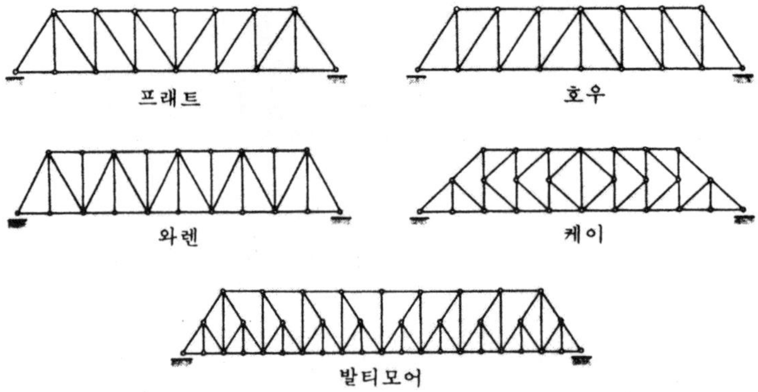

일반적인 교량 트러스

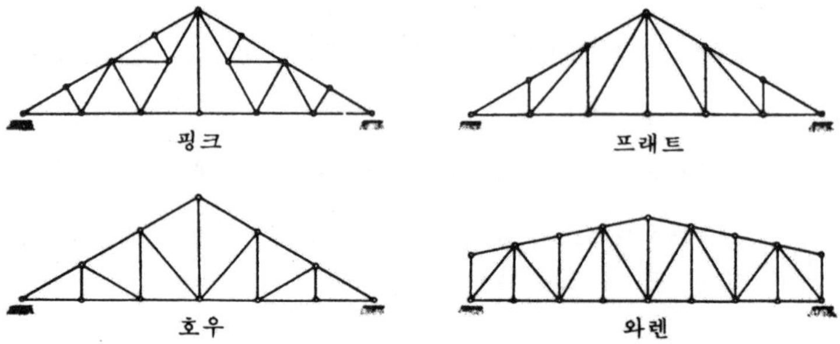

일반적인 지붕 트러스

그림 3-1

하여 안정구조물(stable structure)이 될 수 있다. 연속 트러스에서는 상단과 하단 부재를 각각 1개의 부재를 사용하고 그 사이를 짧은 부재로 연결하기도 한다.

각 부재 내의 내력을 구할 때 보통 다음의 가정 하에서 계산한다.

(1) 트러스의 모든 부재는 강체이고 각 부재의 양 끝은 마찰이 없는 핀(pin)으로 연결되어 있다. 보통 트러스의 각 부재의 연결은 큰 볼트 연결, 또는 연결판을 대어 병접(riveting)한 연결이거나 용접연결로 되어 있으나 핀 연결로 가정한다.

(2) 트러스에 작용하는 하중과 지지력의 작용선은 핀의 중심을 통하고 평면 트러스에서 하중과 힘은 트러스와 동일 평면에 있다.

(3) 트러스 자체의 하중은 외력에 비하여 작을 때 무시한다.

가정 (1)에 의하면 핀과 부재가 서로 작용하는 반력은 접촉면에 수직이므로 부재가 핀에 미치는 반력과 핀이 부재에 미치는 반력은 크기가 같고 방향이 반대이며, 이의 작용선은 핀의 중심을 통과해야 한다. 가정 (2), (3)에 따르면 부재는 핀 이외의 곳에는 외력의 작용을 받지 않는다.

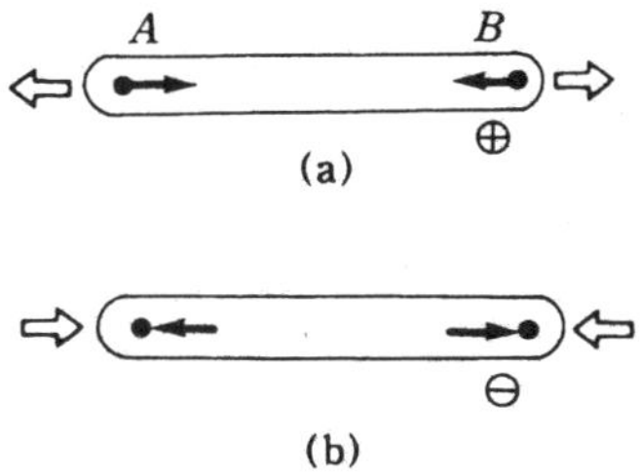

그림 3-2

그림 3-2(a), (b)와 같이 부재 양 끝의 핀에서 받는 반력들은 그 위치에서 평형이 되어야 하므로 반력의 작용선이 부재의 축선과 일치되고, 부재는 양 끝의 핀으로부터 인장 또는 압축의 외력을 받으면 이 축선에 직각인 임의의 단면에는 인장 또는 압축의 **내력**(internal force)이 발생된다. 따라서 인장의 외력을 받는 부재를 **인장재**(tension member force), 압축의 외력을 받는 부재를 **압축재**(compression member)라 하고, 편의상 절점에 작용되는 응력의 방향이 절점에서 밖으로 나갈 때를 인장재(+), 절점으로 향하여 들어갈 때를 압축재(−)의 부호로 정하여 해석하기로 한다.

부재의 내력에 관한 문제를 푸는 것을 **트러스 해석**(analysis of trusses)이라 하며, 절점법, 단면법 및 도해법에 의한 트러스 해석에 관하여 알아본다.

2) 절점법

트러스의 모든 부재는 축하중만 받는다. 자유물체도를 그린 각 절점은 한 점에 작용하는 역계로 되어 각각 평형상태를 이루어 평형조건 $R=0$, $M=0$을 적용할 수 있다.

그리하여 반력을 포함한 외력부터 먼저 구한 후 둘 이하의 미지수를 가지는 절점부터 평형방정식을 적용하여 해석해야 하며, 이 부재력이 결정되면 순차적으로 다음 절점으로 연결하여 부재 내의 내력을 해석하는 방법이 **절점법**(method of joint)이다.

예제 3-1

5개의 부재로 된 그림 3-3(a)와 같은 트러스에서, 지점 A, D에서의 반력과 각 부재의 내력을 구하라.

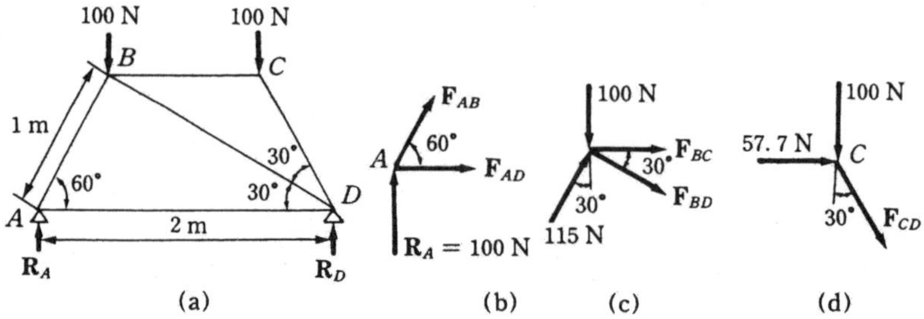

그림 3-3

〔풀 이〕 먼저 반력 R_A, R_D는 수직방향의 힘의 평형조건에서

$$R_A + R_D = 100\,\mathrm{N} + 100\,\mathrm{N} = 200\,\mathrm{N}$$

절점 A에 관한 모멘트의 평형에서

$$\overset{+}{\curvearrowleft} M_A = R_D \times 2\,\mathrm{m} - 100\,\mathrm{N} \times \cos 60° - 100\,\mathrm{N}(2\,\mathrm{m} - 1\,\mathrm{m} \times \cos 60°) = 0$$

위 두 식으로부터 반력은 각각

$$R_A = 100\,\mathrm{N},\ R_D = 100\,\mathrm{N}$$

미지의 부재력이 둘 이하인 절점부터 차례로 부재력을 구한다. 절점 A에서 부재 AB, AD를 인장재로 가정하여 자유물체도를 그리면 그림 3-3(b)와 같다.
따라서

$$F_{AB} \cos 60° + F_{AD} = 0$$

$$F_{AB} \sin 60° + 100\,\mathrm{N} = 0$$

$$\therefore F_{AB} = -115\,\mathrm{N}(\text{압축력})$$

F_{AB}의 부재력에 부호가 부(−)인 것은 부재 AB에 압축력이 작용함을 의미한다.

$$F_{AD} = 57.7\,\mathrm{N}\,(\text{인장력})$$

절점 B의 자유물체도인 그림 3-3(c)에서

$$F_{BC} + F_{BD} \cos 30° + 115 \sin 30° = 0$$

$$115 \cos 30° - 100 - F_{BD} \sin 30° = 0$$

$$\therefore F_{BC} = -57.7\,\mathrm{N}(\text{압축력})$$

$$F_{BD} = 0$$

절점 C의 자유물체도인 그림 3-3(d)에서

$$-100\,\text{N} - F_{CD}\sin 60^\circ = 0$$

$$F_{CD} = -115\,\text{N}\ (\text{압축력})$$

이상의 것을 종합하면

$$R_A = 100\,\text{N},\ R_B = 100\,\text{N}$$

$$F_{AB} = 115\,\text{N}\ (\text{압축력}),\ F_{AD} = 57.7\,\text{N}\ (\text{인장력})$$

$$F_{BC} = 57.7\,\text{N}\ (\text{압축력}),\ F_{CD} = 115\,\text{N}\ (\text{압축력})$$

$$F_{BD} = 0$$

가 된다. 이 트러스의 구조에서 같은 크기의 외력이 연직으로 작용할 경우는 부재 BD가 불필요함을 알 수 있다. ■◆■

3) 단면법

절점법은 몇 개의 부재에 작용하는 힘만을 구하고자 할 때에는 외력으로부터 시작하여 트러스의 모든 부재에 작용되는 힘을 모두 해석해 가야 하는 불편한 점이 있으나 **단면법**(method of sections)은 트러스 내의 해석하고자하는 부재에 있어서, 그 부재를 포함한 트러스를 자르는 절단면을 생각하여 이 절단면의 내력을 외력과 동일하게 가정을 하고, 힘의 평형조건을 적용하여 부재의 내력을 구하는 방법이다. 이 때 절단되는 미지의 부재를 3개 이하로 하여 부재력을 구한다.

예제 3-2

그림 3-4(a)의 구조물에 200 N, 400 N, 600 N의 힘이 작용할 때 부재 DE, CE, CB에 작용하는 힘을 구하라.

〔풀 이〕 먼저 반력 R_A, R_B를 구한다.

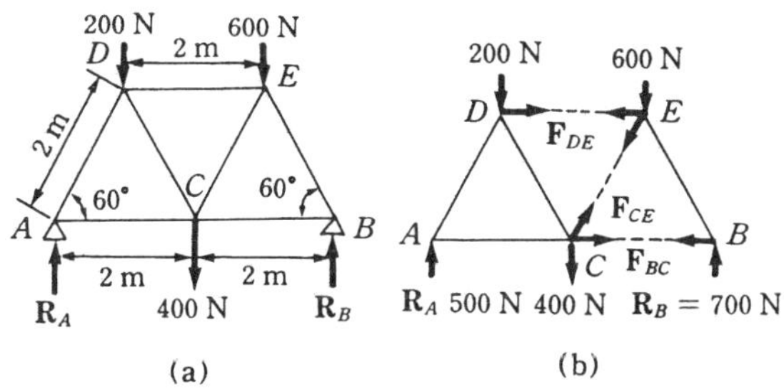

(a) (b)

그림 3-4

수직 방향의 힘의 평형에서

$$R_A + R_B - 200\,\mathrm{N} - 400\,\mathrm{N} - 600\,\mathrm{N} = 0 \qquad \text{(a)}$$

점 B에 관한 모멘트의 평형으로

$$\circlearrowleft\!+\; M_B = 600\,\mathrm{N}\times 1\,\mathrm{m} + 400\,\mathrm{N}\times 2\,\mathrm{m} + 200\,\mathrm{N}\times 3\,\mathrm{m} - R_A\times 4\,\mathrm{m} = 0 \qquad \text{(b)}$$

$$\therefore R_A = 500\,\mathrm{N}$$

$$R_B = 700\,\mathrm{N}$$

구하고자 하는 부재 DE, CE, CB를 포함하여 트러스를 절단하였다고 가정하면, 수평 방향의 힘의 평형에 의하여

$$F_{DE} + F_{CE}\cos 60^\circ + F_{CB} = 0 \qquad \text{(c)}$$

수직방향의 힘의 평형에서

$$500\,\mathrm{N} + F_{CE}\sin 60^\circ - 200\,\mathrm{N} - 400\,\mathrm{N} = 0 \qquad \text{(d)}$$

점 C에 관한 모멘트의 평형으로부터

$$200\,\mathrm{N}\times 1\,\mathrm{m} - 500\,\mathrm{N}\times 2\,\mathrm{m} - F_{DE}\times 2\sin 60^\circ\,\mathrm{m} = 0 \qquad \text{(e)}$$

식 (c), (d), (e)에 의하여

$F_{DE} = -462\,\mathrm{N} = 462\,\mathrm{N}$ (압축력)

$F_{CE} = 115\,\mathrm{N}$ (인장력)

$F_{CB} = 405\,\mathrm{N}$(인장력)

■◆■

4) 도해법

트러스의 각 부재에 작용하는 인장력 및 압축력을 결정하는 데 사용되는 도해법은 결점법에 기초를 둔 것으로, 각 절점에 작용되는 힘은 평형을 이루어 이들의 연력도와 시력도는 폐다각형을 이룬다. 이 때 절점을 중심으로 시계방향 순서에 따라 공간에 기호를 붙여 일정한 규칙으로 평형을 이룬 힘의 시력도를 작도하여 종합한 하나의 선도를 작도할 수 있고, 이 선도에 나타난 힘의 벡터로 부재력을 구할 수 있다. 이의 선도를 **맥스웰 선도**(Maxwell diagram)라 한다.

예 제 3-3 ■◆■

그림 3-5(a)와 같이 트러스가 두 개의 절점에서 수평으로 지지되고 한 개의 절점에 크기 W인 하중이 연직으로 작용하고 있을 때 이 트러스의 각 부재에 작용하는 힘을 도해법으로 구하라.

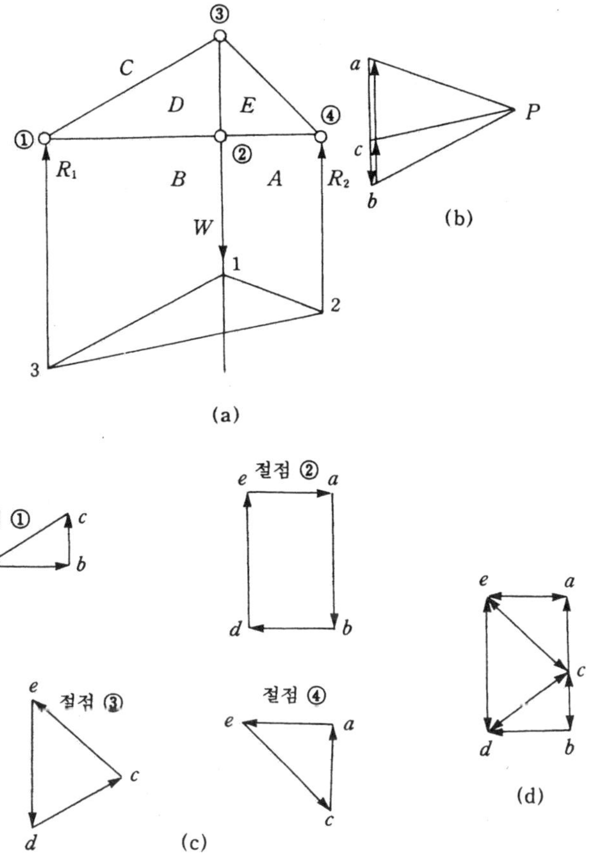

그림 3-5

〔풀 이〕 트러스 전체를 하나의 물체로 보고 절점 ①과 ④에서 연직 상방으로 각각 작용하는 두 반력 R_1, R_2는 바우의 기호법을 이용하여 시력도와 연력도를 구한다. 그림 3-5(b)와 같이 하중 W인 벡터 **ab**를 그리고 임의의 극 P를 잡아 사선을 긋는다. 그림 (a)의 작용선상에 사선 1-2, 1-3을 그어 만나는 점 3과 2를 잇는다. 다음 시력도의 극 P를 지나며 연력도 2-3에 평행한 사선을 그어 구한 벡터 **ca**의 크기는 $\mathbf{R}_2$의 크기이고, 벡터 **bc**의 크기는 $\mathbf{R}_1$의 크기가 된다.
트러스의 각 절점에 작용하는 힘은 평형상태이므로 절점에 적용하는 힘 가운데 미지수가 두 개 이하인 경우, 힘의 다각형이 닫힌다는 조건하에 절점 ①에 작용하는 힘 **BC**를 기준으로 하여 벡터 **CD**, **DB**를 작도하여 부재력을 구한다. 같은 방법으로 하여 각 절점에 따라 항상 같은 방향으로 돌아가며 힘의 삼각형, 또는 다각형을 작도하면 그림 3-5(c)와 같이 닫히게 된다. 이렇게 얻어진 힘의 다각형을 순서에 따라 한데 결합하면 그림 3-5(d)가 되며, 이것이 맥스웰 선도가 된다.
각 절점에서 닫힌 힘의 삼각형 또는 다각형에 나타난 힘의 방향이 밖으로 나가는 부재 BD, DE, AE는 인장재이고, 안으로 들어오는 부재 CD, CE는 압축재이다. 또한 부재력의 크기는 닫힌 힘의 삼각형 및 다각형에서 각 벡터의 크기를 계산 또는 실측하여 구한다. 이 방법을 **크레모너**(Cremona)의 해법이라 한다.

3-1 그림 문 3-1에 표시한 바와 같이 5개의 부재로 된 트러스 $ABCD$의 절점 D에 무게 $W_D=1000$ kg인 하중이 걸려 있을 때 각 부재에 작용하는 힘을 구하라.

해답 $R_A=R_B=500$ kg, $AD=BD=500$ kg(+)
$AC=BC=707$ kg(−), $CD=1000$ kg(+)

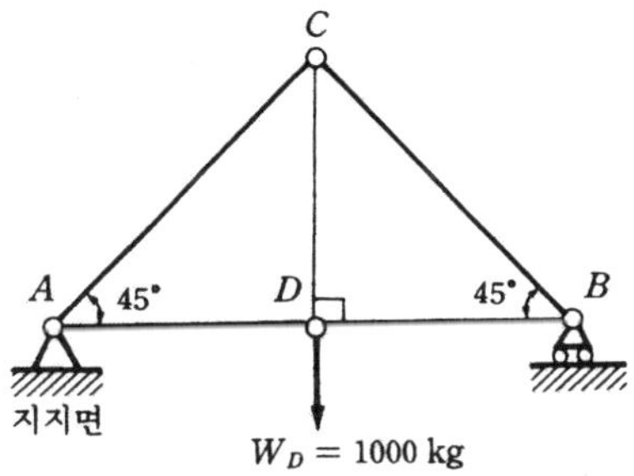

그림 문 3-1

3-2 그림 문 3-2에 표시한 바와 같이 트러스의 각 부재에 작용하는 힘과 반력을 구하라.

해답 $AB=CD=3.54$ ton(−), $AE=DE=2.5$ ton(+)
$BE=CE=2.12$ ton(+), $BC=4$ ton(−), $R_A=R_D=2.5$ ton

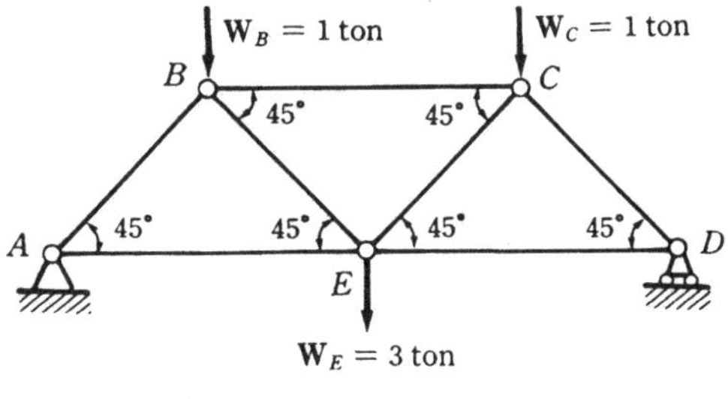

그림 문 3-2

3-3 그림 문 3-3과 같은 트러스의 각 부재에 작용하는 부재력을 구하라.

해답 1−2 = 3000 lb 또는 13.34 kN(+)
1−3 = 3200 lb 또는 14.23 kN(+)
2−3 = 4000 lb 또는 17.79 kN(−)

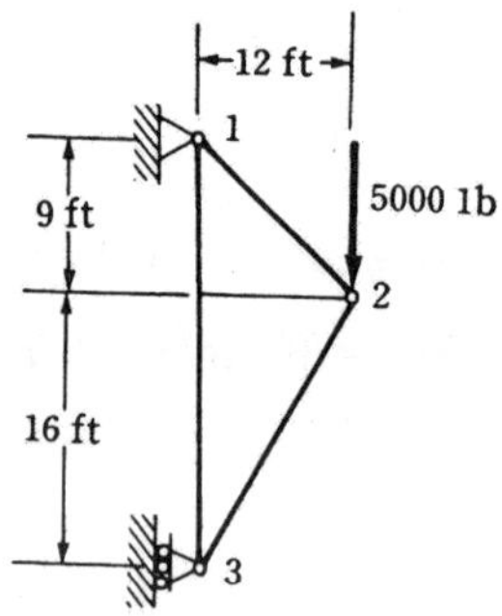

그림 문 3-3

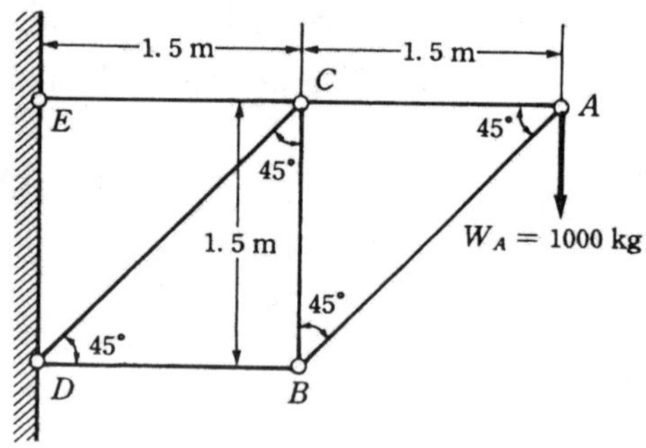

그림 문 3-4

3-4 그림 문 3-4에 표시한 트러스의 각 부재에 작용하는 힘을 구하라.

해답 AB=1414 kg(−), AC=1000 kg(+)
BC=1000 kg(+), CD=2000 kg(+)
BD=1000 kg(−), CD=1414 kg(−)

3-5 그림 문 3-5에 표시된 트러스의 각 부재에 작용하는 힘을 구하라.

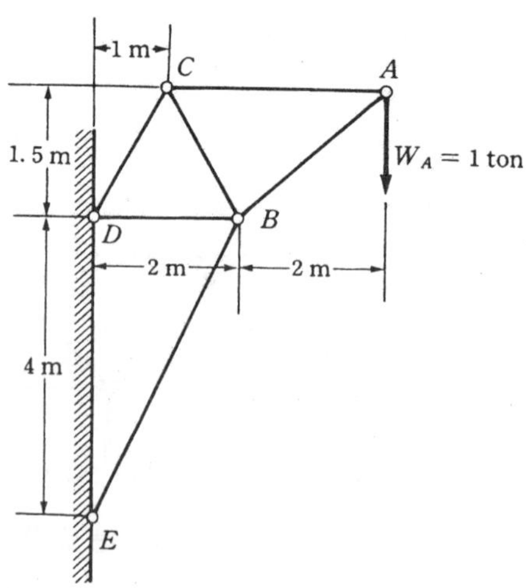

그림 문 3-5

해답 $AB=1.67\,\text{ton}(-)$, $AC=1.33\,\text{ton}(+)$
$CB=1.19\,\text{ton}(-)$, $CD=1.19\,\text{ton}(+)$
$BD=0.33\,\text{ton}(+)$, $BE=2.24\,\text{ton}(-)$

3-6 그림 문 3-6과 같은 트러스의 각 부재에 작용하는 힘을 구하라.

해답 $R_A=50\,\text{kg}$, $R_{DV}=100\,\text{kg}$, $R_{DH}=86.6\,\text{kg}$
$AB=100\,\text{kg}(-)$, $AC=86.6\,\text{kg}(+)$, $BC=100\,\text{kg}(+)$
$BD=200\,\text{kg}(-)$, $CD=86.6\,\text{kg}(+)$

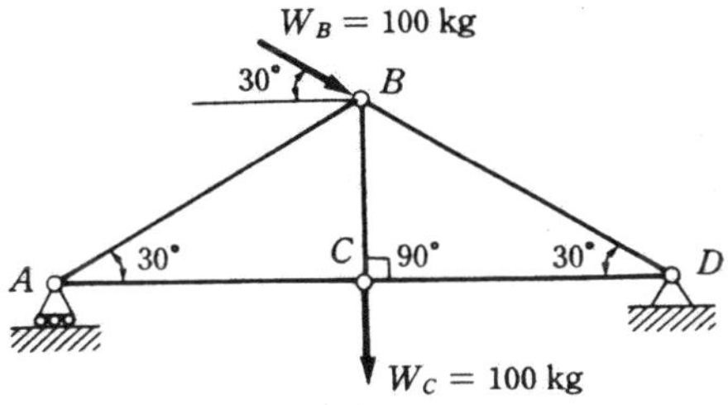

그림 문 3-6

3-7 그림 문 3-7에 표시한 바와 같이 하중이 걸린 켄틸레버 트러스의 각 부재에 작용하는 힘을 절점법에 의하여 계산하라.

해답 $T=80.00\,\text{kN}$, $E_x=69.28\,\text{kN}$, $E_y=10.00\,\text{kN}$
$AB=34.64\,\text{kN}(+)$, $AC=17.32\,\text{kN}(-)$, $BC=34.64\,\text{kN}(-)$
$BD=34.64\,\text{kN}(+)$, $CD=57.74\,\text{kN}(+)$, $CE=63.51\,\text{kN}(-)$
$DE=11.55\,\text{kN}(-)$

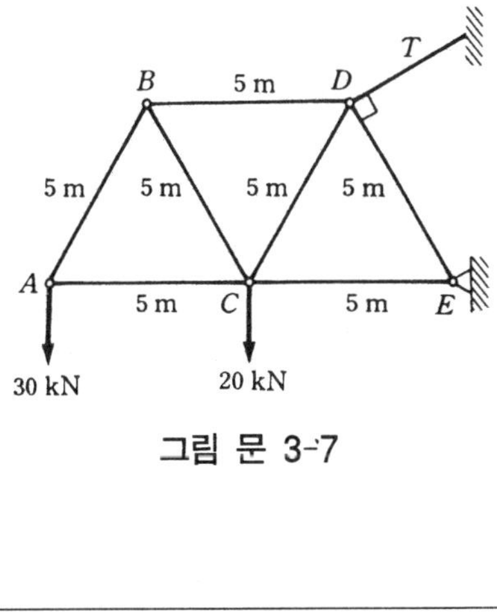

그림 문 3-7

3-8 그림 문 3-8과 같이 지붕 트러스(roof truss)의 부재 *CJ*, *DJ*에 작용하는 힘을 단면법에 의하여 구하라.

해답 $CJ=14.1\,\text{kN}(-)$, $DJ=16.6\,\text{kN}(+)$

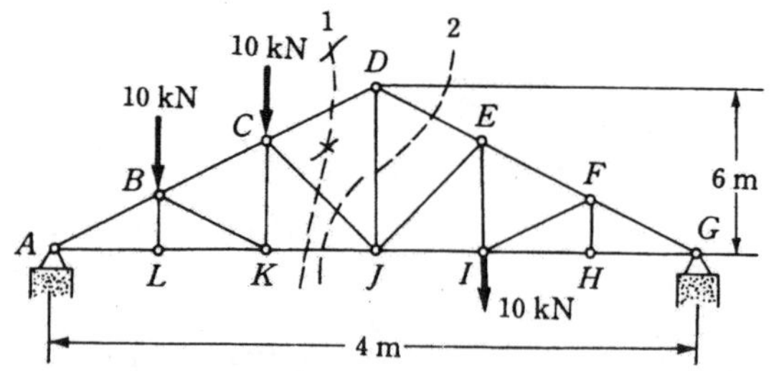

그림 문 3-8

3-9 그림 문 3-9와 같은 트러스에 하중 *W*가 작용하고 있다. 맥스웰 선도를 작성하고 각 부재가 인장재인가 압축재인가를 구별하라.

해답 인장재 ②, ⑤
압축재 ①, ③, ④, ⑥, ⑦

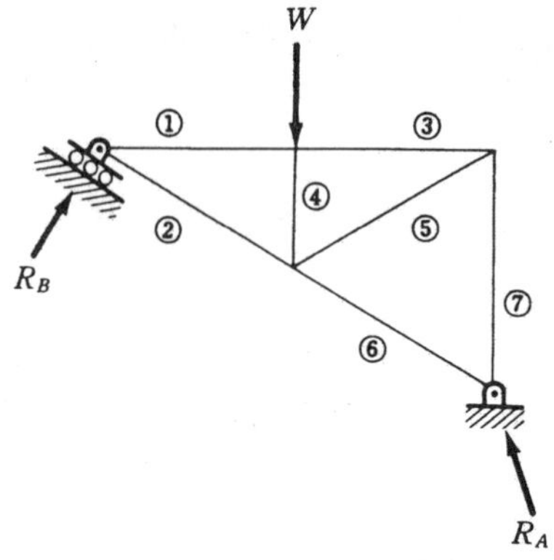

그림 문 3-9

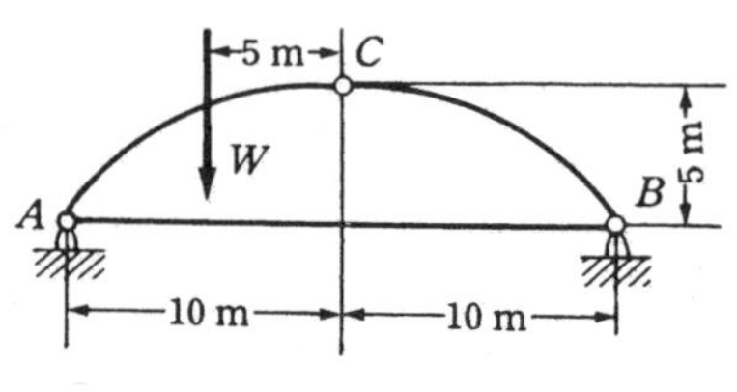

그림 문 3-10

3-10 그림 문 3-10과 같은 구조물에서 절점은 핀으로 연결되어 있고, $W=1000\,\text{kg}$의 하중이 작용할 때 *A*, *B*, *C*점에 작용하는 힘을 구하라. 단, 구조물의 무게는 무시한다.

해답 $R_{A_x}=500\,\text{kg}$, $R_{A_y}=750\,\text{kg}$, $R_{B_x}=-500\,\text{kg}$
$R_{B_y}=250\,\text{kg}$, $F_{C_x}=(\pm)500\,\text{kg}$, $F_{C_y}=(\pm)250\,\text{kg}$

4

분포력

1) 중심(질량의 중심)

지구 중력장에 놓여 있는 모든 물체는 중력의 작용을 받고 있다. 보통 물체는 지구에 비하여 매우 작으므로 지구상에서 물체 내의 각 질점에 작용하는 중력의 방향은 일정하다고 볼 수 있어 평행역계가 된다.

따라서 물체의 중량 또는 무게라 함은 이들의 평행 분포력의 합력을 말한다. 이 평행역계의 합의 작용선은 물체의 위치나 방향을 변경시켜도 항상 일정한 점을 지난다. 즉 물체를 구성하고 있는 각 부분에 작용하는 **중력**의 합력의 작용점을 그 물체의 **중심**(center of gravity)이라 하고, 합력을 그 물체의 **무게**(weight)라 한다.

물체의 중심의 위치를 해석적으로 구하여 본다. 그림 4-1과 같이 물체를 A, B, C, …의 미소부분으로 나누었다고 생각하면, 그의 각 부분에 작용하는 중력을 ΔW_1, ΔW_2, ΔW_3, …로 하고, 그들 중력의 작용점의 좌표를 각각 (x_1, y_1, z_1), (x_2, y_2, z_2), (x_3, y_3, z_3), ……로 하면 평행역계이므로 물체 전체의 무게는

$$W = \Delta W_1 + \Delta W_2 + \Delta W_3 + \Delta W_4 + \cdots\cdots\cdots\cdots = \sum W_i$$

일반적으로 공간좌표상에 있는 전 물체의 중심 G의 좌표를 $(\bar{x}, \bar{y}, \bar{z})$라 하면 바리논의 정리로부터 중력의 합 W의 어느 축에 대한 모멘트는 각 질점에 작용하는 중력에 의한 같은 축에 대한 모멘트의 대수합과 같아야 하므로 y축에 관한 모멘트는

$$W\bar{x} = \Delta W_1 x_1 + \Delta W_2 x_2 + \Delta W_3 x_3 + \cdots\cdots\cdots\cdots = \sum \Delta W_i x_i$$

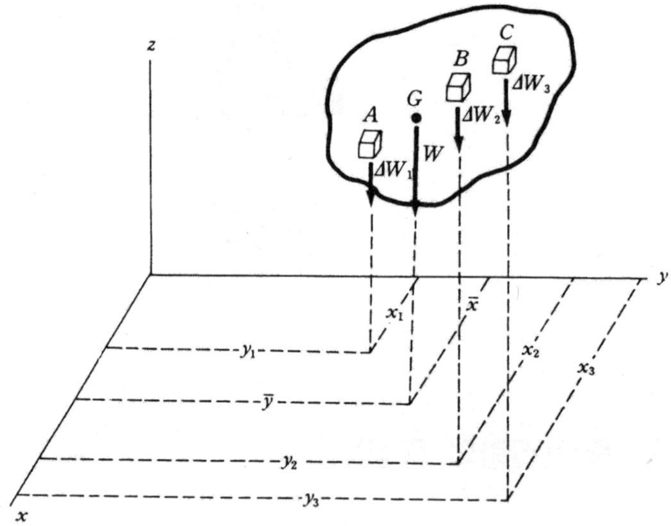

그림 4-1

x축에 관한 모멘트는

$$W\bar{y} = \varDelta W_1 y_1 + \varDelta W_2 y_2 + \varDelta W_3 y_3 + \cdots\cdots\cdots\cdots = \sum \varDelta W_i y_i$$

다음은 물체와 함께 좌표축을 그대로 회전시키되 중력의 방향이 y축과 평행이 되도록 한 후, y축 둘레의 모멘트를 구하거나 혹은 중력의 방향이 x축과 평행이 되도록 한 후, y축 둘레의 모멘트를 구하면 된다. 이리하여 z축에 관한 모멘트는

$$W\bar{z} = \varDelta W_1 z_1 + \varDelta W_2 z_2 + \varDelta W_3 z_3 + \cdots\cdots\cdots\cdots = \sum \varDelta W_i z_i$$

가 되어, 중심의 좌표($\bar{x}$, $\bar{y}$, $\bar{z}$)는

$$\bar{x} = \frac{\sum \varDelta W_i x_i}{W}$$

$$\bar{y} = \frac{\sum \varDelta W_i y_i}{W}$$

$$\bar{z} = \frac{\sum \varDelta W_i z_i}{W}$$

따라서

$$\bar{x} = \frac{\lim_{\Delta W_i \to 0} \sum \Delta W_i x_i}{W}$$

$$\bar{y} = \frac{\lim_{\Delta W_i \to 0} \sum \Delta W_i y_i}{W}$$

$$\bar{z} = \frac{\lim_{\Delta W_i \to 0} \sum \Delta W_i z_i}{W}$$

로 표시된다. 선이나 면적 또는 체적에 대해서도 유사한 관계가 성립하며, 물체나 도형에서 중공부분은 부(−)의 값이 됨을 유의해야 한다.

그림 4-2(a)와 같이 미소물체의 무게를 dW로 하여 윗식을 간단한 적분식으로 표시하면

$$\left.\begin{aligned} \bar{x} &= \frac{\int x\,dW}{W} \\ \bar{y} &= \frac{\int y\,dW}{W} \\ \bar{z} &= \frac{\int z\,dW}{W} \end{aligned}\right\} \qquad (4\text{-}1)$$

가 된다.

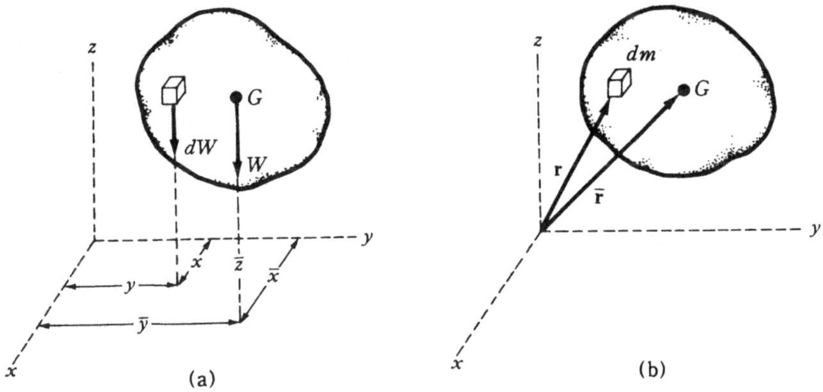

그림 4-2

뉴턴의 운동 제2법칙으로부터 무게 W와 질량 m의 관계는 $W = mg$이므로 $dW = g \cdot dm$이 성립한다. 여기서 g는 중력가속도, dm은 질량소이다. 이 관계

를 식 (4-1)에 대입하여 정리하면

$$\left.\begin{aligned} \bar{x} &= \frac{\int x\,dm}{m} \\ \bar{y} &= \frac{\int y\,dm}{m} \\ \bar{z} &= \frac{\int z\,dm}{m} \end{aligned}\right\} \qquad (4\text{-}2)$$

그림 4-2(b)에 있어서 질량소 dm의 위치벡터는

$$\mathbf{r} = x\mathbf{i} + y\mathbf{j} + z\mathbf{k}$$

가 되고, 이 좌표를 질량중심(center of mass)이라 하며, 중심과 일치된다. 전질량중심 G의 위치벡터가

$$\bar{\mathbf{r}} = \bar{x}\mathbf{i} + \bar{y}\mathbf{j} + \bar{z}\mathbf{k}$$

일 때 식 (4-2)를 간단히 하면

$$\bar{\mathbf{r}} = \frac{\int \mathbf{r}\,dm}{m} \qquad (4\text{-}3)$$

으로 표시할 수도 있다.

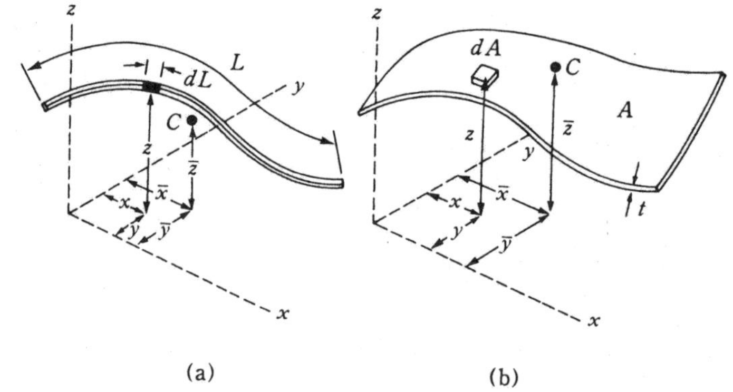

그림 4-3

그림 4-3(a)와 같이 길이 L, 밀도 ρ, 단면적 A인 가는 선의 질량 m은 ρAL이 되며 $dm = \rho AdL$이 성립한다. 단면적과 밀도가 일정할 경우 이것을 식 (4-2)에 대입하면 다음과 같은 **선도심**(centroid of line)의 좌표가 얻어진다.

$$\left.\begin{aligned} \bar{x} &= \frac{\int x\,dL}{L} \\ \bar{y} &= \frac{\int y\,dL}{L} \\ \bar{z} &= \frac{\int z\,dL}{L} \end{aligned}\right\} \tag{4-4}$$

이 때 유의할 것은 선도심 C가 항상 선상에 있는 것은 아니다. 그림 4-3(b)에서 밀도 ρ, 얇은 두께 t, 표면적 A를 갖는 물체에서 질량소 $dm = \rho tdA$가 성립되므로 균질이고 두께가 일정하면 식 (4-2)에 의하여 **면적도심**(centroid of area)의 좌표는 다음과 같다.

$$\left.\begin{aligned} \bar{x} &= \frac{\int x\,dA}{A} = \frac{\int x_c\,dA}{A} \\ \bar{y} &= \frac{\int y\,dA}{A} = \frac{\int y_c\,dA}{A} \\ \bar{z} &= \frac{\int z\,dA}{A} = \frac{\int z_c\,dA}{A} \end{aligned}\right\} \tag{4-5}$$

여기서, dA는 면적소, x_c, y_c, z_c는 각소의 도심의 좌표이다.

밀도 ρ, 부피가 V인 물체의 질량소 $dm = \rho dV$가 성립하므로 체적도심(centroid of volume)의 좌표는

$$\left.\begin{aligned} \bar{x} &= \frac{\int x\,dV}{V} = \frac{\int x_c\,dV}{V} \\ \bar{y} &= \frac{\int y\,dV}{V} = \frac{\int y_c\,dV}{V} \\ \bar{z} &= \frac{\int z\,dV}{V} = \frac{\int z_c\,dV}{V} \end{aligned}\right\} \tag{4-6}$$

가 된다. 이상에서 알 수 있는 것과 같이 물체의 외형적인 기하학적 도형에 의해서 결정되는 중심을 도심이라 한다. 균질인 물체에 있어서는 도심과 중심은 일치한다.

예제 4-1

그림 4-4(a)와 같이 가늘고 균질인 철선의 선도심을 구하라.

〔풀 이〕 가늘고 균질한 철선이므로 해당되는 길이의 중앙에 중심이 있다고 보고, 그림 4-4(b)와 같이 원점을 A로 하여 좌표축을 택하면 식 (4-4)에 의하여

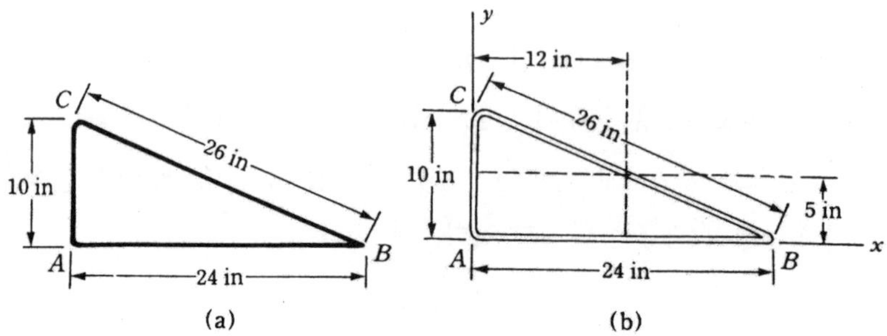

그림 4-4

$$\bar{x}=\frac{10\times0+26\times12+24\times12}{10+26+24}=10\,\text{in}$$

$$\bar{y}=\frac{10\times5+26\times5+24\times0}{10+26+24}=3\,\text{in}$$

■◆■

예제 4-2

밑면 b, 높이 h인 삼각형의 면적도심을 구하라.

〔풀 이〕 그림 4-5와 같이 밑변과 일치하게 x축을 잡으면 면적소 $dA=xdy$가 된다. 닮은 삼각형의 변의 비에 의하여 $\frac{x}{(h-y)}=\frac{b}{h}$가 성립한다. 그리고 x축에서 면적소 dA까지의 거리는 y이므로

$[A\bar{y}=\int y\,dA]$에서

$$\frac{bh}{2}\bar{y}=\int_0^h y\frac{b(h-y)}{h}dy=\frac{bh^2}{6}$$

$$\bar{y}=\frac{h}{3}$$

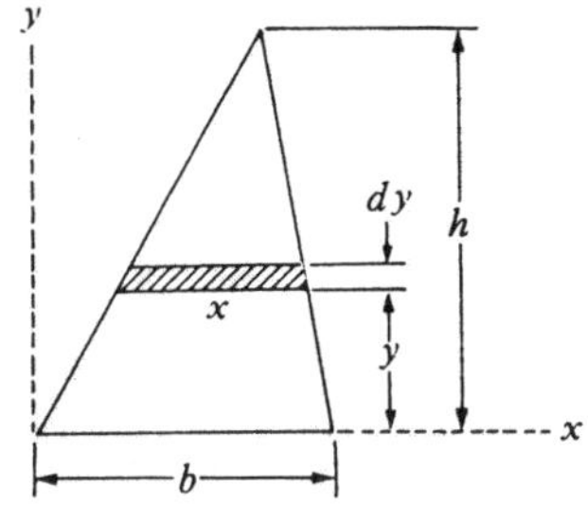

그림 4-5

삼각형의 어느 밑변에 대하여서도 높이의 1/3이 되는 곳에 도심이 존재하고 이 도심은 삼각형의 중선의 교점 즉, 삼각형의 중심과 일치하게 된다. ■◆■

예제 4-3

반지름 r, 중심각 2α인 부채꼴의 면적도심을 구하라.

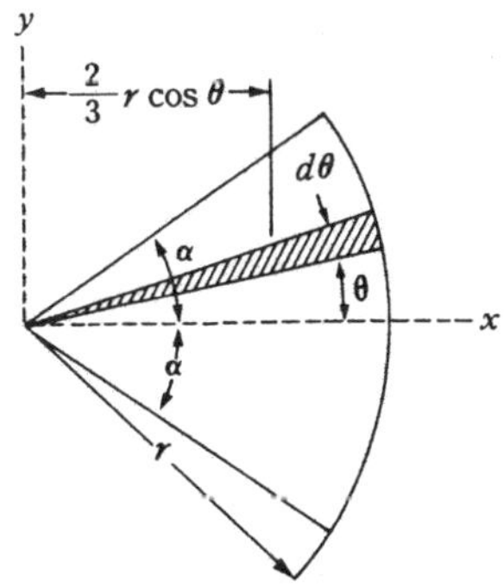

그림 4-6

[풀이] 그림 4-6과 같이 x축을 대칭축으로 잡으면 도심은 x축 위에 있고, $y=0$에서 면적소 $dA=(r/2)(r\,d\theta)$

면적소의 x좌표는 $x=(2r/3)\cos\theta$

부채꼴 전면적은 $A=r^2\alpha$

$[A\bar{x}=\int x_c\,dA]$에서

$$\int_{-\alpha}^{\alpha}\left(\frac{1}{2}r^2\right)d\theta\cdot\bar{x}=\int_{-\alpha}^{\alpha}\left(\frac{2}{3}r\cos\theta\right)\left(\frac{1}{2}r^2\,d\theta\right)$$

$$r^2\alpha\cdot\bar{x}=\frac{2}{3}r^3\sin\alpha$$

$$\therefore\ \bar{x}=\frac{2}{3}\,\frac{r\sin\alpha}{\alpha}$$

대칭적으로 $\bar{y}=0$이 된다.

반원의 면적에 대해서는 $2\alpha=\pi$이므로 $\bar{x}=4r/3\pi$가 된다. ■◆■

예제 4-4

곡선 $x=ky^3$과 $x=a$, $y=0$으로 둘러쌓인 면적의 도심을 구하라.

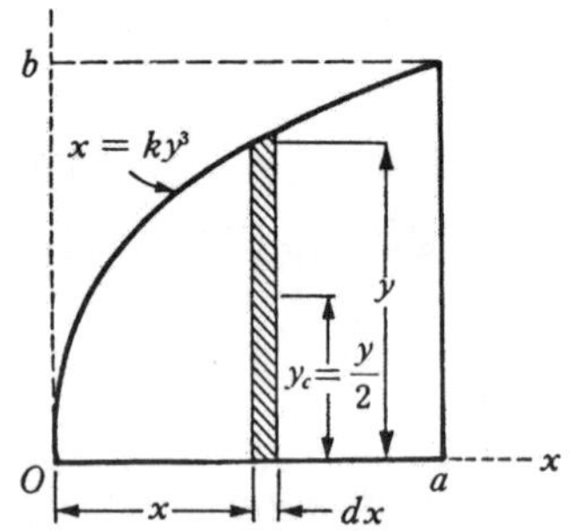

그림 4-7

〔풀이〕 그림 4-7과 같이 좌표축을 정하면 수직 면적소는 $dA=y\,dx$, 면적소의 도심의 좌표는 $(x,\ y/2)$, 문제로부터 $y=\left(\frac{x}{k}\right)^{1/3}$이고, $k=(a/b^3)$

$[A\bar{x}=\int x_c\,dA]$에서

$$\bar{x}\int_0^a y\,dx=\int_0^a xy\,dx$$

$$\bar{x}\int_0^a k^{-1/3}x^{1/3}dx=\int_0^a k^{-1/3}x^{4/3}dx$$

$$\frac{3}{4}ab\bar{x}=\frac{3}{7}a^2b \quad \bar{x}=(4/7)\,a$$

면적소 dA의 도심의 y_c좌표는 $y/2$이므로 $[A\bar{y}=y_c\,dA]$를 적용하면

$$\frac{3}{4}ab\bar{y}=\int_0^a(y/2)\,y\,dx$$

$y=b(x/a)^{1/3}$을 대입하여 정리하면

$$\frac{3ab}{4}\,\bar{y}=\frac{3ab^2}{10}$$

$$\therefore\ \bar{y}=\frac{2}{5}\,b$$ ■◆■

예제 4-5

반지름 r인 반구의 체적과 체적도심을 구하라.

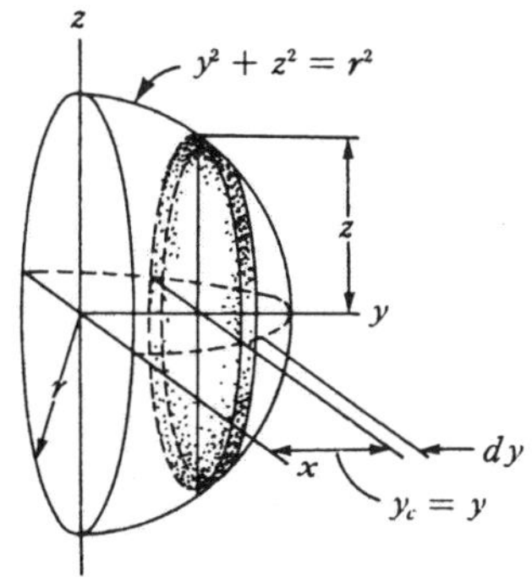

그림 4-8

〔풀 이〕 그림 4-8과 같이 반구상에 좌표를 설정하면 y축이 대칭축이 되어 $\bar{x}=0$, $\bar{z}=0$이므로 y값만 구하면 된다. x, z면에 평행하고 두께 dy인 얇은 판으로 나누면 판과 반구의 표면과는 $x^2+z^2=r^2$인 원주상에서 만나게 된다. 체적소의 원판의 반경은

$$z=+\sqrt{r^2-y^2}$$

체적소는

$$dV=\pi z^2\,dy=\pi(r^2-y^2)\,dy$$

$[V\bar{y}=\int y_c\,dV]$에서

$$\bar{y}\int_0^r \pi(r^2-y^2)\,dy=\int_0^r y\pi(r^2-y^2)\,dy$$

여기서 $y_c=y$이다.

적분하면 $\frac{2}{3}\pi r^3\bar{y}=\frac{1}{4}\pi r^4$

$\therefore\ \bar{y}=\frac{3}{8}r$가 된다. ■◆■

2) 파프스-굴디누스의 정리

공학문제에서 가끔 회전체의 표면적이나 체적을 구해야 할 때가 있다. 이러한 문제는 다음의 정리를 이용하면 간편하게 구할 수 있다.

그림 4-9에서 $x-y$평면상의 길이 L인 선분을 x축을 중심으로 회전시키면 하나의 표면적 A를 얻는다.

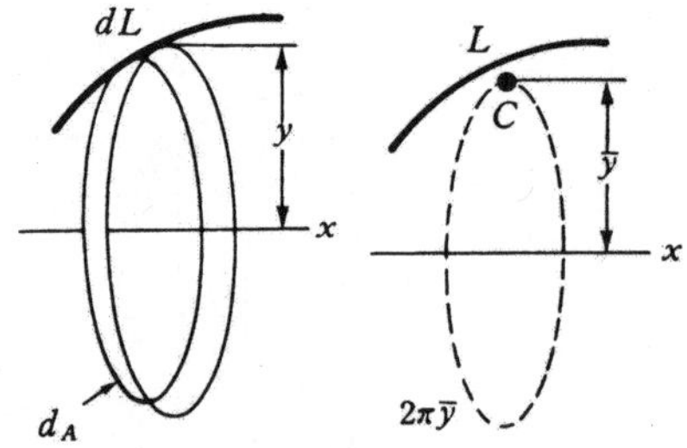

그림 4-9

이 표면의 면적소 dA는 선소 dL을 회전시켜 얻어지는 표면적이므로 $dA=2\pi y dL$이고, 전 표면적은 $A=2\pi\int y\,dL$, 여기에 $\bar{y}L=\int y\,dL$을 대입하면

$$A=2\pi\bar{y}L \qquad (4\text{-}7)$$

여기서, $\bar{y}$는 길이 L인 선분에 있어서 도심 C의 y좌표이다. 따라서 평면에 놓인 임의의 곡선을 그 평면 위에서 그것과 교차하지 않는 어떤 축을 중심으로 회전시켰을 때 생기는 표면적은 그 곡선의 길이에 곡선 도심의 이동거리를 곱한 값과 같다.

같은 방법으로 그림 4-10에서 $x-y$평면상에 임의의 평면 도형인 면적 A를 그것과 교차하지 않는 어떤 x축을 중심으로 회전시키면 하나의 체적 V를 얻는다.

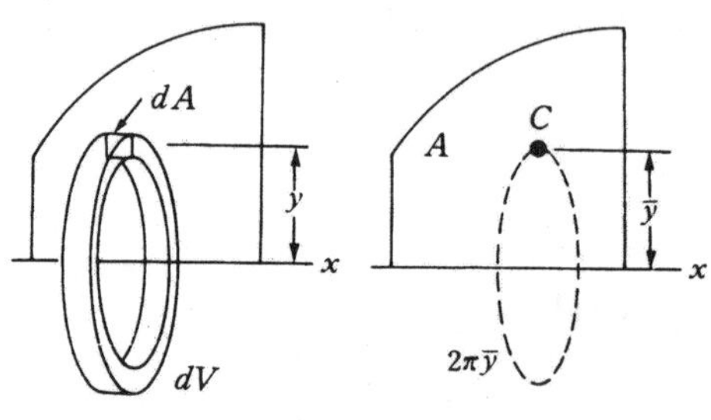

그림 4-10

이 체적의 체적소 dV는 면적소 dA를 회전시켜서 얻어지는 체적이므로 $dV=2\pi y dA$이다. 그리고 전체적 $V=2\pi\int y\,dA$이므로

$\bar{y}A=\int y\,dA$를 대입하면

$$V = 2\pi \bar{y} A \tag{4-8}$$

여기서, $\bar{y}$는 전면적 A의 도심 C까지의 y좌표이다. 식 (4-7)과 (4-8)의 2π 대신 θ라디안(radian)으로 각을 표시하면

$$A = \theta \bar{y} L$$
$$V = \theta \bar{y} A$$

로 된다.

따라서 면적이 어떤 축을 중심으로 회전했을 때 생기는 회전체의 부피는 그 도형의 넓이와 그 면적도심이 이동한 거리를 곱한 값과 같다.

식 (4-7)과 (4-8)로 표시된 두 정리를 **파프스의 정리**(theorem of Pappus), 또는 **파프스-굴디누스의 정리**(theorems of Pappus-Guldinus)라 한다. 이 두 정리는 주어진 도형의 표면적 및 체적을 구하는 것 뿐만 아니라 여러 가지 평면도형을 이것과 교차하지 않는 어떤 축에 관해서 회전시켜 얻어지는 회전체의 표면적, 또는 체적을 알고 있을 때, 도심의 위치를 구할 때에도 사용된다.

예제 4-6

그림 4-11과 같이 높이 4 cm, 반지름 3 cm인 원추각의 표면적을 파프스의 정리를 이용하여 구하라.

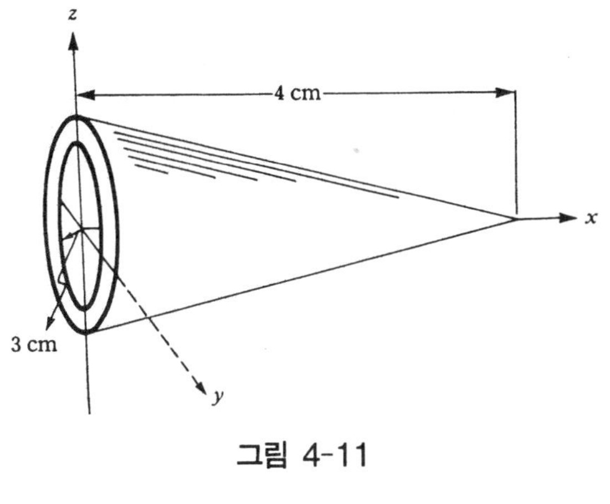

그림 4-11

〔풀 이〕 어미선의 길이는 5 cm이며, 좌표를 그림과 같이 잡으면 모선의 중심의 y좌표는 $y=1.5$ cm, 식 (4-7)에 의하여 표면적은 $A = 2\pi \times 1.5\,\text{cm} \times 5\,\text{cm} = 15\pi\,\text{cm}^2$

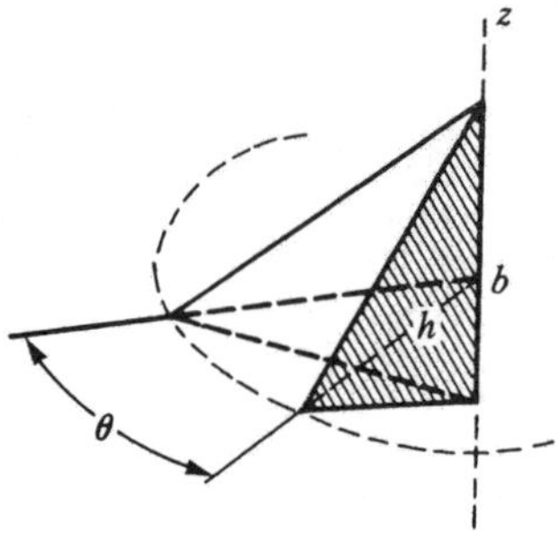

그림 4-12

예제 4-7

그림 4-12와 같이 밑변 b, 높이 h인 삼각형의 밑변을 회전축으로 하여 θ라디안만큼 회전했을 때, 생기는 체적을 구하라.

〔풀이〕 삼각형의 면적 $A=bh/2$이고, z축에 수직하고, 삼각형과 동일 평면상에 y 좌표를 잡으면 삼각형 도심의 y좌표는 $\bar{y}=h/3$가 되는 곳에 있으므로

$[V=\theta\bar{y}A]$에서

$$V=\theta\frac{h}{3}\frac{bh}{2}=\frac{\theta bh^2}{6}$$

3) 가요성 케이블

가요성 케이블은 현수교(suspension bridge)나 가공삭도(aerial tramways), 송신선 또는 트롤리(trolley)를 지지하기 위한 조가케이블(messenger cable) 등 많은 공학적 구조물에 이용이 되고 있다. 이러한 구조물을 설계하기 위하여 인장강도, 경간거리, 케이블의 길이, 처짐(sag) 혹은 이도(dip) 등의 관계식이 필요하므로 케이블을 평형상태하의 한 물체로 보고 고찰하면 이들의 관계식을 얻을 수 있다.

케이블에 걸리는 하중이 집중하중인가 또는 분포하중인가를 고찰하여 보자. 먼저 그림 4-13(a)와 같이 A, B 두 점 사이의 고정된 케이블에 n개의 집중하중 W_1, W_2, ……, W_n이 C_1, C_2, ……, C_n의 케이블 선상에서 연직으로 각각 작용하고 있을 때, 가요성 케이블의 굽힘에 의한 저항은 적어 무시하기로 한다. 이 가정은 현수교와 같이 케이블에 걸려있는 하중에 비하여 케이블 자체의 무게가 무

시할 만큼 작을 경우, 케이블 내의 어떤 점에서의 내력은 케이블 방향으로만 장력이 존재함을 의미하는 것이다.

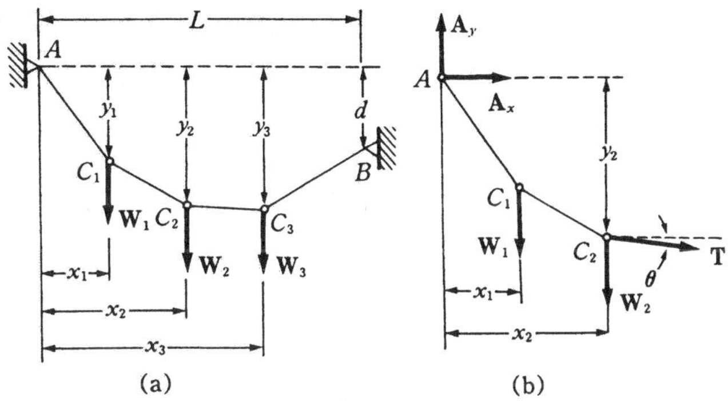

그림 4-13

A, B 두 점에서의 반력과 각 점의 처짐은 각 하중의 작용점의 위치를 좌표(x, y)로 표시한 자유물체도를 작도하여 평형조건과 모멘트 원리를 적용하여 구한다.

그림 4-13(b)에서, 우측 케이블에 작용하는 장력이 수평과 이루는 각을 θ라 하면, 장력의 수평성분은 $T\cos\theta = -A_x$로 케이블의 어느 점에서나 같고 $\cos\theta$가 최소일 때 장력 T는 최대가 된다.

그림 4-14(a)와 같이 케이블 양단이 A, B 두 지지점에 고정되고 분포하중이 걸려 있는 경우를 생각하자. 이 때 케이블은 곡선을 이루고 임의점 D에시의 내력은 곡선의 접선을 따라 작용하는 장력 T로 된다.

케이블에 걸리는 하중 또는 자중에 따라 케이블이 이루는 곡선모양이 다르므로 케이블에 관한 관계식은 케이블의 곡선모양을 포물선(parabolic)형과 현수선

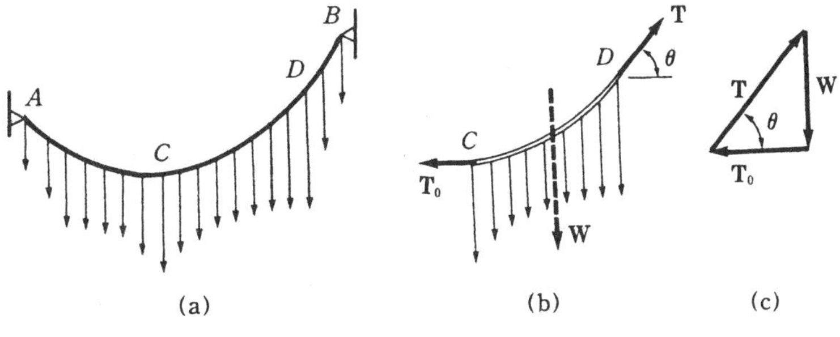

그림 4-14

(catenary)형으로 나누어 구한다.

그림 4-14(b)는 가장 일반적인 분포하중의 경우, 케이블의 최저 C점의 수평방향의 장력을 T_0, D점에서 접선을 따라 작용하는 장력을 T, 케이블의 CD 부분에 걸리는 분포하중의 합을 W라 할 때, 케이블 CD 부분의 자유물체도이다. 힘의 3각형인 그림 4-14(c)로부터

$$\left.\begin{array}{ll} T_0 = T\cos\theta & W = T\sin\theta \\ T = \sqrt{T_0^{\,2} + W^2} & \tan\theta = \dfrac{W}{T_0} \end{array}\right\} \qquad (4\text{-}9)$$

식 (4-9)의 제1식에서 T의 수평성분은 어느 점에서나 같고 T의 수직성분은 최저점으로부터 측정된 하중 W의 크기와 같다. 그리고 제2식에서 장력 T는 최저점에서 최소이고, 케이블의 양단 고정지점의 하나가 최대가 됨을 알 수 있다.

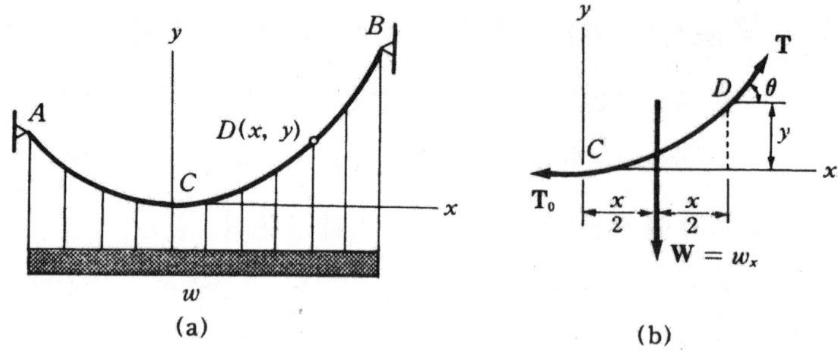

그림 4-15

다음은 그림 4-15(a)와 같이 수평으로 등분포하중이 걸려있는 케이블 A, B를 생각하자. 케이블의 최저점 C를 원점으로 하여 수평으로 측정한 단위길이당 교량베드의 무게 W[N/m]를 좌표축 위에 정한다.

그림 4-15(b)는 케이블 CD의 자유물체도이다. 임의점 $D(x,\ y)$ 사이에 걸리는 전 수직하중은 $W = wx$이므로 식 (4-9)에서

$$\left.\begin{array}{l} T = \sqrt{T_0^{\,2} + w^2x^2} \\ \tan\theta = \dfrac{wx}{T_0} \end{array}\right\} \qquad (4\text{-}9)'$$

의 관계가 성립한다. 따라서 D점에 대한 모멘트는

〔$\overset{\curvearrowleft}{+}$ $\sum M_D = 0$〕에서

$$wx\frac{x}{2} - T_0 y = 0$$

$$y = \frac{wx^2}{2T_0} \tag{4-10}$$

식 (4-10)은 좌표의 원점을 정점으로 하고 수직축을 가진 포물선의 방정식이 된다.

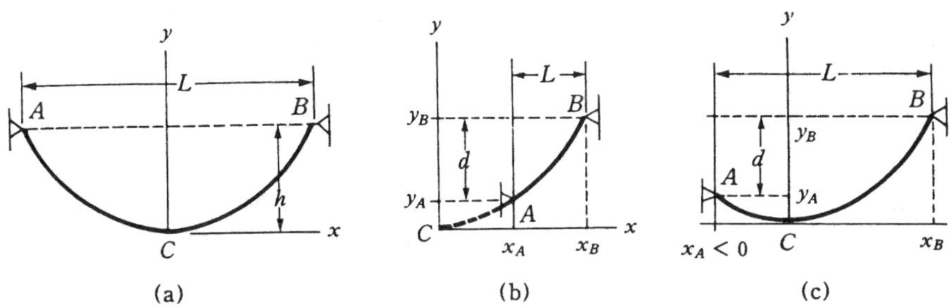

그림 4-16

그림 4-16(a)에서 케이블의 지지점 A, B가 같은 높이일 때 지지점 사이의 거리 L을 케이블의 **경간거리**(span), 지지점으로부터 가장 낮은 점까지의 수직거리 h를 **처짐**(sag)이라 할 때 경간거리와 처짐을 알고, 수평단위길이당 하중 w가 주어진다면 식 (4-10)에 $x = \frac{L}{2}$, $y = h$를 대입하면 케이블의 최저점에서의 장력 T_0는

$$T_0 = \frac{wL^2}{8h} \tag{4-11}$$

식 (4-9), (4-11)에서 T_0를 소거하면 케이블의 장력 T는

$$T = w\sqrt{x^2 + \left(\frac{L^2}{8h}\right)^2} \tag{4-12}$$

최대 장력은 $x = L/2$ 되는 곳에 생기므로

$$T_{\max} = \frac{wL}{2}\sqrt{1 + \frac{L^2}{16h^2}} \tag{4-13}$$

이 된다.

그림 4-16(b), (c)와 같이 지지점의 높이가 다른 경우, 지지점간의 수평 및 수직거리를 각각 $x_B - x_A = L$, $y_B - y_A = d$로 표시하면 최저점 C로부터 지지점 B까지의 케이블의 길이 S_B는

$$S_B = \int_0^{x_B} \sqrt{1 + \left(\frac{dy}{dx}\right)^2}\, dx \tag{4-14}$$

식 (4-10)을 미분한 $dy/dx = wx/T_0$를 식 (4-14)에 대입하여 근호 내의 항을 전개해서 적분하면

$$\begin{aligned} S_B &= \int_0^{x_B} \sqrt{1 + \frac{w^2 x^2}{T_0^{\,2}}}\, dx \\ &= \int_0^{x_B} \left(1 + \frac{w^2 x^2}{2T_0^{\,2}} - \frac{w^4 x^4}{8T_0^{\,4}} + \cdots\cdots\cdots\cdots\right) dx \\ &= x_B \left(1 + \frac{w^2 x_B^{\,2}}{6T_0^{\,2}} + \frac{w^4 x_B^{\,4}}{40T_0^{\,4}} + \cdots\cdots\cdots\cdots\right) \end{aligned}$$

여기서, $\dfrac{wx_B^{\,2}}{2T_0} = y_B$ 이므로

$$S_B = x_B \left[1 + \frac{2}{3}\left(\frac{y_B}{x_B}\right)^2 - \frac{2}{5}\left(\frac{y_B}{x_B}\right)^4 + \cdots\cdots\right] \tag{4-15}$$

이 급수는 수렴하므로 대부분의 경우 $y_B/x_B < 0.5$이므로 식 (4-15)에서 둘째 항까지 근사치로 취한다.

특히 케이블의 양단 두 고정점의 높이가 같을 때 전 케이블의 길이 S는

$$S = L\left[1 + \frac{8}{3}\left(\frac{h}{L}\right)^2 - \frac{32}{5}\left(\frac{h}{L}\right)^4 + \frac{256}{7}\left(\frac{h}{L}\right)^6 + \cdots\cdots\right] \tag{4-16}$$

이 되어 $S = 2S_B$의 관계가 있다.

대부분의 경우 $h \leq L/4$이므로 3항까지 취하면 충분히 정밀한 값이 산출되고 식 (4-16)의 유도과정은 연습문제로 남겨 두기로 한다.

그리고 송전선과 같이 밀도가 일정한 자중에 의해서만 지지되어 현수선 모양을 한 케이블의 경우도 h/L의 비가 매우 작으면 근사하게 포물선의 경우와 같이 취급하는 경우가 많다.

예제 4-8

그림 4-17(a)와 같이 가벼운 케이블이 수평길이 m 당 12 kg 의 질량을 지지하고, 같은 높이로 300 m 떨어진 두 지점 사이에 매달려 있다. 처짐이 60 m 일 때 길이가 중앙이 되는 곳의 장력, 최대 장력, 케이블의 전길이를 구하라.

〔풀 이〕 수평으로 등분포하중이 케이블에 걸려 있으므로 케이블은 포물선 모양이 되고 자유물체도는 그림 4-17(b)와 같다.

$h=60$ m, $L=300$ m, $w=12\times9.8\times10^{-3}$ kN/m 이므로 중앙점에서의 장력은

$\left[T_0=\dfrac{wL^2}{8h}\right]$에서

$$T_0=\frac{0.1176(300)^2}{8(60)}=22.05\,\text{kN}$$

최대 장력은 지지점에서 발생하므로

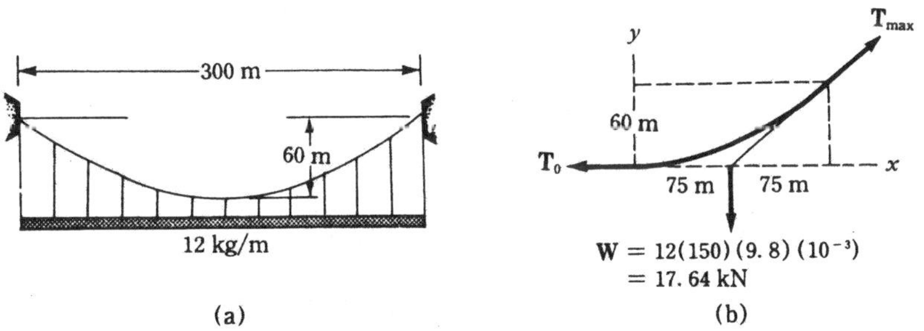

그림 4-17

$$T_{max}=\frac{wL}{2}\sqrt{1+\left(\frac{L}{4h}\right)^2}$$
$$=\frac{0.1176(300)}{2}\sqrt{1+\left[\frac{300}{4(60)}\right]^2}$$
$$=28.24\,\text{kN}$$

$\dfrac{y_B}{x_B}=0.4<0.5$이므로

$$S_B=150\left[1+\frac{2}{3}\left(\frac{60}{150}\right)^2-\frac{2}{5}\left(\frac{60}{150}\right)^4+\cdots\cdots\right]$$
$$=150\,[1+0.1067-0.01024+\cdots\cdots]$$
$$=164.5\,\text{m}$$

따라서 케이블 전길이는

$$S=2S_B=329\,\text{m}$$

■◆■

4-1 크기가 같은 책이 수많이 있는 데 이 책들을 테이블의 한 끝에서 쌓아 올려 맨 꼭대기의 책 끝단이 되도록이면 테이블의 모서리에서 많이 돌출하도록 하고 싶다. 어떻게 하면 될까? 그리고 5권의 책으로 책의 전장길이의 몇 배까지 돌출할 수 있을까?

해답 5권의 책으로는 $\left(\frac{1}{2}+\frac{1}{4}+\frac{1}{6}+\frac{1}{8}+\frac{1}{10}\right)$책장

4-2 그림 문 4-2와 같이 음영부분의 도심의 위치를 구하라.

해답 $\bar{x}=2.09$, $\bar{y}=1.43$

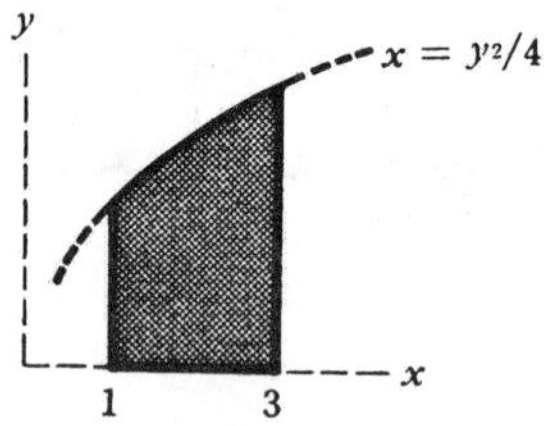

그림 문 4-2

4-3 곡선 $y=2x^2$과 $x=1$, $y=0$으로 둘러 싸인 부분의 도심을 구하라.

해답 $\bar{x}=\frac{3}{4}$, $\bar{y}=\frac{3}{5}$

4-4 반지름 r, 중심각 2α인 원호의 선도심을 구하라.

해답 $\bar{x}=\frac{r\sin\alpha}{\alpha}$, $\bar{y}=0$

4-5 반지름 r인 반구면의 중심을 구하라.

해답 $\frac{r}{2}$

4-6 반지름인 16 cm인 반구의 중심을 구하라.

해답 6 cm

4-7 높이가 h인 원추의 중심을 구하라(그림 문 4-7).

해답 $\bar{x}=\frac{h}{4}$

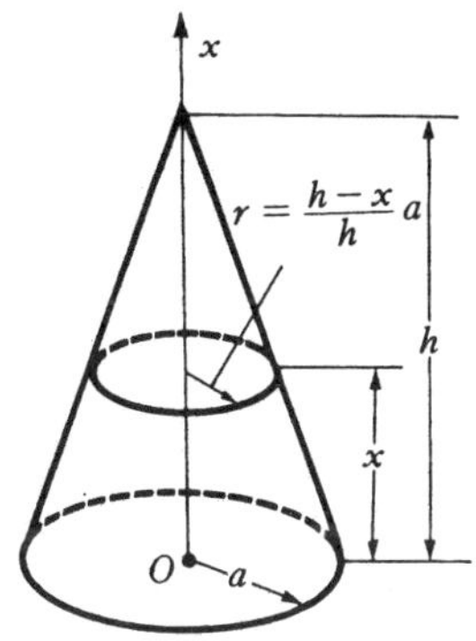

그림 문 4-7

4-8 그림 문 4-8과 같이 빗금친 부분의 중심의 위치를 구하라.

해답 $\bar{x}=6.58\text{cm}$, $\bar{y}=6.32\text{cm}$

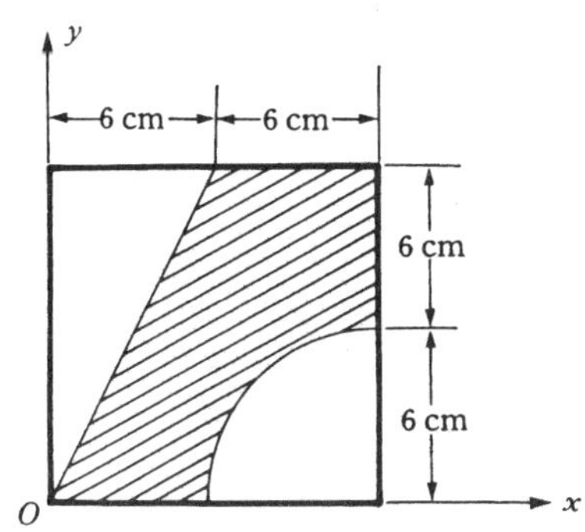

그림 문 4-8

4-9 그림 문 4-8에서 x축을 회전축으로 하여 회전했을 때 생기는 체적을 파프스의 정리를 이용하여 구하라.

해답 3165.9 cm^3

4-10 그림 문 4-10과 같이 반지름 r인 원판에서부터 직경 r인 원판을 제거한 빗금친 부분의 면적도심을 구하라.

해답 $\bar{x} = -\frac{r}{6}$

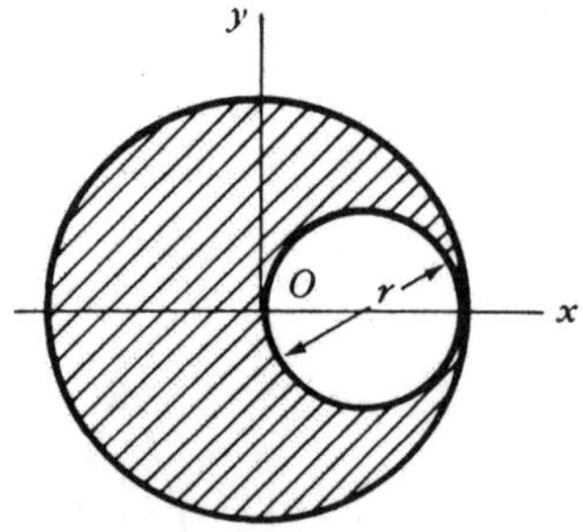

그림 문 4-10

4-11 그림 문 4-11과 같이 균질이며 두께가 일정한 평판의 중심을 구하라.

해답 $\bar{x} = 7.33\,\text{cm}$, $\bar{y} = 2.22\,\text{cm}$

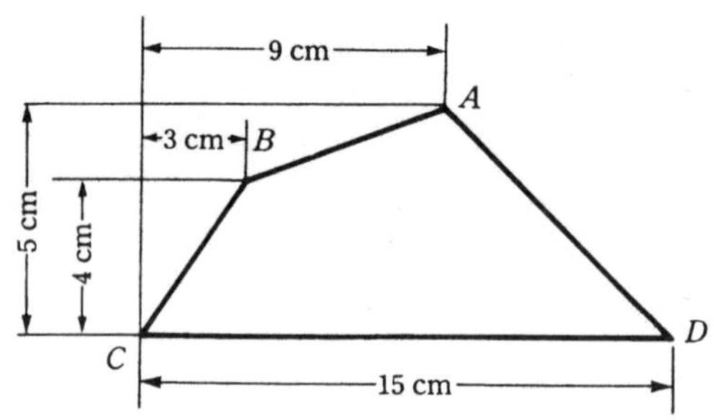

그림 문 4-11

4-12 케이블 A, E에 세 집중하중이 그림 문 4-12와 같이 작용하고 있다. C점이 왼쪽 고정점 A보다 5 m 아래에 위치할 때 다음을 구하라.

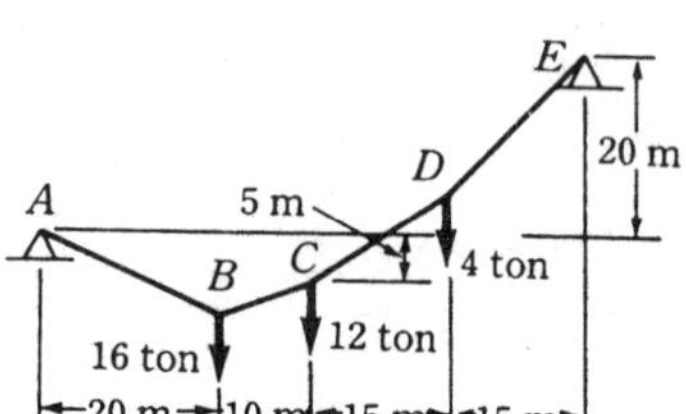

그림 문 4-12

(1) A점의 반력의 성분
(2) B 및 D점의 높이
(3) 최대 기울기
(4) 케이블의 최대 장력

해답 (1) $A_x = 18\,\text{ton}\leftarrow$, $A_y = 5\,\text{ton}\uparrow$
(2) $y_B = 5.56\,\text{m}$(A점 아래로), $y_D = 5.83\,\text{m}$(A점 위로)
(3) $43.4°$
(4) $T_{max} = 24.8\,\text{ton}$

4-13 그림 문 4-13과 같이 케이블 A부터 B까지는 질량 80 t이 수평에 따라 균일하게 분포되어 있다. 점 A에서의 케이블의 기울기는 영이고, 케이블의 자중은 그것이 지지하고 있는 하중에 비하여 적다. 수평으로 단위길이 m당 무게 w, 케이블에 작용하는 최대 장력 T_{max}을 각각 구하라.

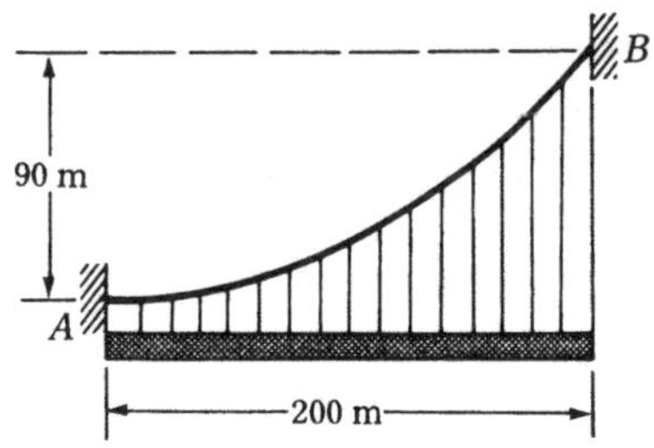

그림 문 4-13

해답 $w = \dfrac{W}{L} = 3.92\,\text{kN/m}$, $T_{max} = wL\sqrt{1+(L/2h)^2} = 1173\,\text{kN}$

4-14 두 고정점에 매달린 케이블이 수평으로 균일하게 분포된 50 kg/m의 하중을 그림 문 4-14와 같이 지지하고 있다. 최소 장력 T_0와 최대 장력 T_{max}을 구하라.

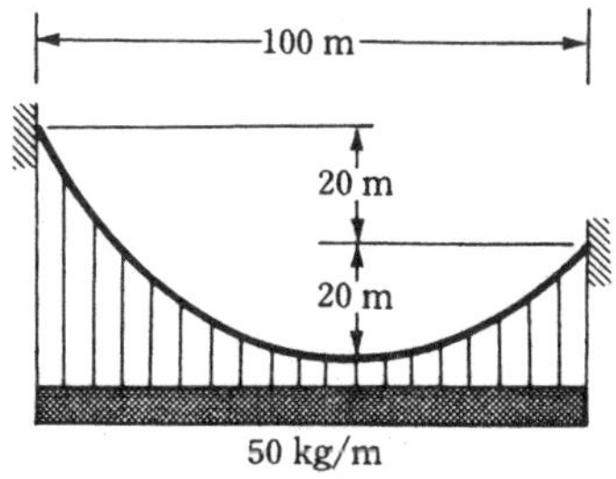

그림 문 4-14

해답 $T_0 = 21.04\,\text{kN}$
$T_{max} = 35.59\,\text{kN}$

-보충문제-

41 다음 도형들의 중심 G의 좌표값을 구하여라. (① : $\overline{x}$=33.33 cm, $\overline{y}$=41.67 cm, ② : $\overline{x}$=233 mm, $\overline{y}$=333 mm, ③ : $\overline{x}=\overline{y}$=20.1 mm, ④ : $\overline{x}$=175.6 mm, $\overline{y}$=94.4 mm, ⑤ : $\overline{x}$=80 mm, $\overline{y}$=400 mm)

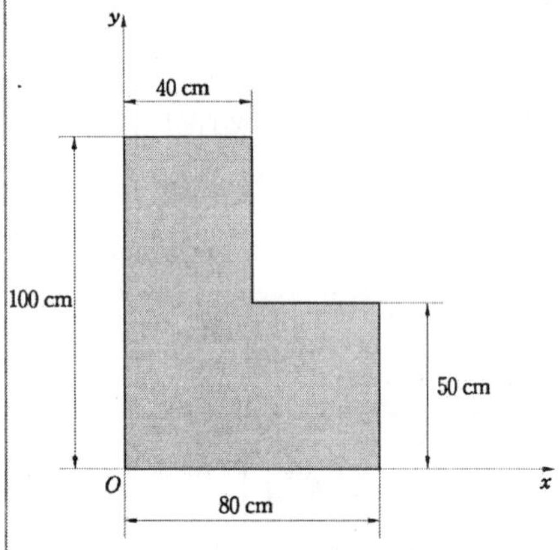

①

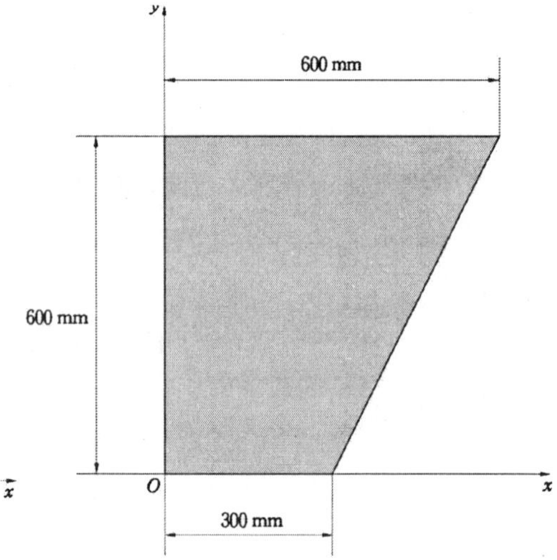

②

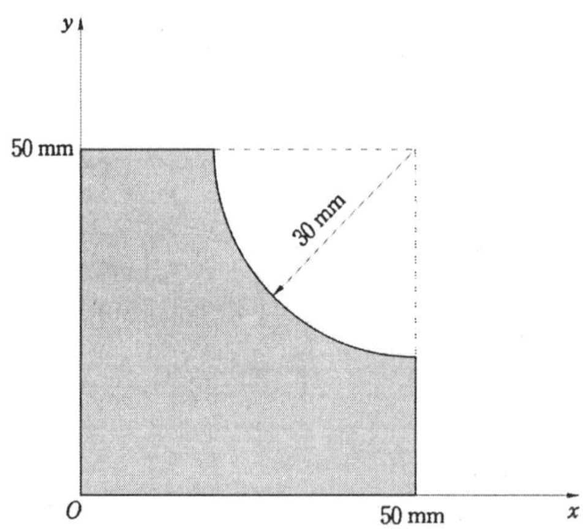

③

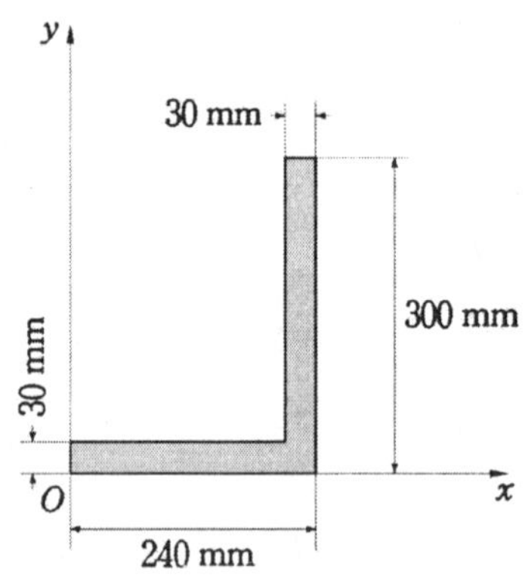

④

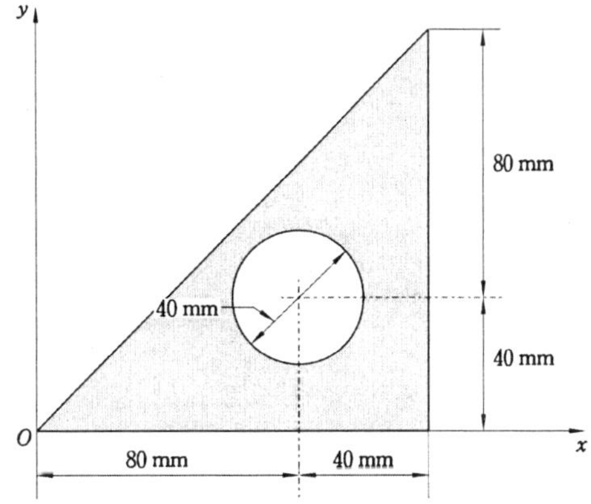

⑤

4-2 그림에서 선분 AB를 x축 둘레로 360° 회전시켰을 때의 겉면적을 구하여라. 단, 점 A, B의 좌표는 각각 (0, 3), (8, 9)이고 길이의 단위는 cm이다. (120π cm^2)

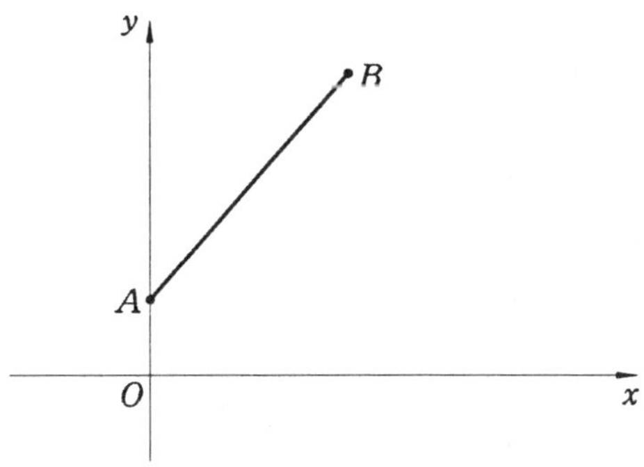

그림 문 4-2

4-3 그림의 원뿔대 측면의 겉면적을 구하여라. (314.9 cm^2)

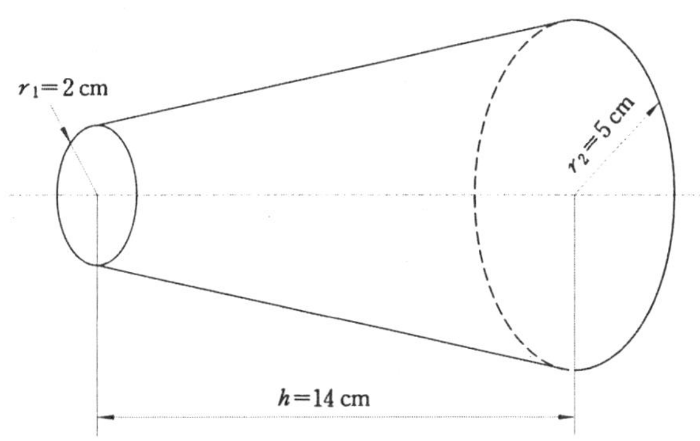

그림 문 4-3

4-4 그림의 도형을 $x-x$축 주위로 360° 회전시켰을 때 회전체의 체적을 구하여라. 단위는 mm이다. ($144000\,\pi\,cm^3$)

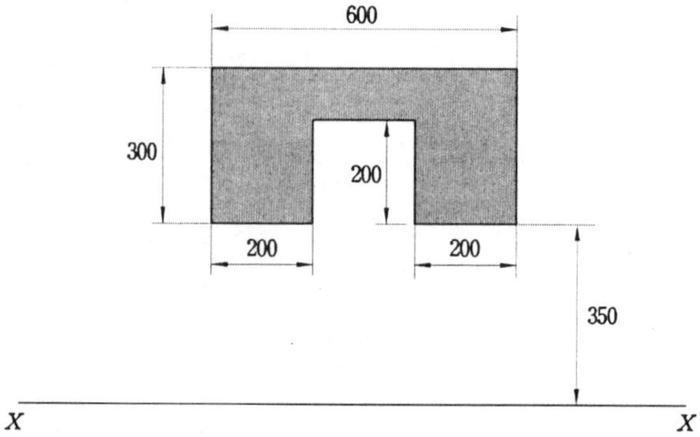

그림 문 4-4

4-5 질량분포가 $10\,kg/m^2$인 평판 $ABCDEFA$가 그림과 같이 매달려 있다. 각 케이블에 걸리는 인장력을 구하여라. ($T_A=1783\,N$, $T_B=894\,N$)

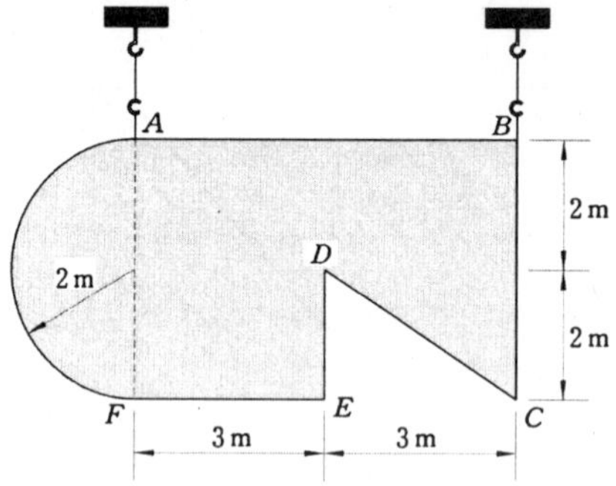

그림 문 4-5

4-6 그림의 음영부분을 z축 주위로 360° 회전하여 강철 받침대를 만든다면 받침대의 질량은 얼마가 되겠는가? 강철의 밀도는 $7830\,kg/m^3$으로 한다. (84.3 kg)

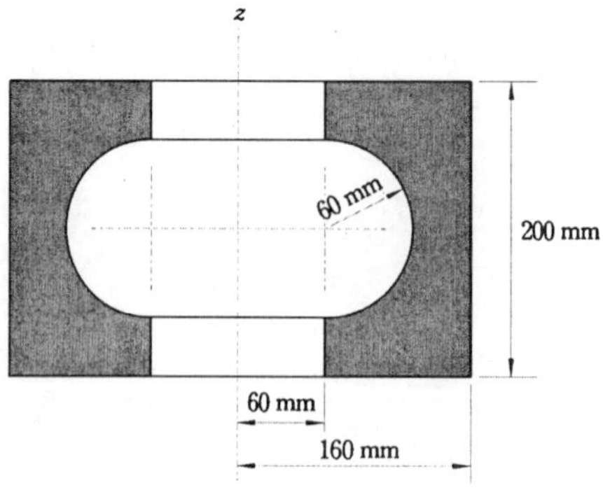

그림 문 4-6

4-7 [보충문제 4-3]의 결과에서 반원의 도심은 중심에서 $\frac{4r}{3\pi}$ 인 곳에 있다. 이를 이용하여 그림과 같은 반쪽 원주에서의 체적중심을 구하여라. 치수 단위는 mm이다. ($\bar{x}=-\frac{40}{\pi}$ mm, $\bar{y}=0$, $\bar{z}=17.5$ mm)

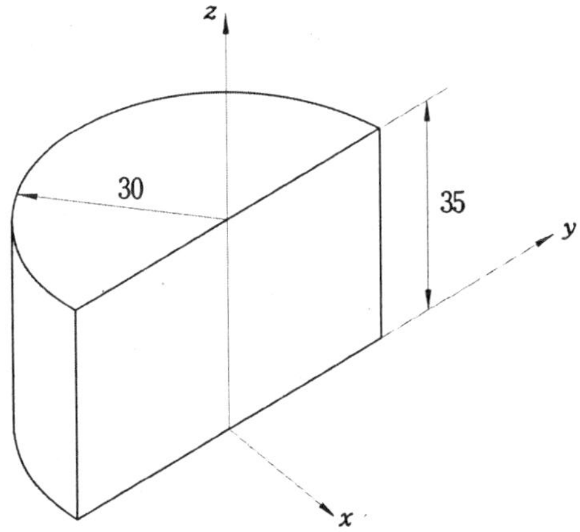

그림 문 4-7

4-8 그림과 같은 주물 제품의 질량중심을 구하여라. 치수 단위는 mm이다. ($\bar{x}=-14.17$ mm, $\bar{y}=0$, $\bar{z}=15.17$ mm)

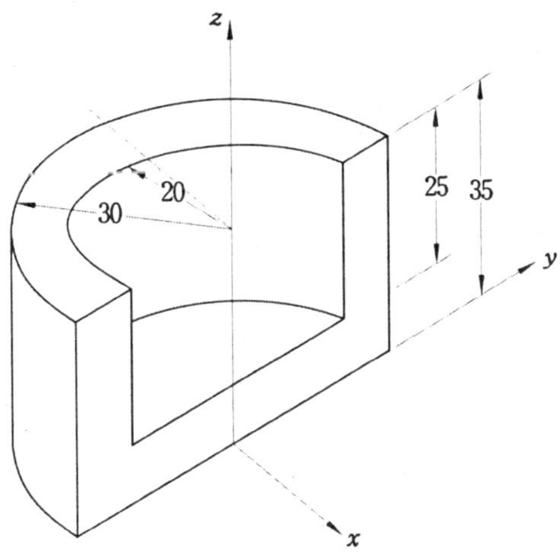

그림 문 4-8

4-9 그림의 원뿔대 측면의 면적을 구하여라. ($\frac{3}{4}\pi r\sqrt{r^2+h^2}$)

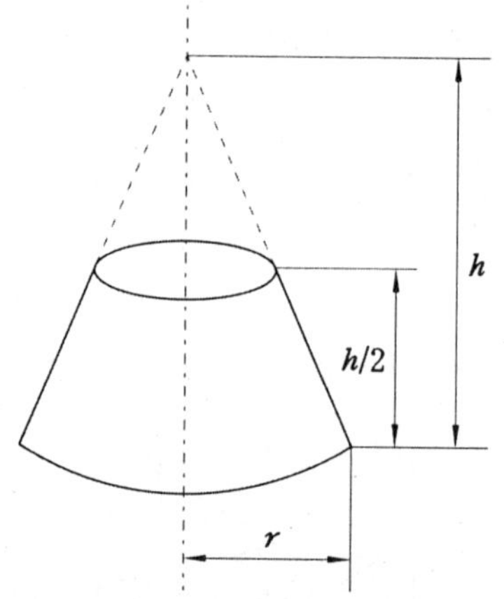

그림 문 4-9

4-10 그림의 빗금 친 도형에서 도심의 y좌표 $\bar{y}$가 최대가 되는 h값을 구하여라. ($h=0.691b$)

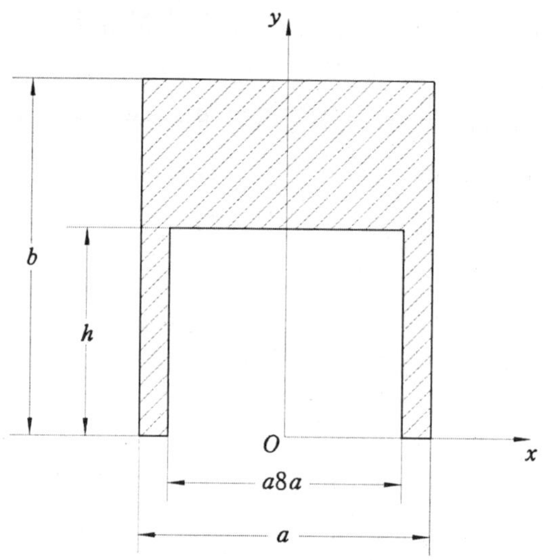

그림 문 4-10

제 2 편

운 동 학

물체의 운동을 일으키거나 또는 이것을 지속시키는 데 원인이 되는 힘은 생각하지 않고 물체의 위치나 운동상태가 시간에 따라 어떻게 변화하는가를 규명하는 역학을 운동학(kinematics)이라 한다.

물체의 운동을 물체를 질점으로 간주할 수 있을 경우와 회전운동하는 물체를 질점으로서 간주할 수 없는 경우로 나누어, 시간에 따른 물체의 위치와 운동상태에 대하여 설명한다.

5

변위 · 속도 · 가속도

1) 병진운동

그림 5-1과 같이 운동하고 있는 물체 중 임의의 선분을 가상할 경우, 시간이 경과함에 따라 물체가 그 위치를 바꾸어도 그 선분이 언제나 평형이 될 때 그 물체는 **병진운동**(translation)을 하고 있다고 한다.

물체가 병진운동을 할 경우 물체의 어느 점을 취하여도 똑같은 운동을 하고 있다. 물체의 운동을 다루는 데는 물체의 임의점의 운동을 그 물체 전체의 운동으로 대치시킬 수 있다. 즉, 물체를 질점으로 취급할 수 있다. 이러한 의미에서 병진운동을 하고 있는 물체의 운동학을 **질점운동학**(kinematics of material point)이라 한다.

그림 5-1에서 AA'(또는 BB')와 같이 물체가 운동함으로써 이어지는 곡선을 경로(path), 그 경로를 따라 측정한 길이를 **이동거리** 또는 **경로길이**(course length)라 한다.

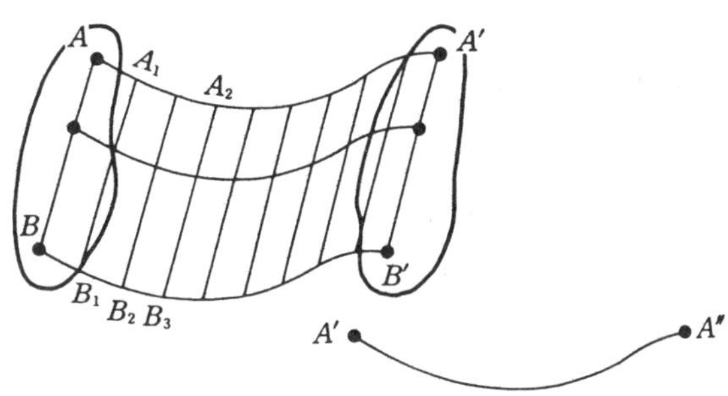

그림 5-1

2) 변위

병진운동을 하고 있는 물체의 위치는 그림 5-2와 같이 어떤 기준점으로부터 거리와 방향으로 정할 수 있다. 기준점 없이 물체의 위치를 말한다는 것은 아무런 뜻도 없다. 그림 5-3에서 기준점에 대한 P점의 위치는 O에서 P로 향하는 벡터 $\overrightarrow{OP}$ 또는 $\mathbf{r}$으로 표시할 수 있다. 이 때 $\mathbf{r}$을 위치벡터(poistion vector)라 한다.

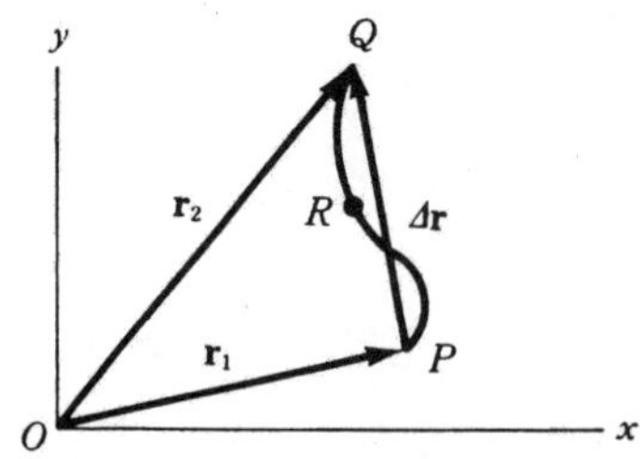

그림 5-2

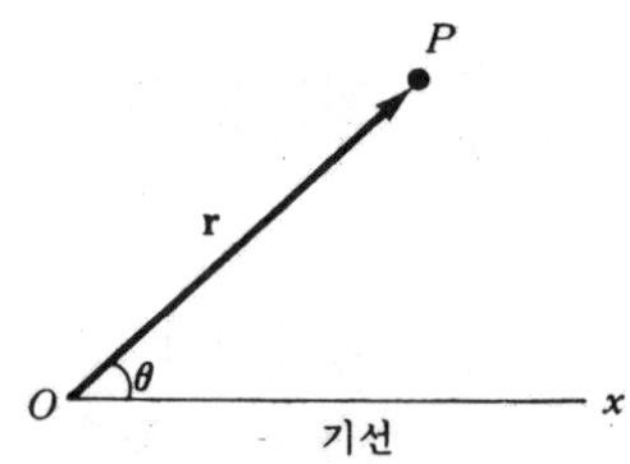

그림 5-3

그림 5-3에서 어느 시각에 있어서 P점에 있던 질점이 Δt시간 동안 경로 PRQ를 따라 Q점으로 이동하였다고 하면 P와 Q의 위치는 공통원점 O를 갖는 위치벡터 $\overrightarrow{OP}$, $\overrightarrow{OQ}$로 표시된다.

이 경우 질점의 위치변화 표시는 $\overrightarrow{OP}$의 끝 P에서 $\overrightarrow{OQ}$의 끝 Q로 향하여 그은 벡터 $\overrightarrow{PQ}$가 된다. 위치가 변화한 양을 변위(displacement)라 하고, 벡터 $\overrightarrow{PQ}$를 변위벡터(displacement vector)라 하며, 질점은 $\overrightarrow{PQ}$변위를 하였다고 한다.

따라서 변위는 운동을 시작하기 전의 질점의 위치와 운동이 끝난 후 질점의 위치만으로 결정되며, 경로와는 무관함을 알 수 있다.

P와 Q의 위치벡터를 각각 $\mathbf{r}_1$, $\mathbf{r}_2$, 변위벡터를 $\Delta\mathbf{r}$이라고 하면 위치벡터와 변위벡터와의 관계는

$$\left.\begin{aligned} \mathbf{r}_1 + \Delta\mathbf{r} &= \mathbf{r}_2 \\ \Delta\mathbf{r} &= \mathbf{r}_2 - \mathbf{r}_1 \end{aligned}\right\} \tag{5-1}$$

그리고 질점의 위치가 변위함에 따라 위치벡터는 원점 주위를 회전하므로 이 위치벡터를 동경(radius vector)이라 한다.

3) 속도

질점의 운동상태를 나타내려면 시간과 변위와의 관계를 표현하여야 한다. 그림 5-4와 같이 질점이 경로 P, Q에 따라 운동할 경우 시각 t_1일 때 A 위치에 있던 질점이 Δt시간 후인 시각 t_2일 때 B 위치에 도달하였다고 한다.

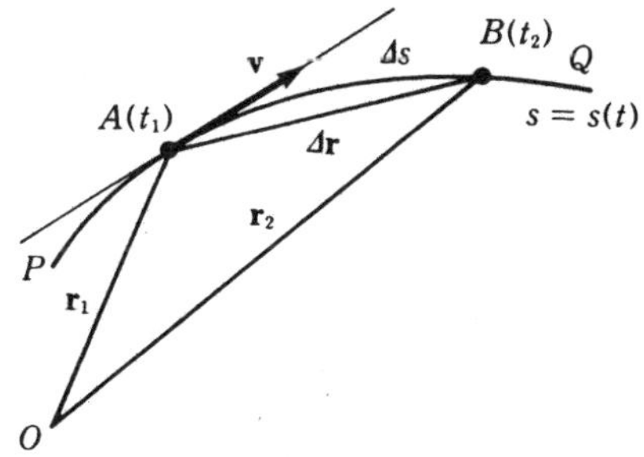

그림 5-4

그런데 여기서 $\Delta \mathbf{r}/\Delta t$은 Δt시간 동안 어느 정도의 변위가 이루어 졌는가를 나타낸다.

또, 이 량은 변위와 같이 크기와 방향을 갖는 벡터량이나 Δt의 크기 즉, B의 위치를 정하는데 따라 방향이 달라진다. 여기서 B의 위치를 A점에 접근시켰을 때 $\Delta \mathbf{r}/\Delta t$의 역학량이 질점 A에서의 속도(velocity)가 된다.

속도는 벡터량이므로 기호로 표시하면

$$\left.\begin{aligned} \mathbf{v} &= \lim_{\Delta t \to 0} \frac{\Delta \mathbf{r}}{\Delta t} \\ \mathbf{v} &= \frac{d\mathbf{r}}{dt} = \dot{\mathbf{r}} \end{aligned}\right\} \tag{5-2}$$

즉, 경로상의 어느 점에서 질점의 위치벡터를 시간으로 미분한 것을 그 점에서 질점이 갖는 **속도**라 하고, 속도의 크기를 속력(speed)이라 하며, v로 표시한다.

$$v = \lim_{\Delta t \to 0} \frac{|\Delta \mathbf{r}|}{\Delta t}$$

여기서, Δt시간 동안의 이동거리의 변화를 Δs라 하면

$$v = \lim_{\Delta t \to 0} \frac{\Delta s}{\Delta t} \cdot \frac{|\Delta \mathbf{r}|}{\Delta s} = \lim_{\Delta t \to 0} \frac{\Delta s}{\Delta t} \cdot \lim_{\Delta t \to 0} \frac{|\Delta \mathbf{r}|}{\Delta s}$$

이므로

$$\lim_{\Delta t \to 0} \frac{|\Delta \mathbf{r}|}{\Delta t} = 1$$

이 될 때 앞 식은

$$v = \lim_{\Delta t \to 0} \frac{\Delta s}{\Delta t} = \frac{ds}{dt} = \dot{s} \tag{5-3}$$

윗식은 이동거리 $s(t)$를 시간으로 미분한 것으로 속도의 크기를 나타내며, 속도의 방향은 그림 5-5에서 경로의 접선방향임을 알 수 있다.

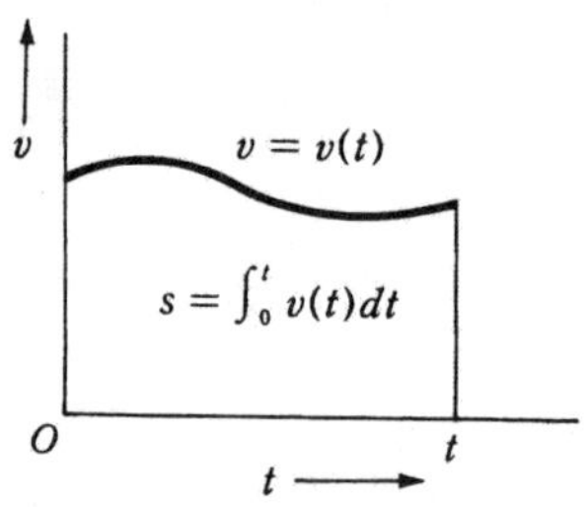

그림 5-5

식 (5-3)에 의하여 이동거리 s와 속도 $v(t)$와의 관계는

$$s = \int_0^t v(t)\, dt \tag{5-4}$$

여기서, 이동거리 s는 $v-t$선도에서 $v(t)$곡선 아래부분의 면적이 된다.

속도의 크기가 시각에 관계없이 일정한 등속운동(constant speed motion)을 할 경우 식 (5-4)는 다음과 같다.

$$s = vt + C \tag{5-5}$$

C는 적분상수로, $t=0$인 경우의 물체의 위치를 기준으로 잡으면 영이 된다.

그림 5-6에서 경로상 임의점 $A(x, y)$에서의 속도의 크기가 v일 때 좌표축 방향의 속도성분을 v_x, v_y라고 하면

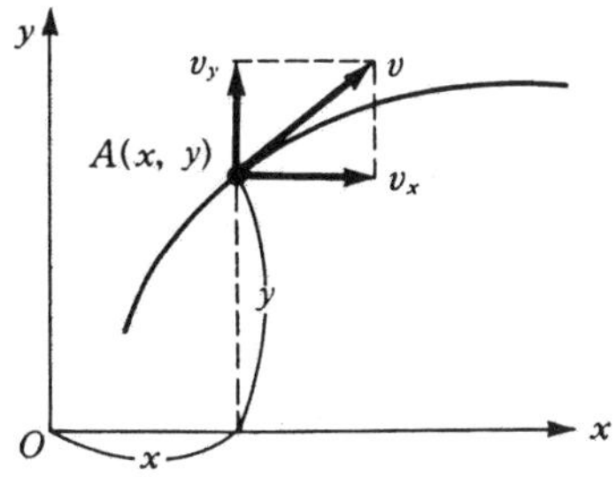

그림 5-6

$$v = \sqrt{{v_x}^2 + {v_y}^2} \tag{5-6}$$

여기서, 점 A의 좌표 $(x,\ y)$는 질점의 좌표축 방향의 경로길이를 나타낸다고 보며, 식 (5-2)에 의하여 다음 식이 성립된다.

$$\left.\begin{aligned} v_x &= \frac{dx}{dt} = \dot{x} \\ v_y &- \frac{dy}{dt} = \dot{y} \end{aligned}\right\} \tag{5-7}$$

4) 가속도

시간과 속도의 관계를 표현하여 질점의 운동상태를 나타낼 수 있다.

그림 5-7에서 질점이 경로 PQ를 따라 운동을 하고 있다. 시각 t_1일 때 A 위치에서는 속도 $\mathbf{v}_1$이고, Δt시간 후의 시각 t_2일 때 B 위치에서 속도 $\mathbf{v}_2$가 되었다

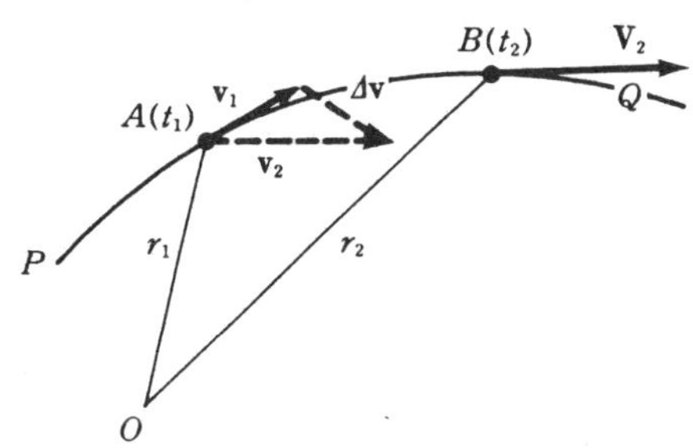

그림 5-7

고 하면 여기서 $\Delta\mathbf{v}/\Delta t$를 생각하게 되는데 이것은 Δt시간동안 어느 정도 평균 속도의 변화가 이루어 졌는가를 나타낸다.

이 양은 또 Δt의 크기 즉, B의 위치에 따라 크기와 방향이 다른 벡터량이 된다.

여기서 B 위치를 A 위치에 접근시켰을 때 $\Delta\mathbf{v}/\Delta t$의 역학량을 A에서 질점의 **가속도**(acceleration)라 한다.

가속도는 벡터량이며, 기호 **a**로 표시하면

$$\left.\begin{aligned} \mathbf{a} &= \lim_{\Delta t \to 0} \frac{\Delta \mathbf{v}}{\Delta t} \\ \mathbf{a} &= \frac{d\mathbf{v}}{dt} = \dot{\mathbf{v}} \end{aligned}\right\} \tag{5-8}$$

즉 경로상 어느 점에서 질점이 갖는 속도벡터를 시간으로 미분한 것을 그 점에서 질점이 갖는 가속도로 정의된다.

식 (5-2), (5-8)에 의하여

$$\mathbf{a} = \frac{d^2\mathbf{r}}{dt^2} \tag{5-9}$$

가 되어 가속도는 또한 위치벡터를 시간으로 2차 미분한 것임을 알 수 있다. 그리고 가속도의 크기, 방향에 있어서는 가속도를 경로의 접선방향의 성분과 경로의 법선방향의 성분으로 분해하여 생각한다.

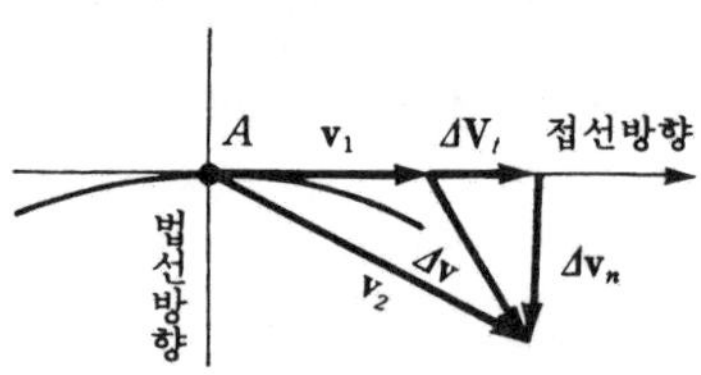

그림 5-8

그림 5-7에 표시한 속도변화 $\Delta\mathbf{v}$를 그림 5-8에서는 점 A에서 경로의 접선방향의 성분 $\Delta\mathbf{v}_t$와 법선방향의 성분 $\Delta\mathbf{v}_n$으로 분해하면 식 (5-8)의 제 1식은 다음과 같이 된다.

$$\mathbf{a} = \lim_{\Delta t \to 0} \frac{\Delta \mathbf{v}_t}{\Delta t} + \lim_{\Delta t \to 0} \frac{\Delta \mathbf{v}_n}{\Delta t} \tag{5-10}$$

여기서

$$\left. \begin{aligned} \mathbf{a}_t &= \lim_{\Delta t \to 0} \frac{\Delta \mathbf{v}_t}{\Delta t} \\ \mathbf{a}_n &= \lim_{\Delta t \to 0} \frac{\Delta \mathbf{v}_n}{\Delta t} \end{aligned} \right\} \tag{5-11}$$

로 놓으면 간단히

$$\mathbf{a} = \mathbf{a}_t + \mathbf{a}_n$$

여기서, $\mathbf{a}_t$를 접선가속도(tangential acceleration), $\mathbf{a}_n$을 법선가속도(normal acceleration)라 한다.

(1) 접선가속도

그림 5-9에 의하면 $\Delta t \to 0$일 때는 $|\Delta \mathbf{v}_t| \to |\Delta \mathbf{v}|$이므로 식 (5-11)의 제 1 식에서

$$a_t = \lim_{\Delta t \to 0} \frac{|\Delta \mathbf{v}|}{\Delta t} = \lim_{\Delta t \to 0} \frac{\Delta v}{\Delta t}$$

따라서,

$$a_t = \frac{dv}{dt} = \frac{d^2 s}{dt^2} \tag{5-12}$$

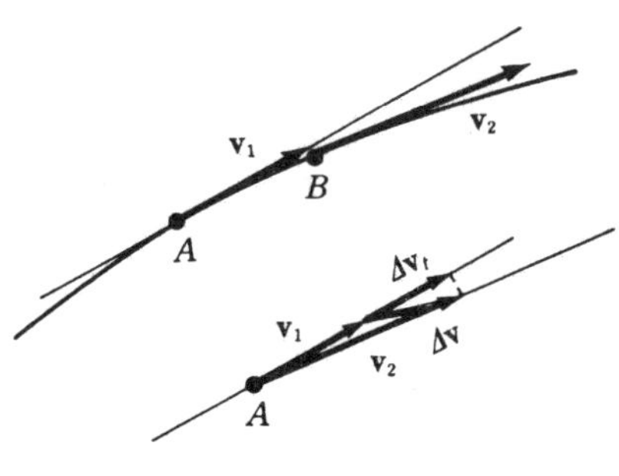

그림 5-9

앞식에서 접선가속도의 크기는 속도를 시간으로 1차 미분하거나 경로길이를 시간으로 2차 미분한 것으로 표시된다.

(2) 법선가속도

그림 5-10에서 $\Delta t \to 0$일 때는 $v_2 \to v_1$이 된다. 따라서 B가 A로 접근할 때 A에서의 질점은 경로인 곡률원상을 $v_1 = v_2 = v$인 등속운동을 하고 있다.

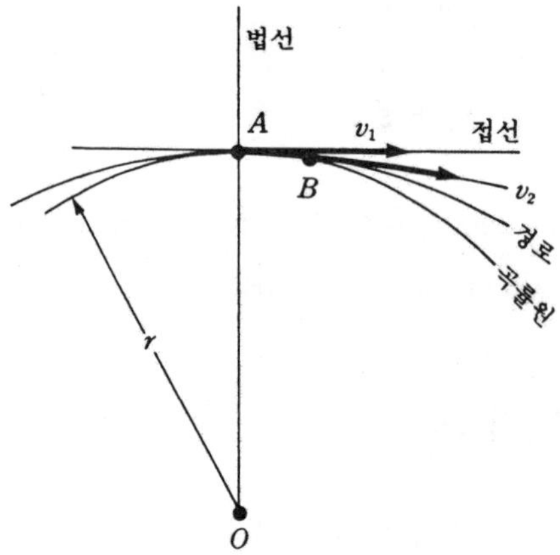

그림 5-10

이 때 속도의 크기를 변화시키는 가속도는 작용하지 않으나 속도의 방향을 바꾸는 가속도가 작용하지 않으면 안 된다. 이 가속도는 원주상을 등속운동하는 질점에 작용하고 있는 가속도와 같다.

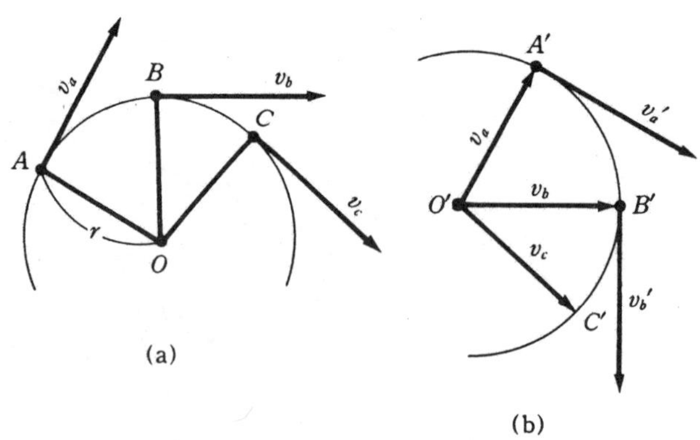

그림 5-11

여기서 그림 5-11(a)와 같이 반경 r인 원주상에 등속도 $v_a = v_b = v_c = v$로 운동하고 있는 질점에 작용하는 가속도를 구하여 보자.

임의의 점 O'를 시점으로 점 A, B, C, ……에서 질점이 갖는 속도벡터 $\overrightarrow{O'A'}$, $\overrightarrow{O'B'}$, $\overrightarrow{O'C'}$를 그으면, 점 A', B', C'는 O'를 중심으로 크기 v인 반경으로 원을 그린 원주상에 있게 된다.

여기서, 벡터의 선단 A', B', C'에서 갖는 속도의 크기는 일정하여 $v_a' = v_b' = v_c' = v'$이고, 질점이 원 O를 일주하는 시간과 벡터의 선단이 원 O'를 일주하는 시간은 같으므로

$$\frac{2\pi r}{v} = \frac{2\pi v}{v'}$$

로 되고, 이 식을 정리하면

$$v' = \frac{v^2}{r}$$

이 v'는 원주상을 등속운동을 하는 질점이 임의점에서의 속도변화량을 나타내는 가속도가 된다.

그리고 B가 A로 극히 접근할 경우 $\Delta \mathbf{v}$는 v_a의 방향 즉, A점에서 원주의 접선방향에 직각이고 원의 중심방향으로 향한다. 이것은 반경 r인 원주상을 등속도 v로 운동하는 질점에 v^2/r의 크기로 원의 중심으로 향하는 가속도가 작용하고 있음을 나타낸다.

따라서 임의의 경로에 따라 운동하고 있는 질점에 작용하는 법선가속도의 크기는

$$a_n = \frac{v^2}{r} \tag{5-13}$$

여기서, r은 질점의 위치에서 본 경로의 곡률원의 반경이고, 법선가속도의 방향은 곡률원 중심으로 향한다.

(3) 가속도의 크기 · 방향 · 직각성분

그림 5-12에서

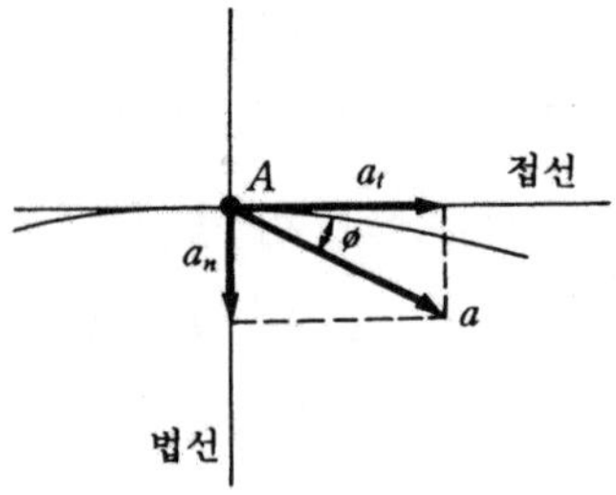

그림 5-12

$$a=\sqrt{a_t^{\ 2}+a_n^{\ 2}}$$

$$\tan\psi=\frac{a_n}{a_t}$$

윗식에 식 (5-12), (5-13)을 대입하면

$$\left.\begin{aligned} a&=\sqrt{\left(\frac{dv}{dt}\right)^2+\left(\frac{v^2}{r}\right)^2} \\ \tan\psi&=\frac{v^2/r}{dv/dt} \end{aligned}\right\} \qquad (5\text{-}14)$$

가속도 성분 중 접선가속도는 속도의 크기에 변화를 주고, 법선가속도는 속도의 방향에 변화를 준다.

그림 5-11(b)와 같이 순간 속도벡터들을 한 점에 평행이동시켜 그 화살표의 끝점들이 변화하여 간 자취들을 그 운동의 **호도그래프**(hodograph) 또는 **속도도**라고 하고, 호도그래프의 접선방향은 가속도의 방향과 일치한다.

운동하고 있는 질점이 경로의 임의의 점에서 갖는 가속도는 호도그래프에 대응하는 점의 속도로 표시된다.

그림 5-13에 경로상 임의의 점 $A(x, y)$에서 가속도의 크기가 a일 때, 좌표축 방향의 가속도 성분을 a_x, a_y라고 하면

$$a=\sqrt{a_x^{\ 2}+a_y^{\ 2}} \qquad (5\text{-}15)$$

여기서, 점 A의 좌표 (x, y)는 질점의 좌표축 방향의 경로길이를 나타내므로 식 (5-13), (5-7)에 의하여

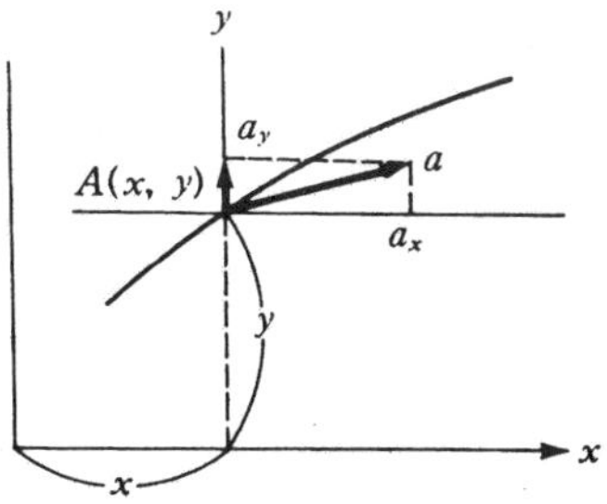

그림 5-13

$$\left.\begin{aligned} a_x &= \frac{dv_x}{dt} = \frac{d^2x}{dt^2} \\ a_y &= \frac{dv_y}{dt} = \frac{d^2y}{dt^2} \end{aligned}\right\} \qquad (5\text{-}16)$$

예제 5-1

질점이 정지상태에서 출발하여 $s=t+t^2+\frac{1}{3}t^3$의 관계식으로 직선운동을 하고 있다. 경로길이 s는 m, 경과시간 t는 초의 단위로 $t=5$초일 때의 속도 및 가속도의 크기를 구하라.

〔풀이〕 식 (5-3)에 의하여 속도는

$$v=\frac{ds}{dt} \qquad \text{(a)}$$

직선운동을 하므로 법선가속도는 0, 접선가속도만 있다.
식 (5-12)에서

$$a=\frac{dv}{dt}=\frac{d^2s}{dt^2} \qquad \text{(b)}$$

따라서,

$$v=1+2t+t^2 \qquad \text{(c)}$$

$$a=2+2t \qquad \text{(d)}$$

$t=5$초일 때 속도 및 가속도의 크기는

$$v_{t=5}=36\,\text{m/s}$$

$$a_{t=5}=12\,\text{m/s}^2$$

■◆■

예제 5-2

로켓을 수직으로 쏘아 올렸을 때 가속도가 시간에 대하여 그림 5-14와 같이 변하였다. 발사속도를 10 m/s로 할 때 이 로켓의 8초간 상승거리를 구하라.

〔풀이〕 가속도를 적분하여 속도를 구한다. 그림에서 최초 5초간은

$$a=-\frac{2}{5}t+8\ \mathrm{m/s^2}$$

$$v=\int\frac{dv}{dt}dt=-\frac{1}{5}t^2+8t+10\ \mathrm{m/s}$$

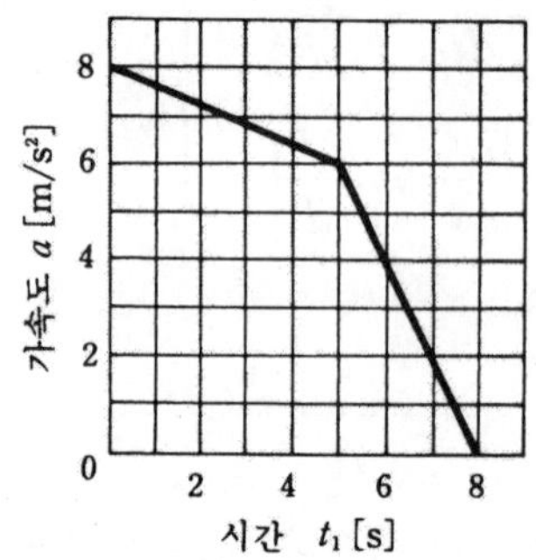

그림 5-14

5초 후의 상승속도는 $v_{t=5}=45\ \mathrm{m/s}$이고, 5초간의 상승거리는

$$s_{t=5}=\int_0^5 v\,dt=\left[-\frac{1}{15}t^3+4t^2+10t\right]_0^5=141.7\ \mathrm{m}$$

같은 방법으로 다시 3초간은 $a=2t+6\ \mathrm{m/s^2}$이므로

$$v=-t^2+6t+45\ \mathrm{m/s}$$

발사 후 8초 후의 속도는 $v_{t=8}=54\ \mathrm{m/s}$로 상방향의 가속도가 없어진 후 $-g$의 가속도가 가해진다.
또 8초간의 상승거리는

$$s_{t=8}=141.7+\int_0^3(-t^2+6t+45)\,dt=294.7\ \mathrm{m}$$

■◆■

예제 5-3

질점의 위치 (x, y)가 시각 t의 함수로 다음과 같이 주어질 때 질점의 경로의 식과 호도그래프의 식을 구하라.

$$x=a\cos\omega t$$

$$y = b\sin\omega t$$

여기서 a, b, ω는 상수이다.

〔풀 이〕 경로의 식은 시각에는 무관계하고 (x, y) 사이에 성립하는 관계식이 되어야 하므로 두 식을 각각 제곱하면

$$x^2 = a^2\cos^2\omega t$$

$$y^2 = b^2\sin^2\omega t$$

이 두 식을 합하여 t를 소거하면

$$\frac{x^2}{a^2} + \frac{y^2}{b^2} = 1 \qquad \text{(a)}$$

이 되어 타원을 나타내는 경로의 식이 된다.

호도그래프는 시점을 공통으로한 속도벡터의 끝이 그리는 곡선이므로 그림 5-15와 같이 좌표축 방향의 속도성분 v_x, v_y 사이에는 시각에 관계없이 성립하는 관계식이 호도그래프의 식이다.

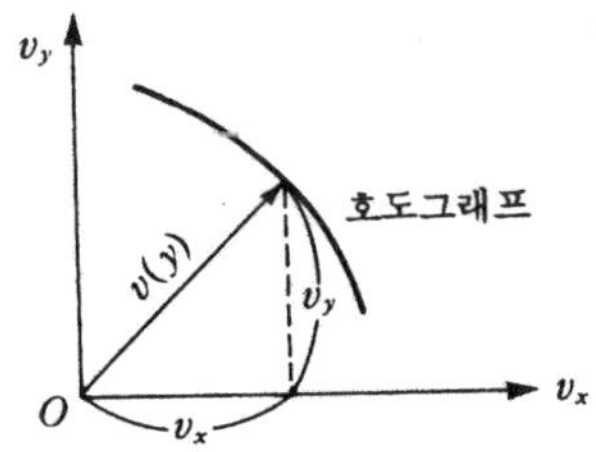

그림 5-15

주어진 위치를 나타내는 식에서

$$v_x = \frac{dx}{dt} = -a\omega\sin\omega t$$

$$v_y = \frac{dy}{dt} = b\omega\cos\omega t$$

이 두 식에서 t를 소거하여 정리하면

$$\frac{{v_x}^2}{a^2\omega^2} + \frac{{v_y}^2}{a^2\omega^2} = 1 \qquad \text{(b)}$$

이 식에서 호도그래프도 또한 타원임을 알 수 있다. ■◆■

연습문제

E·X·E·R·C·I·S·E

5-1 분침의 길이가 1 m인 큰 시계가 있다. 어떤 시각에서 각각 15, 30, 45, 60분 후, 분침 끝의 통과거리와 변위의 크기를 구하라.

해답 시간에 따른 통과거리와 변위의 크기는 각각
15분 후 1.57 m, 1.41 m
30분 후 3.41 m, 2.00 m
45분 후 4.71 m, 1.41 m
60분 후 6.28 m, 0 m

5-2 직선운동을 하고 있는 질점의 이동거리(s)와 시간(t) 사이에 그림 문 5-2와 같은 관계가 있을 때, 이 질점의 속력(v)과 시간과의 관계를 도시하라.

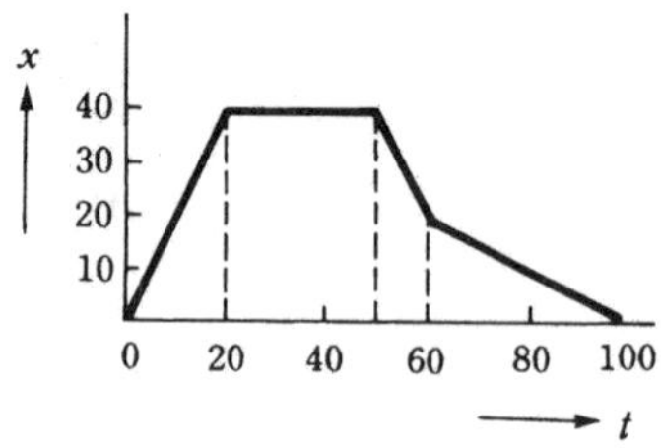

그림 문 5-2

해답 종축을 v, 횡축을 t로 취하여 각자 그려보자.
t : 0~20 사이는 $x=2t$이므로 $v=2$, t : 20~50, 50~60, 60~100 사이도 같은 방법으로 한다.

5-3 질점이 $S=4t^3+2t+5$ 식에 따라 직선상을 이동한다. $t=2$초일 때의 변위, 속도, 가속도를 구하라.

해답 변위 : 41 m, 속도 : 50 m/s, 가속도 : 48 m/s^2

5-4 질점의 위치 (x, y)가 시각 t의 함수로 다음과 같이 표시될 때 질점의 궤적 및

호도그래프를 구하라.

$$x = Ae^{nt}, \quad y = Be^{-nt}$$

여기서 A, B, n은 상수이다.

해답 궤적의 식은 $xy = AB$

($A, B > 0$ → 제 1 상한, $A, B < 0$ → 제 3 상한, $A > 0$, $B < 0$ → 제 4 상한, $A < 0$, $B > 0$ → 제 2 상한에서의 x, y축을 점근선으로 하는 쌍곡선)

호도그래프의 식은 $v_x v_y = -ABn^2$

($n > 0$라고 가정하여 $A, B > 0$ → 제 4 상한, $A, B < 0$ → 제 2 상한, $A > 0$, $B < 0$ → 제 1 상한, $A < 0$, $B > 0$ → 제 3 상한에서의 v_x, v_y축을 점근선으로 하는 쌍곡선)

5-5 그림 문 5-5와 같이 수면에 떠 있는 물체를 수면으로부터 h[m] 높이에서 줄로 일정한 속력 v[m/s]로 당긴다. 물체가 움직이기 시작한 후 t초 후의 물체의 속력을 구하라. 여기서 줄의 최초 길이는 l[m]이다.

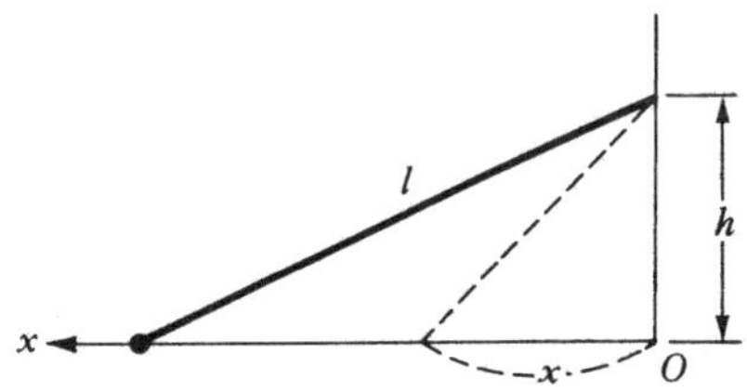

그림 문 5-5

그림과 같이 x축을 취하여 임의시각에서의 줄의 길이를 y로 한다.

$$\frac{dx}{dt} = \frac{dx}{dy}\frac{dy}{dt} \qquad \text{(a)}$$

여기서

$$\frac{dy}{dt} = -v \qquad \text{(b)}$$

또 $x^2 = y^2 - h^2$에서

$$\frac{dx}{dy} = \frac{y}{x} \qquad \text{(c)}$$

식 (b), (c)를 식 (a)에 대입하고 x, y를 t의 함수로 나타내면

해답 $\dfrac{dx}{dt} = -\dfrac{(l - vt)v}{\sqrt{(l - vt)^2 - h^2}}$

6

등가속도운동

일정한 가속도를 받아서 이루어지는 운동을 등가속도운동이라 하고, 일정한 가속도가 작용하기 시작하는 질점이 갖는 속도의 방향과 그 가속도의 방향이 일치하여 경로가 직선이 되는 운동을 등가속도 직선운동이라 한다.

1) 등가속도 직선운동

그림 6-1과 같이 v_0의 등속도운동을 하고 있는 질점이 경로상 임의의 점 A에 도달할 때부터 속도와 같은 방향의 크기 a인 가속도를 계속받아 이동거리 s를 지나 점 B에 이르렀다고 한다.

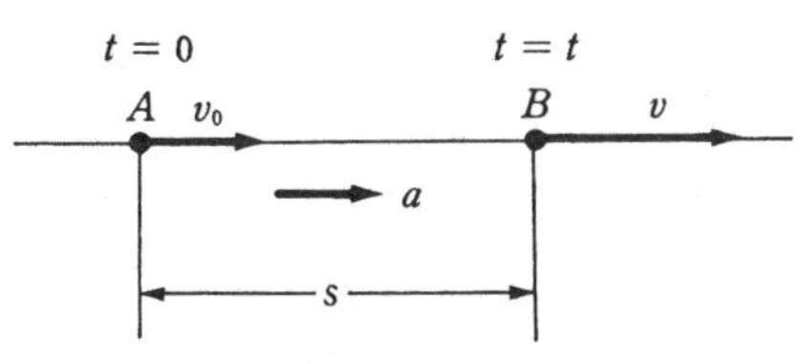

그림 6-1

질점이 점 B에서의 속도는 v이다. 점 A에 있을 때의 시각을 기준으로 하여 점 B에서의 시각을 t, 점 A를 경로의 기점으로 하면 $t=0$에서 $s=0$이다.

이 경우 법선가속도는 존재하지 않으므로 식 (5-12)에서

$$\frac{d^2s}{dt^2} = \frac{d}{dt}(v) = a(\text{const.})$$

그리고 물체가 일정한 가속도 a로 직선운동을 할 경우 시각 t에서의 속도 v는

$$v = \int dv = \int_0^t a\,dt = at + C_1 \tag{6-1}$$

여기서, C_1은 적분상수이다.

시각의 기준이 되는 점에서의 질점의 위치와 속도를 운동의 초기조건(initial condition)이라 한다.

식 (6-1)에서 적분상수 C_1은 초기조건에서 정하여지는 정수로 $t=0$의 시각의 속도(초속도 : initial velocity)를 v_0라 하면

$$v = v_0 + at \tag{6-2}$$

이 시각까지의 이동한 거리 s는

$v = \dfrac{ds}{dt}$ 에서

$$s = \int ds = \int_0^t v\,dt = \int_0^t (v_0 + at)\,dt$$

$$s = v_0 t + \frac{1}{2}at^2 + C_2 \tag{6-3}$$

여기서, C_2는 적분상수로 $t=0$인 경우의 물체의 위치를 기준($s=0$)으로 잡으면 $C_2 = 0$이 되므로

$$s = v_0 t + \frac{1}{2}at^2 \tag{6-4}$$

식 (6-2), (6-4)의 두 식에서 t를 소거하면

$$v^2 - {v_0}^2 = 2as \tag{6-5}$$

식 (6-2), (6-4), (6-5)와 같이 등가속도 직선운동에 관한 기본식을 얻는다.

초속도가 0일 때 등가속도를 받는 질점은 그 가속도의 방향으로 다음 식과 같이 직선운동을 한다.

$$v = at, \qquad s = \frac{1}{2}at^2, \qquad v^2 = 2as \tag{6-6}$$

예제 6-1

60 km/h로 달리고 있는 자동차에 급제동을 걸어 50 m 이내에서 정지시키자면, 가속도를 얼마로 하면 되는가? 또 정지할 때까지 걸리는 시간은 얼마가 되겠는가?

〔풀 이〕 초속도의 크기 $v_0 = 60\,\text{km/h} = 16.7\,\text{m/s}$

$s = 50\,\text{m}$에서 $v = 0\,\text{m/s}$로 되기 위해서는 식 (6-2, 4, 5)로부터

$$0 = 16.7 + at \tag{a}$$

$$50 = 16.7t + \frac{1}{2}at^2 \tag{b}$$

$$0^2 - 16.7^2 = 2a(50) \tag{c}$$

식 (c)에서

$$100a = -278.89, \quad a = -2.79\,\text{m/s}^2$$

식 (a)에서

$$t = 5.99\,\text{sec}$$

■◆■

2) 낙체의 운동

중력이 작용하여 연직하방으로 낙하하는 물체를 낙체(falling body)라고 한다. 일정한 장소에서 중력에 의한 가속도는 일정하다고 보며, 공기저항을 무시하면 낙체의 운동은 등가속도 직선운동을 한다.

따라서, 식 (6-2, 4, 5)에서 가속도 a 대신 중력가속도 g*를 대입하면 다음과 같은 낙체운동에 관한 기본식을 얻는다.

$$\left.\begin{aligned} v &= v_0 + gt \\ s &= v_0 t + \frac{1}{2}gt^2 \\ v^2 - {v_0}^2 &= 2gs \end{aligned}\right\} \tag{6-7}$$

또, 물체를 연직상방으로 던져 올릴 경우에 가속도의 방향은 반대이므로 윗식에

* 각 지역의 $g[\text{m/s}^2]$의 값은 북극 : 9.8324, 파리 : 9.80665(국제표준), 적도 : 9.7805, 동경 : 9.7981. [한국(중력 기점은 정부종합청사 머리돌 표석 밑에 설치) : 979.9416GAL]이다. 특별히 정밀을 요하지 않을 시는 9.80을 사용한다.

서 g는 $-g$가 되어 다음과 같은 식으로 된다.

$$\left.\begin{aligned} v &= v_0 - gt \\ s &= v_0 t - \frac{1}{2} gt^2 \\ v^2 - v_0{}^2 &= -2gs \end{aligned}\right\} \tag{6-7$'$}$$

초속도 v_0로 연직 상방으로 던져 올릴 경우, 식 (6-7)′로부터 물체가 상승가능한 높이와 시간을 구할 수가 있다. 즉, 최고 상승높이를 h_{max}라 하면 그 점에서는 $v=0$이므로 식 (6-7)′의 제 3식에서

$$-v_0{}^2 = -2g\,h_{max}$$

$$h_{max} = \frac{v_0{}^2}{2g} \tag{6-8}$$

또, 이 점에 도달할 때까지의 시간을 t_1이라 하면 제 1식에서

$$t_1 = \frac{v_0}{g} \tag{6-9}$$

또, h_{max}점부터 물체가 자유낙하($v_0 = 0$)할 때 던져 올린 지점까지 낙하하는 시간을 t_2라고 하면 식 (6-7)의 제 2식으로부터

$$h_{max} = \frac{1}{2} gt_2{}^2$$

이 식과 식 (6-8)에 의하여

$$\left.\begin{aligned} \frac{v_0{}^2}{2g} &= \frac{1}{2} gt_2{}^2 \\ t_2{}^2 &= \frac{v_0{}^2}{g^2} \\ t_2 &= \frac{v_0}{g} \end{aligned}\right\} \tag{6-10}$$

식 (6-10)은 식 (6-9)와 일치하므로 연직 상방으로 던진 물체가 최고점에 도달할 때까지의 시간과 그 높이에서 던진 지점까지 자유낙하하는 시간은 같다.

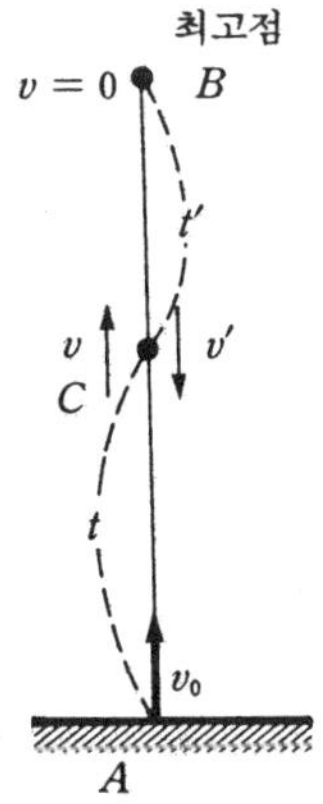

그림 6-2

그림 6-2에서와 같이 연직 상방으로 던져 올린 물체가 임의의 점 C를 통과할 때의 속도를 v, 그 물체가 최고점에 도달한 후 다시 낙하하기 시작하여 같은 C점을 통과할 때의 속도를 v'라고 하면

$$v = v_0 \quad gt$$

$$v' = gt'$$

식 (6-9)에 의하여

$$t' = \frac{v_0}{g} - t$$

라 놓고 이것을 윗식에 대입하면

$$v = v' \tag{6-11}$$

물체를 위로 던져 올렸다면 그 지점에서의 초속도의 크기는 그 물체가 최고 상승점에 도달한 후, 다시 자유낙하하여 같은 지점을 통과할 때 그 물체가 갖는 속도의 크기와 같다.

예제 6-2

지상에서 어느 높이의 점 A에서 물체를 연직 상방으로 던졌다. 물체가 점 A에서 h만큼 아래의 점을 지날 때의 속도의 크기는 A에서 h만큼 위에 있는 점을 지날 때의 속도의 크기의 2배였다고 한다.

물체는 점 A부터 어느 정도의 높이까지 도달하였는가?

〔풀이〕 그림 6-3과 같이 최고점 C에서 물체가 자유낙하한다고 보자. $h'-h$만큼 낙하한 점 B를 지날 때의 속도를 v_b, $h'+h$만큼 낙하한 점 D를 지날 때의 속도를 v_d라 하면, 식 (6-7)의 제 3식에서의 $v_0=0$이므로

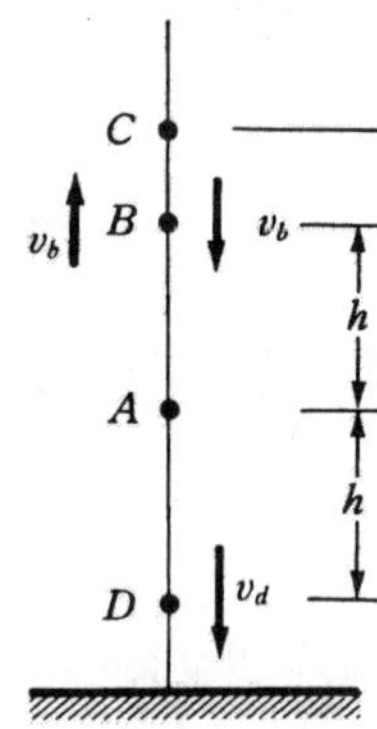

그림 6-3

$$v_b^{\,2}=2g(h'-h)$$

$$v_d^{\,2}=2g(h'+h)$$

이 두 식에서

$$\left(\frac{v_b}{v_d}\right)^2=\frac{h'-h}{h'+h}$$

여기서, $v_d=2v_b$를 윗식에 대입하면

$$\frac{1}{4}=\frac{h'-h}{h'+h}$$

$$\therefore h'=\frac{5}{3}h$$

■◆■

3) 포물체의 운동

그림 6-4와 같이 물체를 수평에 대하여 각 θ, 촉속도 v_0로 던져 올렸다면 물체의 초속도와 가속도의 방향이 다르므로 운동경로는 직선이 아니고 포물선 모양이 된다. 이와 같은 운동을 하고 있는 물체를 포물체(projectile)라 한다.

물체를 던진 지점을 좌표의 원점으로 하여 수평방향을 x축, 연직방향을 y축으

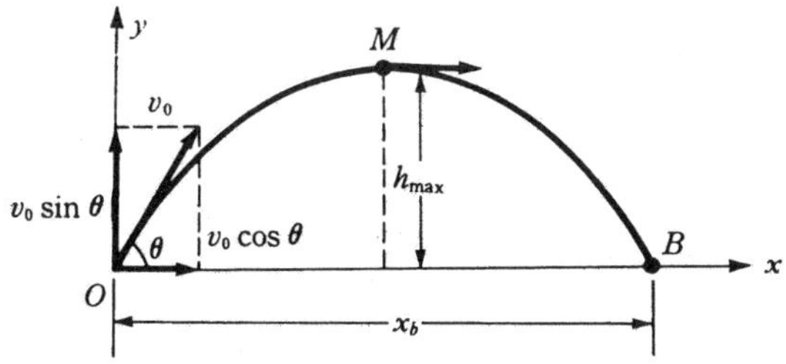

그림 6-4

로 하고 중력이 작용하는 이 물체의 가속도의 좌표성분을 생각하면

$$\left.\begin{aligned} \frac{d^2x}{dt^2} &= 0 \\ \frac{d^2y}{dt^2} &= -g \end{aligned}\right\} \qquad (6\text{-}12)$$

윗식을 적분하면

$$\left.\begin{aligned} \frac{dx}{dt} &= C_1 \\ \frac{dy}{dt} &= -gt + C_2 \end{aligned}\right\} \qquad (6\text{-}13)$$

다시 적분하면

$$\left.\begin{aligned} x &= C_1 t + C_3 \\ y &= -\frac{1}{2}gt^2 + C_2 t + C_4 \end{aligned}\right\} \qquad (6\text{-}14)$$

여기서, C_1, C_2, C_3, C_4는 적분상수이며, 초기조건에 따라 정해진다. 여기서 초기조건

$t=0$에서

$$\left.\begin{aligned} x &= y = 0 \\ \frac{dx}{dt} &= v_0 \cos\theta \\ \frac{dy}{dt} &= v_0 \sin\theta \end{aligned}\right\} \qquad (6\text{-}15)$$

를 식 (6-13), (6-14)에 대입하면

$$\left.\begin{aligned} C_1 &= v_0 \cos\theta \\ C_2 &= v_0 \sin\theta \\ C_3 &= C_4 = 0 \end{aligned}\right\}$$

이 적분상수를 식 (6-13), (6-14)에 대입하면

$$\left.\begin{aligned} \frac{dx}{dt} &= v_0 \cos\theta \\ \frac{dy}{dt} &= v_0 \sin\theta - gt \end{aligned}\right\} \tag{6-16}$$

$$\left.\begin{aligned} x &= v_0 \cos\theta \cdot t \\ y &= v_0 \sin\theta \cdot t - \frac{1}{2} gt^2 \end{aligned}\right\} \tag{6-17}$$

식 (6-16), (6-17)은 이 운동을 하고 있는 물체의 임의 시각에서의 좌표축 방향의 속도 및 위치를 나타낸다.

또, 식 (6-17)에서 t를 소거하면 운동의 경로를 나타내는 식이 된다.

$$y = \tan\theta \cdot x - \frac{g}{2{v_0}^2 \cos^2\theta} x^2 \tag{6-18}$$

이 식은 y축에 평행한 축을 갖는 포물선이 된다.

식 (6-16), (6-17), (6-18)을 이용하면 포물체의 운동에 관하여 더욱 자세한 사실을 알 수가 있다.

(1) 경로의 최고점

식 (6-16)의 제 2식에서 $dy/dt=0$일 때 $t=t_1$이라 하면 물체가 비스듬이 위로 던져져서 최고점 M에 도달할 때까지 걸리는 시간은

$$t_1 = \frac{v_0 \sin\theta}{g} \tag{6-19}$$

따라서 식 (6-17)의 제 2식에서 $t=t_1$일 때 $y=h_{max}$로 놓으면

$$h_{\max}=\frac{v_0{}^2\sin^2\theta}{2g} \tag{6-20}$$

(2) 도달거리

비스듬히 위로 던진 물체가 최고점에 도달한 다음에 낙하하기 시작하여 다시 출발점과 같은 수평면 점 B까지 낙하하는 데 요하는 시간을 t_2라 하면 연직방향의 운동에서

$$t_2=2t_1=\frac{2v_0\sin\theta}{g} \tag{6-21}$$

윗식을 식 (6-17)의 제 1식에 대입하면 도달거리 $OB=x_b$가 구해진다.

$$x_b=\frac{v_0{}^2\sin 2\theta}{g} \tag{6-22}$$

윗식에서 초속도 v_0가 일정한 크기이면 x_b는 $\sin 2\theta=1$, 즉 $\theta=\pi/4$일 때 최대가 된다.

$$x_{b\max}=\frac{v_0{}^2}{g} \tag{6-22$'$}$$

예제 6-3

속도 80 km/h로 지상 300 m의 높이를 수평비행하는 헬리콥터에서 물체를 낙하시킬 때, 낙하점은 투하점의 바로 아래로부터 몇 m 떨어진 곳인가?

〔풀이〕 낙하하는 물체의 수평방향 속도성분 $v=80$ km/h이고, 물체의 낙하시간은 300 m 높이에서 자유낙하로 떨어지는 시간과 같다.

$s=\frac{1}{2}gt^2$에서

$$t=\sqrt{\frac{300\times 2}{9.8}}=7.8\,\text{s}$$

이 사이에 물체는 수평방향으로 움직이므로 이동한 수평거리는

$$s=\frac{80,000\,\text{m}}{3600\,\text{s}}\times\sqrt{\frac{300\times 2}{9.8}}\,\text{s}=173.9\,\text{m}$$

투하점 바로 아래에서 헬리콥터의 진행방향으로 173.9 m인 전방지점에 낙하한다.

■◆■

6-1 속력 150 km/h로 달리던 열차가 브레이크를 걸었더니 이로 인하여 가속도는 1 m/s^2로 되었다. 정지할 때까지의 시간 및 그 사이의 진행거리를 구하라.

해답 41.7 s, 868 m

6-2 정지하고 있는 물체가 a_1의 가속도를 받아 v의 속도로 되었다. 이 물체가 같은 속도를 유지하면서 운동 중, 진행방향과 반대방향의 가속도 a_2를 받아 속도가 감소되어 정지하게 되었다. 이 사이에 물체가 운동한 경로길이를 s라 하면 이에 소요되는 시간을 구하라.

해답 $\dfrac{s}{v}+\dfrac{v}{a_1}+\dfrac{v}{a_2}$

6-3 투수가 던진 공을 수평과 30° 각도로 치니 4초 후 공은 멀리 외야 밖으로 떨어져 홈런이 되었다. 배트(bat)로 공을 치는 순간 초속도와 공이 날아간 수평도달거리를 구하라. 단, 공기저항은 무시한다.

해답 39.2 m/s, 135.8 m

6-4 수평한 직선을 따라 움직이는 질점의 위치 s는 $s=6t^2-4$의 방정식으로 주어진다. s는 m, t는 초의 단위를 갖는다. t가 0일 때 질점은 원점에서 우측으로 4 m되는 곳에 있다.

(1) $t=2$초로부터 $t=4$초까지의 질점이 일으킨 변위를 구하라.

(2) $t=4$초일 때의 질점의 속도 및 가속도를 구하라.

해답 (1) $s=72$ m
(2) $v=48$ m/s, $a=12$ m/s^2

6-5 연직상방으로 던져 올린 물체가 있다. 지면에서 291 m의 높이인 점을 통과한 후 다시 이 점을 통과하는 데 4초가 걸렸다. 물체의 초속도 및 도달높이를 구하라.

해답 78 m/s, 310.5 m

6-6 샘의 깊이를 알기 위하여 돌을 떨어 뜨렸다. 떨어 뜨린 후, 1.5초 후에 돌이 물에 닿는 소리를 들었다. 소리의 속도를 340 m/s로 하여 샘의 깊이를 구하라.

해답 10.2 m

7 원운동

질점이 갖는 속도의 방향과 질점에 가해지는 가속도의 방향이 일치하지 않을 때는 포물체의 경우와 같이 그 경로는 직선이 되지 않는다.

일반적으로 운동을 하고 있는 질점의 경로는 단순하지 않으나 곡선운동을 하고 있는 질점의 특수한 경우인 질점의 원운동에 대하여 알아 본다.

1) 각속도와 각가속도

고정된 기준선과 다른 한 선과 이루는 사이의 각이 변하는 운동을 각운동(angular motion)이라 하며, 그림 7-1과 같이 어느 순간 경로상 한 점 A에 있는 질점이 Δt시간 후 점 B까지 운동하였다면 A, B 두 점의 위치 벡터가 이루는 각 $\Delta\theta$를 각변위(angular displacement)라 한다.

각의 측정단위로 rad, 도, 회전수 등이 사용된다.

각속도(angular velocity)는 각변위의 시간적 변위율로 정의되며, 그림 7-1에서 점 A에서의 질점의 각속도 ω는

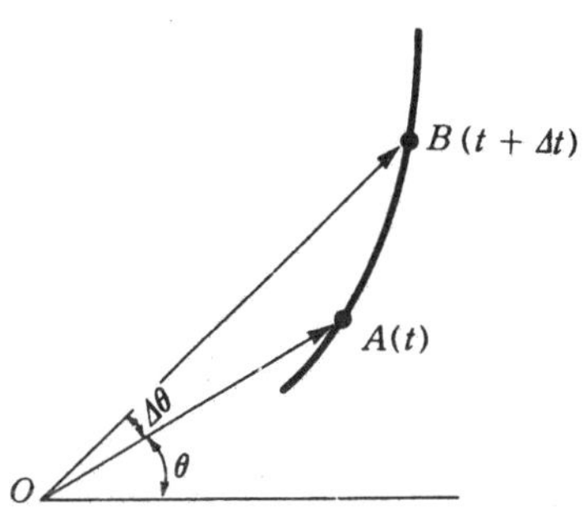

그림 7-1

$$\omega = \lim_{\Delta t \to 0} \frac{\Delta \theta}{\Delta t} = \frac{d\theta}{dt} = \dot{\theta} \tag{7-1}$$

각속도의 단위는 rad/s, 도/초, rpm, rps 등으로 표기하며, 이들과의 관계는

$$1\,\text{rpm} = \frac{1}{60}\,\text{rps} = \frac{2\pi}{60}\,\text{rad/s}$$

이 된다.

각가속도(angular acceleration)는 각속도의 시간적 변화율로

$$\left.\begin{aligned} \alpha = \lim_{\Delta t \to 0} \frac{\Delta \omega}{\Delta t} &= \frac{d\omega}{dt} = \dot{\omega} \\ &= \frac{d^2\theta}{dt^2} = \ddot{\theta} \end{aligned}\right\} \tag{7-2}$$

각가속도의 단위는 rad/s^2, 도/초^2, rpm/s 등이 사용된다.

또한 식 (7-1), (7-2)에서 다음 식을 얻을 수 있다.

$$\omega d\omega = \alpha\, d\theta$$

각변위, 각속도, 각가속도는 위에서 표시한 바와 같이 스칼라량이나 크기와 방향을 가지면 벡터량이다. 그러나 방향과 방위가 명확할 때는 스칼라적으로 다루는 경우가 많다.

속도, 가속도를 각속도, 각가속도와 특별히 구별할 필요가 있을 때는 선속도(linear velocity), 선가속도(linear acceleration)라 한다.

2) 극좌표상의 속도 · 가속도

평면운동을 분류하면 직선운동과 회전운동으로 나누어 생각할 수 있으므로 극좌표(polar coordinate)를 사용하면 직선운동과 회전운동이 합성된 평면상의 일반운동으로 편리하게 표시할 수 있다. 그림 7-2와 같이 임의의 순간에서 운동하는 질점의 위치 A를 좌표(r, θ)로 표시하면 좌표축 방향의 선속도 v의 성분 v_r, v_θ를 각각 동경 r에 따르는 속도 동경성분(radial component of velocity), 동경 r에 수직인 속도 횡성분(transvers component of velocity)이라 한다.

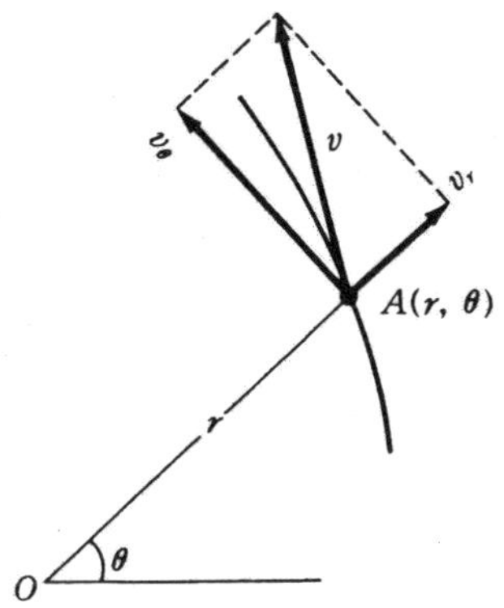

그림 7-2

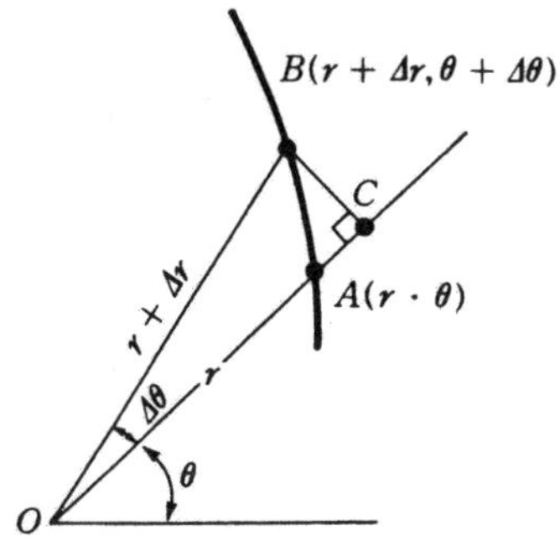

그림 7-3

그림 7-3과 같이 경로상 점 A에 가까운 점 $B(r+\varDelta r,\ \theta+\varDelta\theta)$를 취하면 v_r, v_θ는

$$v_r = \lim_{\varDelta t \to 0} \frac{\overline{OC} - \overline{OA}}{\varDelta t}, \qquad v_\theta = \lim_{\varDelta t \to 0} \frac{\overline{BC}}{\varDelta t}$$

여기에서

$$\overline{OC} = (r + \varDelta r)\cos\varDelta\theta$$

$$\overline{BC} = (r + \varDelta r)\sin\varDelta\theta$$

라 보면 $\varDelta\theta$는 미소량이므로

$$\cos\varDelta\theta \fallingdotseq 1$$

$$\sin\varDelta\theta \fallingdotseq \varDelta\theta$$

이고, 고차의 미소량을 무시하면

$$v_r = \lim_{\varDelta t \to 0} \frac{\varDelta r}{\varDelta t}$$

$$v_\theta = \lim_{\varDelta t \to 0} \frac{r\varDelta\theta}{\varDelta t}$$

간단히

$$\left.\begin{aligned} v_r &= \frac{dr}{dt} = \dot{r} \\ v_\theta &= r\dot{\theta} = r\omega \end{aligned}\right\} \tag{7-3}$$

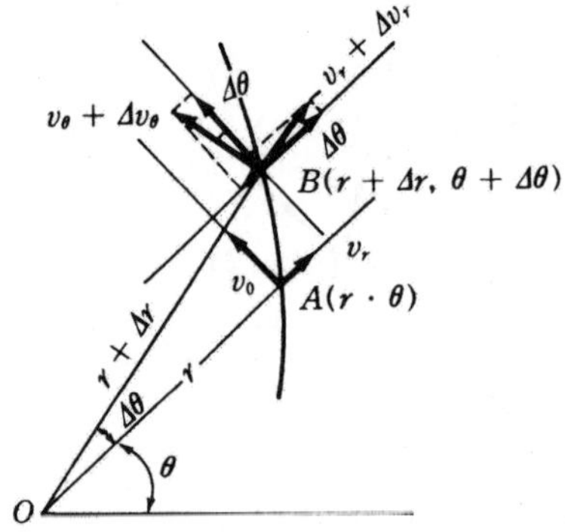

그림 7-4

다음에 가속도의 r방향 성분 a_r, θ방향 성분 a_θ를 각각 가속도 동경성분(radial component of acceleration) 및 가속도 횡성분(transverse component of acceleration)이라 부르고, 그림 7-4에서 a_r, a_θ는 각각

$$a_r = \lim_{\Delta t \to 0} \frac{(v_r + \Delta v_r)\cos\Delta\theta - (v_\theta + \Delta v_\theta)\sin\Delta\theta - v_r}{\Delta t}$$

$$a_\theta = \lim_{\Delta t \to 0} \frac{(v_r + \Delta v_r)\sin\Delta\theta + (v_\theta + \Delta v_\theta)\cos\Delta\theta - v_\theta}{\Delta t}$$

여기서

$$\cos\Delta\theta \fallingdotseq 1$$
$$\sin\Delta\theta \fallingdotseq \Delta\theta$$

이고, 고차의 미소량을 무시하면

$$a_r = \lim_{\Delta t \to 0} \frac{\Delta v_r - v_\theta \Delta\theta}{\Delta t}$$

$$a_\theta = \lim_{\Delta t \to 0} \frac{v_r \Delta\theta + \Delta v_\theta}{\Delta t}$$

간단히

$$a_r = \frac{dv_r}{dt} - v_\theta \frac{d\theta}{dt}$$

$$a_\theta = v_t \frac{d\theta}{dt} + \frac{dv_\theta}{dt}$$

식 (7-3)에 의하여 윗식을 변형하면

$$\left.\begin{aligned} a_r &= \ddot{r} - r\omega^2 \\ a_\theta &= 2\omega\dot{r} + r\alpha = \frac{1}{r}\frac{d}{dt}(r^2\omega) \end{aligned}\right\} \qquad (7\text{-}4)$$

반경 r이 일정하다면 원운동이 된다. 즉, 식 (7-4)로부터

$$\left.\begin{aligned} -a_r &= a_n = r\left(\frac{d\theta}{dt}\right)^2 = r\omega^2 = \frac{v^2}{r} \\ a_\theta &= a_t = r\left(\frac{d^2\theta}{dt^2}\right) = r\alpha \end{aligned}\right\} \qquad (7\text{-}4)'$$

3) 원운동의 속도 · 가속도

(1) 원운동의 속도

그림 7-5와 같이 질점이 점 O를 중심으로 일정한 반지름 r을 가진 원둘레 위를 운동하고 있을 때 이 운동을 원운동(circular motion)이라고 한다.

그림 7-5에서 시간 Δt동안 점 A에서 점 B로 질점이 움직였다고 하자. θ를 라디안으로 표시하면 원둘레 위에서의 변위 Δs는

$$\Delta s = r \cdot \Delta\theta$$

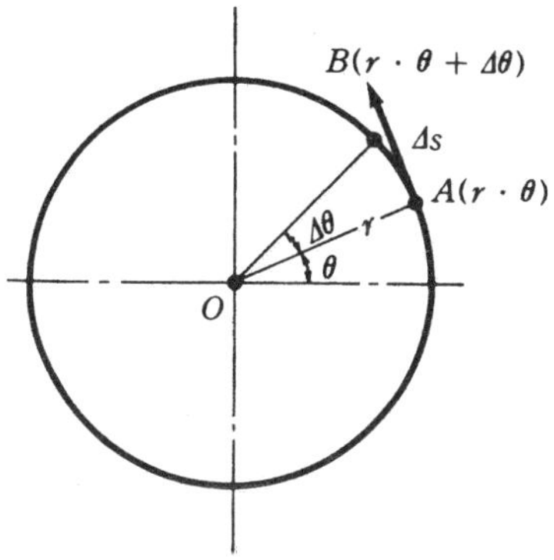

그림 7-5

의 관계가 성립하며, 양변을 Δt로 나누고 그 극한치를 구하면

$$\lim_{\Delta t \to 0} \frac{\Delta s}{\Delta t} = \lim_{\Delta t \to 0} \frac{r\Delta\theta}{\Delta t} = r \lim_{\Delta t \to 0} \frac{\Delta\theta}{\Delta t}$$

식 (5-3)과 식 (7-1)로부터

$$v = r\omega \tag{7-5}$$

인 원주속도와 각속도와의 관계식이 구하여지고, 원주속도의 방향은 점 A에서 원주의 접선방향이 되며, 각속도의 단위는 rad/s이다.

(2) 원운동의 가속도

식 (5-12), (5-13)에서 점 A에서의 접선가속도와 법선가속도는

$$a_t = \frac{dv}{dt}, \qquad a_n = \frac{v^2}{r}$$

이므로, 식 (7-4)에 의하여 윗식을 정리하면

$$\left.\begin{aligned} a_t &= r\alpha \\ a_n &= r\omega^2 \end{aligned}\right\} \tag{7-6}$$

의 관계를 얻는다. 여기서 각가속도 α의 단위는 rad/s^{2}를 사용한다.

식 (7-4)에서 r을 일정으로 보면

$$\left.\begin{aligned} a_r &= -r\omega^2 \\ a_\theta &= r\alpha \end{aligned}\right\} \tag{7-7}$$

로 된다.

그림 7-6에서 a_θ는 a_t, a_r는 a_n에 상당하므로 식 (7-4)에서 식 (7-6)이 유도된다. 여기서 a_r의 (−)의 표시는 반경 r이 증가하는 방향과 반대방향을 의미한다.

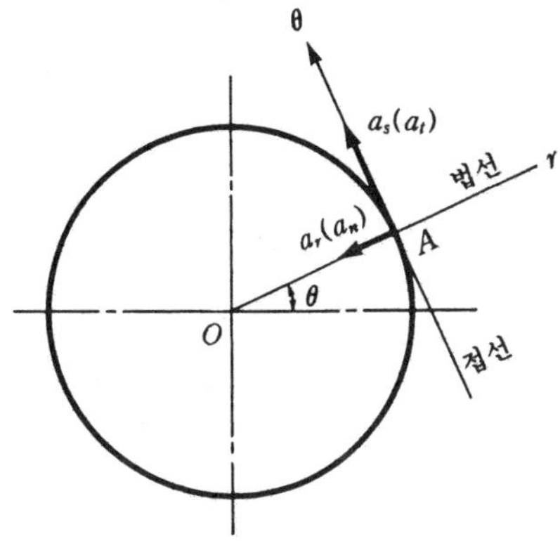

그림 7-6

예 제 7-1

선반으로 지름 50 mm 의 강철봉을 절삭할 때, 절삭속도를 120 m/min 로 하려면, 주축의 회전수를 얼마로 하면 되는가?

〔풀 이〕 원주속도 $v=120\,\text{m/min}=2\,\text{m/s}$

각속도 $\omega=\dfrac{v}{r}=\dfrac{2}{0.025}=80\,\text{rad/s}$

1분 사이의 각변위 $\theta=80\times60=4800\,\text{rad}$

주축의 회전수 $n=\dfrac{4800}{2\pi}=764.3\,\text{rpm}$으로 하면 된다. ■◆■

4) 등속원운동 · 등각가속도원운동

질점이 등속원운동을 하는 경우는 식 (7-5)에 의하여 각속도 ω가 일정하므로, $v=$ 일정, $\alpha=0$이다. 따라서 법선가속도는

$$a_n=v\omega=r\omega^2=\frac{v^2}{r}=\text{일정}$$

이며, 접선가속도 a_t는 식 (7-6)의 제 1식에서

$$a_t=0$$

이 된다.

즉, 등속원운동을 하는 질점에는 식 (7-6)에서 나타난 일정한 크기의 법선가속도가 작용하고 있어야 한다. 그리고 원운동을 하고 있는 질점의 각가속도가 일정할 때 각속도와 각변위의 시간과의 관계는

$$\frac{d^2\theta}{dt^2}=\ddot{\theta}=\alpha(\text{const.}) \tag{7-8}$$

이 식을 적분하면

$$\frac{d\theta}{dt}=\dot{\theta}=\alpha t+C_1$$

한번 더 적분하면

$$\theta=\frac{1}{2}\alpha t^2+C_1 t+C_2$$

여기서 C_1, C_2는 적분상수이다.

초기조건을 $t=0$에서 $\theta=0$, $\theta=\omega_0$라 하면 다음과 같은 등각가속도운동에 관한 기본식이 구하여진다.

$$\omega=\omega_0+\alpha t$$

$$\theta=\omega_0 t+\frac{1}{2}\alpha t^2 \tag{7-9}$$

$$\omega^2-\omega_0{}^2=2\alpha\theta$$

따라서 등속원운동은 접선가속도가 존재치 않고 법선가속도만 존재하며, 각가속도도 원운동에서는 접선가속도와 법선가속도가 모두 나타나는데 이러한 원운동에서 법선가속도는 항상 원의 중심을 향하게 되므로 이를 구심가속도(centripetal acceleration)라고 한다.

특히 속도 **v**와 가속도 **a**의 상호관계에서 운동의 방향이 가속도의 방향과 일치할 필요는 없으며, 일반적으로 **a**와 **v**와의 방향사이에는 일정한 관계가 없다는 사실이다.

예제 7-2

반경 1 m 인 원둘레를 $\theta = t^3/6$으로 원운동하는 질점이 $\theta = 0$ 위치에서 3초 후 질점이 갖는 각속도, 각가속도, 선속도, 선가속도를 구하라.

〔풀 이〕 (1) 각속도는

$\left[\omega = \dot{\theta} = \frac{1}{2} t^2\right]$에서

$$\omega_{t=3} = \frac{1}{2} \times 3^2 = 4.5 \text{ rad/s}$$

(2) 각가속도는

$[\alpha = \ddot{\theta} = t]$에서

$$\alpha_{t=3} = 3 \text{ rad/s}^2$$

(3) 선속도는

$[v = r\omega]$에서

$$v_{t=3} = 1 \times 4.5 = 4.5 \text{ m/s}$$

(4) 선가속도는

$[a_t = r\alpha]$

$[a_n = r\omega^2]$에서

$$a_{t=3} = 1 \times 3 \text{ m/s}^2$$

$$a_{t=3} - 1 \times 4.5^2 = 20.25 \text{ m/s}^2$$

$$a = \sqrt{a_t^2 + a_n^2} = \sqrt{3^2 + 20.25^2} = \sqrt{419.06} = 20.4 \text{ m/s}^2$$

■◆■

예제 7-3

회전속도 200 rpm 인 기어(gear)가 (−)의 등각가속도를 받고, 20초 후에 140 rpm 으로 되었다. 같은 비율로 감속하면 몇 초 후에 정지하겠는가? 또 정지할 때까지의 회전수를 구하라.

〔풀 이〕 각가속도 $\alpha = \frac{2\pi}{60} \frac{(140-200)}{20} = \frac{-\pi}{10} \text{ rad/s}^2$

정지할 때까지의 걸리는 시각 t는

$[\omega = \omega_0 + \alpha t]$에서

$$0 = \frac{2\pi}{60} \times 200 - \frac{\pi}{10} t$$

$$t = \frac{200}{3} = 66.7\,\text{s}$$

정지할 때까지의 각변위

$$\theta = \frac{2\pi}{30} \times 200 \times \frac{200}{3} - \frac{1}{2} \times \frac{\pi}{10} \times \left(\frac{200}{3}\right)^2$$

$$= 697.8\,\text{rad}$$

회전수 $n = \dfrac{\theta}{2\pi} = \dfrac{697.8}{2\pi}$

$= 111.1$회

7-1 직경 10 m인 원주상을 운동하고 있는 질점이 있다. 어느 순간 5 m/s의 속력이 5초 사이에 일정하게 증가되어 10 m/s로 되었다. 이 질점이 8 m/s의 속력을 가질 때의 접선가속도와 법선가속도의 크기를 구하라.

해답 $a_t=1\text{ m/s}^2$, $a_n=12.8\text{ m/s}^2$

7-2 반경 r인 원주상을 v의 속도로 운동하는 질점이 원주상 임의의 점에 대한 각속도는 그 점의 위치에 관계없이 일정하며 원의 중심둘레의 각속도의 1/2과 같음을 설명하라(그림 문 7-2).

해답 B는 임의의 점이며, 이곳을 극좌표의 원점으로 보면

$v\cos\theta=\overrightarrow{AB}\omega_b$

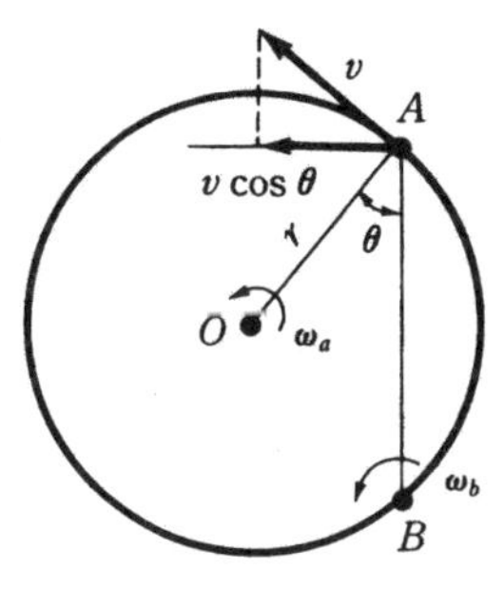

그림 문 7-2

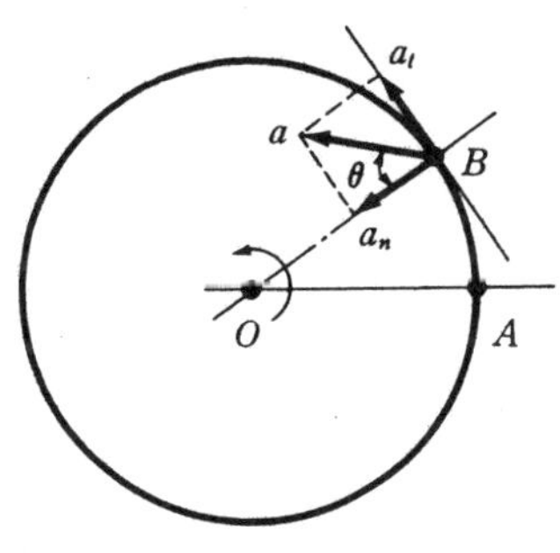

그림 문 7-3

7-3 그림 문 7-3과 같이 등접선가속도로 원운동하는 질점이 정지상태에서 움직이기 시작하여 원주상에서 그 반경의 1/2과 같은 경로길이를 움직인 시각에서의 가속도 방향을 구하라.

해답 $\frac{1}{2}r=\frac{1}{2}a_t t^2$

7-4 일정한 각가속도로 돌고 있는 어떤 기어(gear)가 $t=0$일 때 4 rad의 변위를 가진다. 10초 후의 변위는 0으로 되고 $t=4$초 때 기어의 운동방향은 반대로 된다. t

$=10$초일 때의 각속도 ω를 구하라.

해답 $\omega=-2.4\ \mathrm{rad/s}$

7-5 지름 40 cm의 벨트 풀리(belt pulley)를 갖는 전동기의 축의 회전수가 1600 rpm일 때, 그 각속도 및 벨트 풀리의 원주속도를 구하라.

해답 167.6 rad/s, 33.5 m/s

7-6 바퀴의 중심에서 10 cm인 곳에 한 점 P가 있다. 바퀴가 $\alpha=2\ \mathrm{rad/s^2}$의 등가속도로 회전을 시작하였다면, 출발 후 3초 때의 P점의 속력과 가속도의 크기를 구하라.

해답 $v=60\ \mathrm{cm/s}$
$a=360.6\ \mathrm{cm/s^2}$

8

단진동

직선운동을 하는 질점의 가속도가 경로상의 한 고정점으로부터 거리에 비례하고, 그 방향이 언제나 고정점으로 향할 때 이 질점은 단진동(simple harmonic motion)을 하고 있다고 한다. 단진동은 직선 가속도 운동의 특별한 경우이다.

1) 속도 · 변위

그림 8-1과 같인 직선상의 고정점 O를 원점으로 하고 그 직선을 x축으로 하면 임의점에서 질점이 갖는 가속도는 다음과 같다.

$$\frac{d^2x}{dt^2} = -kx \tag{8-1}$$

여기서, 가속도는 x축에 따라 움직이는 질점의 가속도 크기이고, x는 위치좌표, k는 비례상수이다. (−)부호는 질점이 원점 오른쪽에 있을 때 가속도의 방향이 왼쪽임을 의미하며 그 역도 성립한다.

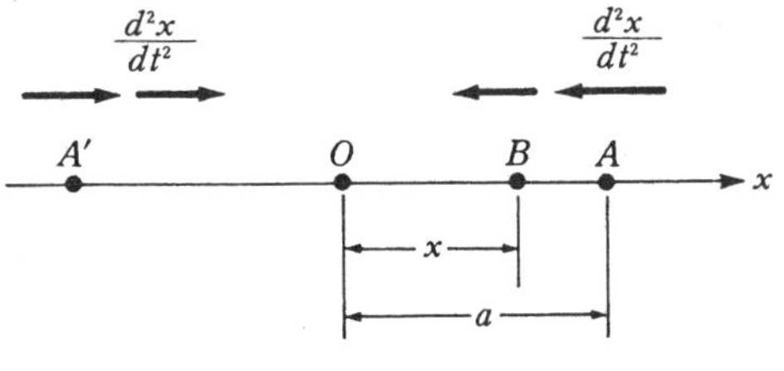

그림 8-1

단진동에 관한 일반적인 예를 각자 들어 보자.

식 (8-1)을 적분하면 임의의 점에서 단진동을 하고 있는 질점의 속도를 구할 수 있다.

식 (8-1)의 양변에 dx/dt를 곱하면

$$\frac{d^2x}{dt^2}\frac{dx}{dt} = -kx\frac{dx}{dt}$$

이 식을 변형하면

$$\frac{1}{2}\frac{d}{dt}\left(\frac{dx}{dt}\right)^2 = \frac{1}{2}k\frac{d}{dt}(x^2)$$

이 식을 t로 적분하면

$$\left(\frac{dx}{dt}\right)^2 = -kx^2 + c_1 \tag{8-2}$$

여기서 초기조건을

$t=0$에서 $x=a$, $dx/dt=0$

으로 하면

$$0 = -ka^2 + c_1$$

$$c_1 = ka^2 \tag{8-3}$$

이 적분상수의 값을 식 (8-2)에 대입하면

$$\left(\frac{dx}{dt}\right)^2 = -kx^2 + ka^2$$

$$\therefore\ \frac{dx}{dt} = \pm\sqrt{k}\sqrt{a^2 - x^2} \tag{8-4}$$

이 식은 임의의 점에 따른 질점의 속도를 나타낸다. (±)는 x축상에서 속도의 방향이 (+)방향과 (−)방향의 경우가 있음을 의미한다.

또한 속도의 크기는 변수이므로 질점의 운동범위는

$$-a \leqq x \leqq a$$

이고, 식 (8-4)를 다시 t로 적분하여 임의의 시각에서 질점의 변위를 구하여보자.

식 (8-4)를 변형하여 변수분리형으로 한다.

$$\frac{dx}{\sqrt{a^2-x^2}} = \pm\sqrt{k}\,dt$$

이것을 적분하면

$$\sin^{-1}\frac{x}{a} = \pm\sqrt{k}\,t + c_2$$

$$\frac{x}{a} = \sin(\pm\sqrt{k}\,t + c_2)$$

$$x = a\sin(\pm\sqrt{k}\,t + c_2) \tag{8-5}$$

여기서, 초기조건 $t=0$ 에서 $x=a$를 대입하면

$$1 = \sin c_2$$

$$\therefore\ c_2 = \frac{\pi}{2}$$

c_2를 식 (8-5)에 대입하면

$$x = a\sin\left(\pm\sqrt{k}\,t + \frac{\pi}{2}\right) \tag{8-6}$$

즉,

$$x = a\cos\sqrt{k}\,t \tag{8-7}$$

식 (8-6), (8-7)은 단진동하는 질점의 변위를 시간 t에 관한 사인함수, 또는 코사인 함수로 표시하며, 여기서 $\sqrt{k}$를 단진동의 원진동수(circular frequency)라 한다.

2) 주기 · 진폭 · 진동수

단진동의 변위를 나타내는 식 (8-7)은 다음과 같이 표시할 수 있다.

$$x = a\cos(\sqrt{k}\,t + 2n\pi) \tag{8-7$'$}$$

$$n = 0, 1, 2, \cdots$$

윗식을 변형하면

$$x = a\cos\left\{\sqrt{k}\left(t + \frac{2n\pi}{\sqrt{k}}\right)\right\}$$

이 식에서 시간 t가 $2\pi/\sqrt{k}$씩 증가할 때 변위는 같은 값을 갖는다. 이 시간을

$$T = \frac{2\pi}{\sqrt{k}} \tag{8-8}$$

로 표시하며, T를 단진동의 주기(pertod)라 한다. 식 (8-7)을 t로 미분하면 단진동의 속도, 가속도가 얻어지며, 사인함수, 코사인함수로 표시된다. 그러므로 단진동에서는 한 주기가 경과할 때마다 같은 운동이 반복된다. 또 식 (8-7)에서 a는 질점의 변위의 최대값을 나타내므로 이 값을 단진동의 진폭(amplitude)이라 한다. 즉, 단진동은 $-a$와 a 사이에서 이루어지는 왕복직선운동이다.

식 (8-8)에서 주기는 진폭에 관계없고 원진동수만으로 결정되고 단위시간 중에 반복되는 운동의 횟수를 단진동의 진동수(frequency)라 하며, 진동수 n은

$$n = \frac{1}{T} = \frac{\sqrt{k}}{2\pi} \tag{8-9}$$

윗식에 의하여 단진동의 변위를 주기와 진동수로 표시하면

$$\left.\begin{aligned} x &= a\cos\frac{2\pi}{T}t \\ x &= a\cos 2\pi nt \end{aligned}\right\} \tag{8-10}$$

3) 등속원운동과 단진동

그림 8-2와 같이 반경 a인 원둘레 위를 질점이 등속원운동할 때 임의의 직경 AOA'에 대한 질점의 정사영은 원의 중심 O의 좌우로 운동한다.

$t=0$에서 질점의 위치를 $C(\theta_0)$, 등속원운동의 각속도를 ω라 하면, 질점이 임의의 위치 $B(\omega t+\theta_0)$에 있을 때 질점의 정사영 위치 B'는 O를 원점으로 하여

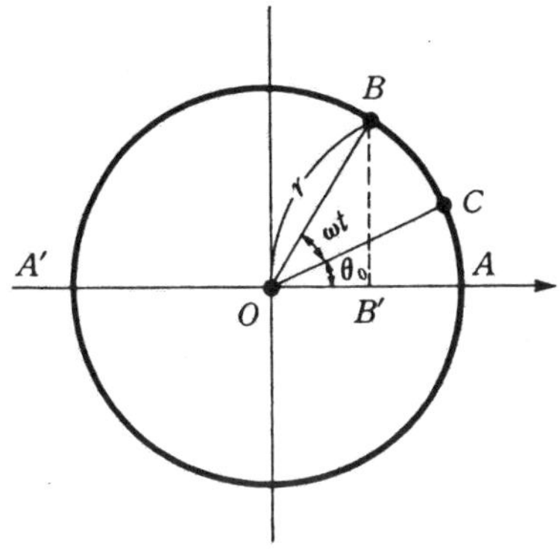

그림 8-2

$$x = a\cos(\omega t + \theta_0) \tag{8-11}$$

윗식을 미분하여 질점의 정사영의 운동의 가속도를 구하면

$$\frac{dx}{dt} = -a\omega\sin(\omega t + \theta_0)$$

$$\frac{d^2x}{dt^2} = -a\omega^2\cos(\omega t + \theta_0)$$

이 식을 식 (8-11)에 의하여 고쳐 쓰면

$$\frac{d^2x}{dt^2} = -\omega^2 x \tag{8-12}$$

이것은 식 (8-1)에서 k 대신 ω^2(const.)으로 대치되었으므로, 등속원운동을 하고 있는 질점의 직선 위의 정사영은 이의 직경상에서 원의 반경과 같은 진폭을 갖는 단진동을 한다고 본다. 그러므로 원운동의 각속도 ω는 단진동의 원진동수에 해당된다.

또, B'가 하는 단진동에 대하여 그 원을 참고원(reference circle), 원의 중심 O를 진동중심(center of oscillation)이라 한다.

예제 8-1

단진동을 하는 질점이 진동중심으로부터 x_1의 거리에 있을 때의 속력을 v_1, 또 거리 x_2에 있을 때의 가속도 크기를 a_2라고 할 경우 이 단진동의 진폭을 구하라.

〔풀 이〕 그림 8-3과 같은 관계에서 식 (8-1)에 의하여

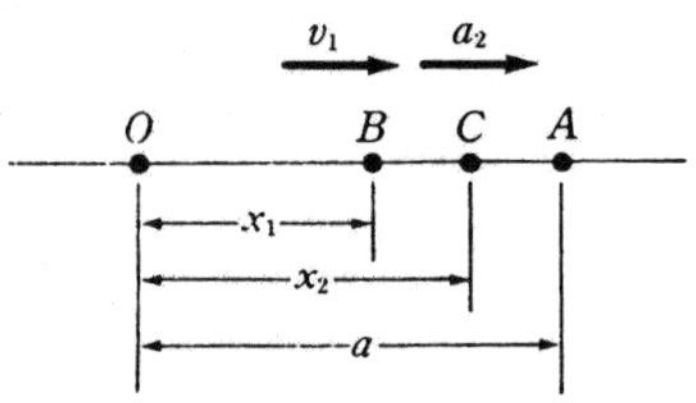

그림 8-3

$$\frac{d^2x}{dt^2} = kx_2 = a_2 \qquad \text{(a)}$$

또 식 (8-4)에서

$$v_1 = \sqrt{k}\sqrt{a^2 - x_1{}^2} \qquad \text{(b)}$$

식 (b)의 양변을 제곱하여 식 (a)에 대입하면

$$v_1{}^2 = \frac{a_2}{x_2}(a^2 - x_1{}^2) \qquad \text{(c)}$$

윗식을 a에 관하여 풀면

$$a = \sqrt{x_1{}^2 + \frac{v_1{}^2 x_2}{a_2}} \qquad \text{(d)}$$

■◆■

예제 8-2

진폭 10 cm, 최대 속도 5 m/s로서 단진동을 하는 질점이 진동의 중심에서 5 cm인 점에 있을 때의 가속도를 구하라.

〔풀 이〕 식 (8-4)에서 $x = 0$으로 놓으면

$$\left(\frac{dx}{dt}\right)_{\max} = \pm\sqrt{k}\,a$$

여기서

$$\left(\frac{dx}{dt}\right)_{\max} = 5 \text{ m/s}$$

$$a = 10 \text{ cm} = 0.1 \text{ m}$$

를 윗식에 대입하면

$$k = \frac{25}{0.01} = 2500 \text{ rad/s}^2$$

식 (8-1)에 k값 및 $x = 0.05$ m를 대입하면

$$\frac{d^2x}{dt^2} = -2500 \times 0.05 = -125\ \mathrm{m/s^2}$$

즉, 진동의 중심으로 향하고 $125\ \mathrm{m/s^2}$의 가속도를 갖는다. ■◆■

예제 8-3

단진동을 하는 질점이 경로 중앙으로부터 0.6 m의 진폭변위를 했을 때, 속도의 크기는 8 cm/s 이며, 가속도의 크기는 $18\ \mathrm{cm/s^2}$이다. 다음을 구하라.

(1) 최대 가속도의 크기
(2) 최대 속도의 크기
(3) 운동의 주기
(4) 진폭

〔풀 이〕 (1) 그림 8-4에 표시한 바와 같이, 반경 $a=r$이라 하면 원운동에 관련시켜 단진동하는 점 P의 속도 및 가속도의 크기는

$$v_p = 8 = r\omega \sin\theta = r\omega(0.8)$$

또는 $r\omega = 10$

그리고 $a_p = 18 = r\omega^2 \cos\theta$

$$= r\omega^2(0.6)$$

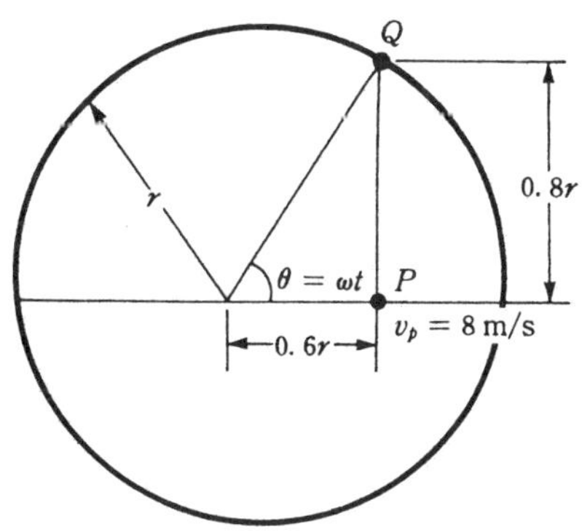

그림 8-4

또는 $r\omega^2 = 30$

이 방정식을 연립하여 풀면

$$\omega = 3\ \mathrm{rad/s}$$

최대 가속도의 크기는

$$a_{\max} = r\omega^2 = 30\ \text{cm/s}^2$$

(2) 최대 속도의 크기는

$$v_{\max} = r\omega = 10\ \text{cm/s}$$

(3) 주기는

$$T = \frac{2\pi}{\omega} = 2.09\ \text{s}$$

(4) 진폭은

$$r = 3.33\ \text{cm}$$

■◆■

연습문제 E·X·E·R·C·I·S·E

8-1 진동수 4 Hz의 단진동을 하는 질점이 있다. 이 단진동의 주기 및 진동의 중심으로부터 5 cm인 점에서 질점이 갖는 가속도를 구하라.

해답 0.25 s

$$\frac{d^2x}{dt^2} = 31.5\ \text{m/s}^2\ (\text{진동의 중심방향})$$

8-2 진폭 50 cm, 주기 2초의 단진동을 하는 질점이 있다. 이 질점이 진동중심을 지날 때의 속도의 크기를 구하라.

해답 1.57 m/s

8-3 단진동을 하는 질점이 진동의 중심에서 x_1, x_2의 위치에 있을 때의 속도의 크기를 각각 v_1, v_2라고 하면 단진동의 주기는 얼마인가?

해답 $T = 2\pi\sqrt{\frac{{x_1}^2 - {x_2}^2}{{v_2}^2 - {v_1}^2}}$

8-4 진폭 20 cm, 최대 속도 3 m/s로 단진동을 하는 질점이 중심에서 10 cm의 변위를 하였을 때의 가속도를 구하라.

해답 $\frac{d^2x}{dt^2} = 2.25\ \text{m/s}^2$ (진동의 중심방향)

8-5 그림 문 8-5와 같이 P에서 일정한 각속도 $\omega = \frac{2}{6}$ rad/s로 회전하는 반지름 A m의 원운동을 x축에 투영한 단진동이 있다.

(1) t=2 sec, t=7 sec일 때의 위상, 변위, 속도 가속도는 각각 얼마나 되느냐? 다음 표에 적어 넣어라.

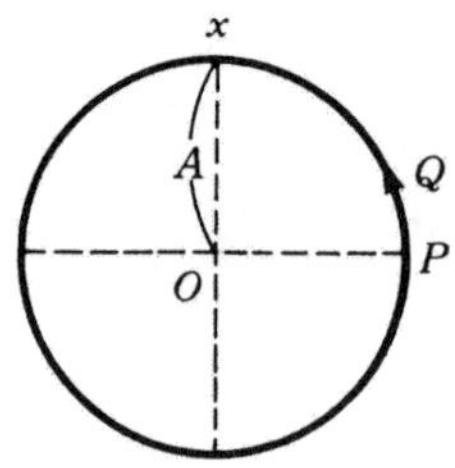

그림 문 8-5

시간	위상	변위	속도	가속도
$t=2$				
$t=7$				

(2) 이 때 물체의 질량을 100 g이라 하고, 이 물체에 작용하는 힘을 $F=-kx$로 표시하면, 이 진동의 k값은 얼마나 되느냐?

해답 (1) $x=r\sin\omega t,\ \ F=-kx=-m\omega^2 x$에서

시간	위상	변위	속도	가속도
$t=2$	$\frac{\pi}{3}$	$\frac{\sqrt{3}}{2}$	$\frac{\pi}{12}A$	$-\frac{\sqrt{3}\pi^2}{72}A$
$t=7$	$\frac{7\pi}{6}$	$-\frac{A}{2}$	$-\frac{\sqrt{3}\pi}{12}A$	$\frac{\pi^2}{72}A$

(2) $\frac{\pi^2}{360}$ [N/m]

9

상대운동

질점의 운동을 정지하고 있는 사람이 관찰하는 경우와 운동하고 있는 사람이 관찰하는 경우 운동상태가 달라진다. 전자와 같이 정지하고 있는 점을 기준으로 하여 본 운동을 절대운동(absolute motion), 후자와 같이 운동하고 있는 점을 기준으로 하여 본 운동을 상대운동(relative motion)이라 한다.

1) 병진좌표계에 의한 상대운동

그림 9-1과 같이 정지좌표축 $O-xyz$에 대응하며, 이 좌표축에 항상 평행이 되는 운동좌표축 $O'-\xi\eta\zeta$를 가정하고, 이 좌표축에 의한 운동을 고찰하여 본다. 질점이 임의의 점 P에 있다고 보면 그 좌표는 정지좌표축에서 $(x,\ y,\ z)$, 운동좌표축에서 $(\xi,\ \eta,\ \zeta)$가 된다.

여기서 운동좌표축의 원점 O'의 정지좌표축에 의한 좌표를 $(x_f,\ y_f,\ z_f)$라고 하면

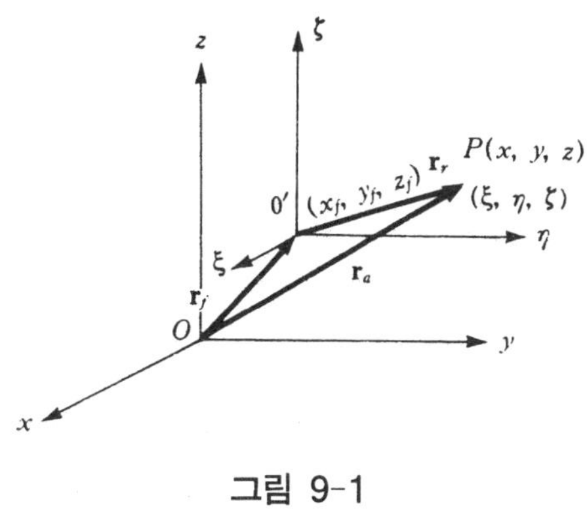

그림 9-1

$$x = x_f + \xi$$
$$y = y_f + \eta \qquad (9\text{-}1)$$
$$z = z_f + \zeta$$

인 관계가 성립된다.

또 정지좌표축에 의한 점 P와 점 O'의 위치벡터를 각각 $\mathbf{r}_a$, $\mathbf{r}_f$, 운동좌표축에 의한 점 P의 위치벡터를 $\mathbf{r}_r$이라 하면 이들 벡터 사이에는 다음 벡터방정식이 성립한다.

$$\mathbf{r}_a = \mathbf{r}_f + \mathbf{r}_r \qquad (9\text{-}2)$$

윗식을 t로 미분하면

$$\frac{d\mathbf{r}_a}{dt} = \frac{d\mathbf{r}_f}{dt} + \frac{d\mathbf{r}_r}{dt} \qquad (9\text{-}2)'$$

여기서 $d\mathbf{r}_a/dt$는 점 P에 있는 질점의 정지좌표계에 대한 속도로 질점의 절대속도(absolute velocity)라 한다.

또 $d\mathbf{r}_r/dt$는 점 P에 있는 질점의 운동좌표계에 대한 속도이며, 질점의 상대속도(relative velocity)라 한다. $d\mathbf{r}_f/dt$는 운동좌표계가 정지좌표에 대하여 갖는 속도이며, 운반속도(velocity of transformation)라 한다.

식 (9-2)′를 고쳐 쓰면

$$\frac{d\mathbf{r}_r}{dt} = \frac{d\mathbf{r}_a}{dt} - \frac{d\mathbf{r}_f}{dt} \qquad (9\text{-}2)''$$

이 관계식에 의하면 상대속도는 절대속도와 운반속도의 차가 된다.

그림 9-2(a)와 같이 질점 A, B가 각각 $\mathbf{v}_a$, $\mathbf{v}_b$의 속도로 운동하고 있을 때, 질점 A에 대한 질점 B의 상대속도를 생각해 보자. 이 때 질점 A가 운동좌표계에 고정되었다고 가정하고, 절대속도를 $\mathbf{v}_b$, 운반속도를 $\mathbf{v}_a$로 한다. 따라서 구하고자 하는 상대속도를 $\mathbf{V}$라고 하면 식 (9-2)″에 의하여

$$\mathbf{V} = \mathbf{v}_b - \mathbf{v}_a \qquad (9\text{-}3)$$

가 된다.

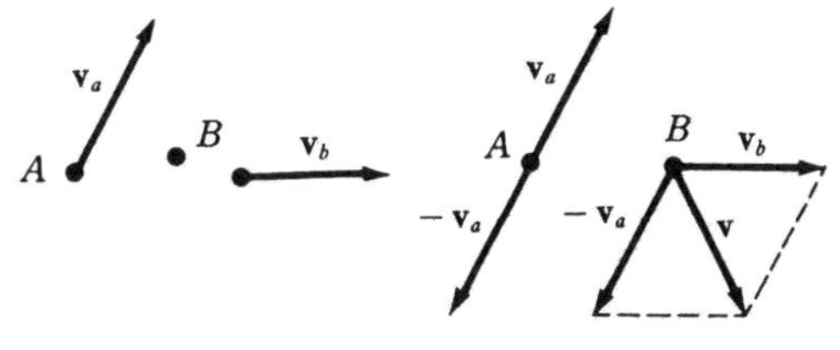

그림 9-2

이것은 그림 9-2(b)와 같이 운동하는 질점 A, B의 각각에 $-\mathbf{v}_a$를 가하여도 A, B의 운동관계가 변하지 않는다는 점에서 유도할 수 있다. 이들 속도를 각각 합성하면 질점 A의 속도는 영, 질점 B의 속도는 $(-\mathbf{v}_a)+\mathbf{v}_b=\mathbf{v}_b-\mathbf{v}_a$가 된다. 이 $\mathbf{v}_b-\mathbf{v}_a$는 질점 A의 속도가 영일 때, 즉 A를 기준으로 할 때의 질점 B의 속도이며, 식 (9-3)의 상대속도 $\mathbf{V}$에 지나지 않는다. 다음에 식 (9-2)′를 t로 미분하면

$$\frac{d^2\mathbf{r}_a}{dt^2}=\frac{d^2\mathbf{r}_f}{dt^2}+\frac{d^2\mathbf{r}_r}{dt^2} \tag{9-4}$$

여기서, $d^2\mathbf{r}_a/dt^2$은 점 P에 있는 질점이 정지좌표계에 관하여 갖는 가속도이며, 질점의 절대가속도(absolute acceleration)라 하고, $d^2\mathbf{r}_r/dt^2$은 점 P에 있는 질점이 운동좌표계에 관하여 갖는 가속도이며, 질점의 상대가속도(relative acceleration)라 한다.

또한 $d^2\mathbf{r}_f/dt^2$은 운동좌표계가 정지좌표계에 관하여 갖는 가속도이며, 운반가속도(acceleration of transformation)라 한다. 식 (9-4)에서 상대가속도는 절대가속도와 운반가속도의 차와 같음을 알 수가 있다. 만약 운동좌표계가 정지좌표계에 대하여 등속도운동을 한다면

$$\frac{d\mathbf{r}_f}{dt}=c\,(\text{const.})$$

따라서

$$\frac{d^2\mathbf{r}_f}{dt^2}=0$$

의 관계를 식 (9-4)에 대입하면

$$\frac{d^2\mathbf{r}_a}{dt^2} = \frac{d^2\mathbf{r}_r}{dt^2} \tag{9-5}$$

이 경우의 상대가속도는 절대가속도와 같다.

예제 9-1

그림 9-3과 같이 l의 거리에 있는 2점 P, Q에 질점 A, B가 있다. 질점 A가 $\mathbf{v}_a$ 속도로 P에서 출발하여 Q로 진행한다.
이 때 질점 B는 PQ에 직각인 방향으로 $\mathbf{v}_b$ 속도로 진행할 때 A에 대한 B의 상대속도와 A와 B가 접근하는 최단거리, 그리고 그 위치에 A, B가 동시에 도달하는 시간을 구하라.

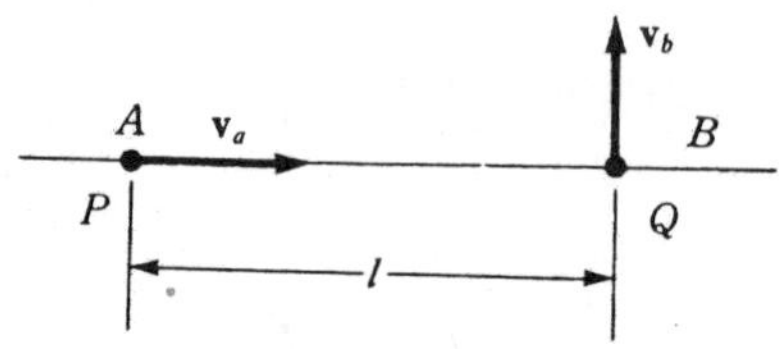

그림 9-3

〔풀 이〕 A에 대한 B의 상대운동을 구하기 위하여 A에 고정한 운동좌표계에서 B의 운동을 생각한다.
여기서 $\mathbf{v}_b$를 절대속도, $\mathbf{v}_a$를 운반속도로 하고, 식 (9-3)에 의하여 상대속도 $\mathbf{V}$와의 사이에 성립하는 벡터방정식을 세우면

$$\mathbf{V} = \mathbf{v}_b - \mathbf{v}_a \tag{a}$$

윗식은

$$\mathbf{V} = \mathbf{v}_b + (-\mathbf{v}_a) \tag{b}$$

가 되므로 그림 9-4와 같이 하여 상대속도 $\mathbf{V}$를 구한다. 따라서 $\mathbf{V}$의 크기 및 방향은 다음과 같이 된다.

$$V = \sqrt{{v_a}^2 + {v_b}^2}$$

$$\theta = \sin^{-1}\frac{v_b}{\sqrt{{v_a}^2 + {v_b}^2}} \tag{c}$$

다음 A, B가 접근하는 최단거리는 A가 정지하여 상대속도 V로 움직일 때 그 경로에 대한 A 로부터의 최단거리를 구한다. A에서 B의 상대운동의 경로에 수선 AC를 긋고 그 길이를 d라고 하면

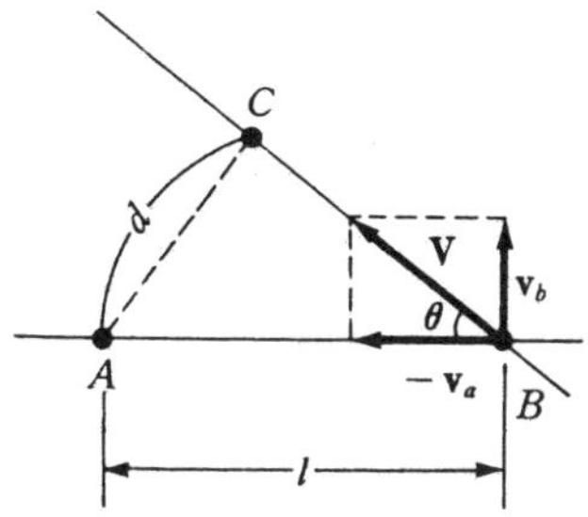

그림 9-4

$$d=\overline{AB}\sin\theta=\frac{lv_b}{\sqrt{v_a^{\ 2}+v_b^{\ 2}}} \tag{d}$$

질점 A, B가 출발하여 거리가 최단이 되는 점까지 이르는 시간을 t라고 하면

$$t=\frac{\overline{BC}}{V}=\frac{v_a l}{\sqrt{v_a^{\ 2}+v_b^{\ 2}}}\frac{1}{\sqrt{v_a^{\ 2}+v_b^{\ 2}}}=\frac{v_a l}{v_a^{\ 2}+v_b^{\ 2}} \tag{e}$$

■◆■

2) 회전좌표계에 의한 상대운동

그림 9-5와 같이 정지좌표축 $O-xyz$와 공통의 원점을 갖는 회전좌표축 $O-\xi\eta\zeta$를 택하면 임의의 점 P에 있는 질점의 양 좌표축에 의한 좌표 $(x,\ y,\ z)$와 $(\xi,\ \eta,\ \zeta)$의 사이에는 다음 식이 성립한다.

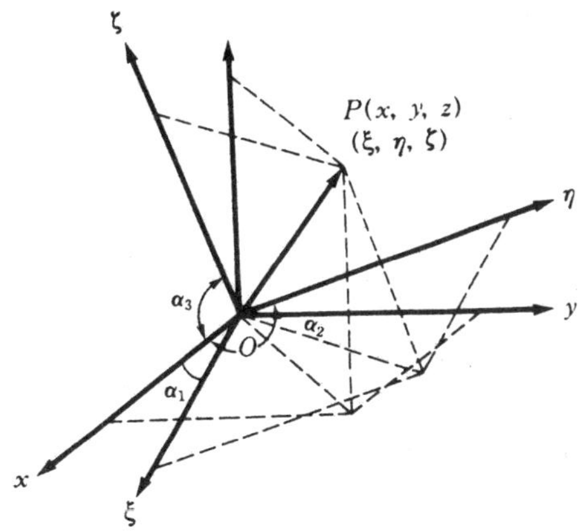

그림 9-5

$$\left.\begin{aligned} x &= \xi l_1 + \eta l_2 + \zeta l_3 \\ y &= \xi m_1 + \eta m_2 + \zeta m_3 \\ z &= \xi n_1 + \eta n_2 + \zeta n_3 \end{aligned}\right\}$$

여기서 l_1, l_2, ……, n_3 등은 임의 시각에서 두 좌표축간의 방향 코사인이며, 표 9-1과 같다.

표 9-1

	ξ	η	ζ
x	l_1	l_2	l_3
y	m_1	m_2	m_3
z	n_1	n_2	n_3

또한 $l_1 = \cos\alpha_1$, $l_2 = \cos\alpha_2$, $l_3 = \cos\alpha_3$이다.

윗식을 t로 미분하여 간단한 기호로 표시하면

$$\left.\begin{aligned} \dot{x} &= (\dot{\xi} l_1 + \dot{\eta} l_2 + \dot{\zeta} l_3) + (\xi \dot{l}_1 + \eta \dot{l}_2 + \zeta \dot{l}_3) \\ \dot{y} &= (\dot{\xi} m_1 + \dot{\eta} m_2 + \dot{\zeta} m_3) + (\xi \dot{m}_1 + \eta \dot{m}_2 + \zeta \dot{m}_3) \\ \dot{z} &= (\dot{\xi} n_1 + \dot{\eta} n_2 + \dot{\zeta} n_3) + (\xi \dot{n}_1 + \eta \dot{n}_2 + \zeta \dot{n}_3) \end{aligned}\right\} \quad (9\text{-}7)$$

이 식의 좌변 $\dot{x}$, $\dot{y}$, $\dot{z}$는 절대속도의 직각성분이다. 또 우변은 괄호로 구분한 것과 같이 두 부분으로 이루어졌다.

① 제 1의 부분

상대속도가 정지좌표축의 축방향으로 갖는 성분이다. 즉 $\dot{\xi}$, $\dot{\eta}$, $\dot{\zeta}$ 등은 상대속도의 운동좌표축의 축방향 성분이며

$$\dot{\xi} l_1, \quad \dot{\eta} l_2, \quad \dot{\zeta} l_3$$

는 상대속도의 정지좌표축 x성분이다. 제 2 · 제 3식의 제 1 부분도 상대속도의 y성분, z 성분을 나타낸다.

② 제 2의 부분

ξ, η, ζ가 일정, 즉 운동좌표계와 함께 움직이는 질점이 갖는 속도에 지나지 않는다. 따라서 이들의 량은 운반속도가 정지좌표축의 축방향에 갖는 성분 $\dot{x}_f$, $\dot{y}_f$, $\dot{z}_f$를 나타낸다고 본다. 이상에서 식 (9-2)를 벡터방정식으로 나타내면

$$\mathbf{v}_a = \mathbf{v}_r + \mathbf{v}_f \tag{9-8}$$

여기서, $\mathbf{v}_a$는 절대속도, $\mathbf{v}_r$은 상대속도, $\mathbf{v}_f$는 운반속도이다.

식 (9-8)은 식 (9-2)′에 대응된다. 또한 식 (9-7)을 t에 대하여 미분하면

$$\left.\begin{aligned} \ddot{x} &= (\ddot{\xi}l_1 + \ddot{\eta}l_2 + \ddot{\zeta}l_3) + 2(\dot{\xi}\dot{l}_1 + \dot{\eta}\dot{l}_2 + \dot{\zeta}\dot{l}_3) + (\xi\ddot{l}_1 + \eta\ddot{l}_2 + \zeta\ddot{l}_3) \\ \ddot{y} &= (\ddot{\xi}m_1 + \ddot{\eta}m_2 + \ddot{\zeta}m_3) + 2(\dot{\xi}\dot{m}_1 + \dot{\eta}\dot{m}_2 + \dot{\zeta}\dot{m}_3) \\ &\quad + (\xi\ddot{m}_1 + \eta\ddot{m}_2 + \zeta\ddot{m}_3) \\ \ddot{z} &= (\ddot{\xi}n_1 + \ddot{\eta}n_2 + \ddot{\zeta}n_3) + 2(\dot{\xi}\dot{n}_1 + \dot{\eta}\dot{n}_2 + \dot{\zeta}\dot{n}_3) + (\xi\ddot{n}_1 + \eta\ddot{n}_2 + \zeta\ddot{n}_3) \end{aligned}\right\} \tag{9-9}$$

이 식의 좌변 $\ddot{x}$, $\ddot{y}$, $\ddot{z}$는 절대가속도의 직각성분이고, 또 우변은 3부분의 괄호로 구성되었다.

① 제 1 부분

상대가속도가 정지좌표축의 축방향으로 갖는 성분을 나타낸다.

② 제 2 부분

이 부분의 량은 $\dot{\zeta}$와 $\dot{l}_1$에서 상대속도의 운동좌표축의 축방향 성분과 운반속도의 정지좌표축의 축방향 성분의 곱으로 되었다. 이것을 **코리오리 가속도***(Corioli's accelration)라 한다. 즉, 이 부분은 코리오리 가속도의 정지좌표축 방향의 성분을 나타낸다.

③ 제 3 부분

운반가속도의 정지좌표축의 축방향 $\ddot{x}_f$, $\ddot{y}_f$, $\ddot{z}_f$를 나타낸다. 식 (9-9)를 벡터방정식으로 표시하면

---

* 이 가속도는 프랑스 공학자 Corioli에 의하여 1800년에 발견되었으며, 회전과 직선운동이 공존하는 운동물체에서 야기되는 부가적 가속도이며, 탄도학에 나타나는 지구자전의 효과, 지구표면에서 구름의 이동형태 등에서 볼 수 있다.

$$\mathbf{a}_a = \mathbf{a}_r + \mathbf{a}_c + \mathbf{a}_t \tag{9-10}$$

여기서, $\mathbf{a}_a$는 절대가속도, $\mathbf{a}_r$은 상대가속도, $\mathbf{a}_c$는 코리오리 가속도, $\mathbf{a}_f$는 운반가속도를 나타내며, 이 식은 식 (9-4)에 상당하다.

예제 9-2

그림 9-6과 같이 직경이 같은 치차 A, B가 맞물리고 두 축이 크랭크로 연결되었다. 치차 A를 고정하고 크랭크를 일정한 각속도 ω로 회전시키면 치차 B는 얼마의 각속도로 회전하게 되는가?

〔풀 이〕 두 치차의 운동은 2개의 원판(마찰차)이 접촉하여 미끄러지는 일이 없이 회전하는 운동으로 생각할 수가 있다. 즉 치차 A, B 대신 굴림접촉을 하는 2개의 원판 A, B를 가상한다. 크랭크 $\overline{OO'}$(각속도 ω의 운동좌표계)에 대하여 치차(원판) A는 반시계방향으로 각속도 ω로 회전하므로 치차(원판) B는 $\overline{OO'}$에 대하여 상대적으로 각속도 ω로서 시계방향으로 회전한다.

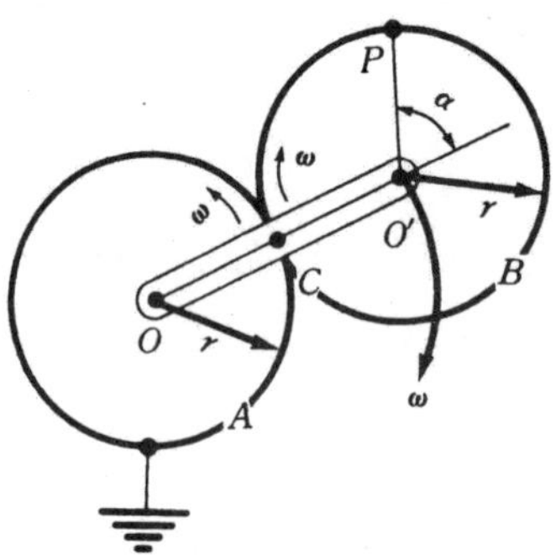

그림 9-6

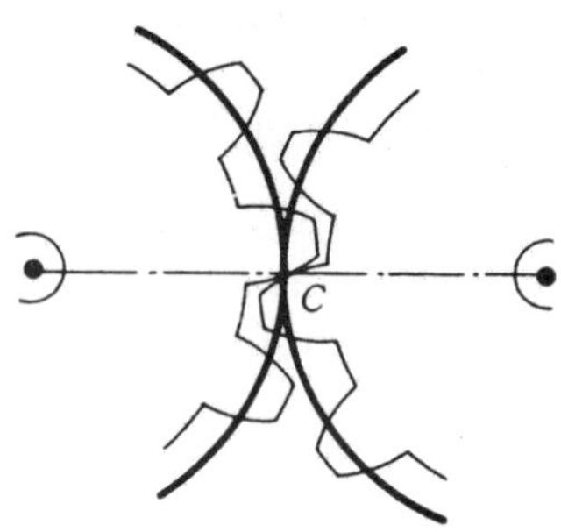

그림 9-7

그러므로 치차(원판) B의 절대운동은 각속도 2ω의 회전이다. 혹은 B의 O'점 둘레의 각속도를 ω'라 하면 접촉점 C의 속도 $(2r\omega - r\omega')$는 영이 되므로 $\omega' = 2\omega$의 관계가 얻어진다. 여기서 점 C는 B의 운동의 순간중심이 된다(그림 9-7). ■◆■

예제 9-3

예제 9-2에서 B 치차의 피치원상의 점 P에서의 가속도를 구하라. 단, $\omega = 2\,\text{rad/s}$, $r = 40\,\text{mm}$, $\alpha = 90°$이다.

〔풀 이〕 치차 B는 $\overline{OO'}$에 대하여 상대적으로 각속도 ω로서 시계방향으로 회전한다(그림 9-8).

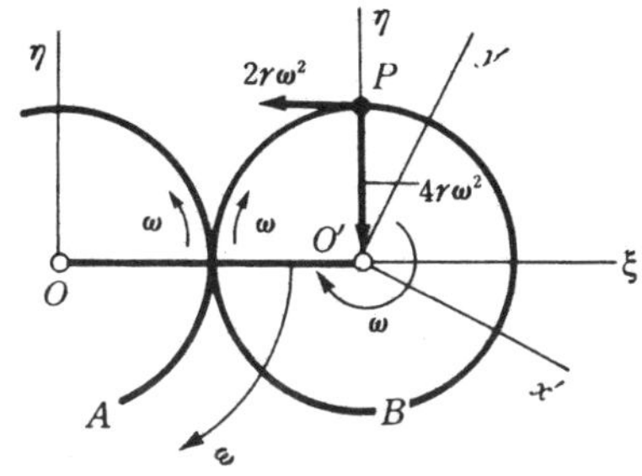

그림 9-8

지금 운동좌표계 ($O-\xi$, η)를 취하여 고찰하면, 점 P의 운반가속도는 PO 방향에 $\omega^2\overline{OP}$(ξ 방향에 $-2r\omega^2$, η 방향에 $-r\omega^2$), 상대가속도는 η 방향에 $-r\omega^2$, 코리오리 가속도는 η 방향에 $-2r\omega^2$이다.

따라서

$$a_\xi = -2r\omega^2$$

$$a_\eta = -4r\omega^2$$

$$a = \sqrt{a_\xi{}^2 + a_\eta{}^2} = 2\sqrt{5}\,r\omega^2$$

$$\therefore a = 2\sqrt{5} \times 0.04 \times 2^2 = 0.7156\ \mathrm{m/s^2}$$

■◆■

연습문제 E·X·E·R·C·I·S·E

9-1 연직하방으로 낙하하는 빗방울을 90 km/h로 달리고 있는 전차 내에서 볼 때, 연직방향에 대하여 60° 경사로 보인다. 이 때 빗방울의 낙하속도를 구하라.

해답 43.3 m/s

9-2 그림 문 9-2와 같이 O점에서 60°의 각도로 교차된 도로 O_x, O_y가 있다. O_x상을 60 km/h의 속력으로 달리는 자동차 A가 O점을 지난 후, 2분이 되어 같은 속력으로 달리는 자동차 B가 O_y상에서 O점을 지났을 때 A에 대한 B의 상대속도 및 A, B의 최단거리를 구하라.

해답 상대속도는 x, y와 60°를 이룬 방향으로 60 km/h, 최단거리 1.73 km

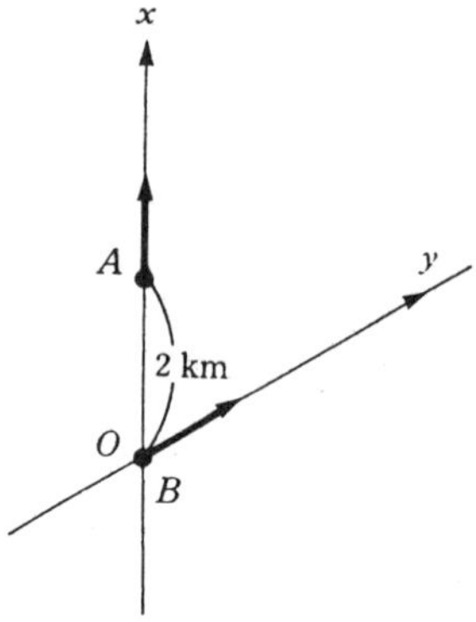

그림 문 9-2

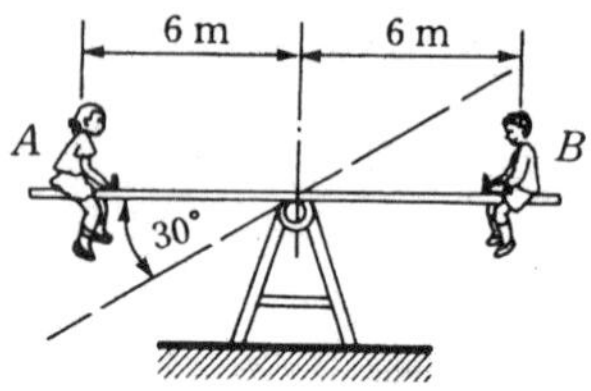

그림 문 9-4

9-3 4 km/h로 동으로 걷는 사람에 대하여 바람이 정북에서 부는 것 같이 느끼는 경우, 걷는 속력을 2배로 하였더니 바람이 북동에서 부는 것 같이 느꼈다고 한다. 바람의 속도를 구하라.

해답 5.66 km(북서쪽)

9-4 두 소년 A와 B는 그림 문 9-4와 같이 시소 위에 걸터 앉아 있다. 이 시소가 반시계방향으로 30° 되는 동안의 B 소년에 대한 A 소년의 변위를 구하라.

해답 6.24 m(우측에서 75°, 우하방향)

9-5 두 자동차 A, B가 도로상에서 서로 접근하고 있다. A 자동차는 동쪽으로 30 km/h의 일정한 속도로, 그리고 B 자동차는 서쪽으로 60 km/h의 일정한 속도로 각각 달리고 있다. 1초간의 B에 대한 A의 변위를 구하라.

해답 250 m(동쪽)

9-6 평면상을 v의 속도로 나가는 원판이 있다. 그림 문 9-6의 위치에 있어서 그 원판 위의 한 점 P의 속도를 구하라. 단, v=50 cm/s, r=10 cm, OP=5 cm이다.

해답 v_p=70 cm/s

P점의 속도는 O점의 바로 위에 있을 때 최대, O의 바로 밑에 있을 때에는 최소가 되어 회전 중 일정하지 않다.

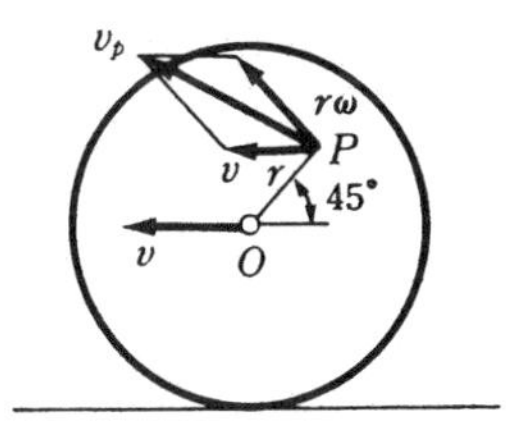

그림 문 9-6

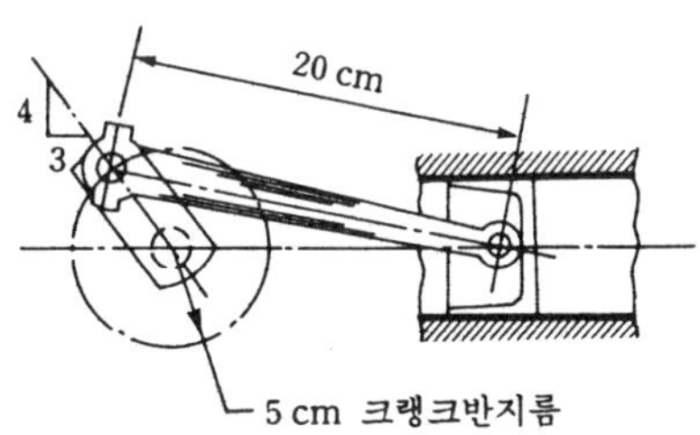

그림 문 9-7

9-7 그림 문 9-7은 왕복 가스엔진에 대한 크랭크 연결봉 및 피스톤의 조립상태이며, 크랭크의 각속도는 시계방향으로 300 rpm이다. 그림에 표시된 위치에서 피스톤의 속도를 구하라.

해답 106.4 m/s →

9-8 그림 문 9-8과 같이 치차 B, C가 맞물리고, 두 축이 크랭크 A로 연결되어 있다. 치차 C를 고정하고 크랭크 A가 치차 C축의 주위를 왼쪽으로 일정한 각속도 ω로 1회전하였을 때, B는 몇 회전하는가? 치차 B, C의 치수는 각각 20, 40이다.

해답 크랭크를 왼쪽으로 1회전 하면 치차 B는 왼쪽으로 3회전을 하게 된다.

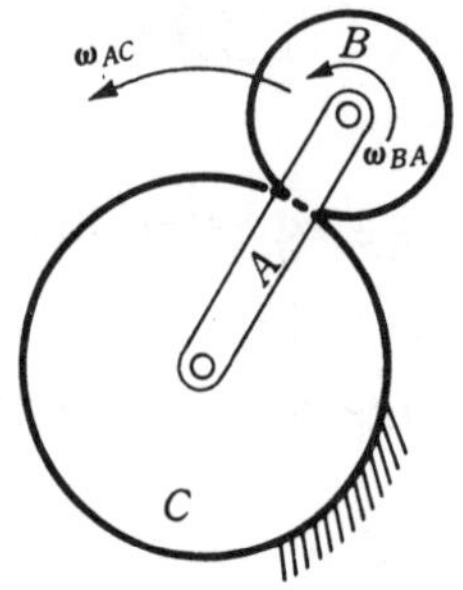

그림 문 9-8

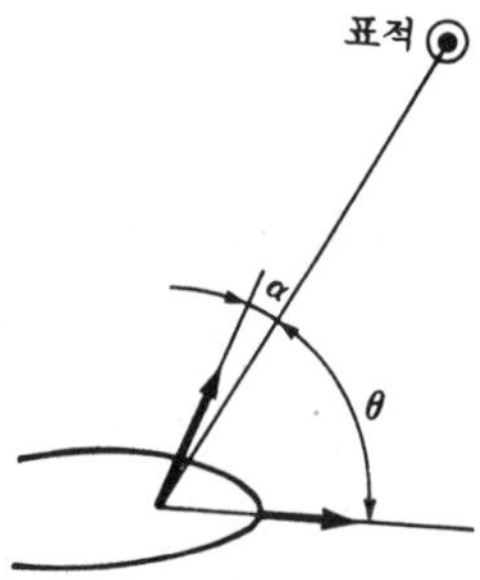

그림 문 9-9

9-9 30노트(1 knot=1.852 km/h)로 움직이는 구축함이 고정 표적에 대해 각 α의 시선방향으로 미사일을 발사하였다. 이 구축함에 대해 발사속도가 75 m/s이고 발사 앙각이 30°였다. 만약, 이 미사일이 발사 절대속도를 포함하는 동일 연직면 내에서 운동을 계속한다면 $\theta=60°$에 대한 각 α를 구하라(그림 문 9-9).

해답 11.88°

10

회전운동을 포함하는 강체의 운동

물체는 질점이 연속적으로 분포되어 있는 질점계이며, 특히 각 질점간의 거리가 일정하여 변하지 않는 물체를 **강체**(rigid body)라 한다.

강체 내에서는 임의의 세 점으로 이루어지는 3각형이 운동에 의하여 그 모양이나 크기는 변하지 않는다. 강체가 병진운동을 하고 있을 경우에는 그 강체는 질점으로 취급할 수가 있으나 회전운동을 할 때나, 병진운동과 회전운동을 동시에 행하고 있을 때에는 강체를 하나의 질점으로 취급할 수 없게 된다.

1) 강체의 회전운동

강체 내의 임의의 한 점 P가 다른 임의의 한 점 A에 대하여 상대속도를 가질 경우, 상대속도의 방향은 선분 AP에 직각이며, 점 P 혹은 선분 AP는 그림 10-1과 같이 A점을 지나는 축(회전축)을 중심으로 각속도 ω로 회전하고 있다. 이 때 강체 내의 모든 점들은 같은 축 주위를 돌며 같은 각속도를 갖고 있다. 이와 같은 운동을 **회전운동**(rotation)이라 한다.

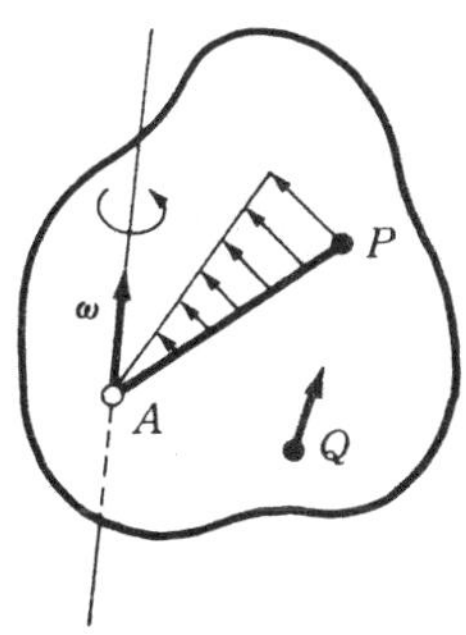

그림 10-1

그런데 병진운동이나 고정된 회전축 주위를 회전운동할 때와 같이 강체 내의 모든 점이 공간에 고정된 한 평면에 평행으로 움직일 때, 강체는 **평면운동**(uni-planer motion)을 한다고 한다. 기계 각부의 운동은 평면운동이 대부분이다. 평면운동에서는 그 평면엘 수직인 임의의 직선상에 있는 강체의 점은 같은 운동을 하므로 정지평면에 대한 사영의 운동으로 강체운동을 완전히 표현할 수 있다.

그림 10-2와 같이 회전축 O를 중심으로 각속도 ω로 회전운동을 하는 강체의 회전축에 직각인 단면에서 회전축으로부터 거리 r에 있는 점 A를 정한다.

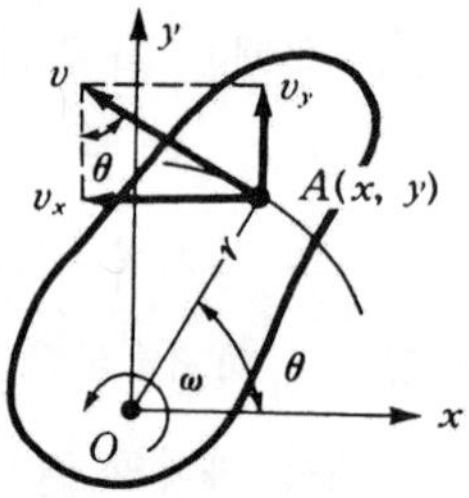

그림 10-2

점 A는 원운동을 하므로 식 (7-5)에 의하여 선속도는

$$v = r\omega \tag{10-1}$$

x, y 좌표계에서 축방향의 선속도 성분을 v_x, v_y라고 하면

$$v_x = -v\sin\theta$$

$$v_y = v\cos\theta$$

$x = r\cos\theta$, $y = r\sin\theta$를 대입하여 정리하면

$$\left.\begin{aligned} v_x &= -\omega y \\ v_y &= \omega x \end{aligned}\right\} \tag{10-2}$$

이 식은 임의의 점 (x, y)에서 선속도의 좌표축 성분을 각속도로 나타낸 것으로, 좌표축 성분을 시간의 함수 t로 미분하여 구할 수도 있다.

그림 10-3에서 회전운동을 하는 물체의 각속도를 ω, 각가속도를 α라 하면 임의의 점 A는 원운동을 하므로 선가속도의 성분은 식 (7-6)에 의하여

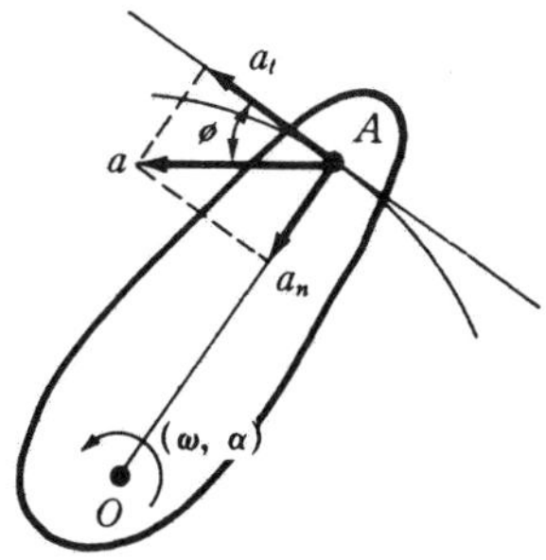

그림 10-3

$$\left.\begin{aligned} a_t &= r\alpha \\ a_n &= r\omega^2 \end{aligned}\right\} \tag{10-3}$$

따라서 합성가속도는

$$a = r\sqrt{\alpha^2 + \omega^4}$$

$$\tan\phi = \frac{a_n}{a_t} = \frac{\omega^2}{\alpha} \tag{10-4}$$

여기서 ϕ는 OA에 직각방향과 선가속도의 방향으로 이루어지는 각이다.

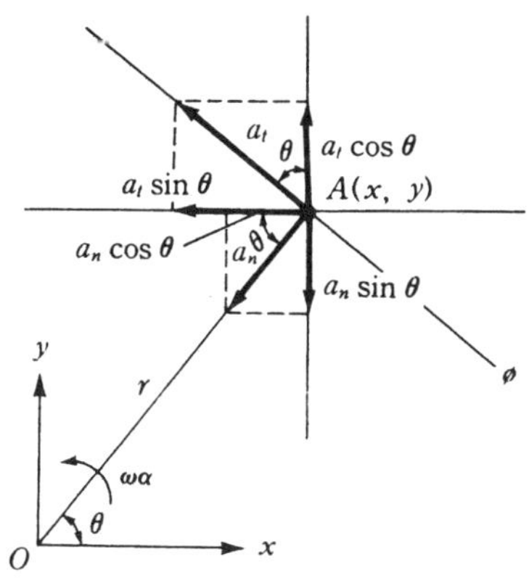

그림 10-4

또 그림 10-4와 같이 O를 원점으로 하는 직교좌표계를 취하고 선가속도의 성분을 a_x, a_y라고 하면

$$a_x = -a_t \sin\theta - a_n \cos\theta$$

$$a_y = a_t \cos\theta - a_n \sin\theta$$

윗식에 식 (10-3)을 대입하고, $x = r\cos\theta$, $y = r\sin\theta$를 대입하여 정리하면

$$\left.\begin{aligned} a_x &= -\alpha y - \omega^2 x \\ a_y &= \alpha x - \omega^2 y \end{aligned}\right\} \tag{10-5}$$

이 식을 $a = \sqrt{a_x{}^2 + a_y{}^2}$에 대입하면 식 (10-4)와 같이 된다.

또 a와 x축의 정(+)의 방향과 이루는 각을 ϕ라고 하면

$$\tan\phi = \frac{-\alpha x + \omega^2 y}{\alpha y + \omega^2 x} \tag{10-6}$$

식 (10-5)는 선속도 성분을 시간의 함수 t로 미분하여 구할 수도 있다.

2) 강체의 평면운동

그림 10-5는 공간에 고정된 평면($O-x$, y)에 대한 강체의 사영으로, 강체는 그 평면에 평행인 평면운동을 한다고 한다. 이와 같은 평면도형의 위치는 도형 내의 임의의 2점 A, B의 위치를 정한 후 결정이 되고, 운동은 선분 AB의 운동을 대표로 볼 수 있다.

이 선분의 위치는 A의 좌표(x_A, y_A)와 선분 AB가 x축과 이루는 각 θ로 정한다. 강체의 평면운동은 3자유도인 운동이며, 그 운동을 수식으로 나타내려면 강

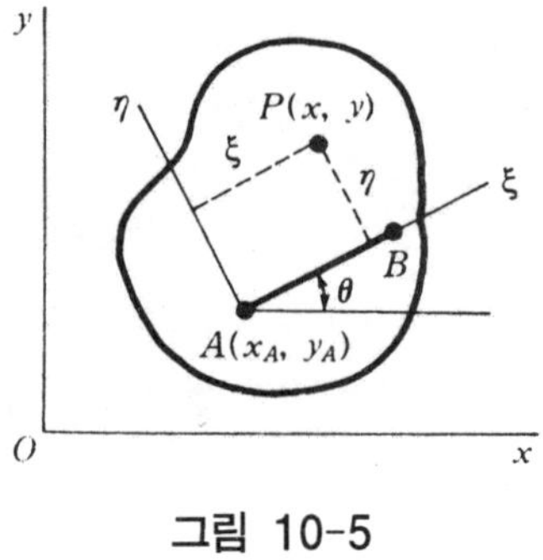

그림 10-5

체에 고정한 임의의 좌표계 $(A-\xi, \eta)$를 취하면 된다.

강체 내의 각 점의 좌표는 ξ, η는 일정하므로 운동의 기준점 A의 변위와 좌표계 $(A-\xi, \eta)$의 회전으로 표시하며

$$x_A=f_1(t),\quad y_A=f_2(t),\quad \theta_A=f_3(t) \tag{10-7}$$

에 의하여 결정된다.

강체의 임의의 점 $P(\xi, \eta)$의 위치 x, y는

$$\left.\begin{aligned} x&=x_A+\xi\cos\theta-\eta\sin\theta \\ y&=y_A+\xi\sin\theta+\eta\cos\theta \end{aligned}\right\} \tag{10-8}$$

로 표시되고, 속도는

$$\left.\begin{aligned} \dot{x}&=\dot{x}_A-(\xi\sin\theta+\eta\sin\theta)\dot{\theta}=\dot{x}_A-(y-y_A)\dot{\theta} \\ \dot{y}&=\dot{y}_A+(\xi\cos\theta-\eta\sin\theta)\dot{\theta}=\dot{y}_A+(x-x_A)\dot{\theta} \end{aligned}\right\} \tag{10-9}$$

가속도는

$$\left.\begin{aligned} \ddot{x}&=\ddot{x}_A-(\xi\cos\theta+\eta\sin\theta)\dot{\theta}^2-(\xi\sin\theta+\eta\cos\theta)\ddot{\theta} \\ &=\ddot{x}_A(x-x_A)\dot{\theta}^2-(y-y_A)\theta \\ \ddot{y}&=\ddot{y}_A-(\xi\sin\theta+\eta\cos\dot{\theta})\dot{\theta}^2+(\xi\cos\theta-\eta\sin\theta)\ddot{\theta} \\ &=\ddot{y}_A-(y-y_A)\dot{\theta}^2+(x-x_A)\ddot{\theta} \end{aligned}\right\} \tag{10-10}$$

이 된다.

식 (10-9)의 우변 제 2항은 A점에 대한 점 P의 상대속도, 즉 A점 둘레를 도는 점 P의 회전운동의 속도(거리 AP를 r'라 하면 크기 $r'\dot{\theta}$)의 성분을 나타내고, 식 (10-10)의 우변 제 2, 3항은 상대가속도, 즉 구심가속도(크기 $r'\dot{\theta}^2$), 접선가속도(크기 $r'\ddot{\theta}$)의 성분이다.

강체운동을 나타내는데 강체에 고정한 좌표계는 중심을 원점으로 택하여도 되고 편리한 어떤 점을 취하여도 상관없다. 기준점을 어디로 취하든 그림 10-6과 같이 $\theta'=\theta+\text{const.}$, $\dot{\theta}'=\dot{\theta}$이므로 그 점 둘레의 강체의 각속도는 같다.

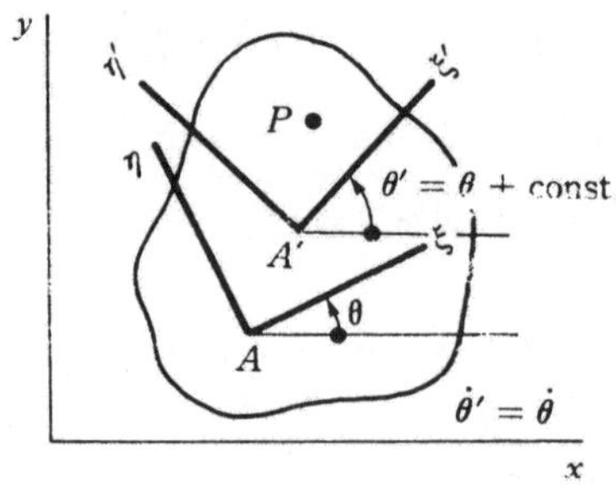

그림 10-6

예제 10-1

변의 길이가 각각 l, m인 직사각형의 판 A, B, C, D가 그림 10-7과 같이 수평인 바닥과 연직벽에 따라 미끄러지는 운동을 한다. 점 A의 속도 v_A 및 가속도 a_A가 주어졌을 때 점 C의 속도와 가속도를 구하여라.

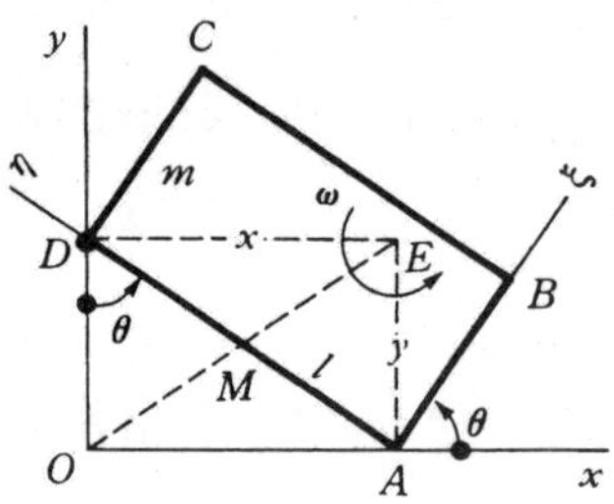

그림 10-7

〔풀이〕 A점을 원점으로 하고 변을 ξ, η축으로 취하면

$$x_A = l\sin\theta,\quad x_A = l\cos\theta\cdot\dot{\theta} = v_A$$

$$\therefore\ \dot{\theta} = v_A / l\cos\theta$$

$x_C = m\cos\theta,\ y_C = l\cos\theta + m\sin\theta$이므로

$$\dot{x}_C = -m\sin\theta\cdot\dot{\theta} = -v_A\frac{m}{l}\tan\theta$$

$$\dot{y}_C = (-l\sin\theta + m\cos\theta)\dot{\theta} = v_A\left(\frac{m}{l} - \tan\theta\right)$$

$$\ddot{x}_C = -\frac{m}{l}\left(a_A\tan\theta + \frac{v_A}{\cos^2\theta}\dot{\theta}\right) = -\frac{m}{l}\left(a_A\tan\theta + \frac{v_A{}^2}{l\cos^3\theta}\right)$$

$$\ddot{y}_C = a_A\left(\frac{m}{l} - \tan\theta\right) - \frac{v_A{}^2}{\cos^2\theta}\dot{\theta} = a_A\left(\frac{m}{l} - \tan\theta\right) - \frac{v_A{}^2}{l\cos^3\theta}$$

■◆■

3) 순간중심

지금 그림 10-8과 같이 강체 AB가 시간 Δt 후에 A_1B_1으로 이동하였다면 이 이동은 병진과 회전의 합성으로 이루어졌고, 그림 10-8(a)에서는 병진 $AB \to A'B'$, 회전 $A'B' \to A_1B_1$, 그림 10-8(b)에서는 회전 $AB \to A'B'$, 병진 $A'B' \to A_1B_1$으로 나타난다.

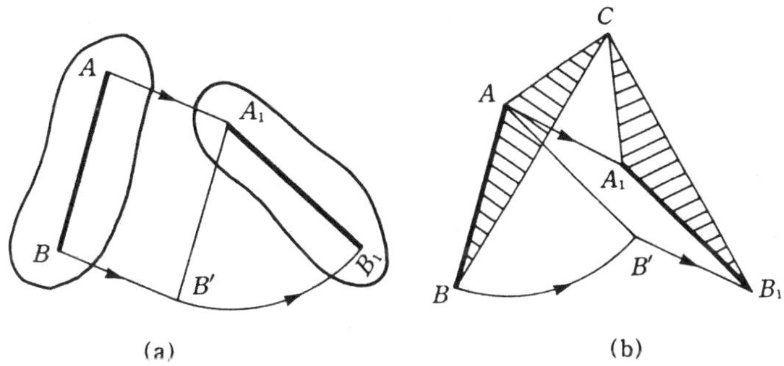

그림 10-8

그러나 AA_1, BB_1의 수직 2등분선의 교점을 C라고 하면 C점 둘레의 각 $\angle ACA_1 = \angle BCB_1$의 회전으로서도 표현할 수 있다. 순수한 병진운동의 경우에는 교점이 구하여 지지 않으므로 이때에는 회전중심이 무한히 먼곳에 있다고 생각하면 된다. 또 수직 2등분선이 일치할 경우는 AB, A_1B_1의 교점이 회전중심이 된다.

강체의 운동은 $\Delta t \to 0$의 극한에서는 이와 같은 회전운동을 한다고 볼 수 있다. 이 순간의 회전중심을 **순간중심**(instantaneous center)이라 한다.

이 점을 지나 평면에 수직인 직선을 **순간회전축**(instantaneous axis of rotation)이라 한다. 그림 10-5에서 운동하는 평면 $(A-\xi,\ \eta)$은 강체에 고정되어 강체 주위에서 무한히 확장되는 평면이지만, 이제 이 평면상에서 속도가 영, 즉 $\dot{x} = \dot{y} = 0$이 되는 점 $C(x_C,\ y_C)$가 있는가 없는가를 조사해 본다.

이 평면상의 점에 대하여서는 식 (10-8), (10-9), (10-10)이 성립되므로 식 (10-9)에서 $\dot{x} = \dot{y} = 0$이라 놓으면

$$
\left.\begin{aligned} x_C &= x_A - \dot{y}_A / \dot{\theta} \\ y_C &= y_A + \dot{x}_A / \dot{\theta} \end{aligned}\right\} \qquad (10\text{-}11)
$$

이와 같이 점의 좌표 $(x_C,\ y_C)$는 식 (10-11)로 나타난다. 이 점은 강체운동에 수반하여 시간에 따라 그 위치가 변하거나 어느 시각에서 이 점을 그림 10-5의 점 A로 택하였다고 하면 식 (10-9)는

$$
\left.\begin{aligned} \dot{x} &= -(y - y_C)\dot{\theta} \\ \dot{y} &= (x - x_C)\dot{\theta} \end{aligned}\right\} \qquad (10\text{-}12)
$$

가 되고 이 시각에서 강체운동은 움직이지 않는 C점을 중심으로 한 회전운동과 같고, 이렇게 구한 C점이 순간중심이 된다.

강체의 운동은 순간중심들 사이의 회전으로 나타나지만 강체 내의 특정한 점에 유의하면 이 점의 운동과 이점 둘레의 회전운동의 합성으로 볼 수 있다.

그러나 그림 10-9와 같이 어느 점에 대하여서도 각속도는 같다. 순간중심은 각 순간에 움직이지 않는 점이나 강체의 운동에 수반하여 이동한다. 그 궤적을 순간중심의 궤적이라 한다.

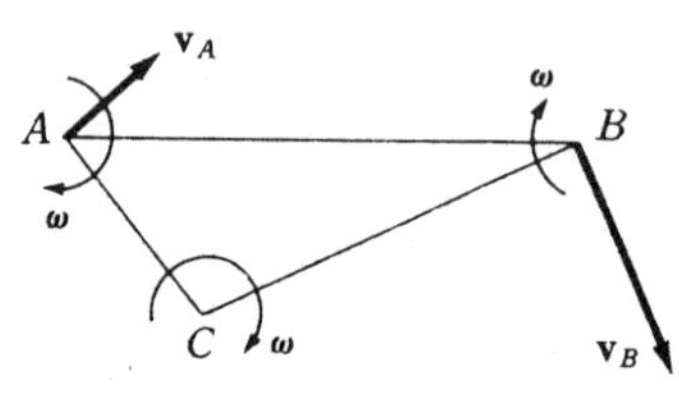

그림 10-9

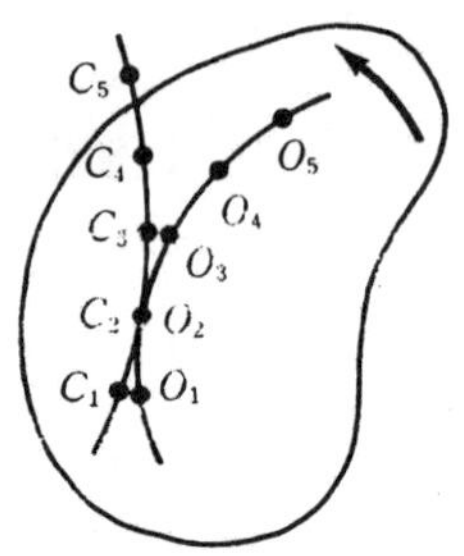

그림 10-10

순간중심의 궤적은 예를 들어 그림 10-10의 C_1, …, C_4와 같이 표시되나 이외에 강체 내에 궤적을 그리고 또 순간중심이었던 점의 궤적을 O_1, …, O_4와 같이 그릴 수 있다. 이 그림에서는 바로 C_2(또는 O_2)가 순간중심이 되어 있을 때이며, 다음 시각에서는 C_3와 O_3가 일치하여 순간중심이 된다.

C_1, …, C_4는 공간에 자취를 그은 순간중심의 궤적이며, **고정궤적**(fixed centroid)이라 하고, O_1, …, O_4는 강체에 자취를 그은 순간중심의 궤적이며, 이

동궤적(moving centroid)이라 한다.

강체는 이동궤적이 고정궤적 위를 미끄러지는 일이 없이 굴림운동을 한다. 식 (10-11)은 x, y좌표로 표시한 순간중심의 궤적이며, 고정궤적이다.

강체에 고정한 좌표를 ξ_C, η_C로 표시하면 식 (10-8), (10-11)에서

$$x_A - \dot{y}_A \dot{\theta} = x_A + \xi_C \cos\theta - \eta_C \sin\theta$$
$$y_A + \dot{x}_A / \dot{\theta} = y_A + \xi_C \sin\theta + \eta_C \cos\theta$$

이므로

$$\left.\begin{aligned} \xi_C &= (\dot{x}_A \sin\theta - \dot{y}_A \cos\theta)/\dot{\theta} \\ \eta_C &= (\dot{x}_A \cos\theta + \dot{y}_A \sin\theta)/\dot{\theta} \end{aligned}\right\} \qquad (10\text{-}13)$$

이 되며, 이것은 이동궤적을 나타낸다.

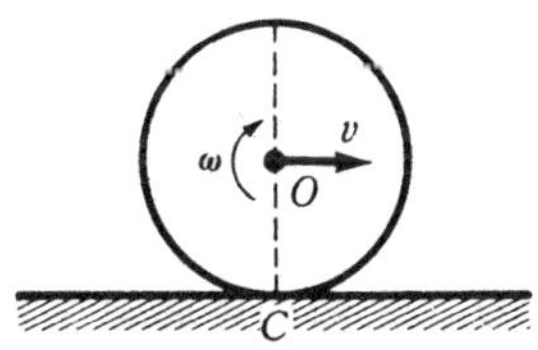

그림 10-11

원통이 평면 위를 축에 수직한 방향으로 굴러갈 때의 운동을 관찰한다. 그림 10-11에서 원통의 중심 O의 속도를 v, 회전 각속도를 ω라 하고, ω의 +방향을 그림과 같이 취한다. 평면과의 접촉점 C의 O에 대한 상대속도는 원통의 반경을 R이라 하면 v와 반대방향으로 $R\omega$이고, 점 C의 속도는 $v - R\omega$이다. 미끄러지지 않고, 굴러가려면 접촉점에서 평면과 원통의 상대속도가 영이 되어야 하므로 $v = R\omega$이며, 점 C는 순간중심이 된다. 원통의 중심이 움직이지 않고 완전히 미끄러진다면 O가 순간중심이 된다. 미끄러지면서 굴러갈 때는 OC상의 O에서 $r = v/\omega$거리의 점이 순간중심이다.

예제 10-2

예제 10-1에서 순간중심과 그 궤적을 구하라. 또 각속도, 각가속도를 구하라.

〔풀 이〕 그림 10-7에서 AD는 x, y축에 따라 움직이므로, A, D에서의 x, y축의 수선의 교점 $E(x, y)$가 순간중심이다. 고정궤적은 O를 중심으로 하는 반경 l인 원이고, 이동궤적은 AD의 중점 M을 중심으로 하는 반경 $l/2$인 원이다.

회전 각속도를 ω로 하면, $v_A = y\omega$이므로

$$\omega = v_A / y = v_A / l\cos\theta = \dot{\theta}$$

$$\therefore \dot{\omega} = \frac{1}{l\cos\theta}\left(a_A + \frac{v_A \sin\theta}{\cos\theta}\,\dot{\theta}\right)$$

$$= \frac{1}{l\cos\theta}\left(a_A + \frac{v_A \sin\theta}{l\cos^2\theta}\right)$$

■◆■

예제 10-3

그림 10-12는 볼베어링이다. 이 볼베어링의 내륜(외반경 r_1)을 ω_1, 외륜(내반경 r_2)을 ω_2의 각속도로 회전시킬 때, 볼(반경 r)의 공전각속도 Ω, 자전각속도 ω를 구하라.

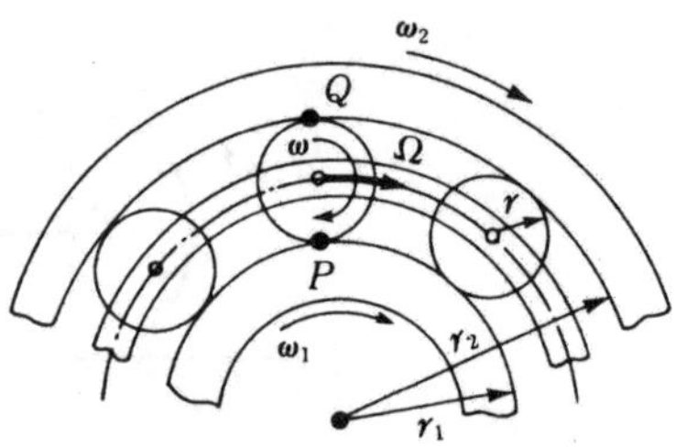

그림 10-12

〔풀 이〕 베어링과 내외륜 상호간의 미끄럼이 없다고 하면 접촉점 P, Q의 속도를 고려한 관계식은

$$r_1\omega_1 = (r_1 + r)\Omega - r\omega, \quad r_2\omega_2 = (r_1 + r)\Omega + r\omega$$

또 $r = (r_2 - r_1)/2$이므로 두 식에서

$$\Omega = \frac{r_1\omega_1 + r_2\omega_2}{r_1 + r_2}, \quad \omega = \frac{r_2\omega_2 - r_1\omega_1}{r_2 - r_1}$$

보통 사용상태에서는 $\omega_2 = 0$이며, 일반적으로 표준치수에 대하여서는 $r_1/(r_1 + r_2)$는 약 0.4, $r_2/(r_1 + r_2)$는 약 0.6이므로, $\Omega \simeq -0.4\omega_1$, $\omega \simeq -2\omega_1$이 된다.

■◆■

연습문제 E·X·E·R·C·I·S·E

10-1 반경 r인 원주상을 각속도 ω로 운동하는 질점이 원주상의 다른 임의의 점에 대한 각속도를 구하라.

해답 $\omega/2$

10-2 길이 1 m인 막대 양단이 그림 문 10-2와 같이 각각 화살표 방향으로 움직인다. A단의 속도가 $v_A=1$ m/s이면 B단의 속도와 막대의 회전 각속도를 구하라.

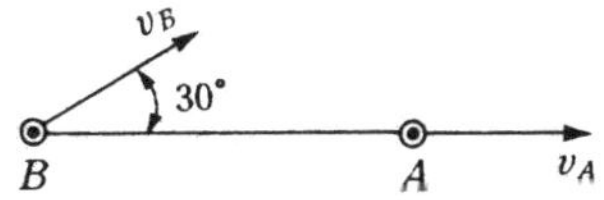

그림 문 10-2

해답 1.155 rad/s, 0.577 rad/s

10-3 운동하는 점 (x, y)가 시간 t의 함수이며, 다음과 같이 주어진다면 속도, 가속도 및 호도그래프는 어떠한가?

$x=Ae^{nt}$, $y=Be^{-nt}$

해답 쌍곡선

10-4 피스톤, 크랭크 기구의 피스톤 속도는 D점을 그림 문 10-4와 같이 정하면 $\omega \cdot OD$가 됨을 설명하라.

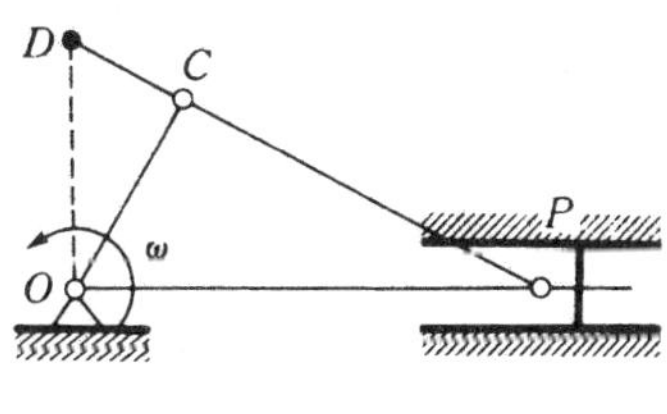

그림 문 10-4

10-5 그림 문 10-5와 같이 크랭크 CB가 ω의 각속도로 회전하고, 크랭크핀 B는 O점에 핀으로 연결된 막대 OA의 홈 가운데서 활동한다. 이 기구는 절삭공구 M의 급속역송기구에 이용된다. 역송행정의 시간과 절삭공정의 시간의 비를 구하라. 단, $r/h=\sqrt{3}/2$

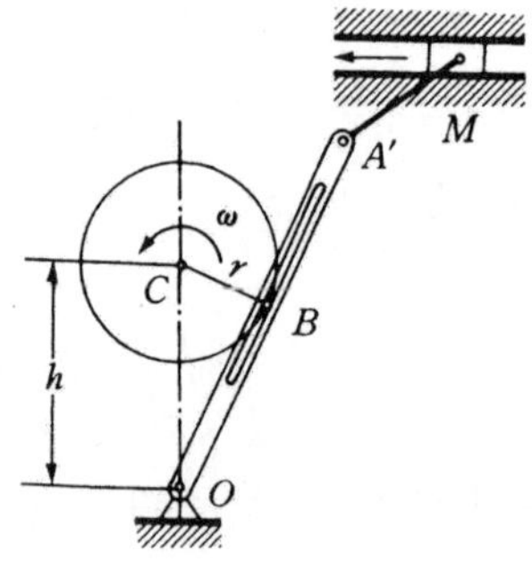

그림 문 10-5

해답 1 : 5

10-6 선의 각속도의 크기 $\omega=6t^2-10t$의 방정식에 따라 변한다. t의 단위는 초, ω의 단위는 rad/s이다.
t=2초일 때 선은 시계방향으로 회전한다. 다음을 구하라.
(1) t=2초일 때 선의 각가속도
(2) t=1초부터 t=3초까지 사이의 선의 각변위

해답 (1) 14 rad/s^2↘ (2) $\phi=12$ rad↘

10-7 그림 문 10-7과 같은 4링크기구에서 크랭크 O_1O_2가 각속도 $\dot{\theta}=25$ rad/s로서 회전할 때 $\theta=60°$, $\phi=120°$의 위치에서 점 O_3의 속도, 가속도를 구하라.

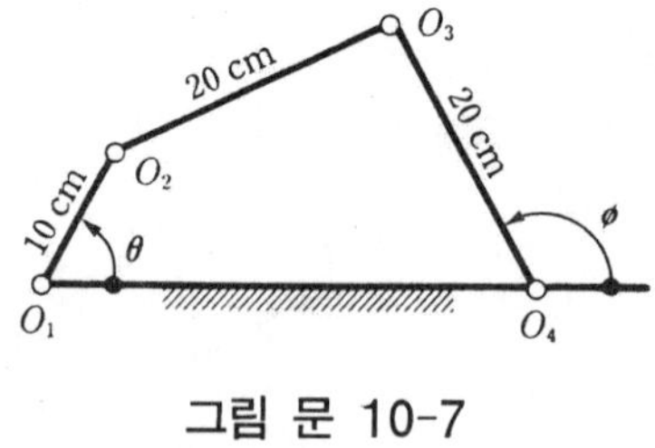

그림 문 10-7

해답 속도 141 cm/s
구심가속도 1000 cm/s^2
접선가속도 7480 cm/s^2

10-8 그림 문 10-8과 같이 회전하면서 일정한 속력 v로 전방으로 진행하는 직경 d인 바퀴가 있다. 바퀴의 최상부 A에서 이탈된 흙덩어리가 지면에 떨어지는 것은 그때 바퀴가 지면에 접하고 있는 점부터 거리는 어느 정도 되는가? 여기서 흙덩어리는 바퀴의 위에 떨어지는 일이 없다고 본다.

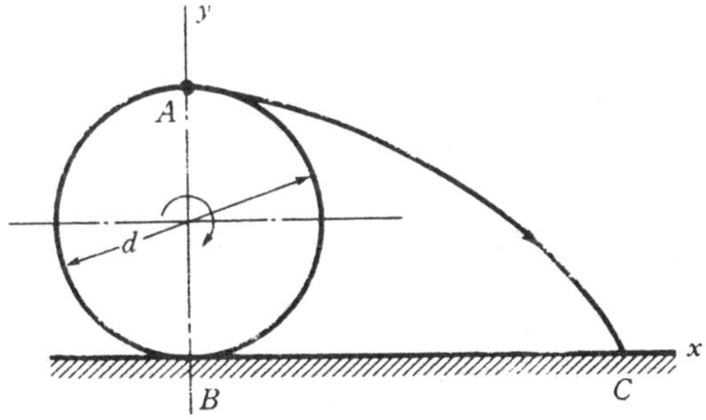

그림 문 10-8

해답 바퀴의 전방 $2v\sqrt{\dfrac{d}{2g}}$ 점에 낙하한다.

10-9 그림 문 10-9와 같이 회전하면서 일정한 속력으로 전진하는 직경 d인 바퀴가 있다. 바퀴의 둘레에서 이탈한 흙덩어리가 상승할 수 있는 최대 높이를 구하라.

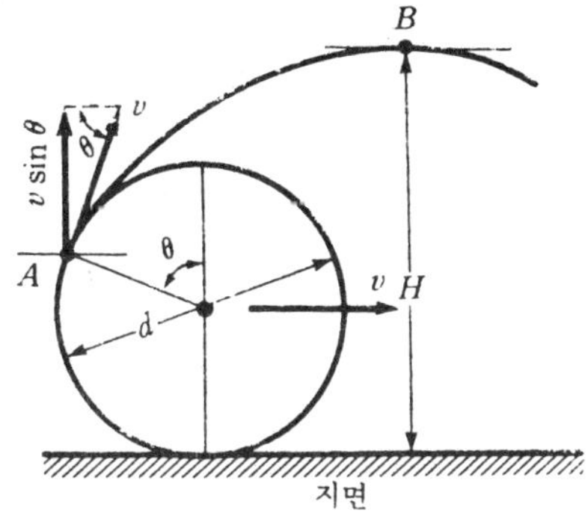

그림 문 10-9

해답 바퀴의 전반분에서는 평면운동의 선속도가 하향으로 되므로 후반분의 임의점 $A(\theta)$를 취하면 그 점의 평면운동의 속도의 연직상방성분은

$V_v = v\sin\theta$

따라서 그 초속도로서 상승하는 최대 높이는 지면을 기준으로 하여

$$H = \frac{V_v}{2g} + \frac{d}{2}(1+\cos\theta)$$

이 식은 θ의 함수이므로 θ로 미분하여 H가 최대가 되는 조건을 구한다.

$$\cos\theta = \frac{gd}{2v^2},\quad \sin\theta = \frac{4v^4 - g^2d^2}{4v^4}$$

따라서

$$H_{\max} = \frac{(2v^2 + gd)^2}{8gv^2}$$

10-10 그림 문 10-10과 같이 길이 $2a$인 막대 AB가 한 끝 A를 중심으로 하여 각속도 ω로 회전하는 동시에 A가 직경 d는 원주를 따라 v의 선속도로 운동한다. 다음 각 경우에 막대의 끝 A부터 길이의 1/3되는 점 C의 선속도 및 선가속도를 구하라.

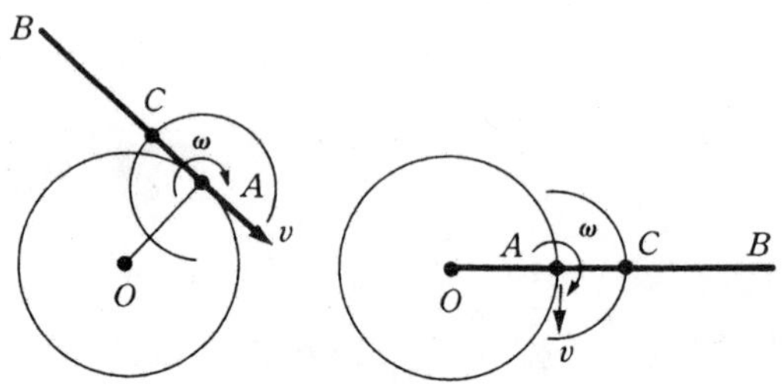

그림 문 10-10

(1) 막대 AB가 원주의 접선방향과 일치할 경우
(2) 막대 AB가 원주의 법선방향과 일치할 경우

해답 (1) 선속도 $\sqrt{v^2 + \left(\frac{2}{3}a\omega\right)^2}$

선가속도 $\sqrt{\left(\frac{2}{3}a\omega^2\right)^2 + \left(\frac{v^2}{r}\right)^2}$

(2) 선속도 $v + \frac{2}{3}a\omega$

선가속도 $\frac{2}{3}a\omega^2 + \frac{v^2}{r}$

10-11 그림 문 10-11과 같이 직경 d인 바퀴가 ω의 각속도로 회전하면서 전진할 때, 바퀴 둘레상의 임의점의 선속도 방향과 수직인 직선이 지면과 바퀴와의 접점 Q를 지나게 되어 Q가 순간중심이 됨을 설명하라.

해답 $PQ \perp V$가 됨을 증명

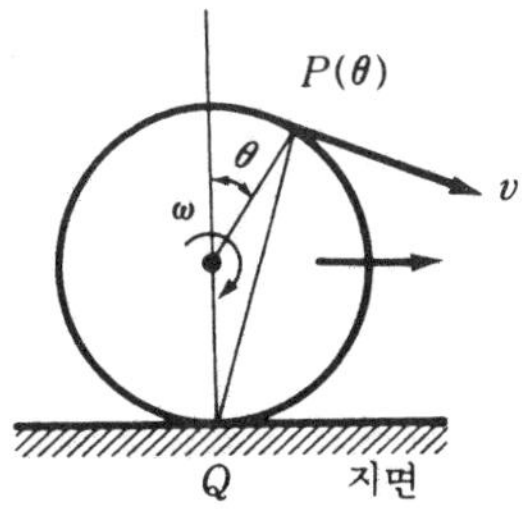

그림 문 10-11

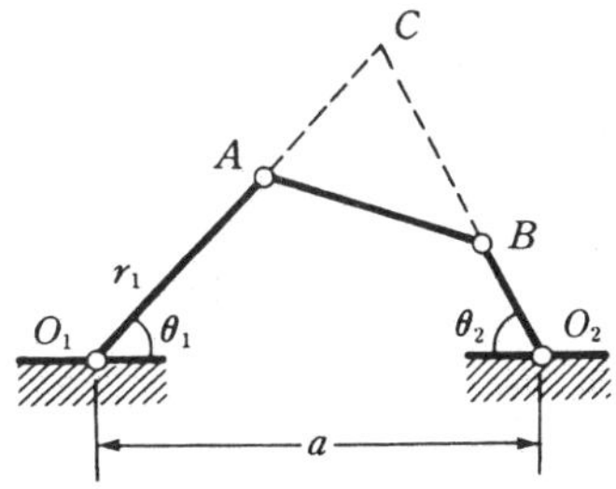

그림 문 10-12

10-12 그림 문 10-12와 같은 계에서 주어진 순간위치에 대한 크랭크 O_1A와 O_2B의 각속도 $\dot{\theta}_1$과 $\dot{\theta}_2$의 비를 구하라.

해답 $\dfrac{\dot{\theta}_1}{\dot{\theta}_2} = \dfrac{r_2}{r_1}\dfrac{AC}{BC}$

제 3 편

병진운동하는 강체의 동역학

물체에 작용하는 힘과 이 힘에 의하여 일어나는 운동상태의 변화를 규명하는 역학을 동역학(dynamics)이라 한다. 여기서는 병진운동하는 물체를 강체로 보고 하나의 질점으로 취급하기로 한다.

11

운동의 법칙

1) 제 1법칙 - 관성의 법칙

"물체는 외부로부터 힘이 작용하지 않는 한, 정지상태의 경우에는 언제까지나 정지상태를 유지하고, 운동하고 있는 경우에는 언제나 그 속도로 등속직선운동을 계속한다."

이 법칙은 외력이 작용하지 않는 한 물체는 그 속도를 영구히 지속하고 그 자신에 대하여 속도를 변화시킬 수 없음을 나타낸다. 물체가 가지고 있는 이 성질을 관성(inertia)이라 하며, 제 1 법칙을 또한 관성의 법칙(law of inertia)이라 한다. 이 법칙에 의하면 힘은 물체의 관성을 파괴하는 작용도 한다.

2) 제 2법칙 - 가속도의 법칙

"물체에 대하여 외부에서 힘이 작용할 때 생기는 가속도의 크기는 힘의 크기에 비례하고 그 방향은 힘의 방향과 같다."

이 법칙은 힘의 크기를 F, 가속도의 크기를 a라 하면

$$F = ma \qquad (11\text{-}1)$$

여기서, m은 비례상수로서 물체에 가하여진 힘에 의하여 일어나는 운동상태의 변화의 대소를 나타내는 량, 즉 물체의 관성의 정도를 나타내는 량으로 질량(mass)이라 한다.

지구상의 물체는 항상 지구의 인력 및 지구의 자전에 의한 원심력을 받고 있다.

이 두 힘의 합력을 중력(gravity)이라 하며, 물체에 작용하는 힘이 중력뿐일 때 중력에 의하여 물체에 생기는 가속도를 g로 표시하면, 식 (11-1)에 의하여 물체의 무게 또는 중량(weight)은

$$W = mg$$

따라서 질량은

$$m = \frac{W}{g} \tag{11-2}$$

식 (11-2)를 식 (11-1)에 대입하면

$$F = \frac{W}{g}a = \frac{W}{g}\frac{d^2x}{dt^2} \tag{11-3}$$

이 식을 운동방정식(equation of motion)이라 하며, 물체에 힘이 작용하여 병진운동을 하고 있을 때 작용하는 힘과 이것으로 인하여 생기는 가속도와의 관계를 정량적으로 나타낸 운동량의 기본식이다.

힘, 가속도는 모두 벡터량이므로 식 (11-3)은

$$\mathbf{F} = \frac{W}{g}\mathbf{a} = m\mathbf{a} \tag*{(11-3)$'$}$$

3) 제 3의 법칙 - 작용 · 반작용의 법칙

"어떤 물체가 다른 물체에 힘을 작용할 때에는 힘을 작용하는 물체에서 반대로 힘(반작용)을 받으므로 작용 · 반작용의 관계는 힘의 크기가 같고, 같은 작용선상에서 방향이 반대이다."

이 법칙은 힘이 두 물체 사이의 상호작용만으로 존재하고 단독으로서는 존재하지 않음을 나타낸다.

그림 11-1에 표시한 바와 같이 물체 A가 물체 B에 미치는 힘을 F, 물체 B가 A에 미치는 힘을 F'라 하고, A와 B에 의하여 생기는 가속도를 각각 a_A, a_B라 하면 A, B 두 물체에 대하여 다음의 운동방정식이 성립한다.

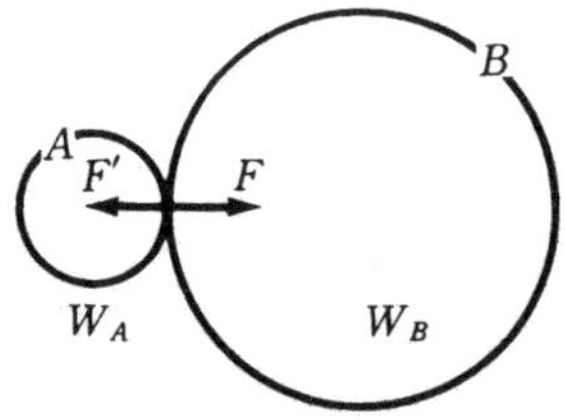

그림 11-1

$$F' = \frac{W_A}{g} a_A$$

$$F' = \frac{W_B}{g} a_B$$

이들 식에서 $\frac{a_A}{a_B} = \frac{W_B}{W_A}$

즉, 힘의 상호작용에 의하여 A, B 두 물체에 생기는 가속도의 크기는 A, B 두 물체의 무게의 크기에 반비례하고, 같은 작용선상이나 방향이 반대이다. 이 법칙에서 유의할 것은 어떤 물체에 힘이 작용되어도 반작용에 의하여 힘의 평형을 이루므로 운동이 일어나지 않는 것으로 생각되기 쉬우나 이것은 잘못된 생각이고, 작용력은 물체에 대하여 외력이므로 물체는 가속운동을 하게 된다는 것이다.

예제 11-1

무게 W인 사람이 엘리베이터(elevator)에 타고 있을 때, 엘리베이터의 가속도 크기가 a라 하면 밑면에 미치는 힘은 얼마인가? 엘리베이터가 등속으로 오르내리고 있을 때의 힘은 얼마인가?

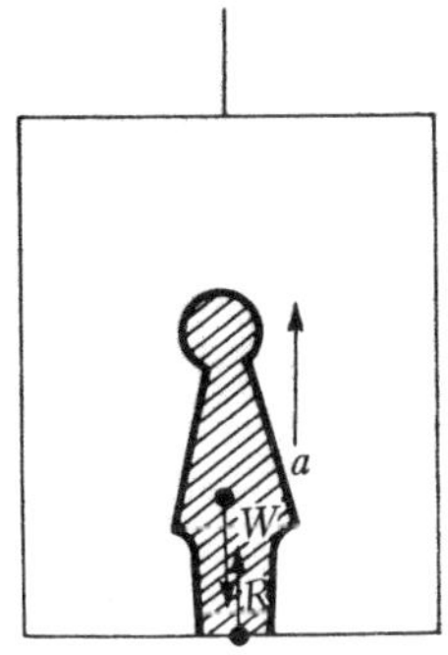

그림 11-2

〔풀 이〕 그림 11-2와 같이 엘리베이터의 가속도 방향이 윗방향일 때, 이에 타고 있는 사람도 같은 가속도 a로 운동을 한다. 사람은 바닥의 면에서 작용하는 힘과 같은 크기로 방향이 반대인 반작용력 R의 힘을 바닥으로부터 받는다.
사람에 대한 운동방정식은 다음과 같다.

$$R - W = \frac{W}{g} a \qquad \text{(a)}$$

$$\therefore\ R = W\left(1 + \frac{a}{g}\right) \qquad \text{(b)}$$

여기서 엘리베이터가 아래방향으로 가속도를 받고 있을 때, a는 (−)의 값을 갖는다고 보면 된다.

즉, $a > 0,\ R > W$

$a = 0,\ R = W$

$a < 0,\ R < W$

예제 11-2

그림 11-3과 같이 길이 l, 무게 w'의 체인(chain) 하단에 무게 W인 추를 달고 위에서 힘 F로 끌어올릴 때 체인의 임의점에 작용하는 장력을 구하라.

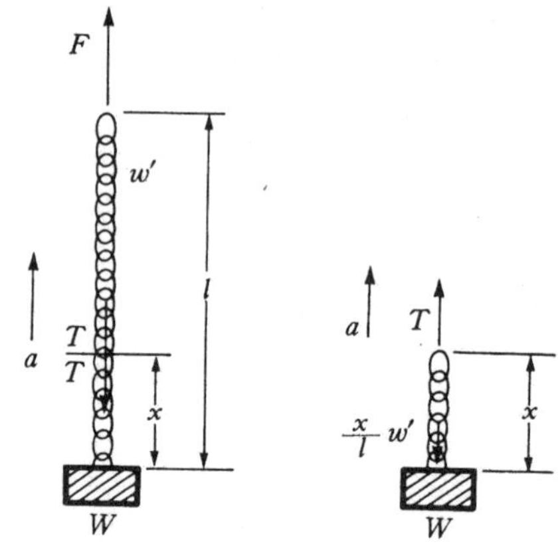

그림 11-3

〔풀 이〕 체인 하단에서 x점의 장력을 T라 하고, 이 점에서 아래부분의 운동방정식을 세운다. 체인을 끌어 올리는 가속도를 a라 하면, 이 부분의 무게는

$$\frac{x}{l} w' + W$$

이므로, 운동방정식은

$$T-\left(\frac{x}{l}w'+W\right)=\frac{\frac{x}{l}w'+W}{g}a \qquad \text{(a)}$$

여기서 T, a는 미지의 량이므로, 다시 체인 전체에 대한 운동방정식을 세우면

$$F-(w'+W)=\frac{w'+W}{g}a$$

이 식에서

$$a=\left(\frac{F}{w'+W}-1\right)g \qquad \text{(b)}$$

식 (b)를 (a)에 대입하면

$$T=\frac{w'x+Wl}{(w'+W)l}F \qquad \text{(c)}$$

즉 $x=0$에서 $T=\dfrac{W}{w'+W}F$

$x=0$에서 $T=F$

예제 11-3

그림 11-4는 도르래에 줄을 걸어 그 양 끝에 무게 W_1, W_2의 추를 달아 매달아 놓았다($W_1 < W_2$). 이 도르래에 힘 F를 가하여 위로 끌어 올릴 때 2개의 추 W_1, W_2에 생기는 가속도의 크기를 구하라. 단, 줄과 도드래의 무게, 그리고 마찰 등은 무시한다.

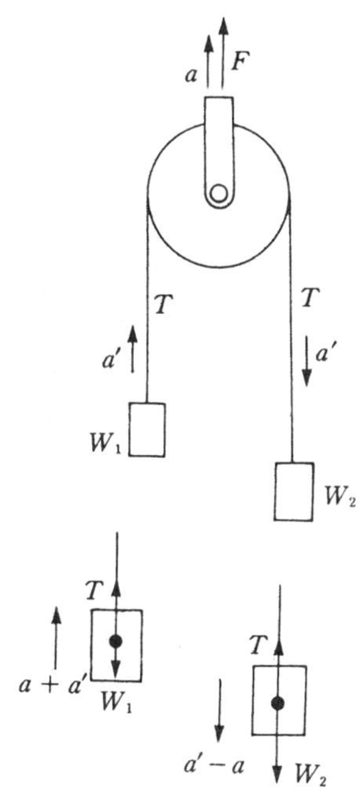

그림 11-4

〔풀 이〕 도르래에 생기는 가속도를 a라 하고 도르래의 운동방정식을 생각한다. 주어진 조건에서 추 W_1, W_2에 의하여 도르래에 작용하는 실의 장력은 T로 되고 도르래의 무게는 무시하므로

$$F-2T=0 \qquad \text{(a)}$$

또, 도르래에 대한 추의 가속도를 a'라 하고 추 W_1, W_2에 대한 운동방정식을 세운다. 지름 $a' > a$(역으로 하여도 좋음)라 생각하면

$$T-W_1=\frac{W_1}{g}(a+a') \qquad \text{(b)}$$

$$W_2-T=\frac{W_2}{g}(a'-a) \qquad \text{(c)}$$

식 (a), (b), (c)에서 a와 a'를 구하면

$$a=g\left\{\frac{W_1+W_2}{4W_1+W_2}F-1\right\} \qquad \text{(d)}$$

$$a'=g\cdot\frac{W_2-W_1}{4W_1W_2}F \qquad \text{(e)}$$

식 (d)에서

$$F \gtrless \frac{4W_1+W_2}{W_1+W_2}$$

이에 따라 $a \gtrless 0$으로 된다. ■◆■

11-1 그림 문 11-1과 같이 엘리베이터에 부착된 스프링 저울에 무게 200 g인 추를 매어 달았다. 엘리베이터가 움직임을 따라 처음은 저울 눈금이 점차 큰 값을 가리켜 230 g까지 나타냈으나 그 후 점차 줄어 200 g이 되었다. 이 눈금의 가리킴이 어느 시간까지 지속하다가 다시 눈금이 내려가기 시작하여 180 g이 되었다고 한다. 각 눈금의 경우 스프링 저울의 가속도를 구하라.

해답 $1.47\,\text{m/s}^2$, 0, $-0.98\,\text{m/s}^2$

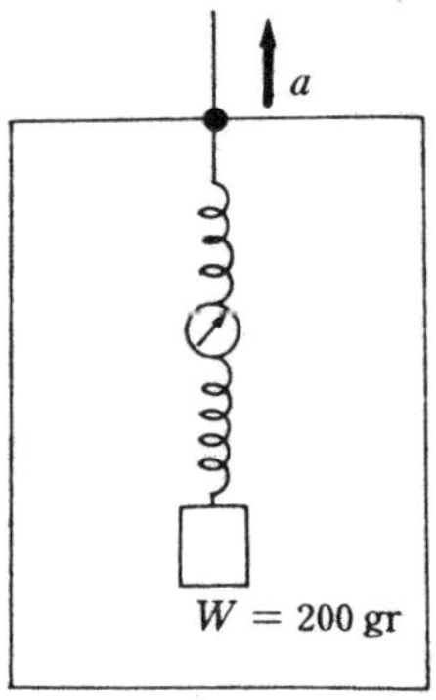

그림 문 11-1

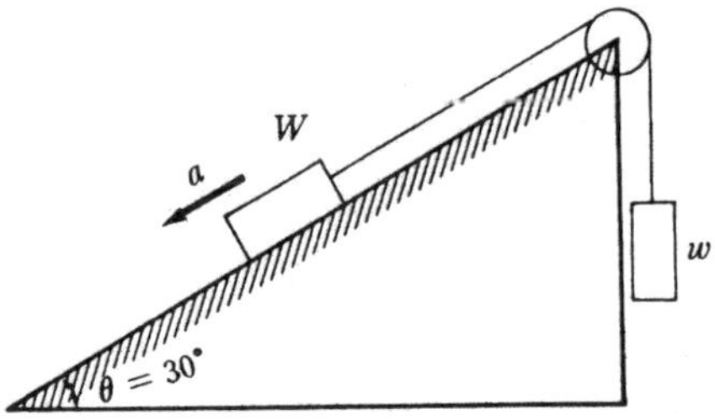

그림 문 11-2

11-2 그림 문 11-2와 같이 30°의 경사면의 정점에 무게를 무시할 수 있는 도르래를 설치하고, 도르래 끈의 양끝에 무게가 각각 w [kg], W [kg]인 추와 물체를 달았다. 그 결과 $4.2\,\text{m/s}^2$의 가속도로 물체는 경사면에서 미끌어 떨어졌다. 이 장치에서 추 w [kg]에 새로 35 kg의 추를 추가한 결과 물체의 가속도는 $0.7\,\text{m/s}^2$로 되었다. w 및 W를 구하라. 단, 도르래와 끈 사이의 마찰은 없고 도르래는 끈의 방향만을 바꾸어 주는 역할을 한다고 본다.

해답 $w = 5\,\text{kg}$, $W = 100\,\text{kg}$

11-3 그림 문 11-3과 같이 길이 l, 무게 w인 로프를 수평으로 박힌 못에 걸어서 자연히 미끄러 떨어시게 한다. 로프의 한쪽의 길이가 a로 되었을 때 다른 쪽의 임의 점의 로프의 장력을 구하라. 단, $a < l/2$로 하고 못과 로프와의 마찰은 무시한다.

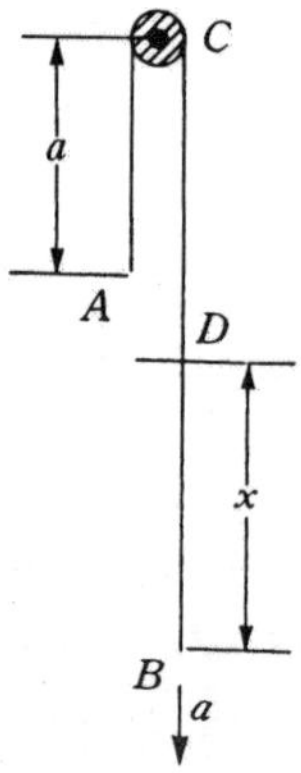

그림 문 11-3

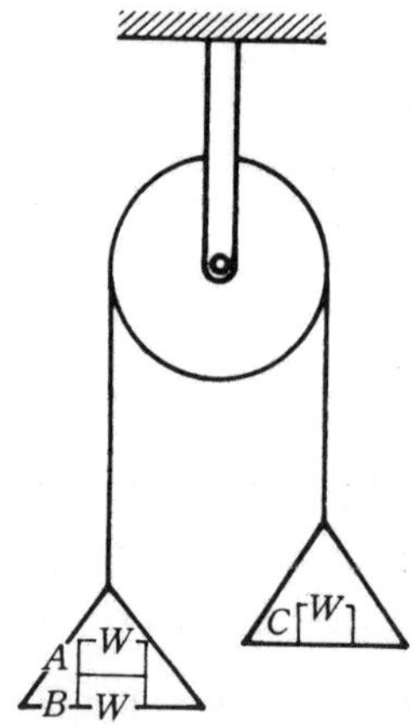

그림 문 11-4

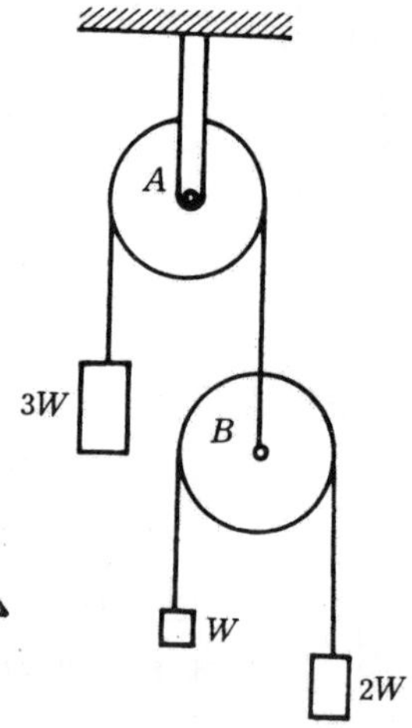

그림 문 11-5

해답 $T=\dfrac{2axw}{l^2}$

11-4 그림 문 11-4와 같이 도르래의 양 단에 무게를 무시할 수 있는 접시를 달았다. 한쪽 접시에는 무게 W인 추 A, B를 겹쳐 놓고, 다른 접시에는 무게 W인 추 C를 놓았다고 한다. A, B의 접촉면에 작용하는 힘을 구하라. 단, 마찰은 무시한다.

해답 $R=\dfrac{2}{3}W$

11-5 그림 문 11-5와 같이 도르래 A에 실을 걸어 한쪽 끝에 $3W$의 추를, 다른 끝에 도르래 B를 달았다. 지금 도르래 B에 건 실의 양 끝에 각각 W, $2W$의 추를 달았을 때 $3W$인 추에 생기는 가속도를 구하라. 여기서, 도르래 및 추의 무게, 마찰은 무시한다.

해답 $a_{3W}=\dfrac{1}{17}g$

12

마 찰

두 물체가 서로 접촉하면서 운동하려고 할 때 혹은 운동하고 있을 때 두 물체의 접촉면에 서로 운동을 방해하려고 하는 저항이 생긴다. 이 현상을 마찰이라 하며, 각종 기계는 어느 것이나 여러 부재의 조합으로 상호운동을 하고 있고 그때는 반드시 마찰을 수반한다. 지금까지는 마찰을 생각하지 않고 미끄러운 면과의 접촉으로 가정하여 취급하였다. 그러나 마찰의 현상에 관해서는 브레이크와 브레이크 드럼, 축과 축수, 피스톤과 실린더, 기어의 치면간, 벨트와 풀리 등 감소시켜야 할 마찰과 크게 해야 할 마찰이 있다. 먼저 마찰에 대하여 배우고 마찰에 의한 마모의 방지와 역으로 마찰의 이용에 대하여 알아보자.

1) 미끄럼 마찰

두 물체가 서로 접하고 있을 때 그 접촉면에 따라 미끄럼 운동을 시키면 이 운동에 대한 저항력이 접촉면에서 일어난다. 이 저항력을 마찰력(frictional force)이라 하고, 상호간의 위치가 회전하지 않고 변화한 경우의 저항을 미끄럼 마찰(sliding friction), 회전하면서 위치를 바꿀 때의 저항을 구름마찰(rolling friction)이라 한다. 먼저 미끄럼 마찰에 대하여 생각하여 보자.

그림 12-1과 같이 무게 W인 물체가 수평면상에 있을 때 여기에 힘 F를 수평으로 가하여 움직이려고 하면 F의 크기가 작을 동안은 물체가 움직이지 않는다.

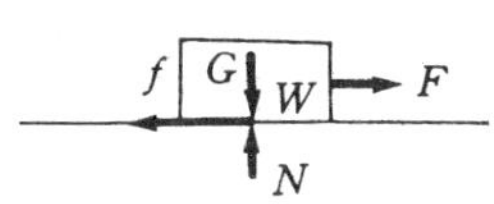

그림 12-1

그것은 F와 같은 크기의 반대방향의 힘(마찰력) f가 생겨서 서로 평형을 이루고 있기 때문이다.

이러한 상태의 마찰을 정지마찰이라 하고, f를 정지마찰력(statical frictional force)이라 한다.

힘 F의 크기를 증가하여 물체가 막 움직이려 할 때의 마찰력을 최대정지마찰력(maximum statical frictional force)이라 한다. 그리고 최대 정지 마찰력에 의하여 물체가 평형상태에 있을 때, 이 평형을 극한평형(limiting equilibrium)이라 한다.

최대 정지 마찰력 f_0는 접촉면에 수직으로 작용하는 수직반력 N에만 관계되고 접촉면의 넓이에는 무관계하다.

즉

$$f_0 = \mu_0 N \tag{12-1}$$

여기서, μ_0는 접촉면의 상태에 따라 정해지는 상수로서, 정지마찰계수(coefficient of statical friction)라 한다.

그림 12-2와 같이 수평과 α의 각도를 갖는 경사면에 무게 W인 물체가 얹혀져 있을 경우, 무게 W의 방향은 연직방향이고, 이의 W의 크기의 경사면과 평행한 방향의 성분이 물체를 아래로 끌어내리려고 하는 힘이 된다. 여기서 마찰력 f와 F는 서로 반대방향이고 크기는 최대로 μN이 된다.

$$F = W \sin\alpha$$

$$N = W \cos\alpha \tag{12-2}$$

가 되므로 만약 경사면의 각도 α를 크게 하여 물체가 막 미끄러지려고 할 때($f = F$)의 각도를 ϕ라고 하면

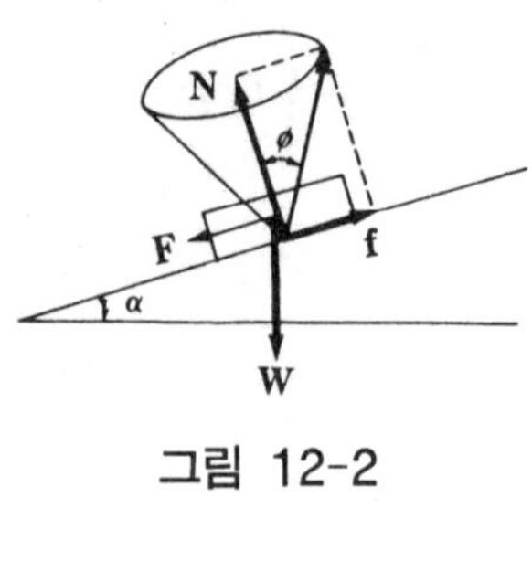

그림 12-2

$$f = \mu N = \mu W \cos \phi$$

$$F = W \sin \phi$$

가 되고

$$\mu W \cos \phi = W \sin \phi$$

$$\therefore \ \mu = \tan \phi \tag{12-3}$$

의 관계가 있고, 여기서 ϕ를 정지마찰각(angle of statical friction)이라 한다. 또 면의 법선과 마찰각 ϕ를 나타내는 식선이 법선의 주위를 회전하여 만든 원추를 마찰원추(cone of friction)라 한다. N과 f의 합력이 이 원추 내에 있으면 물체는 미끄러지지 않는다.

다음은 수평면상에 있는 물체에 힘을 가할 경우, 힘 F의 크기가 최대 정지 마찰력보다도 크면 물체는 움직이기 시작한다. 그런데 물체가 움직이기 시작한 후에 발생되는 마찰력은 최대 정지 마찰력보다 일반적으로 작은 값이 된다. 이 마찰력을 f'라고 하면

$$f' = \mu' N \tag{12-4}$$

이 성립되고, f'를 운동마찰력(kinetic frictional force), μ'를 운동마찰계수(coefficient of kinetic friction)라 한다.

실험에 의하면 마찰계수는 물체의 접촉면의 상태뿐만 아니라 온도, 주위환경에 따라서도 다르게 나타난다. 이것은 기계부품의 마모에 관한 중요한 사항이고, 설계시에도 주의를 요한다.

또한 마찰의 원리에 관하여서 凹凸설, 분자설, 의착설 등의 여러 가지 설이 있지만 경험적으로 다음의 마찰법칙이 성립한다.

① 정지 마찰력과 운동 마찰력의 크기는 접촉면에 작용하는 수직반력에 비례하고, 접촉면의 넓이의 대소에 무관계하다.
② 운동마찰은 미끄럼 속도의 크기에 무관계하다.
③ 정지 마찰력은 운동 마찰력보다 크다.

이 법칙은 쿨롱의 법칙(Coulomb's law of friction), 또는 아몽톤의 법칙(Amonton's law of friction)이라 부른다.

예제 12-1

그림 12-3과 같이 길이 26 cm, 무게 50 g인 한 막대를 매끈한 연직면에 기대어 놓았다. 하단은 벽에서 10 cm 떨어진 곳에 있다. 이 막대와 바닥사이의 마찰계수가 0.3일 때 A에서 막대에 작용하는 마찰력을 구하라. 단, 막대는 균질이다.

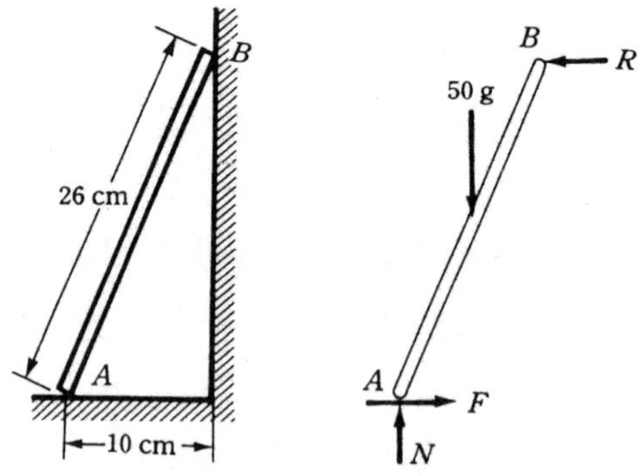

그림 12-3

〔풀 이〕 운동을 하려고 하는 상태인지 또는 운동을 하고 있는 상태인지는 명시되지 않았으므로 첫 번째에 속한다고 보고, 막대가 평형상태에 있다고 가정한다.

$$\sum F_y = N - 50 = 0$$

$$\therefore\ N = 50\,\mathrm{g}$$

$$\sum M_B = 24f + 5(50) - 10(50) = 0$$

$$\therefore\ f = 10.42\,\mathrm{g}$$

최대 정지 마찰력은

$$f_0 = \mu N = 0.3(50) = 15\,\mathrm{g}$$

$f < f_0$이므로 평형이 확실하며, 마찰력은 10.42 g이다.

예제 12-2

그림 12-4(a)와 같이 경사각 θ인 경사면에 무게 W인 물체를 정지시키자면 어느 정도 크기의 수평력을 물체에 가하면 되는가? 단, 물체와 경사면과의 정지마찰계수를 μ_0로 하고 경사면의 경사각은 마찰각보다 크다고 한다.

〔풀 이〕 물체에 작용하는 수평력이 너무 크면 물체는 밀려 올라가고 너무 작으면 물체는 경사면에 따라 미끄러져 내려온다. 그리하여 수평력을 받고 있는 물체가 밀려 올라갈 때 또는 미끄러져 내려올 때의 극한평형조건에 대하여 고찰한다.

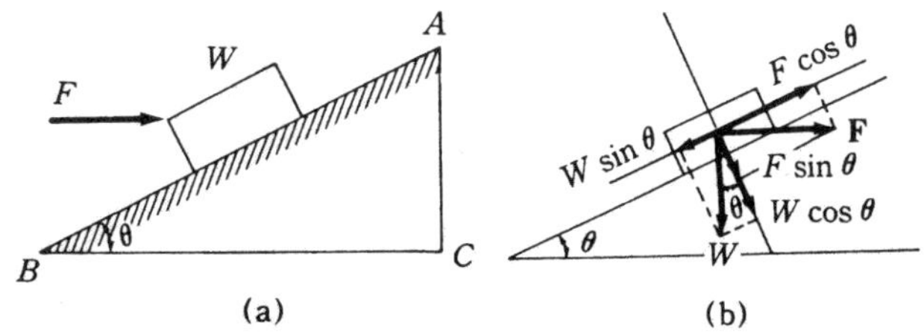

그림 12-4

그림 12-4(b)에서 물체와 접촉한 경사면과 수직으로 작용하는 R은

$$R = F\sin\theta + W\cos\theta \tag{a}$$

따라서 물체에 작용하는 최대 정지 마찰력

$$f_0 = \mu_0(F\sin\theta + W\cos\theta) \tag{b}$$

물체가 밀려 올라갈 때의 수평력을 F_1으로 하면 극한 평형식은

$$F_1\cos\theta - W\sin\theta - f_0 = 0 \tag{c}$$

또 물체가 미끄러져 내려올 때의 수평력을 F_2로 하면 극한 평형식은

$$W\sin\theta - F_2\cos\theta - f_0 = 0 \tag{d}$$

식 (b)를 식 (c), (d)에 대입하여 F_1, F_2에 관하여 풀면

$$F_1 = \frac{\sin\theta + \mu_0\cos\theta}{\cos\theta - \mu_0\sin\theta}W$$

$$F_2 = \frac{\sin\theta - \mu_0\cos\theta}{\cos\theta + \mu_0\sin\theta}W \tag{e}$$

물체에 작용하는 수평력 F가 F_1과 F_2의 중간값이라면 물체는 경사면에서 정지한다. 즉,

$$\frac{\sin\theta - \mu_0\cos\theta}{\cos\theta + \mu_0\sin\theta}W \leqq F \leqq \frac{\sin\theta + \mu_0\cos\theta}{\cos\theta - \mu_0\sin\theta}W$$

■◆■

2) 구름마찰

구(원주)가 평면상을 미끄러지지 않고 굴러 갈 경우는 물체나 평면이 모두 강체가 아니므로 어느 쪽인가 변형되어 그림 12-5와 같이 된다. 지금 수평으로 힘 F를 가하여 물체는 점 B를 넘어가야 하므로, 물체의 무게를 W라고 하면 점 B에 관한 모멘트의 평형에서

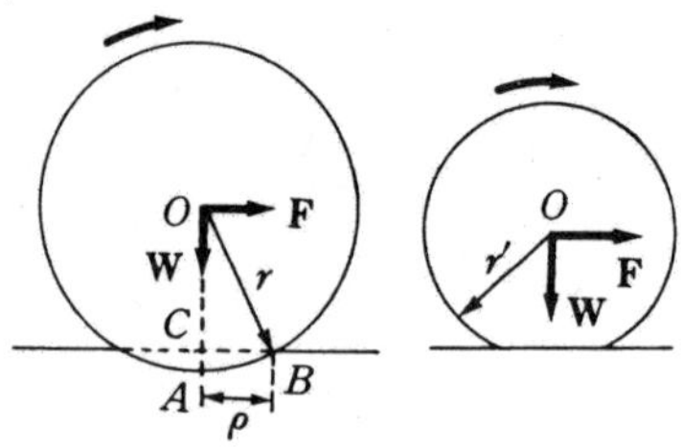

그림 12-5

$$W \times \overline{BC} - F \times \overline{OC} = 0$$

이고, 이때에 필요한 힘 F가 구름마찰력이 된다. $\overline{BC} = \rho$라 하고, 구의 반경을 r이라 하면, $\overline{OC} \fallingdotseq r$(변형이 미소할 때)이 되어 윗식은

$$W\rho - Fr = 0$$

$$\therefore\ F = \frac{\rho}{r} W \qquad (12\text{-}5)$$

의 관계가 되고, ρ는 길이의 차원을 갖고 있는 구름마찰계수(coefficient of rolling friction)라 하며, 마찰계수 μ는 무차원이므로 ρ와는 근본적으로 다르다.

구름마찰은 물체의 접촉면의 재료와 물체에 수직한 힘, 또는 구(원주)의 반경 등에 따라 다른 값이 되므로 간단히 구하여 지지 않는다. 열차, 전차 등에서의 전 수직압력 1 ton에 대한 마찰력을 kg으로 표시한 [kg/t]을 쓸 때도 있다. 단, 이것에 사용되는 값은 구름마찰 뿐만 아니라 차량의 플랜지와 레일 사이의 미끄럼 마찰 등도 포함된 것이다. 구름마찰은 미끄럼 마찰에 비하여 아주 작으므로 기계에서 볼 베어링, 또는 롤러 베어링을 사용하는 것이 그 예이다.

예 제 12-3

평면 위에 직경 20 cm, 무게 30 kg인 구를 놓고 평면을 약간 기울일 때 구가 등속도로 구르기 위한 경사각을 구하라. 단, 구름마찰계수는 0.05 cm이다.

〔풀 이〕 그림 12-6에서 구가 등속도로 굴러갈 때는 무게 W, 수직반력 N, 마찰력 f인 세 힘은 평형을 이룬다.
따라서

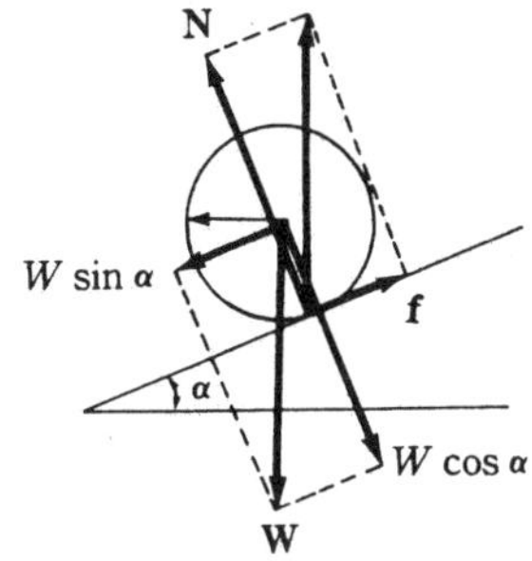

그림 12-6

$$f - W\sin\alpha = 0 \qquad \text{(a)}$$

$$N - W\cos\alpha = 0 \qquad \text{(b)}$$

$$f = \left(\frac{\rho}{r}\right)N \qquad \text{(c)}$$

식 (a), (b), (c)에서

$$\tan\alpha = \frac{f}{N} = \frac{\rho}{r} = \frac{0.05\ \text{cm}}{10\ \text{cm}} = 0.05$$

$$\therefore\ \alpha = 0.3^\circ$$

■◆■

3) 벨트의 마찰

벨트에 의한 동력전달장치는 벨트와 풀리 사이의 미끄럼 마찰에 의하여 동력을 전하는 것이고, 벨트와 풀리가 접한 각도가 클수록 큰 힘을 전달할 수 있다. 이와 같은 원통면에 감겨진 벨트의 마찰에 대하여 알아보자.

그림 12-7과 같이 운전 중 벨트의 이완측의 장력의 크기를 T_1, 긴장측의 장력

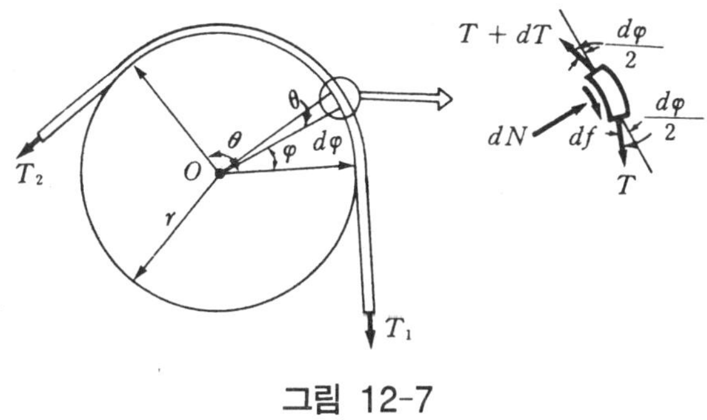

그림 12-7

의 크기를 T_2, 벨트와 원통면과의 접촉 중심각을 θ, 벨트와 풀리사이의 마찰계수를 μ라고 하면 벨트의 임의의 미소 부분에 작용하는 힘으로는 장력 T, $T+dT$, 원통의 반력 dN, 마찰력 df가 있다. 이들은 힘의 평형에 의하여

$$T\sin\frac{d\phi}{2} - dN + (T+dT)\sin\frac{d\phi}{2} = 0$$

$d\phi$는 대단히 적으므로

$$\sin\frac{d\phi}{2} \fallingdotseq \frac{d\phi}{2}, \qquad dT\frac{d\phi}{2} \fallingdotseq 0$$

으로 되어 윗식은

$$T\,d\phi = dN$$

점 O에 관한 모멘트의 평형으로부터

$$(T+dT)r - dfr - Tr = 0$$
$$\therefore\ dT = df$$

마찰의 법칙으로부터 $df = \mu dT$이므로 대입하여 정리하면

$$T\,d\phi = \frac{1}{\mu}\,dT$$

변수분리하면

$$\frac{1}{T}\,dT = \mu\,d\phi$$

윗식을 적분하면

$$\int_{T_1}^{T_2}\frac{1}{T}\,dT = \int_0^{\theta}\mu\,d\phi \qquad \therefore\ \log\frac{T_2}{T_1} = \mu\theta$$

T_2에 관하여 풀면

$$T_2 = T_1 e^{\mu\theta} \tag{12-6}$$

벨트의 접촉 중심각 θ는 라디안(radian)으로 표시되어져야 한다. 만일 밧줄이 원기둥에 n번 감겼다면 각 θ는 $2\pi n$ 라디안이 된다. 벨트와 드럼사이에 미끄럼이 일어났을 때는 μ의 값은 동마찰계수를 쓴다. 마찰계수 $\mu=0.3$일 경우 $\theta=\pi, 2\pi, 4\pi$에서 $e^{\mu\theta}$의 값은 각각 2.566, 6.586, 43.38로 되어 아주 큰 마찰력이 되므로 밴드 브레이크(band brake) 등에 이용되고 있다.

$T_2-T_1=T_E$라 놓으면 T_E는 유효장력이 된다.

예제 12-4

무게 W인 물체를 아래로 내리려고 한다. 그림 12-8과 같이 천장에 장치된 둥근봉에 로프를 1회반 감아 물체를 조금씩 내릴 때, 로프에 가하는 힘 F를 30 kg 이라고 하면 안전하게 내릴 수 있는 물체의 최대 무게는 얼마나 되는가?
단, 로프와 둥근봉의 마찰계수는 0.3이다.

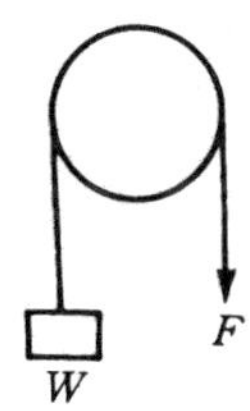

그림 12-8

〔풀 이〕 둥근봉에 감긴 로프의 양 단의 장력 W와 F와의 관계는

$$W=e^{\mu\theta}F$$

이고, 1회반 감겨 있으므로 $\theta=3\pi$ rad이다. 따라서

$$W=e^{0.3\times3\pi}\times30=507\ \text{kg}$$

예제 12-5

반경 R인 드럼이 우회전하고 있다. 그림 12-9와 같은 브레이크장치에 의하여 레버의 끝에 힘 F를 가하여 드럼을 멈추려 한다. 이 때 마찰력의 토크를 구하라.
벨트와 드럼의 마찰계수는 μ이다.

〔풀 이〕 레버에 F의 힘을 가하면 점 A는 내려가고 점 B는 올라간다. 그러나 $a>b$이므로 벨트는 드럼을 조이게 된다. 드럼은 우회전하고 있으므로 벨트의 장력 T_1, T_2는 $T_1>T_2$로 되어

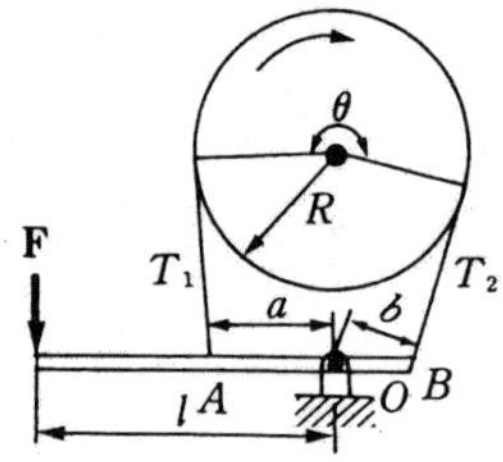

그림 12-9

$$T_1 = e^{\mu\theta} T_2$$

의 관계가 있고, 이 벨트의 장력차 $(T_1 - T_2)$가 마찰력 f와 같게 되어

$$f = T_1 - T_2 = (e^{\mu\theta} - 1)\, T_2$$

레버의 지점 O의 둘레의 모멘트의 평형에서

$$Fl - T_1 a + T_2 b = 0$$

$$Fl - (e^{\mu\theta} a - b)\, T_2 = 0$$

$$\therefore\ Fl - (e^{\mu\theta} a - b) \frac{f}{e^{\mu\theta} - 1} = 0$$

$$\therefore\ f = \frac{e^{\mu\theta}}{ae^{\mu\theta} - b} Fl$$

그러므로 마찰력에 의한 토크는

$$M = fR = \frac{e^{\mu\theta} - 1}{ae^{\mu\theta} - b} FlR$$

12-1 그림 문 12-1과 같이 400 kg인 균질물체 A가 수평면상에 정지해 있다. 물체와 평면 내의 마찰계수가 0.34일 때, 힘 P에 의하여 물체 A가 움직이게 될 때의 힘의 크기를 구하라.

해답 136 kg

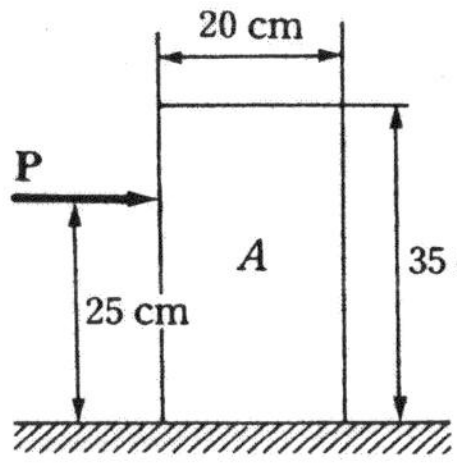

그림 문 12-1

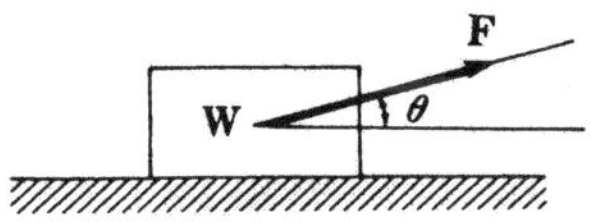

그림 문 12-2

12-2 그림 문 12-2와 같이 평면상에 무게 W인 물체가 있다. 이 물체를 움직일 수 있는 최소한의 힘과 그 방향을 구하라. 여기서 물체와 평면과의 정지마찰각은 ϕ이다.

해답 평면과 임의의 기울기 θ를 이루는 방향으로 힘 $\mathbf{F}$를 작용시켜 물체가 극한 평형에 있을 때의 평형조건을 생각하면

$F_{\min} = W \sin\theta, \quad \theta = \phi$

12-3 수평과 θ의 각도를 갖는 경사면에 무게 20 kg인 물체를 미끄러 내려오지 않도록 경사면을 따라 위로 향하는 힘 10 kg가 필요하고, 물체를 위로 움직이게 하기 위하여서는 경사면에 평행하게 위로 향하는 힘 15 kg이 필요하다. 마찰계수 μ와 경사면의 각도 θ를 구하라(그림 문 12-3).

해답 $\theta = 38° 40'$

$\mu = 0.16$

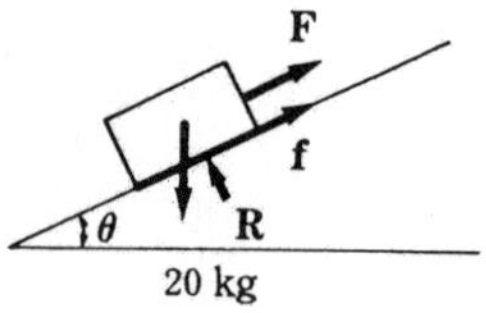

그림 문 12-3

12-4 외경 20 mm인 죄임 볼트를 200 kg · mm의 토크로 조였다. 조이는 힘은 얼마나 되는가? 볼트는 미터나사 제1호(유효직경 $d=18.4$ mm, 피치 $P=25$ mm)이며, 마찰이 없는 경우와 나사면의 정지마찰계수 0.2인 경우에 대하여 각각 구하라.

해답 503 kg, 8.86 kg

12-5 그림 문 12-5와 같이 길이 l, 무게 W인 막대를 벽면에 기대어 세워 놓았다. 극한 평형상태를 유지할 때의 막대의 기울기를 구하라. 벽면과 바닥 사이의 정지마찰계수는 μ_0이다.

해답 θ의 기울기에서 바닥의 접촉면에 수직인 압력에 비례하는 최대 정지 마찰력이 생긴다고 보면

$$\tan\theta = \frac{1-\mu_0{}^2}{2\mu_0}$$

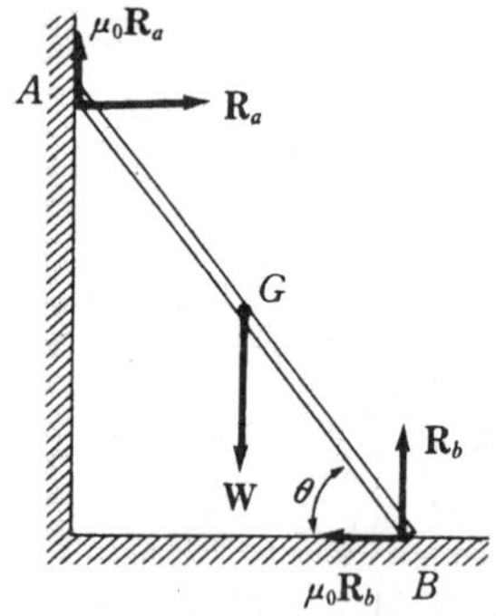

그림 문 12-5

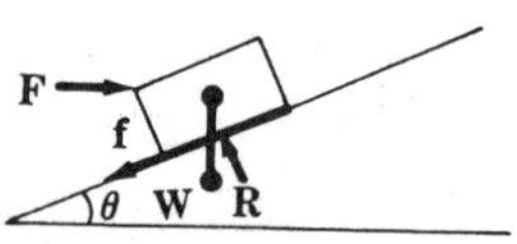

그림 문 12-6

12-6 수평과 θ의 각도를 갖는 경사면 위에 있는 무게 W인 물체에 수평으로 힘 F를 가하여 물체를 위로 움직이기 위한 최소한의 힘을 구하라(그림 문 12-6). 단, 물체와 빗면과의 마찰각은 λ이다.

해답 $F = W\tan(\theta + \lambda)$

12-7 테이퍼(taper) 1/10인 원뿔형 블록을 같은 모양의 구멍에 5000 kg의 힘으로 밀어 넣었다. 이것을 빼내는 데 소요되는 힘을 구하라. 단, 정지마찰계수는 0.2이다.

해답 3000 kg

12-8 그림 문 12-8에 표시한 바와 같이 무게 W_1, W_2를 가진 두 블록이 줄에 연결되어 수평면상에 각각 정지해 있다. 각 블록에 대한 마찰각이 ϕ일 때 윗방향의 블록에 작용하여 활동을 일으킬 수 있는 최소한의 힘 P를 구하라.

해답 $P = (W_1 + W_2)\sin\phi$

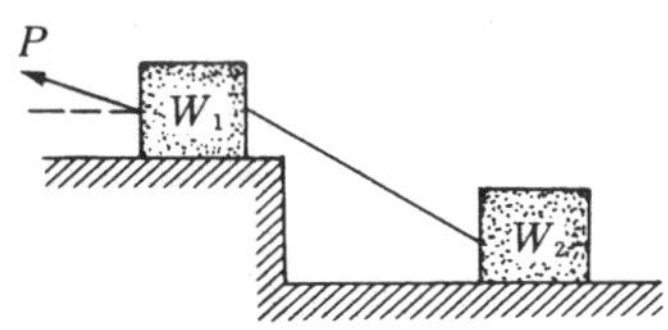

그림 문 12-8

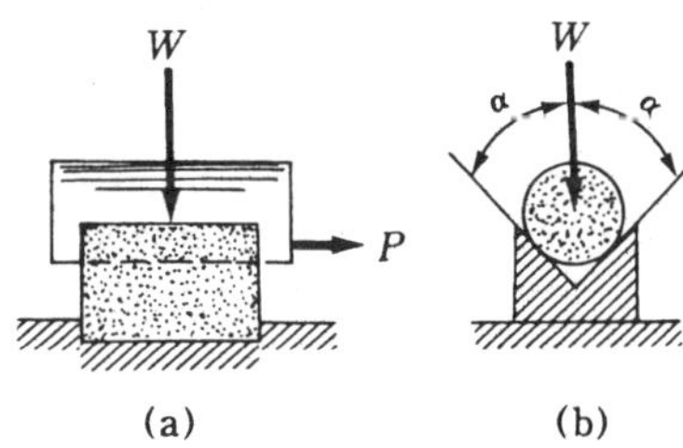

그림 문 12-9

12-9 그림 문 12-9와 같이 무게 W의 짧은 직원주가 각 2α를 가진 수평한 V형 노치에 정지해 있다. 마찰계수를 μ로 하여 활동이 일어나게 하는데 요하는 수평력 P를 구하라.

해답 $P = \mu W / \sin\alpha$

12-10 그림 문 12-10에서 물체 A의 무게는 100 kg이고, 평면과의 마찰계수는 0.3이다. 그리고 고정된 드럼과 로프간의 마찰계수는 0.5이다. 아래방향으로 운동을 시작하려도 하는 물체 B의 무게를 구하라.

해답 133.9 kg

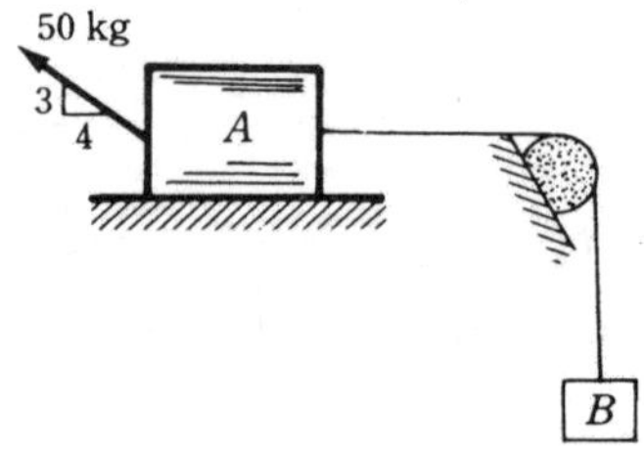

그림 문 12-10

12-11 그림 문 12-11과 같은 장치로 1 ton의 무게를 끌어 올리거나 내리는데 필요한 힘 P를 구하라. 단, 마찰계수 $\mu=1/3$이다.

해답 1690 kg(올릴 때), 592.4 kg(내릴 때)

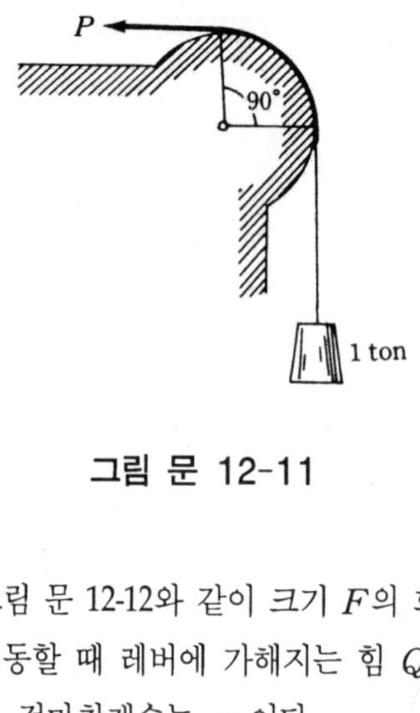

그림 문 12-11

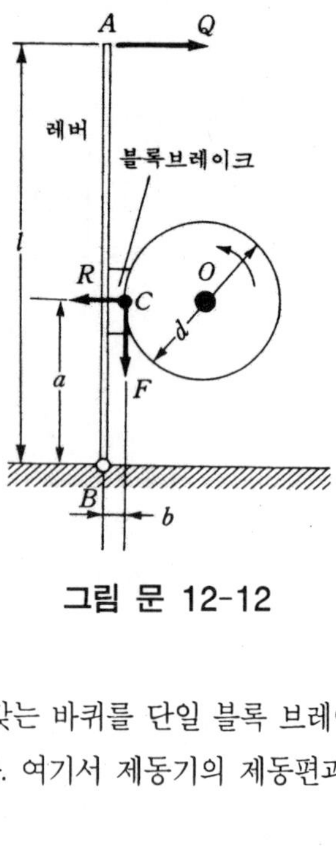

그림 문 12-12

12-12 그림 문 12-12와 같이 크기 F의 회전력을 갖는 바퀴를 단일 블록 브레이크로서 제동할 때 레버에 가해지는 힘 Q를 구하라. 여기서 제동기의 제동편과 바퀴간의 정마찰계수는 μ_0이다.

해답 마찰력은 $f_0=\mu_0 R$, f_0와 F가 평형이 된다고 보면 $R=F/\mu_0$이다. R은 바퀴가 제동편에 미치는 힘이라고 보아 레버와 제동편을 일체로 하여 평형조건을 고찰하면

$$Q=\frac{F}{l}\left(\frac{a}{\mu_0}-b\right)$$

13

일 · 에너지 · 동력

1) 일

그림 13-1(a)와 같이 물체에 힘 **F**가 작용하여 힘의 방향으로 S만큼 변위하였을 때 이루어진 일의 양 U는 다음 식으로 표시된다.

$$U = FS \tag{13-1}$$

만약 힘 **F**의 방향과 변위 S의 방향이 그림 13-1(b)와 같이 일치하지 않을 때의 행하여진 일은 힘의 변위방향의 성분($F\cos\theta$)과 변위의 곱으로, 또는 변위의 힘의 방향성분($S\cos\theta$)과 힘의 곱으로 된다.

$$U = F\cos\theta \cdot S = FS\cos\theta$$

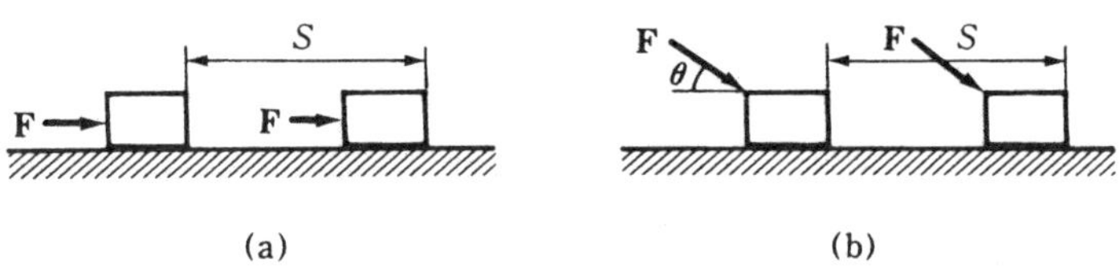

그림 13-1

그림 13-2(a)와 같이 힘 **F**가 질점 P에 작용하여 그림 13-2(b)와 같이 질점이 s_1에서 s_2까지 유한변위를 하였을 때, 힘 **F**가 변위의 함수 $\mathbf{F} = F(s)$이면 힘 **F**가 질점 P에 한 일은

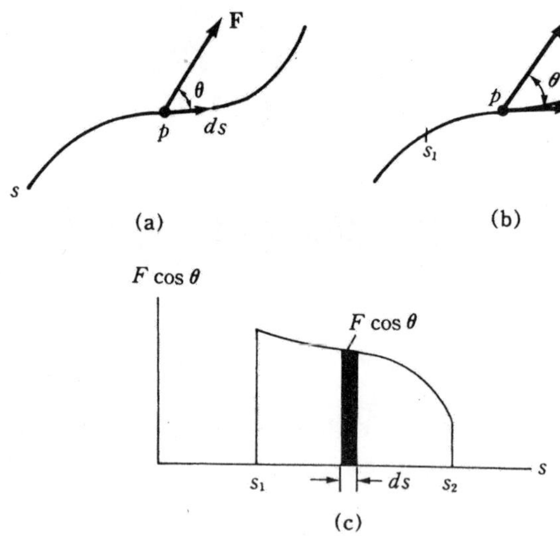

그림 13-2

$$U_{1-2} = \int_{s_1}^{s_2} \mathbf{F} \cdot ds = \int_{s_1}^{s_2} F\cos\theta\, ds \qquad (13\text{-}2)$$

이다. 그림 13-2(c)와 같이 일은 한 힘의 성분 $F\cos\theta$를 y축, 변위량을 x축으로 취하면 $s_1 \sim s_2$ 사이의 곡선 아래부분으로 이루어지는 면적이 일의 양을 나타낸다.

일의 단위는 중력단위로 크기 1 kgf의 힘을 물체에 가하여 힘의 방향으로 1 m 만큼 변위했을 때의 한 일을 기준으로 하는 1 kgf · m가 있고, 미국에서는 일의 단위로 ft · lb를 쓰기도 하나 실용단위로 1 J(joule)이 사용된다. 일과 힘의 모멘트 단위는 같게 표기하나 일은 경로에는 관계없고 변위에 관계되므로 스칼라량이다. 중력단위와 절대단위와의 관계는 다음과 같다.

$$1\,\text{kg} \cdot \text{m} = 980 \times 10^3 \times 10^2 \text{dyn} \cdot \text{cm} = 9.8 \times 10^7 \text{erg} = 9.8\,\text{J}$$
$$1\,\text{J} = 1\,\text{N} \cdot \text{m} = 0.102\,\text{kg} \cdot \text{m}$$

(1) 중력에 의한 일

그림 13-3과 같이 θ의 각도로 경사진 미끄러운 경사평면에 무게 W인 물체가 얹혀져 있기 위하여 받쳐주는 힘 F의 크기는 $W\sin\theta$ 이상의 힘이 필요하다.

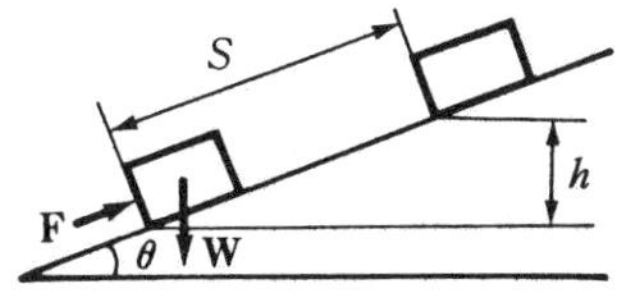

그림 13-3

F의 힘으로 경사평면을 따라 물체를 S만큼 밀어 올렸을 때의 한 일은

$$FS = W\sin\theta S = Wh \tag{13-3}$$

이다. 이것은 물체를 높은 곳에 올리는 경우, 경사면을 이용하여 올릴 때의 일의 양과 물체의 무게와 같은 크기의 힘을 가해서 바로 위로 들어 올리는 경우 일의 양이 같다는 것을 의미한다. 이것은 곧 중력이 작용하고 있는 장소에서 중력이 물체에 한 일은 물체가 이동하는 경로에 관계없이 운동하는 물체의 처음과 마지막의 위치에 의하여서만 결정된다는 것이다.

기계를 사용해서 일을 할 경우에도 가하는 힘은 작지만 그 분량만큼 힘을 가하는 경로가 길어지므로 이루어지는 일에는 변함이 없다. 이것을 일의 원리(principle of work)라고 한다.

또 중력, 만유인력, 전기력, 자력 등이 작용하는 곳에서 물체가 임의의 경로에 따라 이동하여 다시 처음 위치로 되돌아 왔을 때, 물체에 작용하는 그 힘이 하는 일의 대수합이 영이 될 경우 그 힘을 **보존력**(conservative force)이라 한다. 질점의 하향 이동시 중력에 의한 일은 부(−)로 한다.

예제 13-1

30°의 매끈한 경사면이 있다. 무게 10 kg의 물체가 자중에 의하여 2 m 변위했을 때의 일의 양을 구하라.

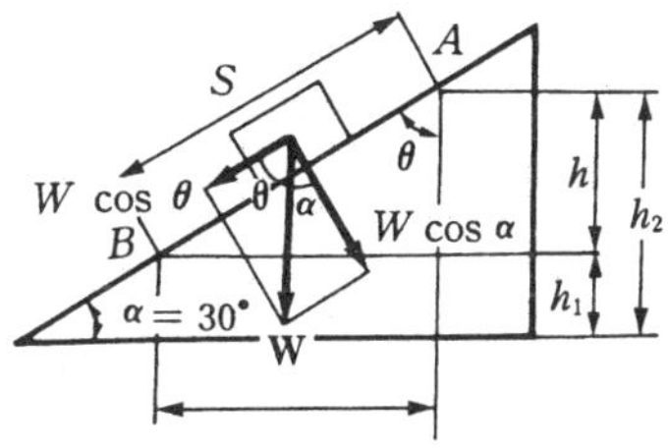

그림 13-4

〔풀 이〕 그림 13-4에서 중력의 변위방향 성분은

$$W\cos\theta = W\cos(90° - \alpha)$$
$$= W\sin\alpha$$
$$= 10 \times \sin 30° = 5\text{ kg}$$

따라서 일의 양은

$$U = 5\text{ kg} \times 2\text{ m} = 10\text{ kg}\cdot\text{m}$$

■◆■

(2) 스프링의 복원력에 의한 일

힘의 크기가 연속적으로 변하는 경우의 예로서, 인장 또는 압축된 상태의 스프링에 의한 힘으로 이루어지는 일을 생각하여 보자.

그림 13-5에서 스프링을 자연상태보다 x만큼 잡아 늘이는 데 필요한 힘 F는 다음과 같다.

$$F = kx \tag{13-4}$$

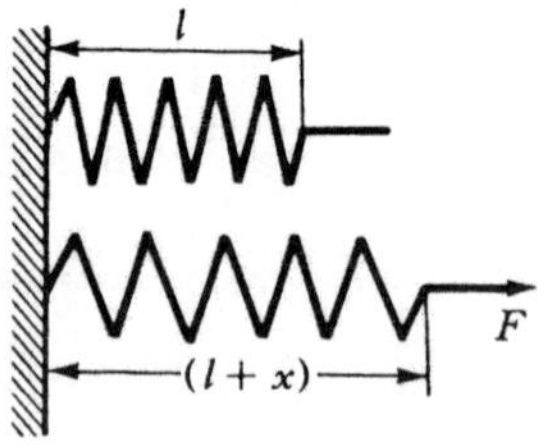

그림 13-5

탄성체를 잡아늘이거나 압축시키는 데 필요한 힘은 탄성한도 내에서 변화된 길이에 비례함을 의미한다. 식 (13-4)에서 k는 스프링을 단위길이만큼 변형시키는 데 필요한 힘을 나타내는 상수로 스프링 상수(spring constant)라 하고, 단위는 kg/cm, kg/mm로 표시한다.

여기서 스프링의 복원력에 의한 일은 다음과 같다.

$$U = \int_0^x F\,dx = \int_0^x kx\,dx = \frac{1}{2}kx^2 \tag{13-5}$$

이다.

예제 13-2

그림 13-6에서 코일 스프링의 상단을 고정하고 하단에 무게 W인 추를 매달았더니 스프링은 l 만큼 늘어 났다가 잠시 후 l_0 만큼 늘어난 곳에 추가 정지하였다. l_0와 l의 관계를 구하라. 여기서 k는 스프링 상수이다.

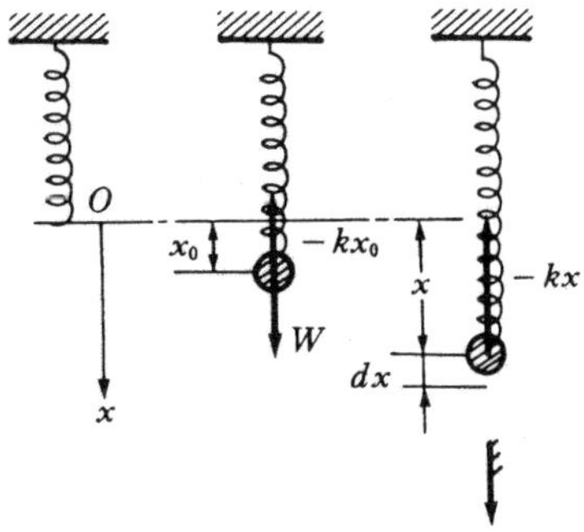

그림 13-6

〔풀이〕 스프링이 l 만큼 늘어나는 동안 스프링의 복원력이 추에 대하여 한 일

$$U_1 = \int_0^l (-kx)\,dx = -\frac{kl^2}{2} \qquad \text{(a)}$$

(−) 부호는 추가 반대로 스프링에 $kl^2/2$의 일은 한 사실을 의미한다.
또, 추가 l 만큼 내려오는 동안

$$U_2 = Wl \qquad \text{(b)}$$

의 일을 중력에 의하여 하게 된다.
추는 U_2에 의하여 U_1 크기의 일을 한다고 보아

$$\frac{kl^2}{2} = Wl \qquad \text{(c)}$$

또, 그림 13-7에서 아는 바와 같이

$$W = kl_0 \qquad \text{(d)}$$

이므로 식 (d)를 식 (c)에 대입하면

$$\frac{kl}{2} = kl_0$$

$$\therefore\ l = 2l_0$$

■◆■

2) 에너지

던져진 공, 높은 위치에 있는 물, 눌려있거나 늘어난 스프링 등은 외부에 대하여 일을 할 수 있는 능력을 가지고 있다. 이 능력을 **에너지**(energy)라 하고, 에너지의 단위는 일의 단위와 같이 kg · m, 또는 J로 나타낸다.

물체의 위치나 모양의 변화에 의하여 갖는 에너지를 **위치에너지**(potential energy)라 하고, 운동하고 있는 물체가 갖는 에너지를 **운동에너지**(kinetic energy)라 하며, 이 두 에너지를 합한 에너지 즉, 물체의 역학적 상태만으로 결정되는 에너지를 **역학적 에너지**, 또는 **기계적 에너지**(mechanical energy)라 한다. 에너지에는 역학적 에너지 외에 열에너지, 화학적 에너지, 전기에너지 등이 있으나 여기서는 역학적 에너지에 대해서만 다루기로 한다.

(1) 위치에너지

무게 W의 물체를 지상으로부터 h의 높이로 끌어 올리는데 필요한 일의 양은 Wh이다. 그러면 지상에서 높이 h인 곳에 있는 무게 W인 물체는 Wh인 위치 에너지를 갖고 있는 것으로 되어

$$P \cdot E = Wh = mgh$$

가 된다. 위치 에너지는 물체를 기준면에서부터 보존력(중력, 자력, 만유인력, 스프링의 복원력)에 반하여 어느 거리만큼 이동시킬 경우에 필요한 일의 양으로 나타내고, 중력의 경우는 그 힘의 크기와 상승거리의 곱으로 나타낼 수 있다. 또한, 자연의 길이에서 x만큼 늘어난 코일 스프링에 대한 위치 에너지 또는 탄성 에너지(elastic energy)는 이동거리에 비례하여 힘의 크기가 증가하므로 식 (13-5)와 같다.

$$P \cdot E = \frac{1}{2} kx^2$$

(2) 운동에너지

정지하고 있는 무게 W인 물체에 힘 F를 가하여 거리 S만큼 이동시킬 때, 물

체가 얻은 운동 에너지를 생각하여 보면 운동의 제 2법칙에서

$$F = \frac{W}{g} a \qquad \therefore \ a = \frac{g}{W} F$$

의 가속도를 얻는다. 초속도 0, 가속도 a로 운동하여 S만큼 이동하였을 때의 속도 v는

$$v^2 = 2aS$$

로 주어진다.

여기서 힘 F가 한 일은 물체가 얻은 운동 에너지와 같으므로

$$FS = \frac{W}{g} a \times \frac{v^2}{2a} = \frac{1}{2} \frac{W}{g} v^2$$

이 된다. 따라서 무게가 W인 물체가 속도 v로 운동할 경우의 운동 에너지는 다음과 같다.

$$P \cdot E = \frac{1}{2} \frac{W}{g} v^2 \tag{13-6}$$

(3) 역학적 에너지 보존의 법칙

그림 13-7에서 무게 W인 물체가 높이 h인 위치에서 정지하고 있다고 하자. 이때의 운동 에너지와 위치 에너지의 합 E_1은

$$E_1 = 0 + Wh = Wh$$

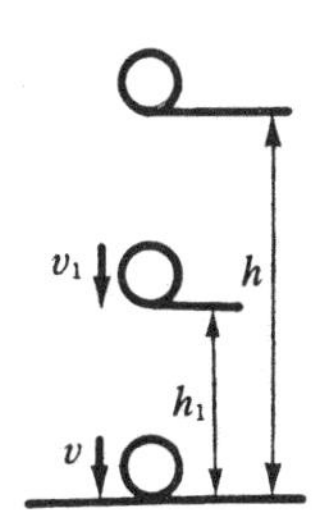

그림 13-7

다음은 자유낙하하여 물체가 h_1의 높이에 도달할 때의 물체의 속도가 v_1이라

하면 이때의 두 에너지의 합 E_2는

$$E_2 = \frac{1}{2}\frac{W}{g}{v_1}^2 + Wh_1$$

이 된다. 여기서 초속도가 0일 때, h의 높이에서 h_1의 높이로 자유낙하했을 때의 속도 v_1은

$${v_1}^2 = 2g(h - h_1) \quad (\because\ v^2 - {v_0}^2 = 2aS)$$

$$E_2 = \frac{1}{2}\frac{W}{g}\{2g(h - h_1)\} + Wh_1 = Wh$$

이고, 물체가 지상에 도달했을 때의 두 에너지의 합 E_3는

$$E_3 = \frac{1}{2}\frac{W}{h}v^2 + O = \frac{1}{2}\frac{W}{g}v^2$$

$v^2 = 2gh$로부터

$$E_3 = \frac{1}{2}\frac{W}{g}2gh = Wh$$

이다. 따라서 물체의 자유낙하시 경로상 임의점을 취하여도 그 점에서 물체가 갖는 위치 에너지와 운동 에너지의 합은 일정하다.

에너지 보존의 일반적인 개념이란, 에너지는 창조되지도 않고 소멸되지도 않는다는 것이다. 역학에서는 일반적으로 화학 에너지, 전기 에너지, 원자 에너지와 같은 에너지는 관여되지 않는다. 그러면 계로부터 열에너지의 확산이 없는 역학계를 고려한다면 계의 역학적 에너지는 보존된다. 이와 같은 계를 **보존계**(conservative system)라 하고, 관여된 힘들을 **보존력**(conservative force)이라 부른다. 마찰력으로 인한 열에너지는 계로부터 손실이 되므로 마찰력은 **비보존력**의 한 예이다.

중력이나 스프링의 복원력은 보존력이고, 보존력이 작용하는 공간을 보존력장이라 한다. 일반적으로 보존력장에서 물체가 가지고 있는 역학적 에너지의 변화, 이동이 있어도 그 합은 항상 일정하다. 즉,

$$K \cdot E = P \cdot E = \text{const.}$$

이것을 역학적 에너지 보존의 원칙(law of conservation of mechanical energy)이라 한다.

예제 13-3

길이 20 cm 인 줄에 추를 매단 진자가 있다. 연직과 60°의 각도에서 초속도 없이 추를 놓아 준다면 추가 최하점을 통과할 때의 속력을 구하라.

〔풀이〕 출발점과 최하점에서 추가 갖는 역학적 에너지에 대하여 역학적 에너지 보존의 법칙을 적용한다.

그림 13-8의 B점을 통과하는 수평면을 위치 에너지의 기준면으로 하면

$$(M \cdot E)_A = W(l - l\cos\theta) \qquad \text{(a)}$$

$$(M \cdot E)_B = \frac{1}{2} \cdot \frac{W}{g} v_b^2 \qquad \text{(b)}$$

따라서

$$W(l - l\cos\theta) = \frac{1}{2} \cdot \frac{W}{g} v_b^2$$

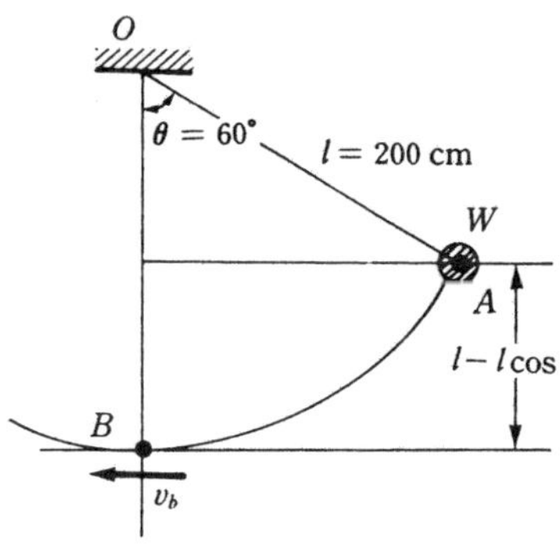

그림 13-8

$$v_b = \sqrt{2g(l - l\cos\theta)} \qquad \text{(c)}$$

$g = 980\ \text{cm/s}^2$, $l = 20$ cm, $\cos\theta = \cos 60° = 1/2$을 윗식에 대입하면

$$v_b = \sqrt{2 \times 980 \times 20 \times 1/2}$$

$$= 140\ \text{cm/s}$$

예제 13-4

그림 13-9와 같이 무게 W인 추가 탄성봉에 따라 연직방향으로 상하 이동이 가능하

다. 추를 봉의 하단부터 높이 h인 곳에서 낙하시켰을 때 봉의 신장은 얼마나 되는가?

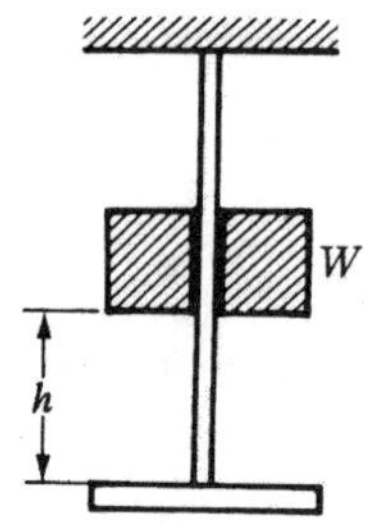

그림 13-9

〔풀 이〕 탄성봉의 신장에 대한 강도계수를 k, 신장량을 δ라고 한다. 추의 낙하 에너지(위치 에너지의 감소)는 봉에 일을 하여 신장 에너지로 되므로

$$W(h+\delta)=\frac{1}{2}k\delta^2$$

$$\therefore \delta=\frac{W}{k}+\sqrt{\left(\frac{W}{k}\right)^2+2h\left(\frac{W}{k}\right)}$$

정적으로 하중을 걸었을 때의 신장량은 $\delta_{st}=W/k$이므로

$$\delta=\delta_{st}+\sqrt{\delta_{st}{}^2+2h\delta_{st}}$$

$h=0$인 경우는 $\delta=2\delta_{st}$가 된다.

3) 동력

(1) 동력

지금까지 설명한 것으로 일은 힘과 거리에만 관계되고 시간에는 무관계한 스칼라량이었다. 주어진 한 물체를 주어진 높이만큼 올리는데 1초가 걸리든 1년이 걸리든 일의 량은 같다.

기계의 경제적 가치는 짧은 시간에 많은 일을 하거나, 또는 많은 에너지를 전달할 수 있어야 한다. 따라서 기계가 하는 일의 시간적 비율을 **동력**(power), 또는 공률이라 한다.

동력은 벨트, 기어, 마찰구동 및 전동기 등에 의하여 기계적으로 전달되고, 유체에 의하여서도 전달이 된다. 관 속을 흐르는 기체나 액체의 에너지 운반, 즉 열

기관의 실린더 내, 유체기계의 회전차 내, 유압기계 및 토크 컨버터 등에서 에너지의 흡수와 방출로 전기동력은 도선 내 전류의 흐름으로 동력이 운반된다.

동력은 기계의 정격을 말할 때 사용된다. 승용차의 마력수는 큰 것일수록 출발시에 발진이 빠르다. 고속도로상에서 일정한 속력으로 질주할 때에는 큰 마력이 필요없는 것이다.

결국 미소시간 Δt 사이에 ΔU의 일이 이루어졌다고 하면, 동력 P는

$$P = \frac{\Delta U}{\Delta t} = \frac{F\Delta s}{\Delta t} = F\frac{\Delta s}{\Delta t} = Fv \qquad (13\text{-}7)$$

로 되어 스칼라량이다.

동력의 단위는 식 (13-7)에서 kg · m/s로 나타낼 수 있지만, 실용단위로 1 kW, 1 hp(horsepower), 1 PS(pferdestarke)가 사용되고 이들 사이에는

$$1\,\mathrm{J/s} = 1\,\mathrm{W} = 1\,\mathrm{N \cdot m/s}$$
$$1\,\mathrm{kW} = 10^2\,\mathrm{kg \cdot m/s}$$
$$1\,\mathrm{hp} = 550\,\mathrm{ft \cdot lb/s} = 764\,\mathrm{W}$$
$$1\,\mathrm{PS} = 75\,\mathrm{kg \cdot m/s} = 735\,\mathrm{W}$$

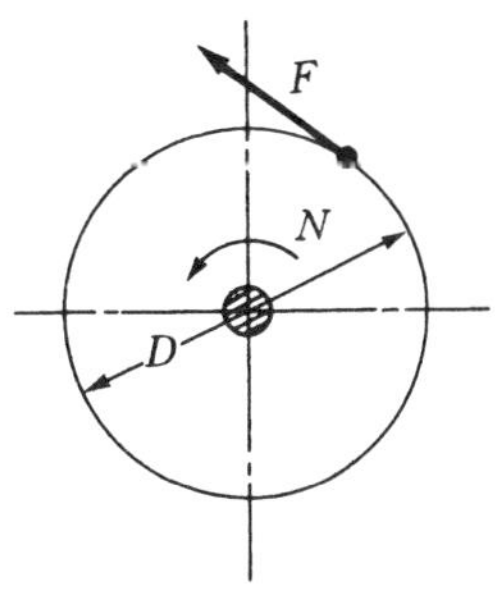

그림 13-10

의 관계가 있다. 또 연속적으로 큰 일을 할 경우에는, 시간당의 일로서 kW · h가 사용된다. 이것은 동력과 시간과의 곱으로, 일의 량을 나타내고 전기에 의한 일의 량으로 사용된다.

그림 13-10과 같이 직경 D [mm]의 원판 주변의 접선방향으로 힘 F [kg]이 작용하여 원판 중심을 지나는 회전축 둘레에 N [rpm]으로 회전하고 있을 때의 동력은

$$P = \frac{\pi FDN}{60 \times 1000}\ [\text{kg} \cdot \text{m/s}] \tag{13-8}$$

$\varDelta\theta$의 각이동을 하여 물체 위에 작용하는 M 모멘트의 짝힘이 물체에 준 동력은

$$P = \frac{\varDelta U}{\varDelta t} = \frac{M\varDelta\theta}{\varDelta t} = M\omega \tag{13-9}$$

이다.

(2) 기계효율

에너지의 보존법칙은 형상의 변화에 따라 에너지의 양상은 바뀌어도 총합은 일정하다는 것을 표시했는데 그 에너지는 변환 과정에 있어서 일부가 쓸모 없게 되며 이용가치는 감소한다.

실제로 기계나 기구를 움직이면 부여된 에너지가 변환 전달되어서 유효한 일을 하는데 마찰 등으로 인하여 손실이 생기고 유효한 일은 부여된 에너지보다도 적어진다. 따라서 단위시간 사이에 외부로부터 기계가 받은 입력에너지와 같은 시간 사이에 이 기계가 내는 출력과의 비를 **효율**(efficiency)이라 한다. 또한 효율은 기계효율, 전기효율, 수력효율, 전체효율 등으로 분류할 수 있다. 한 기계의 **기계효율**(mechanical efficiency)은

$$\eta = \frac{\text{출력공률}}{\text{입력공률}} \tag{13-10}$$

따라서, 마찰력으로 인하여 어떤 엔진, 또는 기계효율은 1보다 또는 100%보다 항상 작다는 것을 알 수 있다.

예제 13-5

$1\,\text{m}^3/\text{min}$의 물을 수면에서 50 m만큼 높은 곳에 올리고자 한다. 펌프의 효율을 65%로 할 때, 몇 kW 용량의 전동기를 선정하면 좋은가?

〔풀 이〕 동력 $P = \frac{F \cdot v}{102} = \frac{1000 \times 50/60}{102} = 8.17\,\text{kW}$

펌프의 효율을 고려한 동력은 $\frac{P}{\eta} = \frac{8.17}{0.65} = 12.6\,\text{kW}$

모터의 정격출력에는 0.1, 0.2, 0.4, 0.75, 1.5, 2.2, 3.7, 5.5, 7.5, 11, 15, 19, 22, 37,

45, 55, 75, 110 kW 등이 있다. 따라서 이 용량에 여유를 주어 정격 전동기 15 kW 짜리가 좋다.

■◆■

예제 13-6

어떤 모터의 동력을 측정하기 위하여 그림 13-11과 같은 장치를 하고 나사를 조여 회전축에 부하를 걸어 준다.

$d=80$ cm 이고, $\omega=1800$ rpm 이 될 때, $R=35$ kg 을 가리켰다. 이때의 모터의 동력을 계산하라.

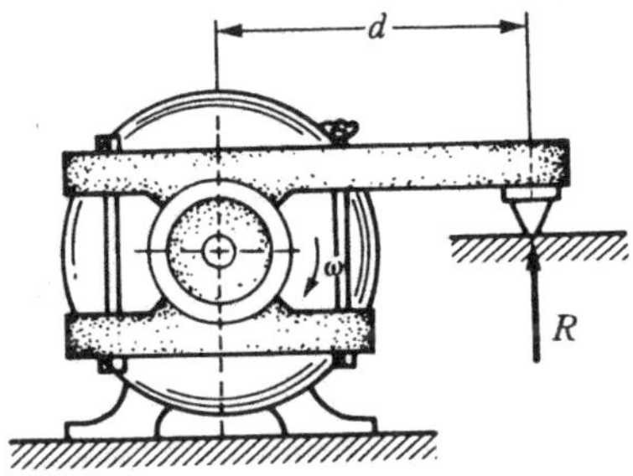

그림 13-11

$$M=R\cdot d$$
$$=35\,\text{kg}\times0.8\,\text{m}=28\,\text{kg}\cdot\text{m}$$

모터의 동력은

$$P=M\cdot\omega$$
$$=20\,\text{kg}\cdot\text{m}\times1800\,\text{rpm}$$
$$=28\times\frac{2\pi}{60}\times1800\,\text{kg}\cdot\text{m/sec}$$
$$=5277.9\,\text{kg}\cdot\text{m/sec}$$
$$=70.4\,\text{PS}$$

■◆■

연습문제 E·X·E·R·C·I·S·E

13-1 5 cm 압축하는데 300 kg의 힘을 필요로 하는 스프링이 있다. 이 스프링을 600 kg의 힘으로 압박한 상태에서 압박력을 240 kg으로 줄인다면 이 동안에 스프링은 얼마의 일을 할 수 있는가?

해답 25.2 kg · m

13-2 그림 문 13-2와 같은 장치를 사용하여 무게 60 kg의 물체를 끌어 올리는데 기관을 5 PS의 동력으로 일을 시켰다 한다. 물체의 상승속도가 2 m/s가 되는 순간, 물체가 갖는 가속도를 구하라. 단, 1 PS=75 kg · m/s이다.

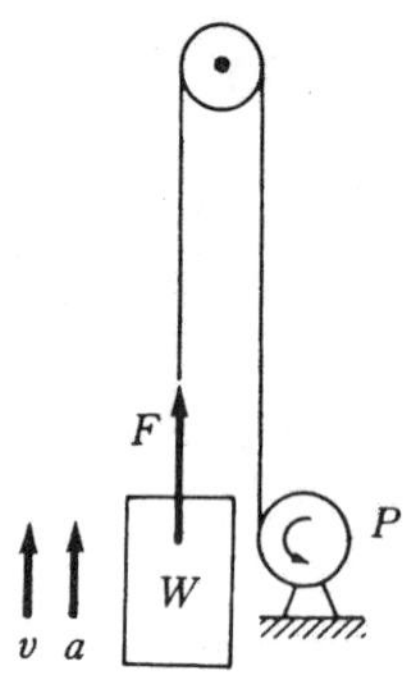

그림 문 13-2

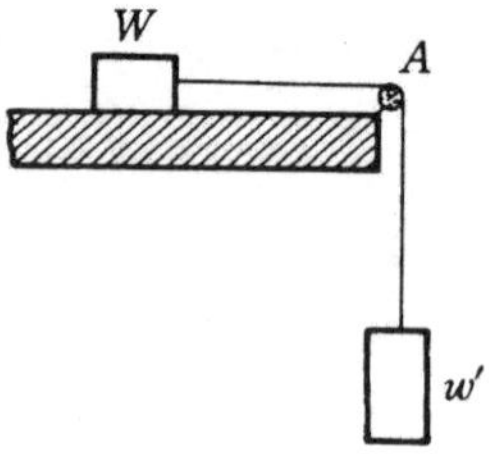

그림 문 13-4

해답 20.8 m/s^2

13-3 전 중량 180 ton인 열차에 연결된 기관차가 500 PS로서 일을 하여 열차가 1/500 경사의 비탈길을 오를 때 최대 속도를 구하라. 단, 열차에 작용하는 마찰저항을 1 ton에 대하여 9 kg으로 한다.

해답 68.1 km/h

13-4 그림 문 13-4와 같이 매끈한 판 위에 무게 W인 물체를 놓고 이것에 연결한 실

을 판의 끝 지점에서 연직으로 드리우고 무게 w'인 물체를 매달았다. 마찰을 무시하면 w'가 l만큼 떨어질 때의 속도를 구하라.

해답 $\sqrt{\dfrac{2w'lg}{W+w'}}$

13-5 무게 200 kg인 물건을 잭(jack)으로 15 cm 들어 올릴 때의 일량을 구하라. 단, 나사의 유효직경 18 mm, 피치 4 mm, 나사면의 운동마찰계수는 0.2이다.

해답 114.8 kg · m

13-6 그림 문 13-6과 같이 엘리베이터를 움직이는 데 10 PS의 모터가 사용되었다. 엘리베이터가 상승하고 있을 때, 속도 1.2 m/s의 시점에서 가능한 최대 상승 가속도를 구하여라.

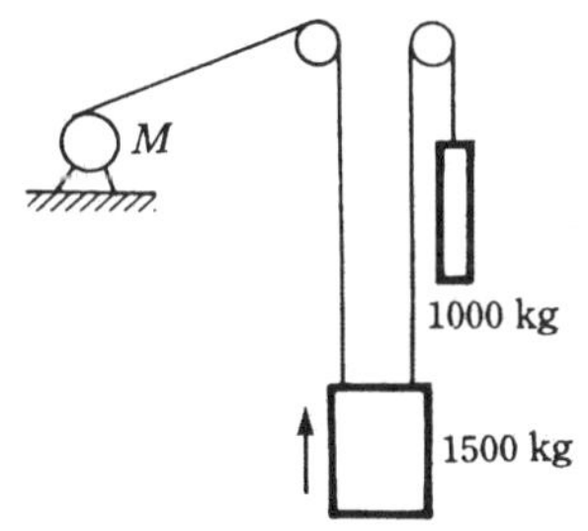

그림 문 13-6

해답 0.49 m/s^2

13-7 크레인으로 무게 1020 kg의 물체를 5초 동안에 7 m의 높이로 올릴 때, 이 기계의 유효일과 동력을 구하라. 단, 기계효율은 70%이다.

해답 U=2140 kg · m
P_M=20 kW

14

운동량과 역적 · 충돌

1) 운동량과 역적

그림 14-1과 같이 무게 W인 물체가 속도 v_0로 직선운동을 하고 있을 때, 운동 방향으로 일정한 힘 F가 t시간 동안 작용하여 속도 v_0에서 v로 변했다고 하면, 이 운동의 평균 가속도 a는

$$a = \frac{v - v_0}{t}$$

이고, 또 운동의 제 2법칙에 의하여

$$F = \frac{W}{g}a = \frac{W}{g}\frac{v - v_0}{t} = \frac{1}{t}\left(\frac{W}{g}v - \frac{W}{g}v_0\right) \tag{14-1}$$

로 표시된다. 여기서 물체의 질량 $\frac{W}{g}$와 속도 v와의 곱인 $\frac{W}{g}v$를 선운동량(linear momentum), 또는 운동량(momentum)이라 한다. 질점의 운동량을 B로 표시하면

$$B = mv = \left(\frac{W}{g}\right)v \tag{14-2}$$

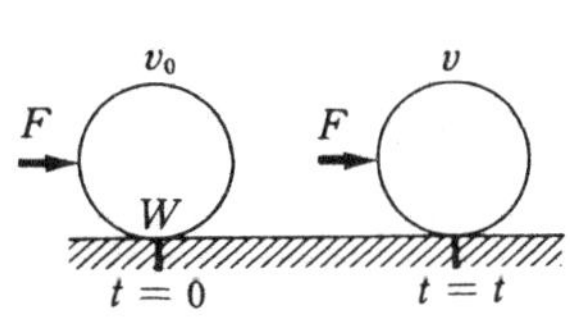

그림 14-1

운동량은 v와 같은 방향의 벡터량이고, 크기는 $(W/g)v$로서 그 단위는 N · sec, kg · sec를 사용한다.

식 (14-1)은 물체의 운동량의 시간에 대한 변화량은 물체에 작용하는 힘과 같다는 것을 표시하고, 또 외력이 작용하지 않는 한 물체의 운동량은 일정하다는 것을 의미한다.

그리고 식 (14-1)을 고쳐써서

$$Ft = \frac{W}{g}v - \frac{W}{g}v_0 \tag{14-3}$$

로 하면, 좌변 $F \cdot t$는 힘과 그 힘이 작용한 시간과의 곱으로 선역적(linear impulse), 또는 역적(impulse)이라 한다.

선역적을 I_L로 표시하면

$$I_L = Ft = \frac{W}{g}(v - v_0)$$

식 (14-3)은 어떤 시간 내의 역적이 운동량의 변화와 같다는 것을 나타내고 있다. 따라서 단위는 운동량의 단위와 같이 N · sec, kg · sec를 사용한다. 또한 운동량의 변화가 일정한 경우, 힘 F와 힘의 작용시간 t와는 반비례하므로 시간이 극히 짧은 경우에는 물체에 매우 큰 힘이 작용한다. 이와 같은 힘을 충격력(impulsive force)이라 한다. 못을 박을 때 망치로서 타격하는 것은 충격력을 이용하기 때문이다.

그런데 충격력은 극히 짧은 시간에 작용하지만 그 동안에도 시시각각으로 변화하므로 실제 작용하는 힘을 구하기는 어렵다. 따라서 충격의 정도는 그로 인하여 생기는 운동량의 변화로 표현하는 경우가 많다. 또한 타격이나 충돌할 때의 손실을 방지하려면 힘의 작용시간을 길게 하는 스프링이나 유압 등을 이용하여 충격력을 감소시키면 된다. 이와 같은 작용을 완충작용(buffer action)이라 한다. 자동차의 쿠션(cushion), 완충기(shock absorber), 유압댐퍼, 항공기 다리 부근에 장치한 완충기 등이 그 예이다.

예제 14-1

30 m/s의 속도로 날아오는 무게 0.98 kg인 공을 0.1초 사이에 멈추게 하려면 얼마의

힘이 필요하느냐?

〔풀 이〕 식 (14-3)에서

$$Ft = \frac{W}{g}(v - v_0)$$

필요한 힘 F는

$$F = \frac{W}{g}\frac{1}{t}(v - v_0) = \frac{0.98}{9.8} \times \frac{1}{0.1} \times (0 - 30)$$

$$= -30\,\text{kg}$$

여기서 (−) 부호는 공이 날아오는 방향과 힘의 방향이 반대임을 의미한다. ■◆■

2) 운동량보존의 법칙

그림 14-2와 같이 무게 W_1, W_2의 물체 A, B가 초속도 v_1, v_2로 일직선상의 같은 방향으로 운동 중, $v_1 > v_2$이므로 A와 B는 충돌하여 힘 F와 $-F$가 서로 시간 t동안 작용하여 각각의 속도가 v_1', v_2'로 변화하였다고 한다.

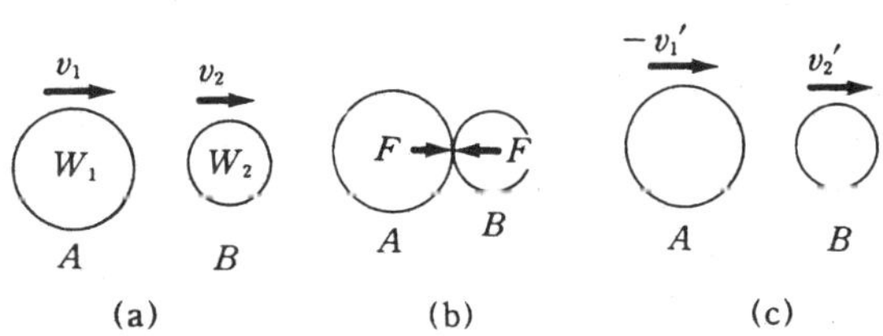

그림 14-2

각각의 물체 A, B의 역적과 운동량의 변화를 생각하면

$$A\text{에서는} \quad -Ft = \frac{W_1}{g}v_1' - \frac{W_1}{g}v_1$$

$$B\text{에서는} \quad Ft = \frac{W_2}{g}v_2' - \frac{W_2}{g}v_2$$

양변을 더하여 정리하면

$$\frac{W_1}{g}v_1 + \frac{W_2}{g}v_2 = \frac{W_1}{g}v_1' + \frac{W_2}{g}v_2' \tag{14-4}$$

로 된다. 식 (14-4)는 두 물체가 서로 힘을 작용하여 속도가 변하여도 두 물체의 운동량의 합은 그 작용 전후에 있어서 변함이 없음을 나타내고 있다. 이것은 물체의 외력의 작용이 없이 서로 작용하는 힘만으로 운동할 때에 항상 성립하는 것이다.

즉

$$\sum_i \frac{W_i}{g} v_i = \text{const.} \qquad (14\text{-}4)'$$

이것을 운동량보존의 법칙(principle of conservation of momentum)이라 한다.

예제 14-2

무게 1000 kg 인 해머(hammer)를 5 m 높이에서 자유낙하시켜 무게 200 kg 의 말뚝을 20 cm 박았다. 지면의 평균 저항력을 구하라.

〔풀 이〕 해머가 5 m 자유낙하하여, 말뚝에 닿을 때의 속도를 v_1으로 하면

$$v_1 = \sqrt{2gh} = \sqrt{2\times9.8\times5} = \sqrt{98}\ \text{m/s}$$

충돌순간 해머와 말뚝은 일체가 되어 v_0의 속도로 움직이지만, 말뚝이 움직이기 시작할 때의 운동량의 변화는 없으므로

$$\frac{1000}{9.8}\sqrt{98} = \frac{1000+200}{9.8} v_0$$

$$\therefore\ v_0 = 8.25\ \text{m/s}$$

v_0의 초속도로 20 cm 진행 후 속도는 0이므로, 여기서 가속도 a는

$$v^2 - {v_0}^2 = 2aS$$

$$0 - 8.25^2 = 2\times a\times0.2$$

$$\therefore\ a = -170\ \text{m/s}^2$$

이와 같은 가속도를 생기게 하는 힘은

$$F = \frac{W}{g} a = \frac{1200}{9.8}\times170 = 20,816\ \text{kg}$$

$$= 20.82\ \text{ton}$$

3) 충돌

2개 이상의 물체가 서로 상대속도를 갖고 부딪칠 때 각 개의 물체는 극히 짧은 시간에 큰 속도의 변화를 갖는다. 이와 같은 현상을 충돌(impact)이라 한다. 또한 충돌할 때 두 물체간에 작용하는 힘의 방향이 물체의 중심을 지나는 충돌을 향심충돌(central impact), 중심을 향하지 않는 충돌은 편심충돌(eccentric impact)이라 하고, 두 물체의 속도의 방향이 충돌면에 수직인 경우를 직접충돌(direct impact), 그렇지 않은 경우를 경사충돌(oblique impact)이라 한다.

우선 간단한 충돌로서 접촉면에 수직인 접촉력만 작용하고 마찰력이나 외력은 작용하지 않고 또 접촉력의 방향이 두 물체의 중심의 방향으로 향하고 있을 경우의 충돌을 생각하자.

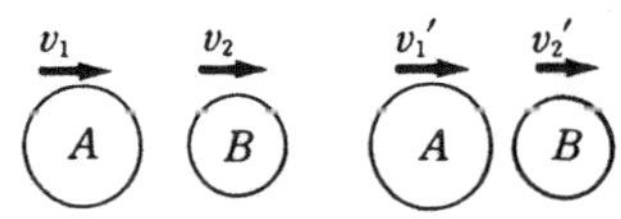

그림 14-3

그림 14-3과 같이 두 물체의 충돌 전의 속도를 각각 v_1, v_2, 충돌 후의 속도를 각각 v_1', v_2'리고 히면, $v_1 > v_2$, $v_1' > v_2'$이디. $(v_1 - v_2)$는 충돌 전의 두 물체가 접근하는 상대속도로서 접근속도(velocity of approach)라 하고, $(v_2' - v_1')$는 충돌 후 두 물체의 상대속도로서 분리속도(velocity of separation)라고 한다. 여기서 이 접근하는 상대속도와 분리되는 상대속도의 비를 e라 놓으면

$$e = \frac{v_2' - v_1'}{v_1 - v_2} \tag{14-5}$$

이고, 실험 결과 e의 값은 두 물체의 재질과 충돌조건에 따라 다르다. 이것을 반발계수(coefficient of restitution)라 한다.

반발계수 e는 $0 \leq e \leq 1$이므로, $e=1$인 충돌을 완전탄성충돌(perfect elastic impact), $e=0$인 충돌을 완전비탄성충돌(perfect elastic impact) 또는 소성충돌(plastic impact)이라 하고, 보통 물체에서는 $0 < e < 1$의 값을 가지며, 이와 같은 경우를 불완전탄성충돌 또는 비탄성충돌(inelastic impact)이라 한다.

(1) 향심직접충돌

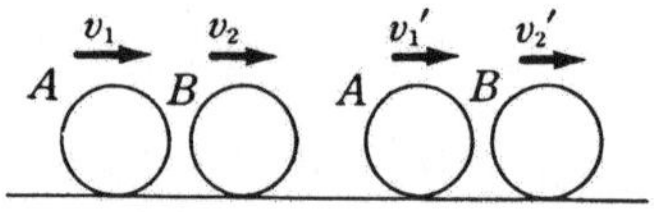

그림 14-4

그림 14-4와 같이 직경이 같은 두 구가 일식선상을 각각 v_1, v_2의 속도로 운동 중 충돌할 경우, 구 A의 무게를 W_1, 속도를 v_1, 구 B의 무게를 W_2, 속도를 v_2라 하고 충돌 후의 두 구의 속도가 각각 v_1', v_2'로 변했다고 하면 식 (14-5)는

$$v_2' - v_1' = e(v_1 - v_2) \tag{14-5)'}$$

로 표시되고, 충돌 때와 운동 중에는 마찰에 의한 외력이 작용하지 않는다고 하면 운동량의 보존법칙이 성립한다.

$$\frac{W_1}{g} v_1 + \frac{W_2}{g} v_2 = \frac{W_1}{g} v_1' + \frac{W_2}{g} v_2' \tag{14-6}$$

그러므로 식 (14-5)′, (14-6)에서 충돌 후의 속도는 각각

$$\left.\begin{aligned} v_1' &= v_1 - \frac{W_2}{W_1 + W_2}(1+e)(v_1 - v_2) \\ v_2' &= v_2 + \frac{W_1}{W_1 + W_2}(1+e)(v_1 - v_2) \end{aligned}\right\} \tag{14-7}$$

로 된다.

이와 같이 충돌 때 서로 작용하는 힘의 방향이 운동의 방향과 일치하고, 두 물체의 중심을 연결하는 직선상에 있을 경우를 향심직접충돌이라고 한다.

식 (14-7)에서 $W_2 \gg W_1$, $v_2 = 0$으로서 충돌할 때, 예를 들면 구슬을 마루에 떨어지게 한 경우를 $W_2 = \infty$로 생각하고

$$\left.\begin{aligned} v_1' &= v_1 - \frac{1}{W_1/W_2 + 1}(1+e)(v_1 - v_2) = -ev_1 \\ v_2' &= v_2 + \frac{W_1/W_2}{W_1/W_2 + 1}(1+e)(v_1 - v_2) = 0 \end{aligned}\right\} \tag{14-8}$$

으로 되어 구슬은 e배의 속도로 튀어 오른다. 또 $W_1=W_2$, $e=1$인 충돌일 때는 식 (14-7)에서 $v_1'=v_2$, $v_2'=v_1$

즉, 속도를 교환하게 된다.

예제 14-3

어떤 구가 높이 $h=0.8\,\text{m}$에서 자유낙하한 후 수평면에서 높이 $h'=0.5\,\text{m}$까지 튀어 올랐다. 반발계수 e의 값과 운동 에너지의 손실비를 구하여라.

〔풀 이〕 충돌직전 수평면에서 구의 속도는

$$v=\sqrt{2gh}=\sqrt{2\times9.8\times0.8}=3.96\ \text{m/s}$$

튀어 오르는 순간의 속도는

$$v'=-\sqrt{2gh'}=-\sqrt{2\times9.8\times0.5}=-3.13\ \text{m/s}$$

따라서 반발계수 e는

$$e=-\frac{v'}{v}=\frac{3.13}{3.96}=0.79\cong0.8$$

운동 에너지의 손실비는 구의 질량을 m이라 하면

$$\frac{(1/2)mv^2-(1/2)mv'^2}{(1/2)mv^2}=1-\left(\frac{v'}{v}\right)^2=1-e^2=0.36$$

■◆■

(2) 향심경사충돌

그림 14-5와 같이 두 구가 충돌할 때, 힘의 작용선이 구의 중심을 잇는 선분과 일치하지만, 구의 중심을 연결하는 직선의 방향과 두 구의 운동방향이 일치하지 않는 경우가 많다. 이것을 향심경사충돌이라 한다.

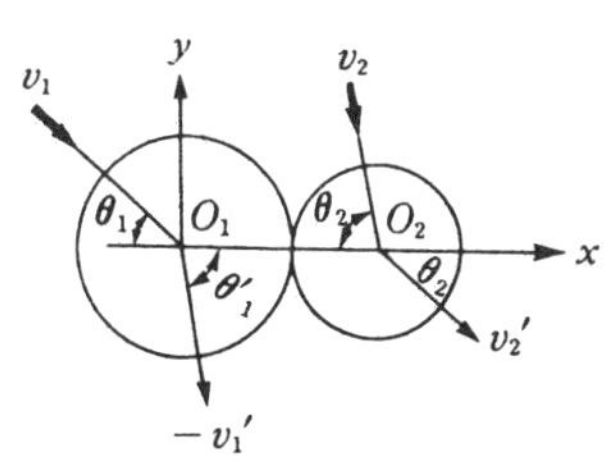

그림 14-5

이 두 구의 운동을 구의 중심을 연결한 방향을 x축, 이에 직각인 y축을 취하여 이들 방향의 속도성분을 생각하자.

여기서 y축 방향에는 힘이 작용하지 않으므로 이 방향의 속도성분의 변화는 없고, 또 x축 방향의 속도성분에 대해서는 식 (14-7)이 성립된다.

즉, y축 방향에는

$$\left.\begin{aligned} v_1 \sin\theta_1 &= v_1' \sin\theta_1' \\ v_2 \sin\theta_2 &= v_2' \sin\theta_2' \end{aligned}\right\} \quad (14\text{-}9)$$

x축 방향에는

$$\left.\begin{aligned} v_1' \cos\theta_1' &= v_1 \cos\theta_1 - \frac{W_2}{W_1+W_2}(1+e)(v_1\cos\theta_1 - v_2\cos\theta_2) \\ v_2' \cos\theta_2' &= v_2 \cos\theta_2 + \frac{W_1}{W_1+W_2}(1+e)(v_1\cos\theta_1 - v_2\cos\theta_2) \end{aligned}\right\} (14\text{-}10)$$

이 되고, 식 (14-9), (14-10)에서

$$v_1' = \sqrt{v_1^2 \sin^2\theta_1 + \left\{v_1\cos\theta_1 - \frac{W_2}{W_1+W_2}(1+e)(v_1\cos\theta_1 - v_2\cos\theta_2)\right\}^2}$$

$$v_2' = \sqrt{v_2^2 \sin^2\theta_2 + \left\{v_2\cos\theta_2 + \frac{W_1}{W_1+W_2}(1+e)(v_1\cos\theta_1 - v_2\cos\theta_2)\right\}^2}$$

이 된다.

예제 14-4

그림 14-6(a)와 같이 무게 5 kg과 3 kg의 두 구가 경사충돌을 하는 경우, 반발계수 e = 0.8이라 할 때 충돌 후의 두 구의 속도의 크기와 방향을 구하라.

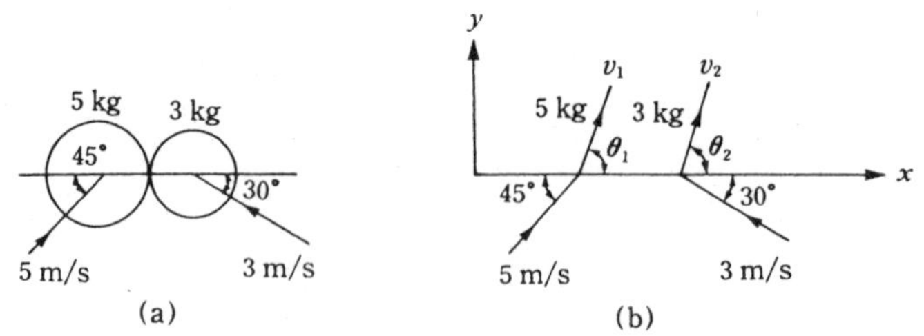

그림 14-6

〔풀 이〕 그림 14-6(b)와 같이 두 구의 중심을 연결하는 방향을 x축, 이에 수직한 방향을 y축으로 정하고, 두 구의 속도의 크기와 방향을 각각 v_1, v_2, θ_1, θ_2라고 하면, 충돌 후의 y축 방향의 속도성분은 접촉면이 매끈하므로 변하지 않는다.

$$\left.\begin{aligned} 5\sin 45° &= v_1 \sin\theta_1 \\ 3\sin 30° &= v_2 \sin\theta_2 \end{aligned}\right\} \qquad \text{(a)}$$

x축 방향의 운동량 보존은 법칙에 의하여

$$\frac{5}{9.8}\times 5\cos 45° - \frac{3}{9.8}\times 3\cos 30° = \frac{5}{9.8}\times v_1\cos\theta_1 + \frac{3}{9.8}v_2\cos\theta_2$$

$$\therefore\ 9.88 = 5v_1\cos\theta_1 + 3v_2\cos\theta_2 \qquad \text{(b)}$$

반발계수의 관계식으로부터

$$\frac{v_2\cos\theta_2 - v_1\cos\theta_1}{5\cos 45° - (-3\cos 30°)} = 0.8 \qquad \text{(c)}$$

로 된다. 이상의 식 (a), (b), (c)에서

$$v_1 = 3.59\,\text{m/s}, \quad v_2 = 4.56\,\text{m/s}$$

$$\theta_1 = 100°, \quad \theta_2 = 19°10'$$

■◆■

4) 충돌에 의한 운동 에너지의 손실

무게 W_1, W_2의 두 구가 일직선상을 각각 $v_1 > v_2$의 속도로 운동하고, 충돌 후의 각각이 속도가 v_1', v_2'의 속도로 될 경우, 충돌 전후에서의 두 물체의 운동 에너지의 변화를 알아보자.

두 물체의 반발계수를 e라 하면,

$$v_1' = v_1 - \frac{W_2}{W_1 + W_2}(1+e)(v_1 - v_2)$$

$$v_2' = v_2 + \frac{W_1}{W_1 + W_2}(1+e)(v_1 - v_2)$$

이므로, 에너지의 차 ΔE는

$$\begin{aligned}\Delta E &= \frac{1}{2}\frac{W_1}{g}v_1^{\,2} + \frac{1}{2}\frac{W_2}{g}v_2^{\,2} - \frac{1}{2}\frac{W_1}{g}v_1'^{\,2} - \frac{1}{2}\frac{W_2}{g}v_2'^{\,2} \\ &= \frac{1}{2}\frac{W_1W_2}{(W_1+W_2)g}(v_1 - v_2)^2(1-e^2)\end{aligned}$$

로 된다.

이 식에 의하면 ΔE가 $e=1$일 때는 $\Delta E=0$이며, $e<1$의 경우는 e의 값이 감소함과 동시에 ΔE는 증가하며, 열 · 소리 에너지로 손실된다.

예 제 14-5

무게 5 kg, 속도 8 m/s의 강구가 무게 3 kg, 속도 5 m/s로 같은 방향으로 진행 중인 강구와 향심직접충돌을 할 경우, 반발계수 $e=0.8$일 때, 충돌 후의 두 구의 속도와 충돌에 의하여 손실된 운동 에너지를 구하라.

〔풀 이〕 충돌 후 두 구의 속도를 v_1, v_2라고 하면, 운동량 보존의 법칙과 반발계수의 관계식에서

$$\frac{5}{9.8}\times 8+\frac{3}{9.8}\times 5=\frac{5}{9.8}\times v_1+\frac{3}{9.8}\times v_2$$

$$\therefore 5v_1+3v_2=55 \qquad \text{(a)}$$

$$v_2-v_1=0.8(8-5)=2.4 \qquad \text{(b)}$$

식 (a), (b)에서

$$v_1=5.98\,\text{m/s}$$

$$v_2=8.38\,\text{m/s}$$

그러므로 손실 운동 에너지

$$\Delta E=\frac{1}{2}\times\frac{5}{9.8}\times 8^2+\frac{1}{2}\times\frac{3}{9.8}\times 5^2-\frac{1}{2}\times\frac{5}{9.8}\times 5.98^2-\frac{1}{2}\times\frac{3}{9.8}\times 8.38^2$$

$$=0.28\,\text{kg}\cdot\text{m}$$

■◆■

14-1 정지상태에 있는 무게 200 kg의 보트(boat)에서 무게 50 kg인 사람이 앞으로 5 m/s의 속도로 뛰어 내렸다. 보트의 후퇴속도를 구하라.

해답 1.25 m/s

14-2 그림 문 14-2와 같이 무게가 같은 W로 2개의 구 A, B가 거리 a만큼 떨어져 있다. 무게 W인 구 A에 대하여 어느 순간 $A \rightarrow B$ 방향으로 역적 I_L을 가하고, 구 B에는 그것과 같은 시각에 같은 방향으로 일정한 힘 F가 계속 가하여 졌을 때, A가 B를 따라 붙을 수 있는 조건을 구하라.

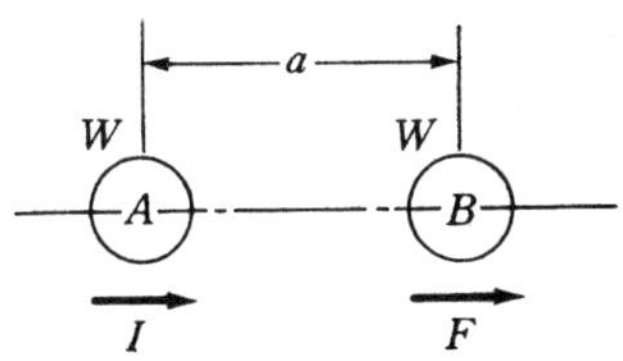

그림 문 14-2

해답 B를 따라 붙을 수 있을 때까지의 거리를 S, 그 때까지의 시간을 t라 하면

$$a + S = \frac{I_L g}{W} t, \quad S = \frac{1}{2} \cdot \frac{Fg}{W} t^2$$

이 두 식에서,

$$Fgt^2 - 2I_L gt + 2Wa = 0$$

2차 방정식의 실근의 조건에서

$$I_L{}^2 g - 2WFa \geqq 0$$

14-3 구가 h의 높이에서 낙하하여 바닥에서 2회 반발한 후 $h/2$의 높이에 도달했다고 한다. 구와 바닥 사이의 반발계수를 구하라.

해답 $e = \frac{1}{\sqrt[4]{2}}$

14-4 그림 문 14-4와 같이 길이 l인 끈으로 연결되어 있는 무게 W의 물체에 무게 w의 물체를 수평방향에서 충돌시킨 결과 물체 w가 물체 W에 접촉하여 일체가 되어 θ만큼 회전하였다고 한다. w의 물체가 충돌할 때의 속도를 구하라.

해답 충돌 직후의 속도를 v'라 하면 $v'=\dfrac{w}{W+w}v$, 물체가 갖는 운동 에너지가 위치 에너지로 변하였다면

$$v=\frac{W+w}{W}\sqrt{2gl(1-\cos\theta)}$$

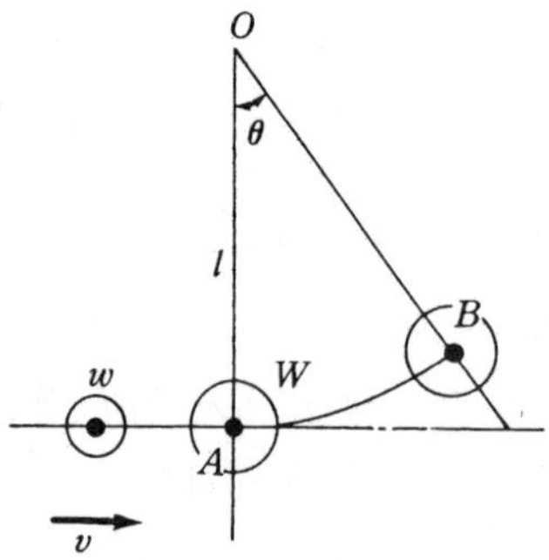

그림 문 14-4

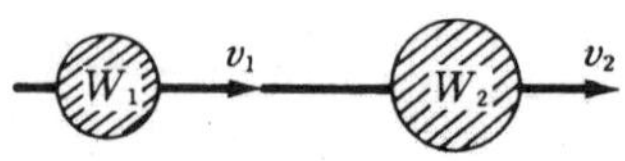

그림 문 14-5

14-5 그림 문 14-5에서 두 구가 완전탄성체로, 충돌 전의 속도는 $v_1=v$, $v_2=0$이고, 무게가 $W_2=2W_1$이라 하면 직향충돌 후의 속도 v_1'와 v_2'를 구하라.

해답 $v_1'=-\dfrac{1}{3}v,\ \ v_2'=\dfrac{2}{3}v$

14-6 그림 문 14-5에서 완전탄성체가 아닐 경우 충돌 후의 속도 v_a', v_b'를 구하라. 단, 반발계수 $e=0.5$이다.

해답 $v_a'=-\dfrac{1}{8}v,\ \ v_b'=\dfrac{3}{8}v$

14-7 무게 2 ton인 추를 10 m 높이에서 자유낙하시켜서 무게 0.5 ton인 말뚝을 30번 때렸다. 이 때 땅속으로 4 m 들어갔다. 말뚝 위에 어느 정도의 무거운 물체를 올려 놓으면 4 m의 깊이로 들어가게 되겠는가?

해답 120 ton

14-8 무게 200 kg인 해머(hammer)를 연직으로 5 m 자유낙하시켜 무게 50 kg인 말뚝을 땅속으로 박을 때, 말뚝은 몇 m로 들어 가겠는가? 에너지 손실은 얼마인가? 단, 말뚝을 박을 때 저항력은 50 kg, 해머와 말뚝과의 충돌은 완전비탄성충돌이라 본다.

해답 3.2 m, 200 kg · m

14-9 총신이 2개의 길고 늘어나지 않는 끈에 매달려 있다. 이 때 총신은 수평방향으로 작은 변위를 할 수 있으며, 질량 m인 발사물은 총신으로부터 발사되어 총구를 떠나는 순간 질량 m_g인 총신은 v_g의 속도로서 왼쪽으로 이동한다. 발사물이 총구를 떠날 때의 속도 v를 구하라.

해답 $v=\frac{m_g}{m}v_g$

15

가상 일의 원리

힘이 평형상태에 있을 경우는 그 계 전체의 힘의 합력이 영이고, 또한 임의의 점에 관한 각 힘의 모멘트의 총합도 영이다. 어떤 물체에 작용하는 힘이 평형상태이면 그 물체는 운동을 하지 않게 되는 것이므로, 여기서 가령 평형상태에 있는 물체가 평형을 유지한 채, 힘 F가 작용하고 있는 점이 변위 δs만큼 움직였다고 한다. 이 δs를 가상변위(virtual displacement)라고 하고, 이 때 힘 F와 변위 δs와의 곱은 힘 F가 한 일이고 이것을 가상 일(virtual work)이라 하며, 그 물체 전체에 관하여 가상 일의 합은 영이다. 실제로 존재하는 미소변위 ds 대신 δs로 표시하는 것은 δs는 s에 대한 1차 미분량이기는 하나 개념적으로 ds와 다름을 의미한다. 그림 15-1과 같이 점 O 주위로 회전이 자유로운 AB가 있다. A단, B단에 각각 F_1, F_2의 힘이 작용하여 평형상태에 있다고 하자. 이제 가령 F_1의 힘에 의하여 A단이 δs만큼 변위하였다고 하면 F_1의 힘에 의한 가상 일은 $F_1\,\delta s$이고, 또 F_2의 일에 의한 가상 일은 B단의 변위를 $\delta s'$로 하면 $-F_2\,\delta s'$(−부호는 힘의 방향과 변위의 방향이 반대방향)이다.

전체로서 힘은 평형상태이므로 물체가 하는 이들의 가상 일은 0이다.

즉,

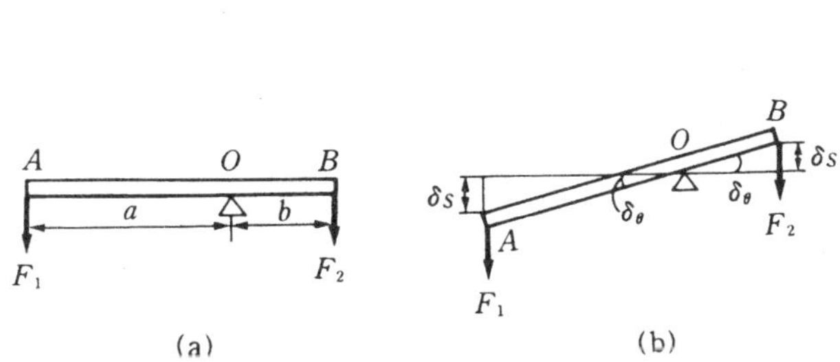

그림 15-1

$$F_1 \delta s - F_2 \delta s' = 0$$

여기서 변위 δs와 $\delta s'$의 관계는

$$\delta s = a \delta_\theta, \quad \delta s' = b \delta_\theta$$

이고, 봉 AB는 강체이므로 힘을 가하여도 변형이 되지 아니한다.

$$\frac{\delta s}{a} = \frac{\delta s'}{b}$$

$$\therefore \ \delta s' = \frac{b}{a} \delta s$$

그러므로

$$F_1 \delta s - F_2 \frac{b}{a} \delta s = 0$$

$$\therefore \ aF_1 - bF_2 = 0$$

이 되고, 이것은 평형상태에서 힘의 관계를 나타낸다.

이상 설명한 바에 의하면 물체에 힘이 작용하여 평형을 이루어 임의의 가상변위를 할 때 물체에 작용한 힘의 가상 일은 영이다. 이것을 가상 일의 원리(principle of virtual work)라 하고, 이 원리를 이용하여 역학문제를 다룰 수 있다.

예제 15-1

그림 15-2(a)와 같은 길이의 봉 3개를 핀으로 결합하고, $\overline{AC}$를 로프로 연결하였다. $ABCD$와 정4각형을 이루고 있을 경우, 로프에 작용하는 장력은 어느 정도인가? 단, 3개의 봉의 무게는 각각 W이다.

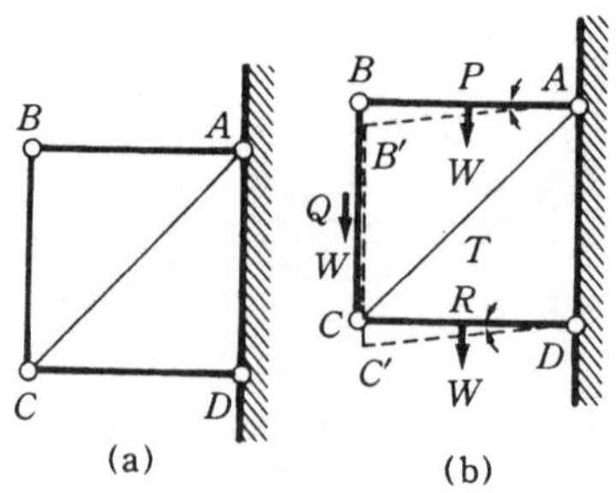

그림 15-2

〔풀 이〕 이 물체에 작용하는 외력은 봉의 자중 $3W$만이고 이것과 장력 T로 평형상태에 있다. 그림 15-2(b)와 같이 $\angle BAB' = \delta_\theta$ 만큼 미소변위했다고 하면 $\overline{AB} = \overline{BC} = \overline{CD} = l$로서, $\overline{AB}$, $\overline{BC}$, $\overline{CD}$의 중점 P, Q, R의 미소변위는 각각

$$\frac{1}{2}l\delta_\theta,\quad l\delta_\theta,\quad \frac{1}{2}l\delta_\theta$$

이고, 또 점 C도 아래방향으로 $l\delta_\theta$만큼 변위하므로 가상 일의 총합을 생각하면

$$W\frac{l}{2}\delta_\theta + Wl\delta_\theta + W\frac{l}{2}\delta_\theta - \frac{1}{\sqrt{2}}Tl\delta_\theta = 0$$

$$\therefore\ T = 2\sqrt{2}\,W$$

예 제 15-2

줄의 양끝에 질량 m_1, m_2인 추를 매달아 평활한 원통 위를 감았을 경우, 한쪽은 아래로 처지고 다른 쪽은 원통상에 정지하였을 때의 평형위치를 구하라.
단, $m_1 > m_2$이다.

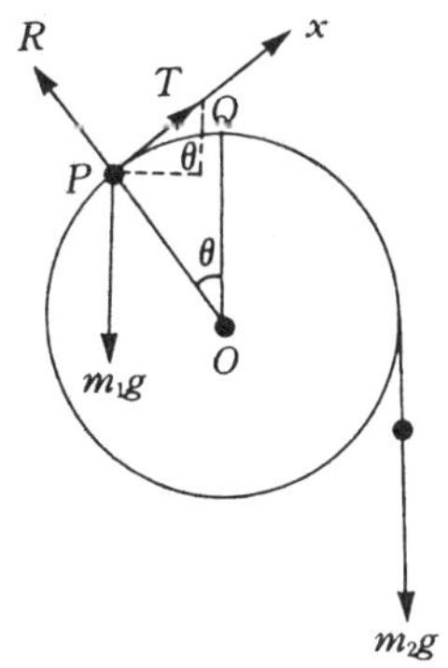

그림 15-3

〔풀 이〕 그림 15-3에서 OQ를 연직선과 일치하는 반경으로 보고 $\theta = \angle POQ$를 구하면 된다.
그림과 같이 평형위치에서는 질량이 큰 쪽인 질점 m_1에서는 장력 T, 수직항력 R 및 무게 m_1g가 작용하여 평행을 유지하고 있다.
지금 T의 작용선 방향(접선방향)에 x축을 취하고, 이 방향에 δ_s인 가상변위를 주었다고 하여 다음에 의한 가상 일을 구하면 된다.

(1) 장력에 의한 가상 일 $U_T = T\delta_s$ (a)

(2) 항력에 의한 가상 일 $U_R = 0$ (b)

(3) 중력에 의한 가상 일 $U_G = \ \ m_1 g \cdot \delta_s \sin\theta$ (c)

가상 일의 원리에 의하여

$$U_T + U_R + W_G = 0 \tag{d}$$

따라서, 이들의 식에서

$$T = m_1 g \sin\theta \tag{e}$$

한편

$$T = m_2 g \tag{f}$$

이므로 식 (e), (f)에서

$$\theta = \sin^{-1}\frac{m_2}{m_1}$$

■◆■

15-1 그림 문 15-1과 같이 차동 도르래를 사용하여 무게 W인 물체를 매달아 놓는데 필요한 체인의 장력 F를 구하라. 여기서 차동 도르래의 무게는 무시한다.

해답 $F = \frac{D-d}{2D} \cdot W$

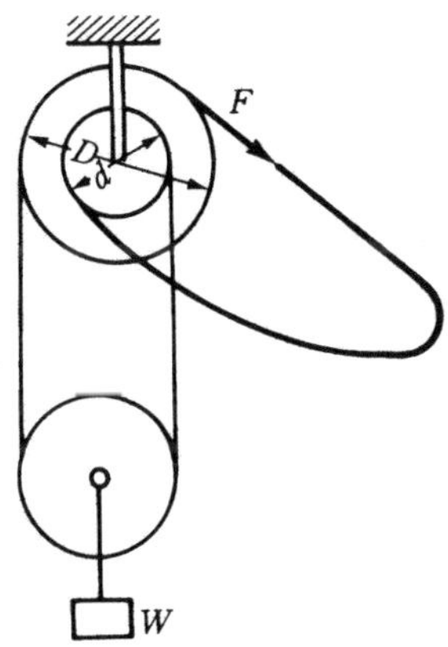

그림 문 15-1

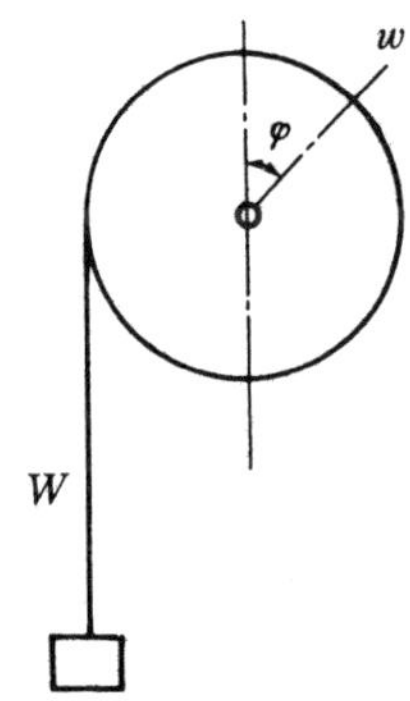

그림 문 15-2

15-2 그림 문 15-2와 같이 매끈한 원기둥을 수평으로 지지하여 그것에 걸은 끈의 양단에 무게 W와 w인 추를 연결해 놓는다. W의 추는 내려가고 w의 추는 원기둥 위로 올라간다면 이의 평형되는 위치를 구하여라.

해답 $\sin\varphi = W/w$

15-3 그림 문 15-3과 같이 매끈한 두 경사면의 정점에 있는 도르래에 걸은 끈의 양단에 W_1, W_2의 물체를 연결시켜서 경사면상에 놓았다고 한다. 평형조건을 구하라.

해답 $\frac{W_1}{W_2} = \frac{\sin\varphi}{\sin\theta}$

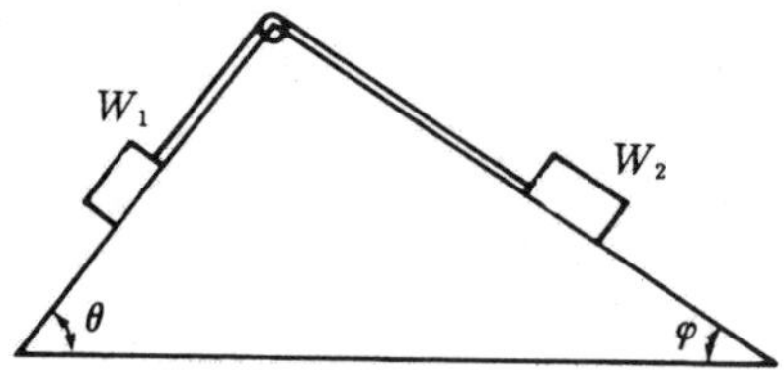

그림 문 15-3

15-4 그림 문 15-4와 같이 무게가 다같이 W인 4개의 막대를 헐거운 핀 결합으로 정사각형 $ABCD$를 만들고 $A-C$사이에 무게를 무시하는 막대를 끼워 $ABCD$를 연직으로 세웠다고 한다. A 및 C의 핀에서 막대 AC에 작용하는 힘을 구하라.

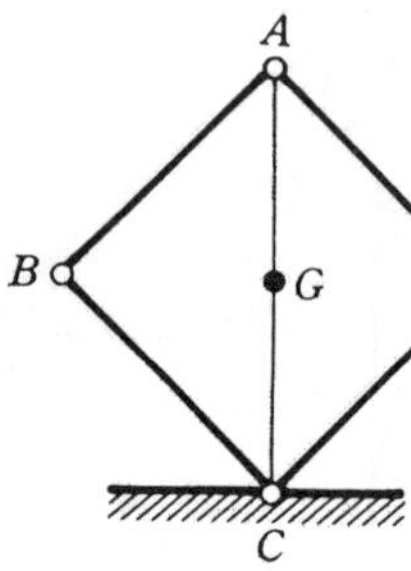

그림 문 15-4

해답 $P=2W$

15-5 A점에 핀으로 고정된 길이 l인 막대 AB, AC의 중점 DE는 길이 $l/2$의 체인으로 결박되어 그림 문 15-5와 같이 매끈한 평면 바닥 위에 놓여있다. E점에 수직방향으로 힘 $W=100$ kg이 작용하고 있다면 체인의 장력 B, C점에서의 반력은 어떻게 되는가?

해답 $R_B=25$ kg
$R_C=75$ kg
$T=28.9$ kg

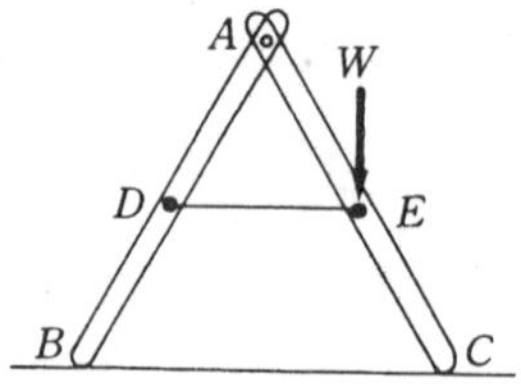

그림 문 15-5

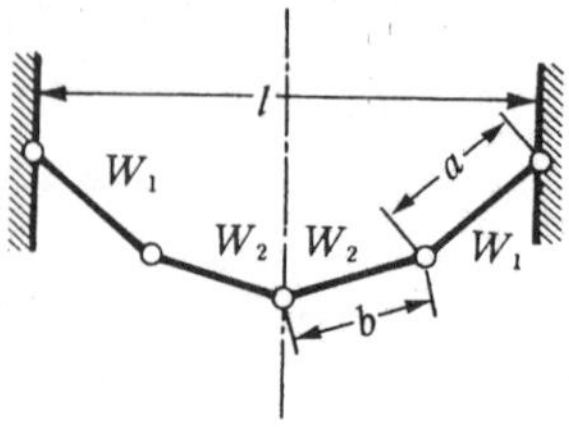

그림 문 15-6

15-6 길이 a, b, 무게 W_1, W_2인 4개의 막대가 그림 문 15-6과 같이 핀으로 연결되어 있다. 평형상태에서의 위치를 구하라.

해답 $2(a\sin\alpha + b\sin\beta) = l,\ \dfrac{\tan\alpha}{\tan\beta} = \dfrac{W_2}{W_1 + 2W_2}$

15-7 같은 길이 l인 막대를 그림 문 15-7과 같이 핀으로 결합하여 정4각형이 되도록 AB, BC의 중점 E, F를 줄로 매었다. 막대의 무게를 W라 할 때 E, F, G의 가상변화와 이들 전체의 가상 일, 그리고 줄의 장력을 구하라.

해답 ① $E : \dfrac{l\delta\theta}{2},\ F : l\delta\theta,\ G : \dfrac{l\delta\theta}{2}$

② $W\dfrac{l}{2}\delta\theta + \dfrac{1}{\sqrt{2}}T\dfrac{l}{2}\delta\theta + Wl\delta\theta - \dfrac{1}{\sqrt{2}}Tl\delta\theta + W\dfrac{l}{2}\delta\theta = 0$

③ $T = 4\sqrt{2}W$

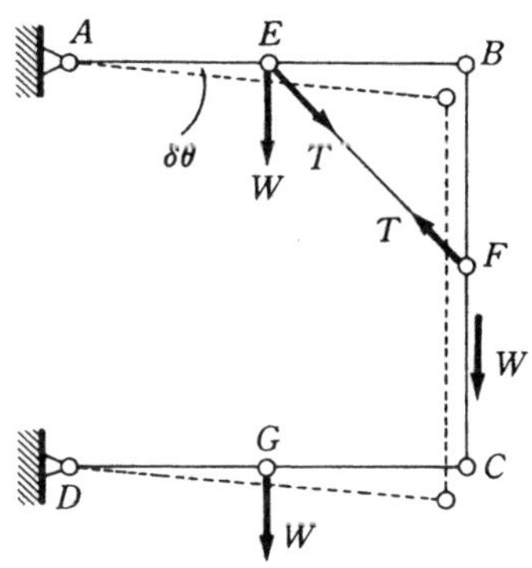

그림 문 15-7

15-8 그림 문 15-8과 같은 평저울에서 레버 AB가 수평으로 평형이 될 경우, 하중 W와 w와의 관계는 핀 DE상의 하중 W의 위치에는 관계가 없다. $GF : GH = 3 : 1$, $OA = OB$일 때 $OB : OC$를 구하라. 또, 이 때 w와 W의 관계는 어떻게 되는가?

해답 $OB : OC = 3 : 1,\ w = W/3$

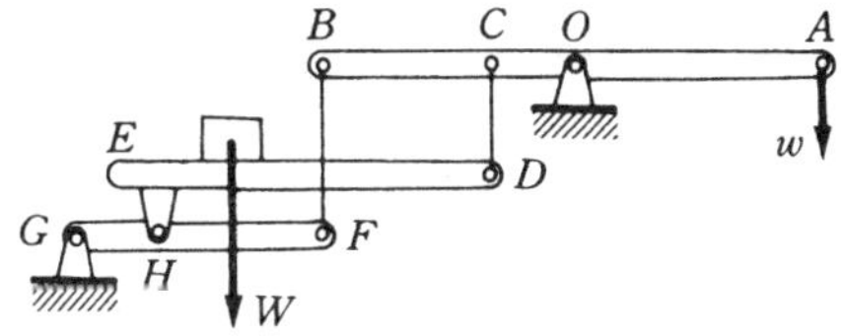

그림 문 15-8

16

겉보기 힘

1) 관성좌표계

우리들은 일반적으로 운동을 기술할 때, 대지 또는 대지에 대하여 정지하고 있는 물체를 기준좌표계로 정하며, 이 좌표계에 의하면 물체에 작용하는 힘과 이로 인하여 생기는 운동상태의 변화 사이에는 뉴턴의 운동법칙이 성립함을 알 수 있다.

그러나 힘을 받아 운동을 하고 있는 물체와 함께 움직이고 있는 좌표계에 의하여 운동을 기술하면 그 물체는 움직이지 않는 것으로 된다. 즉 물체에는 힘이 작용하고 있음에도 불구하고 가속도가 없게 되어, 물체와 함께 움직이고 있는 좌표계에서 물체의 운동을 기술하면 운동의 법칙이 성립하지 않게 된다. 이와 같이 운동을 기술하는 좌표계의 선정에 따라 운동의 법칙이 성립되지 않을 수 있으며, 좌표계 중에서도 운동의 법칙이 성립하는 좌표계를 관성의 법칙이 성립한다는 뜻으로 특히 관성좌표계(inertia coordinates system)라 한다.

그림 16-1과 같이 하나의 좌표계 K에 직각좌표축 $O-xyz$, 별도의 좌표계 K'에 직각좌표축 $O'-\xi\eta\zeta$를 취하고, $O'-\xi\eta\zeta$의 각축은 $O-xyz$의 축에 대하여 각각 평행하다.

지금 좌표계 K'가 K에 대하여 등속직선운동을 한다고 보고, 병진운동을 하고 있는 물체의 위치벡터를 O를 원점으로 $\mathbf{r}$, O'를 원점으로 $\mathbf{r}'$로 하면 식 (9-5)에 의하여

$$\frac{d^2\mathbf{r}}{dt^2}=\frac{d^2\mathbf{r}'}{dt^2} \tag{16-1}$$

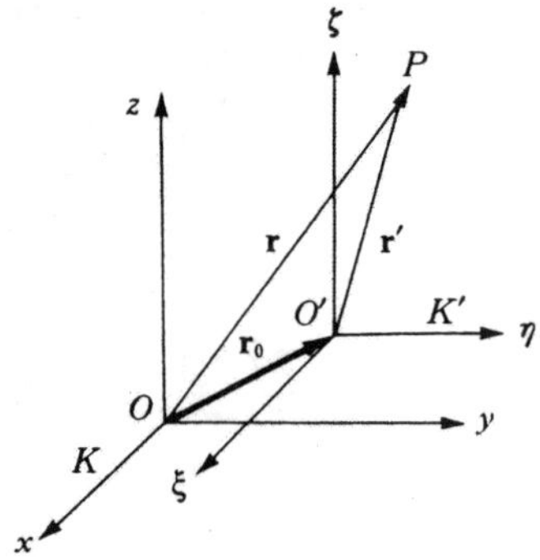

그림 16-1

가 성립한다.

물체에 작용하고 있는 힘을 $\mathbf{F}$라 하면, $O-xyz$, $O'-\xi\eta\zeta$에 관계없이 크기, 방향, 방위가 모두 같다. 그리하여 좌표계 K를 관성좌표계라 하면 운동의 법칙이 성립되어 식 (11-3)′에서

$$\mathbf{F}=\frac{W}{g}\frac{d^2\mathbf{r}}{dt^2} \tag{16-2}$$

가 된다. 윗식에 식 (16-1)을 대입하면,

$$\mathbf{F}=\frac{W}{g}\frac{d^2\mathbf{r}'}{dt^2} \tag{16-3}$$

이 식은 좌표계 K'에 대해서도 운동의 법칙이 성립함을 나타내고 K'도 또한 관성좌표계임을 알 수 있다.

이 사실에서 하나의 관성좌표계에 대해서 등속직선운동을 하고 있는 좌표계는 모두 관성좌표계이며, 운동법칙이 같은 모양으로 성립할 수 있다. 이와 같은 좌표계를 역학적으로 동등이라고 한다.

예제 16-1

일정한 가속도 a로 상승하는 엘리베이터에서 길이 l인 단진자의 주기는 어떻게 되는가?

〔풀 이〕 엘리베이터에 고정한 운동좌표계에서 운동을 조사하는데는 중력에 의한 가

속도 g가 $g+a$로 하고, 그 좌표계를 관성계인 것 같이 취급하면 된다. 따라서 주기 $T=2\pi\sqrt{l/(g+a)}$이 된다. ■◆■

2) 겉보기 힘

좌표계 K'가 좌표계 K에 대해서 가속도 $\mathbf{a}$로 운동한다면, 식 (9-4)에 의하여

$$\frac{d^2\mathbf{r}}{dt^2}=\mathbf{a}+\frac{d^2\mathbf{r}'}{dt^2} \tag{16-4}$$

따라서 좌표계 K에 대해서 식 (16-2)가 성립한다면, 좌표계 K'에 있어서는

$$\mathbf{F}=\frac{W}{g}\left(\mathbf{a}+\frac{d^2\mathbf{r}'}{dt^2}\right) \tag{16-5}$$

가 성립한다. 즉, 물체에 작용하는 힘 $\mathbf{F}$와 이로 인하여 생기는 가속도 $d^2\mathbf{r}'/dt^2$가 비례하지 않고, 운동의 법칙도 성립하지 않게 된다.

식 (16-5)를 변경하면

$$\mathbf{F}-\frac{W}{g}\mathbf{a}=\frac{W}{g}\frac{d^2\mathbf{r}'}{dt^2} \tag{16-5$'$}$$

윗식에서 $\mathbf{F}-\frac{W}{g}\mathbf{a}$를 물체에 작용하는 힘이라 생각한다면 좌표계 K'에 있어서도 운동의 법칙이 성립된다고 본다. 힘 $\mathbf{F}$ 이외에 여기서 생각한 $-\frac{W}{g}\mathbf{a}$의 힘은 좌표계가 관성좌표계가 아님에도 불구하고 운동의 법칙이 성립한다고 보았기 때문에 무리하게 힘이라 해석한 것이다. 이와 같은 힘을 겉보기 힘(apparent force)이라 한다.

3) 관성력

좌표계 K'가 좌표계 K에 대하여 가속도 $\mathbf{a}$로서 운동하고 있을 때, 운동을 기술코자 하는 물체가 좌표계 K'와 함께 운동하고 있을 경우에는

$$\frac{d^2\mathbf{r}'}{dt^2} = 0$$

이므로, 식 (16-5)′에서

$$\mathbf{F} + \left(-\frac{W}{g}\mathbf{a}\right) = 0 \tag{16-6}$$

이 된다. 이 때 겉보기 힘 $-\frac{W}{g}\mathbf{a}$를 관성력(inertia force), 또는 관성저항(resistance of inertia)이라 한다.

그림 16-2와 같이 힘 $\mathbf{F}$를 받은 무게 W인 물체 A가 정지좌표계에 대하여 가속도 $\mathbf{a}$로 병진운동을 하고 있다면, 이 물체에 접하여 힘이 미치고 있는 다른 물체 B에 대하여 $-\mathbf{F} = -\frac{W}{g}\mathbf{a}$인 힘이 미치고 있다. 이 $-\mathbf{F}$는 외력 $\mathbf{F}$에 저항하여 그 운동상태를 지속하고자 하는 물체 A의 관성력이라고 생각된다. 이 $-\mathbf{F}$는 물체 A에서 B에 미치는 힘이며 물체 A에 작용하는 힘은 아니다. 그러나 좌표계 K'에 의하여 물체 A의 운동을 기술하는 대신 물체 A에 작용하는 힘이라 생각한다면, 물체 A에 힘 $\mathbf{F}$와 $-\mathbf{F} = \frac{W}{g}\mathbf{a}$가 작용해서 평형을 유지하고 있다고 본다. 이때의 평형식은 식 (16-6)으로 표시되고, 이 식은 물체에 힘 $\mathbf{F}$가 작용하여 가속도 $\mathbf{a}$를 일으키는 동역학적 상태를 물체의 외력 $\mathbf{F}$와 관성력 $-\frac{W}{g}\mathbf{a}$가 작용하여 평활을 유지하는 정역학적 상태로 대치하여 생각할 수 있다.

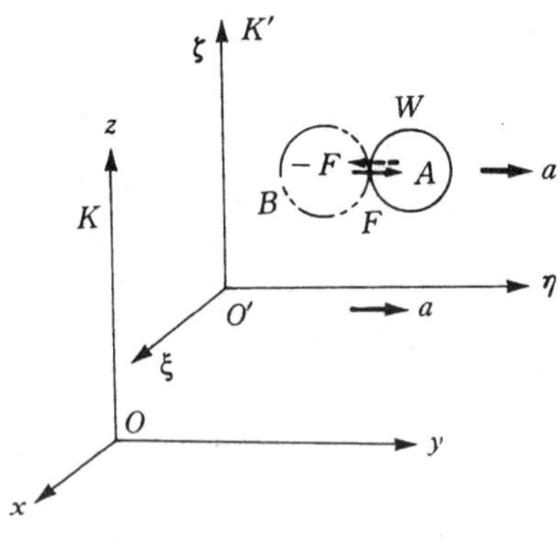

그림 16-2

이것을 다람벨의 원리(d′Alembert′s principle)라 한다. 그리하여 정지좌표계에 대해서 가속도 운동을 하는 물체에 대하여 가상적으로 생각한 평형을 동역학적 평형(dynamic balancing)이라 한다.

다람벨의 원리는 수학적으로 운동방정식 $\mathbf{F}=\frac{W}{a}\mathbf{a}$를 이항한 것, 물체의 병진운동을 규명하는데 즉 동역학의 문제를 외견상 정역학의 문제로 변화하는 것으로 가속도 a를 알고 있을 경우, 물체에 작용하는 외력 중의 항력, 장력 등을 구하는데 도움이 된다.

4) 원심력과 코리오리의 힘

그림 16-3과 같이 관성좌표계 K에 대하여 회전하고 있는 좌표계 K'를 생각하여 전자는 직교좌표축을 $O-xyz$, 후자는 직교좌표축을 $O-\xi\eta\zeta$로 취하고, ζ축을 z축에 일치시켜 ξ, η축을 일정한 각속도 ω로 z축의 둘레를 회전한다고 가정한다.

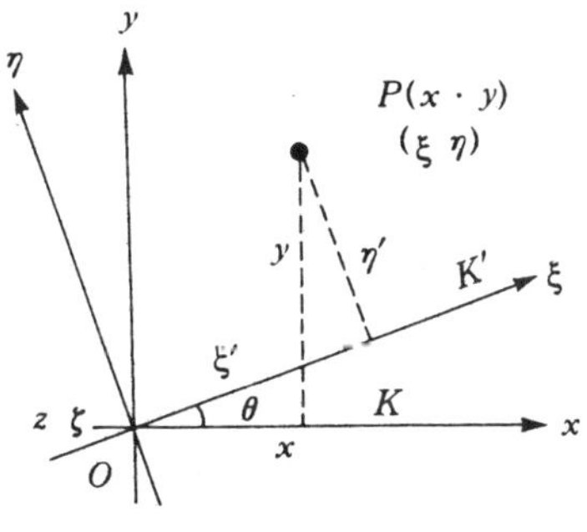

그림 16-3

즉, 병진운동을 하고 있는 물체의 위치 P를 $O-xyz$에서 (x, y, z), $O-\xi\eta\zeta$에서 (ξ, η, ζ)로 하면 두 좌표 사이에는 다음의 관계가 성립된다.

식 (9-6)에서

$$l_1=\cos\theta,\ \ l_2=\sin\theta,\ \ l_3=0$$

$$m_1=\sin\theta,\ \ m_2=\cos\theta,\ \ m_3=0$$

$$n_1=0,\ \ n_2=0,\ \ n_3=0$$

으로 놓으면

$$\left.\begin{aligned} x &= \xi\cos\theta - \eta\sin\theta \\ y &= \xi\sin\theta + \eta\cos\theta \\ z &= \zeta \end{aligned}\right\} \tag{16-7}$$

이 식을 미분해서 $d\theta/dt = \omega$로 놓으면

$$\left.\begin{aligned} \dot{x} &= \dot{\xi}\cos\theta - \dot{\eta}\sin\theta + \omega(\xi\sin\theta + \eta\cos\theta) \\ \dot{y} &= \dot{\xi}\sin\theta + \dot{\eta}\cos\theta + \omega(\xi\cos\theta - \eta\sin\theta) \\ \dot{z} &= \dot{\zeta} \end{aligned}\right\} \tag{16-8}$$

식 (16-8)을 다시 미분하면

$$\left.\begin{aligned} \ddot{x} &= (\ddot{\xi}\cos\theta - \ddot{\eta}\sin\theta) - 2\omega(\dot{\xi}\sin\theta + \dot{\eta}\cos\theta) \\ &\quad - \omega^2(\xi\cos\theta - \eta\sin\theta) \\ \ddot{y} &= (\ddot{\xi}\sin\theta + \ddot{\eta}\cos\theta) + 2\omega(\dot{\xi}\cos\theta - \dot{\eta}\sin\theta) \\ &\quad - \omega^2(\xi\sin\theta + \eta\cos\theta) \\ \ddot{z} &= \ddot{\zeta} \end{aligned}\right\} \tag{16-9}$$

이 식은 식 (9-7)에 상당하고 제 1식, 제 2식의 제 1항은 상대가속도, 제 1항은 코리오리의 가속도, 제 3항은 운반가속도이고, 관성좌표계 K의 좌표축 방향의 성분들이다.

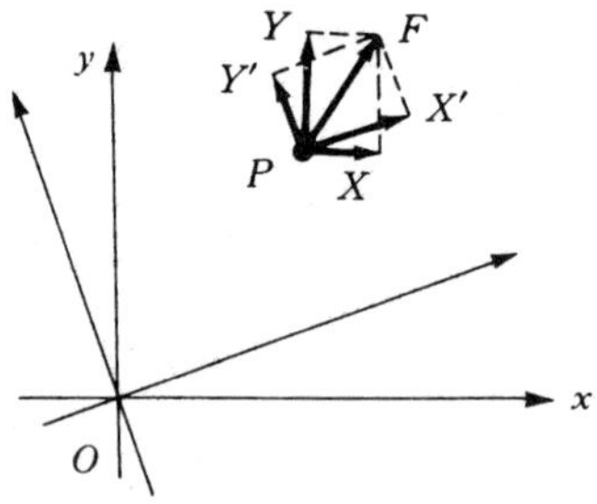

그림 16-4

그림 16-4와 같이 물체에 작용하는 힘 F의 좌표축 방향의 성분 F_x, F_y 및 F_ξ, F_η로 하면

$$\left.\begin{aligned} F_x &= \frac{W}{g}\frac{d^2x}{dt^2} = \frac{W}{g}\ddot{x} \\ F_y &= \frac{W}{g}\frac{d^2y}{dt^2} = \frac{W}{g}\ddot{y} \end{aligned}\right\} \tag{16-10}$$

의 운동방정식이 관성좌표계 K에 대하여 성립한다. 또 F_x, F_y, F_ξ, F_η 사이에는 다음 관계식이 성립한다.

$$\left.\begin{aligned} F_\xi &= F_x\cos\theta + F_y\sin\theta \\ F_\eta &= -F_x\sin\theta + F_y\cos\theta \end{aligned}\right\} \tag{16-11}$$

식 (16-10)에 식 (16-9)를 대입하고, 제 1식, 제 2식에 각각 $\cos\theta$, $\sin\theta$를 곱하여서 합하면,

$$F_x\cos\theta + F_y\sin\theta = \frac{W}{g}(\ddot{\xi} - 2\omega\dot{\eta} - \omega^2\xi) \tag{16-12}$$

또 제 1식, 제 2식에 각각 $-\sin\theta$, $\cos\theta$를 곱하면

$$-F_x\sin\theta + F_y\cos\theta = \frac{W}{g}(\ddot{\eta} + 2\omega\dot{\xi} - \omega^2\eta) \tag{16-12$'$}$$

식 (16-12), (16-12)′에 식 (16-11)을 대입하여 정리하면

$$\left.\begin{aligned} F_\xi + 2\frac{W}{g}\omega\dot{\eta} + \frac{W}{g}\omega^2\xi &= \frac{W}{g}\ddot{\xi} \\ F_\eta - 2\frac{W}{g}\omega\dot{\eta} + \frac{W}{g}\omega^2\eta &= \frac{W}{g}\ddot{\eta} \end{aligned}\right\} \tag{16-13}$$

또 z축과 ζ축은 일치되므로 식 (16-9)의 제 3식에서 F의 ζ 방향성분을 F_ζ라 하면

$$F_\zeta = \frac{W}{g}\ddot{\zeta} \tag{16-14}$$

식 (16-13)의 좌변의 제 2항, 제 3항은 회전좌표계 K'를 이용하므로 일어나는 겉보기의 힘이며,

$$2\frac{W}{g}\omega\dot{\eta}, \quad -2\frac{W}{g}\omega\dot{\xi}$$

의 ξ, η 성분의 힘을 코리오리의 힘(corioli's force)이라 한다.

$$\frac{W}{g}\omega^2\xi, \quad \frac{W}{g}\omega^2\eta$$

의 ξ, η 성분의 힘을 원심력(centrifugal force)이라 한다. 그림 16-5와 같이 ξ, η축이 x, y축에 대하여 반시계방향으로 회전하고 있을 때, 코리오리의 힘의 크기를 F_1, 원심력의 크기를 F_2로 하면

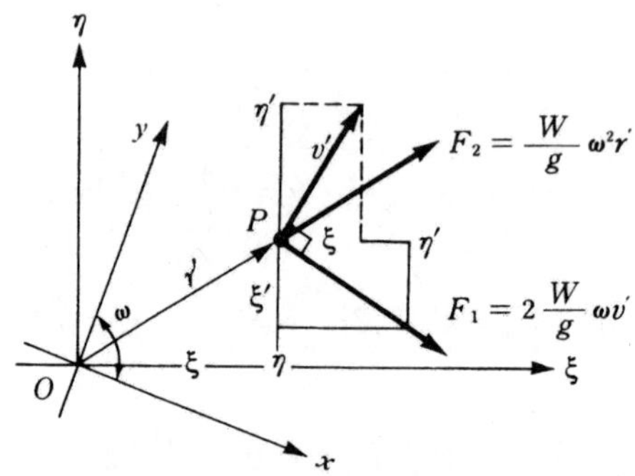

그림 16-5

$$F_1 = 2\frac{W}{g}\omega v'$$

$$F_2 = \frac{W}{g}\omega^2 r' \qquad (16\text{-}15)$$

여기서 r'는 회전좌표계에 의한 물체의 위치벡터이고, v'는 속도벡터의 ξ, η면 성분의 크기를 나타낸다. 또, 코리오리의 힘의 방향은 속도벡터의 ξ, η면 성분의 방향과 직각이고, 원심력의 방향은 위치벡터의 ξ, η면 성분의 방향과 일치한다.

예제 16-2

그림 16-6에서 표시한 것과 같이 ξ축의 매끄러운 봉이 일정한 각속도 ω로 한 끝 O의 주위로 돌고 있을 때, 봉에 붙어 운동하는 고리(ring)가 받는 반력을 구하라.

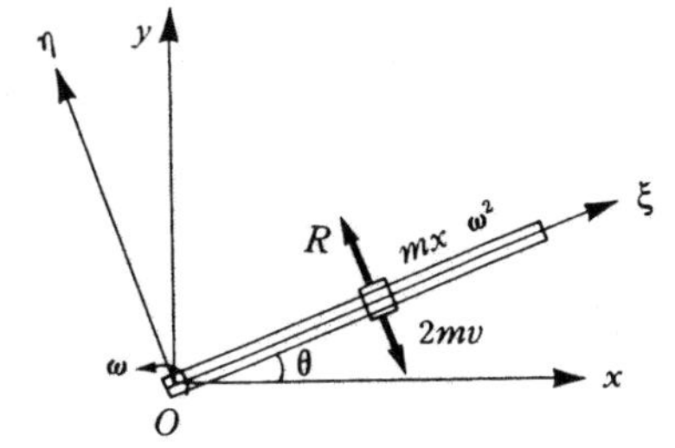

그림 16-6

〔풀 이〕 회전하는 봉을 ξ축, 이것에 직각이 되는 방향을 η로 잡으면, 고리(ring)의 운동방정식은 ξ방향으로

$$m\ddot{\xi} = m\xi\omega^2 \qquad \text{(a)}$$

η 방향으로

$$R - 2m\omega\dot{\xi} = 0 \qquad \text{(b)}$$

초기조건 $t=0$일 때, $\xi=\xi_0$이고, $\xi=0$이라 하면

$$\xi - \xi_0 \cos \omega t \qquad \text{(c)}$$

식 (b)에서 반력은

$$R = 2m\omega\dot{\xi} = 2m\dot{\xi}_0\omega^2 \sin \omega t \qquad \text{(d)}$$

식 (d)는 반력과 코리오리의 힘이 평형되어 있음을 나타낸다. ■◆■

16-1 그림 문 16-1과 같이 가속도 a로 운동하는 전동차의 천정에 추를 매달았을 경우, 실의 장력 T와 기울기 θ를 구하라.

해답 $T=\frac{W}{g}\sqrt{a^2+g^2}$, $\theta=\tan^{-1}\frac{a}{g}$

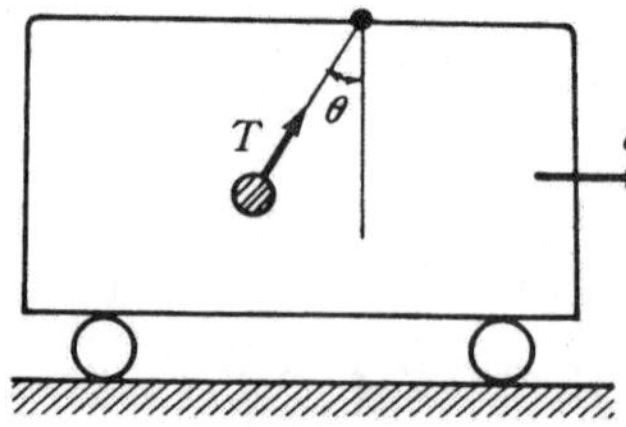

그림 문 16-1

16-2 그림 문 16-2와 같이 추 W_1=5 kg를 매어 단 움직 도르래에 체인을 걸어 고정 도르래를 거쳐 추 W_2=4 kg에 연결되었다. W_1, W_2의 가속도와 체인의 장력을 구하라.

힌트 $T=\frac{3W_1W_2}{W_1+4W_2}$, $a=g\frac{4W_2-2W_1}{W_1+4W_2}$

해답 T=2.86 kg, a=2.80 m/s^2

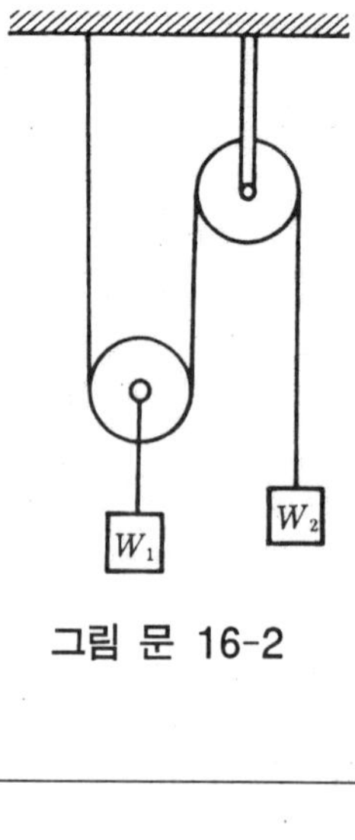

그림 문 16-2

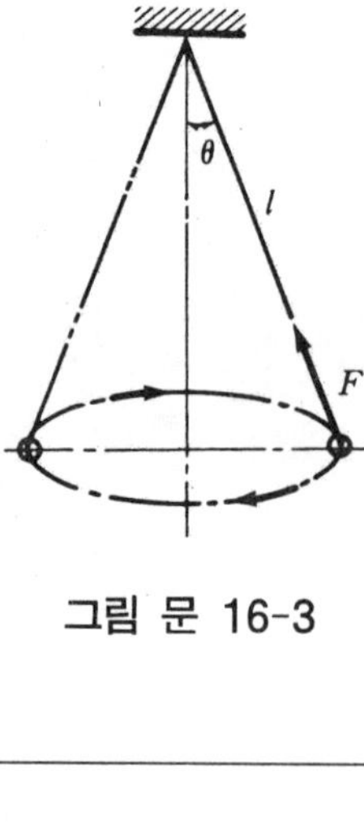

그림 문 16-3

16-3 그림 문 16-3과 같은 원추진자의 실에 작용하는 장력 F와 주기 T를 구하라.

해답 $F=\dfrac{W}{\cos\theta}$, $T=2\pi\sqrt{\dfrac{l\cos\theta}{g}}$

16-4 그림 문 16-4에서 반경 300 m인 원둘레를 따르는 선로를 60 kg/hr의 속도로 열차를 통과시키자면 외측 레일(rail)을 내측 레일보다 몇 mm 높이면 되겠는가? 여기서 레일의 간격은 1067 mm이다.

해답 레일의 기울기는 작음으로 $\sin\theta \fallingdotseq \tan\theta$로 보면 약 101 mm로 높게 한다.

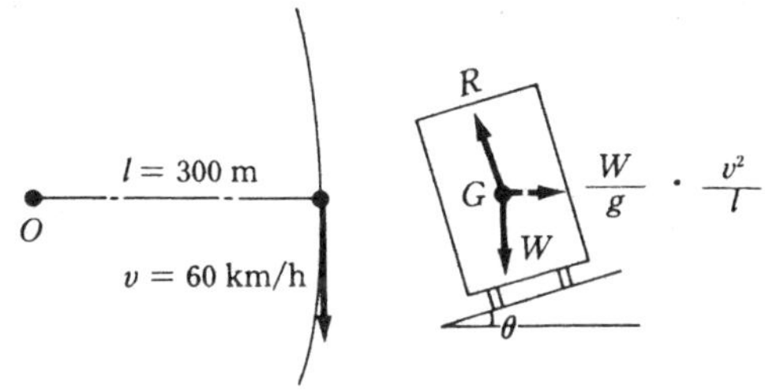

그림 문 16-4

16-5 그림 문 16-5와 같이 수평면 내에서 한쪽 끝 O 둘레를 일정한 각속도로 회전하는 매끈한 세관 중에 들어있는 무게 W인 물체는 관벽으로부터 어떠한 힘을 받는가? 물체는 최초 회전중심으로부터 r_0인 곳에서 정지하고 있었다.

해답 관과 함께 회전하는 좌표계를 취하면, 코리오리의 힘의 크기는

$\dfrac{d^2r}{dt^2}=\omega^2 r$이므로

$$\frac{dr}{dt}=\omega\sqrt{r^2-r_0{}^2}$$

따라서

$$F=2\frac{W}{g}\omega^2\sqrt{r^2-r_0{}^2}$$

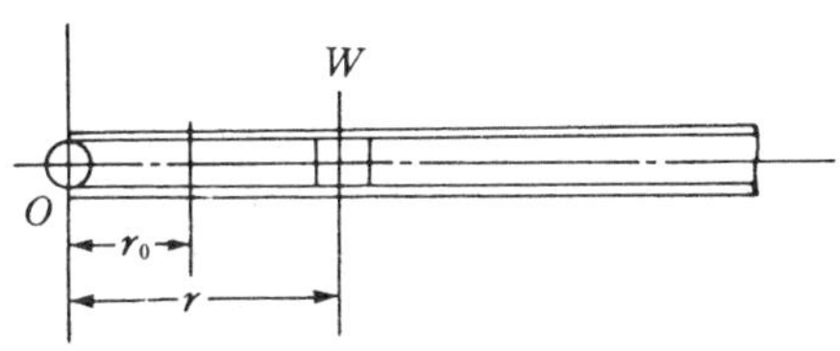

그림 문 16-5

16-6 물체가 놓여있는 거칠은 수평대가 수평방향으로 50 Hz의 단진동을 할 때 물체가 테이블과 함께 운동하여 미끄러지지 않게 하기 위하여서는 그 단진동의 진폭이 어느 정도면 되는가? 정지마찰계수는 0.4라 한다.

해답 39.7 μm 이하

16-7 직경 50 cm, 높이 1 m, 무게 50 kg인 원기둥을 기울기 $\sin\alpha = 0.380$인 경사면에 세워, 경사면을 따라 100 kg의 힘으로 당긴다. 원기둥이 넘어지지 않도록 하자면 착력점은 어느 범위가 되어야 하나? 운동마찰계수는 0.2이다.

해답 $0.569\text{ m} > h \geqq 0.338\text{ m}$

16-8 수평과 30°의 구배를 가진 경사면을 0.8 m/s^2의 가속도로 올라가는 케이블카(cable car) 안에서 질량 5 kg의 물체를 스프링 저울로 측정하면 겉보기의 무게는 얼마인가?

해답 $W\sqrt{1+\left(\frac{a}{g}\right)^2+2\frac{a}{g}\sin\alpha} \fallingdotseq 5.22\text{ kg}$

16-9 무게 W=200 g의 물체가 a=50 cm/s^{2}의 가속도로 직선운동을 하고 있는 경우, 물체에 작용하고 있는 힘은 몇 g인가?

해답 10.2 g

16-10 그림 문 16-10에서 2단 활차의 질량과 관성을 무시하고 낙하하는 무게 P인 물체의 가속도를 구하라.

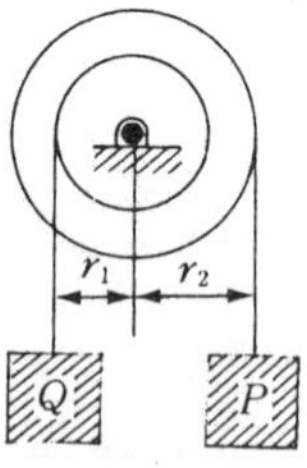

그림 문 16-10

해답 $a = g\dfrac{P - Q\dfrac{r_1}{r_2}}{P + Q - \dfrac{r_1^{\,2}}{r_2^{\,2}}}$

16-11 연직상방으로 투사된 질점이 t_1초 후에 h의 높이에 있었고, 또다시 t_2초 후에도 같은 높이에 있었다. 높이 h와 이 질점이 투사될 때의 초속도 v_0를 구하라.

해답 $h = \frac{1}{2} g t_1 t_2$, $v_0 = \frac{1}{2} g(t_1 + t_2)$

제 4 편

회전운동하는 강체의 동역학

강체가 회전하면서 운동하고 있을 때는 강체를 하나의 질점으로 생각하여 운동을 취급할 수는 없다. 여기에서는 이와 같은 경우, 강체에 작용하는 힘과 그로 인하여 생기는 강체의 운동상태의 변화와의 관계를 다룬다.

17

회전운동의 법칙

1) 각운동방정식

그림 17-1과 같이 강체가 임의점 A에 힘 F를 받아서 힘의 작용선과 직각방향에 있는 한 점 O를 중심으로 회전할 때 회전운동은 F의 크기 뿐만 아니라 AO 사이의 거리 r의 영향을 받는다.

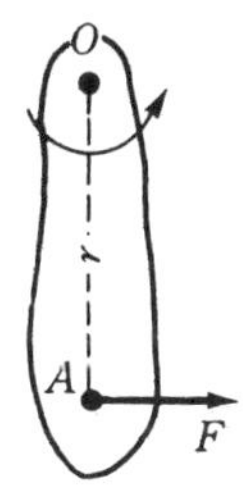

그림 17-1

그리하여 회전운동을 생각할 때는 힘 F 대신 F와 r의 곱인 힘의 모멘트를 취하고, 이것을 **토크**(torque)라 한다. 토크를 T로 표시하면

$$T = Fr \tag{17-1}$$

일반적으로 힘 F는 r에 수직으로만 작용하는 것이 아니므로 이것을 벡터로 나타낸다면

$$\mathbf{T} = \mathbf{F} \times \mathbf{r} \qquad (17\text{-}1)'$$

강체의 회전운동은 병진운동시 뉴턴의 운동법칙에서의 힘을 토크로, 가속도를

각가속도로 대치하여 생각하면 된다.

강체의 회전운동에서는 토크가 운동상태를 변화시키며, 강체 및 회전축의 위치가 변화되지 않는 한 강체에 작용하는 토크는 이로 인하여 생기는 각가속도의 크기에 비례한다.

이 사실을 관계식으로 표시하면 다음과 같다.

$$T = I\alpha \tag{17-2}$$

여기서, I는 병진운동을 할 때의 물체의 질량 W/g에 상당하는 상수이며, **관성 모멘트**(moment of inertia), 또는 **관성능률**이라 한다. 관성 모멘트는 회전하는 강체의 재질, 모양, 회전축의 위치에 따라 결정되는 량으로 그 회전축을 중심으로 회전할 때 강체가 갖는 관성의 정도를 나타낸다.

식 (17-2)를 **각운동방정식**(equation of angular motion)이라 하고, 병진운동의 운동방정식인 식 (11-3)에 해당된다. 제 3법칙에 대해서도 토크는 단독으로 존재할 수 없고 상호작용으로 생각하여야 한다.

2) 관성 모멘트와 회전반경

그림 17-2와 같이 무게 W인 질점으로 볼 수 있는 강체가 무게를 무시할 수 있는 가느다란 막대의 끝에 달려있고, 막대의 다른 끝을 회전축으로 하여 회전하는 것으로 한다.

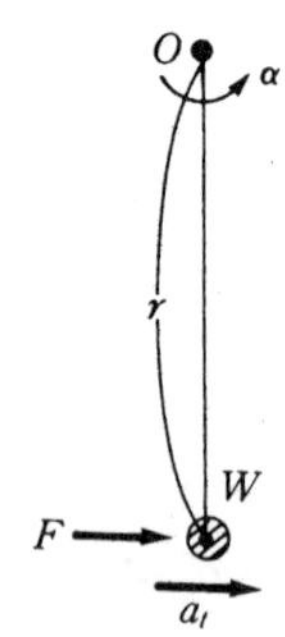

그림 17-2

지금 막대에 대하여 직각인 방향에서 강체의 힘 F가 작용하여 강체에 a_t의 접선가속도가 발생하였다면

이 강체에 대한 운동방정식은

$$F = \frac{W}{g} a_t$$

가 성립한다.

여기서 물체는 O를 중심으로 원운동을 하므로 회전축 O 주위에 생기는 각가속도를 α로 하면 식 (7-6)에서 $a_t = r\alpha$이다.

그리하여 윗식의 양변에 r을 곱하고 이 관계를 이용한다면

$$Fr = \frac{W}{g} r^2 \alpha$$

식 (17-1)에 의하여 이 식의 좌변을 고쳐 쓰면

$$T = \frac{W}{g} r^2 \alpha \qquad (17\text{-}3)$$

이 식은 무게 W인 강체가 r만큼 떨어져 회전축 주위를 회전하고 있을 때의 각운동방정식이며, 이 때 강체의 회전축에 대한 관성 모멘트는

$$I = \frac{W}{g} r^2 \qquad (17\text{-}4)$$

이다.

즉 관성 모멘트는 강체의 질량 W/g과 회전축과의 거리 r의 제곱과의 곱으로 나타냄을 알 수 있고, 단위는 $\mathrm{kgf \cdot m \cdot s^2}$, $\mathrm{kgm \cdot m^2}$이 사용된다.

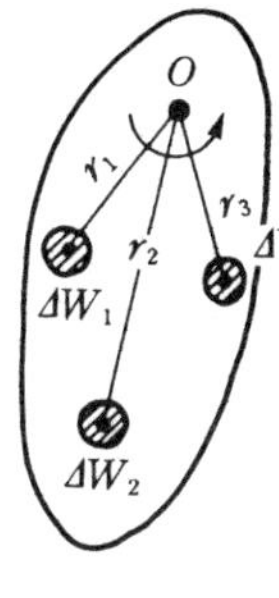

그림 17-3

이것을 이용하면 강체의 임의의 회전축 주위에 관성 모멘트를 구하는 기본식이

된다. 그림 17-3에서 강체의 무게를 ΔW_1, ΔW_2, ΔW_3, ……의 미소부분으로 나누어, 이들 부분이 회전축 O에서 r_1, r_2, r_3, …의 거리에 있다고 하면, 각각 미소부분의 회전축 O에 관한 관성 모멘트는 식 (17-4)에 따라 다음과 같이 표시할 수 있다.

$$\Delta I_1 = \frac{\Delta W_1}{g} {r_1}^2$$

$$\Delta I_2 = \frac{\Delta W_2}{g} {r_2}^2$$

$$\Delta I_3 = \frac{\Delta W_3}{g} {r_3}^2$$

회전축 O에 관한 강체 전체의 관성 모멘트는 이들의 미소부분의 관성 모멘트를 모두 합하여 미소부분을 무한소로 취급하면 정확한 값이 된다.

즉,

$$I = \lim_{\Delta W_i \to 0} \sum \frac{\Delta W_i}{g} {r_i}^2$$

또는

$$I = \int \frac{dW}{g} r^2 \qquad (17\text{-}5)$$

식 (17-5)에 의하여 강체의 주어진 회전축에 관한 관성 모멘트를 계산할 수 있다. 지금 점 O에서 거리 k인 한 점에 강체의 전 질량이 집중되었다고 생각하자. 이 질점이 점 O에 관하여 갖는 관성 모멘트 $\frac{W}{g}k^2$과 강체가 점 O에 관하여 갖는 관성 모멘트 I와 같은 크기라고 하면

$$\frac{W}{g}k^2 = I$$

$$k = \sqrt{\frac{Ig}{W}} = \sqrt{\frac{I}{m}} \qquad (17\text{-}6)$$

이 k는 강체와 같은 질량을 갖는 질점이 강체와 같은 관성 모멘트를 갖기 위한 회전축으로부터의 거리이고, 회전축에 관한 그 강체의 **회전반경**(radius of gyration) 또는 관성반경이라 하며, 차원은 $[L]$이다.

3) 관성 모멘트의 성질

강체의 회전에 관한 문제에서 물체의 관성 2차 모멘트를 공학에서는 질량 2차 모멘트(mass moment of inertia) 또는 관성 모멘트라 한다.

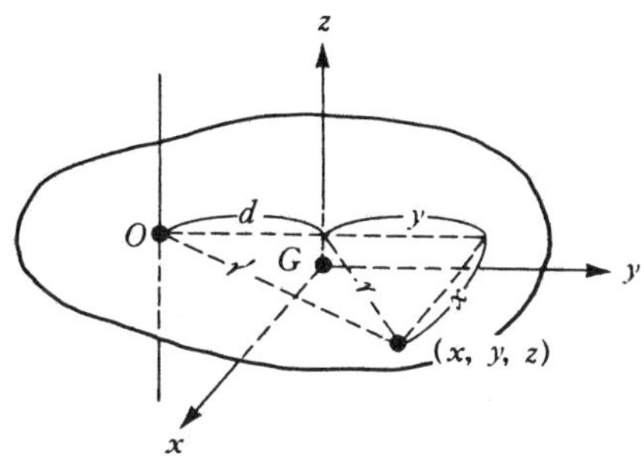

그림 17-4

관성 모멘트는 다음에 설명하는 성질을 갖는 역학량이다. 이 성질은 관성 모멘트를 구하는 계산에 이용이 된다.

그림 17-4와 같이 중심 G를 원점으로 하여 회전축에 평행한 z축을 택한 직각 좌표축 $G-xyz$를 취하고 임의의 한 점 $(x,\ y,\ z)$의 회전축 및 z축으로부터의 거리를 r', r이라 하면

$$r'^2 = x^2 + (y+d)^2$$

이 식을 정리하면

$$r'^2 = r^2 + d^2 + 2yd$$

윗식의 각 항에 $1/g$을 곱하여 W로 적분하면

$$\int \frac{dW}{g} r'^2 = \int \frac{dW}{g} r^2 + \frac{d^2}{g} \int dW + \frac{2d}{g} \int y\, dW$$

여기서, O축, Z축에 관한 관성 모멘트를 각각 I_0, I_G라 할 때

$$I_0 = \int \frac{dW}{g} r'^2, \quad I_G = \int \frac{dW}{g} r^2$$

또 $\int dW = W,\ y=0$이 되게 좌표축을 정하면 $\int y\,dW = 0$이므로

$$I_0 = I_G + \frac{W}{g} d^2 \tag{17-7}$$

의 관계가 성립한다. 이것을 **스테너의 정리**(Steiner's theorem) 또는 **평행축 정리**(parallel axis theorem)라 하며, 다음과 같이 설명할 수 있다.

① 강체의 임의의 회전축에 관한 관성 모멘트(I_0)는 이 축에 평행이고, 강체의 중심을 지나는 축에 관한 관성 모멘트(I_G)와 강체의 전질량 W/g이 중심에 집중했을 때의 이 축에 관한 관성 모멘트($W/G \cdot d^2$)의 합과 같다.

그림 17-5와 같이 얇은 평면판 위의 임의의 점 O를 원점으로 하여 그 평면에 수직인 축에 관한 직교좌표축 $O-xyz$를 취하여 평면판 위의 한 점을 $(x,\ y,\ o)$로 하면

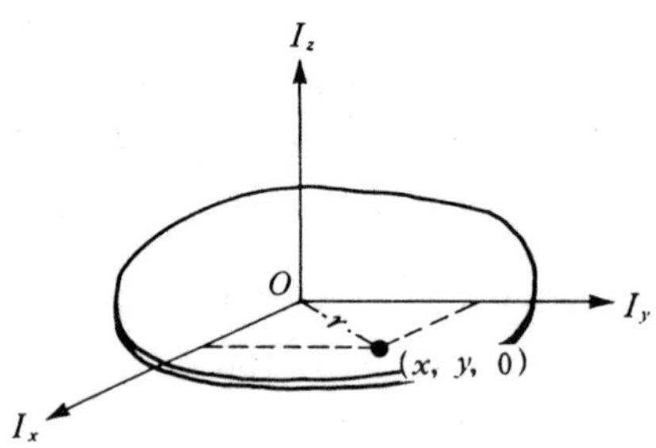

그림 17-5

$$r^2 = x^2 + y^2$$

그러므로

$$\int \frac{dW}{g} r^2 = \int \frac{dW}{g} x^2 + \int \frac{dW}{g} y^2$$

여기서, Ox, Oy, Oz축에 관한 관성 모멘트를 각각 I_x, I_y, I_z로 하면

$$I_z = I_x + I_y = I_p \tag{17-8}$$

의 관계를 얻는다. 이것을 **직교축의 정리**라 하며, 한 면적의 수직축에 대한 관성 모멘트 즉 I_p를 O에 관한 **극관성 모멘트**(polar moment of inertia)라고 한다.

따라서 직교축의 정리를 다음과 같이 설명할 수 있다.

② 얇은 평면판 위의 임의의 한 점 O를 지나고 그 평면에 수직인 축에 관한 평면판의 극관성 모멘트(I_p)는 O를 지나고, 평면 내에서 직교하는 임의의 두 축에 관한 관성 모멘트의 합과 같다.

굽힘 모멘트를 받고 있는 보(beam)의 단면의 중립축에서 거리 y에 미소면적 dA를 생각하면 보에 생기는 저항 모멘트는

$$M_R = \frac{E}{\rho}\int y^2\, dA$$

여기서, E는 보의 재료의 종탄성계수, ρ는 보의 중립면(neutral surface)의 곡률반경이다. $\int y^2\, dA$는 단면 모양에 따라 일정한 값을 갖고, 식 (17-5)의 질량 dW/g 대신 면적 dA를 대치하였다고 본다. $\int y^2\, dA$는 기호 I_A로 표시하고 단면 2차 모멘트(second moment area), 또는 **면적의 관성 모멘트**(moment of inertia of area)라 하고, 차원은 $[L^4]$이다. 또 단면 2차 모멘트는 기준축에 따라 그 크기가 변하므로 항상 '어떤 축에 관한 단면 2차 모멘트'로서 표시되어야 한다.

4) 관성 모멘트의 계산

식 (17-5), (17-6), (17-7) 등을 이용하여 균질이고, 모양이 간단한 물체의 관성 모멘트를 계산할 수 있다.

(1) 봉(막대)

그림 17-6과 같이 길이 l, 단면적 a, 무게 W, 단면적 a인 막대의 중심 G를 지나고 막대에 직각인 축에 관한 관성 모멘트는, 비중량 γ로 할 때 $dW = \gamma a\, dr$

$$I_G = \int_{-l/2}^{l/2} \frac{\gamma}{g} r^2 a\, dr$$

이 식을 계산하여 $W = (al)\gamma$를 내입하면

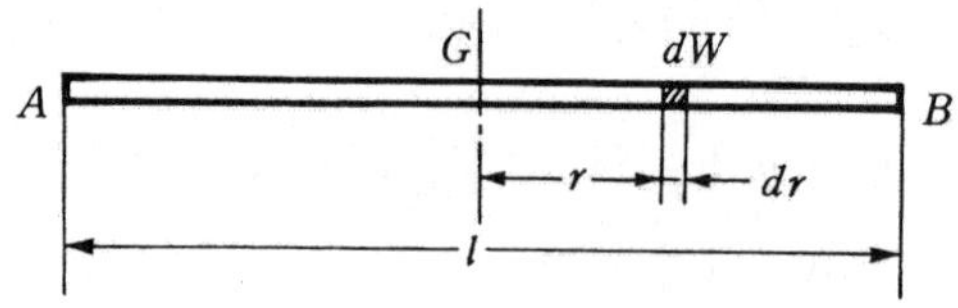

그림 17-6

$$I_G = \frac{W}{g}\left(\frac{l}{12}\right)^2 \qquad (17\text{-}9)$$

또 막대의 한 끝 A를 지나고, G를 지나는 회전축에 평행한 축에 관한 관성 모멘트는

$$I_a = I_G + \frac{W}{g}\left(\frac{l}{2}\right)^2$$

윗식에 식 (17-9)를 대입하면

$$I_a = \frac{W}{g}\frac{l^2}{3} \qquad (17\text{-}10)$$

(2) 얇은 직사각형판

그림 17-7과 같이 두 변이 a, b, 무게 W인 얇은 직사각형 판의 중심 O를 지나고 평판 위에 있는 두 축에 관한 관성 모멘트 I_x, I_y는

$$I_x = \int_{-b/2}^{b/2} \frac{\gamma y^2}{g}(a\,dy)t$$

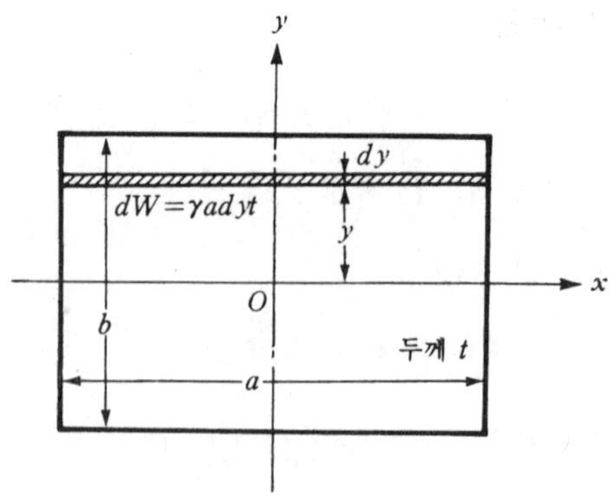

그림 17-7

이 식을 계산하여 $W=\gamma abt$를 대입하면

$$I_x=\frac{W}{g}\frac{b^2}{12},\quad I_y=\frac{W}{g}\frac{a^2}{12} \tag{17-11}$$

따라서 O를 지나고 판면에 직각인 회전축에 관한 관성 모멘트 I_x는

$$I_x=I_x+I_y=\frac{W}{g}\frac{a^2+b^2}{12} \tag{17-12}$$

(3) 원판

그림 17-8과 같이 반경 R, 무게 W인 원판의 중심 O를 지나 원판에 수직한 회전축에 관성 모멘트 I_0는

$$I_0=\int_0^R \frac{\gamma r^2}{g}(2\pi r dr)t$$

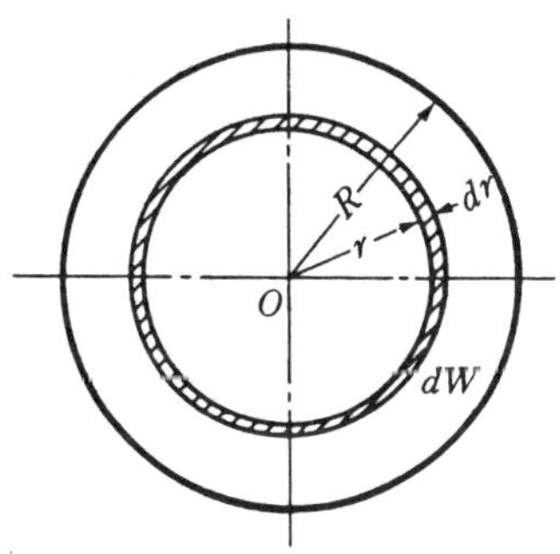

그림 17-8

이 식을 계산하여 $W=\gamma\pi R^2 t$를 대입하면

$$I_0=\frac{W}{g}\frac{R^2}{2} \tag{17-13}$$

이 식은 무게 W, 반경 R인 원주의 축선에 관한 관성 모멘트를 나타내기도 한다. 또 원판의 중심을 지나고 판면을 포함하는 회전축에 관한 관성 모멘트 I_d는

$$I_d=\frac{W}{g}\frac{R^2}{4} \tag{17-14}$$

(4) 직육면체

그림 17-9와 같이 각 변이 a, b, c이고, 무게 W인 직육면체의 중심 O를 지나고 각 변에 평행한 축에 관한 관성 모멘트 I_x, I_y, I_z는 다음과 같이 구한다.

x축에 직각인 직사각형 판의 $b\times c\times dx$ 부분의 x축에 관한 관성 모멘트를 dI_x라 하면 식 (17-12)에서

$$dI_x = \frac{dW}{g}\frac{b^2+c^2}{12}$$

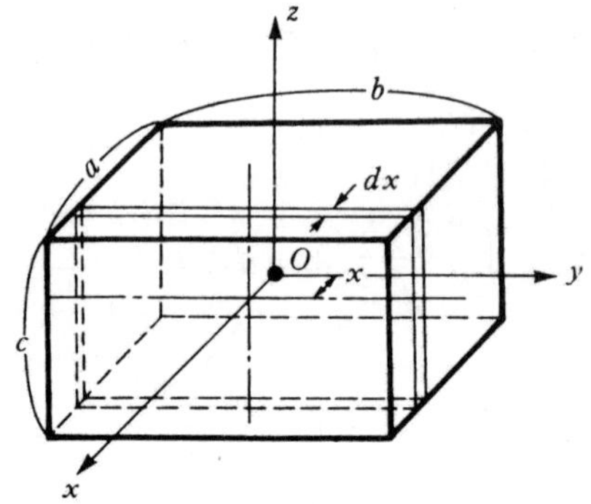

그림 17-9

따라서 직육면체 전체의 x축에 관한 관성 모멘트 I_x는

$$I_x = \int_{-a/2}^{a/2} dI_x$$

이 식에 먼저 식을 대입하고 $dW=\gamma bc\,dx$를 이용하여

$$I_x = \frac{W}{g}\frac{b^2+c^2}{12} \tag{17-15}$$

같은 방법으로

$$I_y = \frac{W}{g}\frac{c^2+a^2}{12}$$

$$I_z = \frac{W}{g}\frac{a^2+b^2}{12}$$

(5) 구

그림 17-10과 같이 반경 R, 무게 W인 구의 중심 O를 지나는 회전축에 관한 관성 모멘트 I_z는 다음과 같이 구한다.

Z축에 직각인 원판모양 $\pi r^2 \times dz$ 부분의 축에 관한 관성 모멘트를 dI_z로 하면 식 (17-13)에서

$$dI_z = \frac{dW}{g}\frac{r^2}{2}$$

따라서 구 전체의 축에 관한 관성 모멘트 I_z는

$$I_z = \int_{-R}^{R} dI_z$$

이 식에 앞식을 대입하면 $dW = \gamma\pi r^2 dz$, $r^2 = R^2 - z^2$을 써서 계산하고 $W = \frac{4}{3}\gamma\pi R^3$에 의하여 정리하면

$$I_z = \frac{2}{5}\frac{W}{g}R^2 \tag{17-16}$$

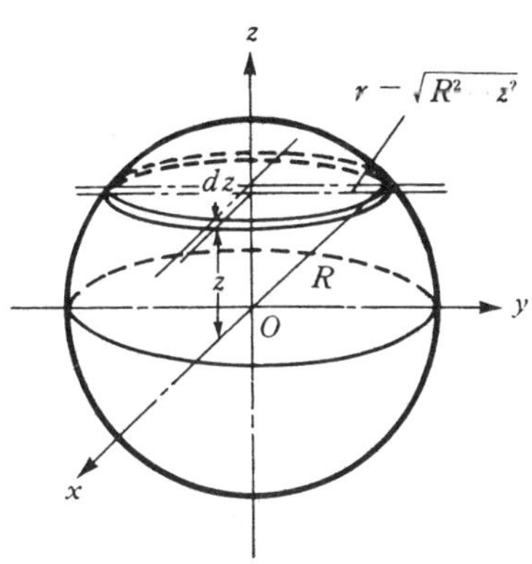

그림 17-10

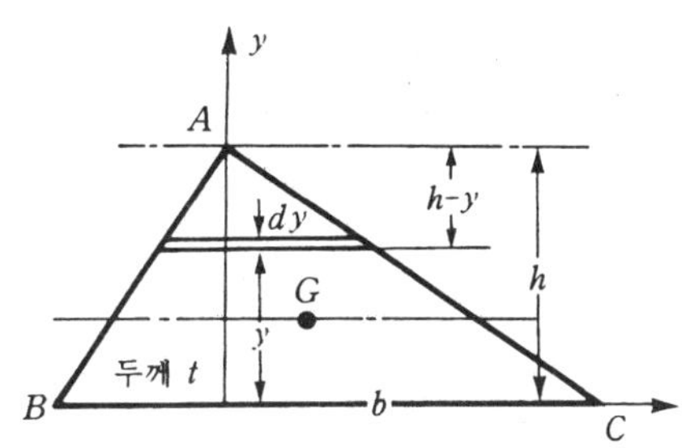

그림 17-11

예제 17-1

그림 17-11과 같이 밑변 b, 높이 h, 무게 W인 삼각형 판에서 다음 회전축에 대한 관성 모멘트를 구하여라.

(1) 밑변 BC와 일치하는 점(I_1)

(2) 밑변 BC에 평행하고 중심 G를 지나는 축(I_G)

(3) 밑변 BC에 평행하고 정점 A를 지나는 축(I_2)

〔풀 이〕 BC에 수직한 y축을 취하고, y축에 직각으로 미소부분은

$$dW = \gamma \frac{h-y}{h} bdyt \tag{a}$$

를 취하여 식 (17-5)를 이용하면

$$I_1 = \int_0^h \frac{\gamma}{g}\left(\frac{h-y}{h} bt\right) y^2 dy \tag{b}$$

식 (b)를 계산하여 $W = \gamma \frac{bh}{2} t$를 대입하면

$$I_1 = \frac{W}{g} \frac{h^2}{6} \tag{c}$$

또 식 (17-7)에서

$$I_G = I_1 - \frac{W}{g}\left(\frac{h}{3}\right)^2$$

식 (c)에 의하여 이것을 정리하면

$$I_G = \frac{W}{g} \frac{h^2}{18} \tag{d}$$

다음에 $I_2 = I_G + \frac{W}{g}\left(\frac{2h}{3}\right)^2$

식 (d)에 의하여 이것을 계산하면

$$I_2 = \frac{W}{g} \frac{h^2}{2} \tag{e}$$

식 (c), (d), (e)를 비교하면 중심을 지나는 축 주위로 이 판을 회전시킬 때 관성이 제일 작다는 것을 알 수 있다. ■◆■

예 제 17-2

그림 17-12와 같이 끈의 양 끝에 무게 w, w'인 두 추를 달아 도르래에 걸었을 때 추의 가속도 및 끈의 장력을 구하여라. 단, 도르래를 원판으로 보고 그 무게를 W로 한다.

〔풀 이〕 도르래의 운동방정식과 추의 운동방정식을 세우고 이것을 만족하는 해를 구한다.

(1) 도르래의 각운동방정식 :

추의 선가속도를 a, 끈의 장력을 F, F'라 하면 식 (17-2)에서

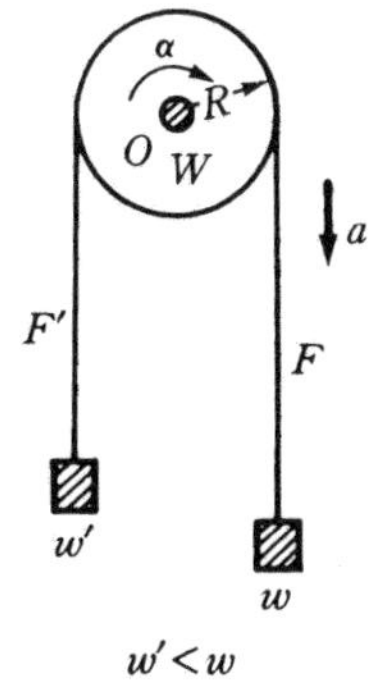

그림 17-12

$$\left.\begin{aligned} T&=(F-F')R \\ I&=\frac{W}{g}\frac{R^2}{2} \\ \alpha&=\frac{a}{R} \end{aligned}\right\}$$

를 대입하면

$$(F-F')R=\frac{W}{g}\frac{R^2}{2}\frac{a}{R} \tag{a}$$

(2) 추의 운동방정식 :

$$w-F=\frac{w}{g}a \tag{b}$$

$$F'-w'=\frac{w'}{g}a \tag{c}$$

식 (a), (b), (c)에서

$$a=\frac{2(w-w')}{2(w+w')+W}g \tag{d}$$

$$F=\frac{4ww'+wW}{2(w+w')+W} \tag{e}$$

$$F'=\frac{4ww'+w'W}{2(w+w')+W} \tag{f}$$

■◆■

예제 17-3

그림 17-13과 같이 중심을 지나 연직인 회전축 주위에 각속도 ω로 회전하고 있는 반경 r인 원주의 중심에 구멍이 있는 반경 R의 원판을 살짝 올려 놓았다. 이 경우 원주 r의 둘레만이 접촉되었다고 하고, 접촉한 후에도 원주 r의 각속도가 변함없이 지속된다고 보고 반경 R인 원판이 ω의 각속도에 도달할 때까지의 필요한 시간을 구하라. 단, 마찰계수를 μ, 원판의 반경을 R, 무게를 W로 한다.

〔풀 이〕 원판 R의 각운동방정식을 세운다. 원판 R인 회전축에 관한 관성 모멘트를 구하는 데는 중심의 구멍의 영향은 무시한다.
또 원주 r의 둘레에서 작용하는 마찰력은 원판 R을 회전시키는 토크를 주어 식 (17-1)에서

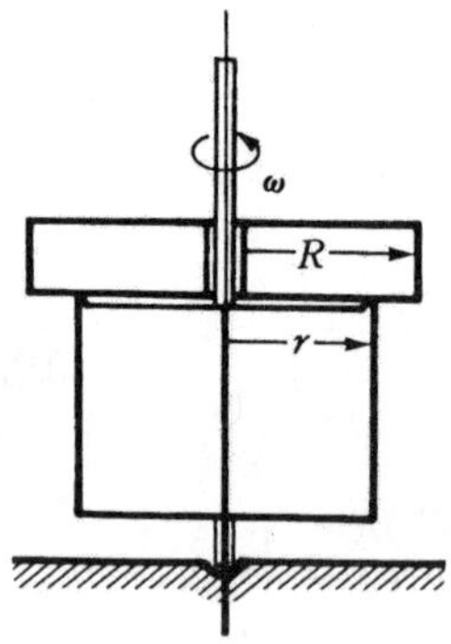

그림 17-13

$$\left.\begin{aligned} T &= (\mu W)r \\ I &= \frac{W}{g}\frac{R^2}{2} \end{aligned}\right\}$$

를 대입하면

$$(\mu W)r = \frac{W}{g}\frac{R^2}{2}\alpha \qquad \text{(a)}$$

윗식에 $\alpha = \dfrac{d\omega}{dt}$ 를 대입하면

$$(\mu W)r = \frac{W}{g}\frac{R^2}{2}\frac{d\omega}{dt}$$

변수를 분리하면

$$dt = \frac{R^2}{2g\mu r}d\omega$$

$$t = \frac{R^2}{2g\mu r}\int_0^{\omega} d\omega + c \qquad \text{(b)}$$

$t=0$ 에서 $\omega=0$ 이므로 $c=0$

$$\therefore t = \frac{R^2\omega}{2g\mu r} \qquad \text{(c)}$$

■◆■

17-1 그림 문 17-1과 같이 양 밑면의 반경이 R_1, R_2, 높이가 h인 직원추대(비중량 γ)의 중심축 주위의 관성 모멘트를 구하라.

해답 $I_z=\dfrac{\gamma}{g}\cdot\dfrac{\pi h}{10}\cdot\dfrac{R_1^{\,5}-R_2^{\,5}}{R_1-R_2}$

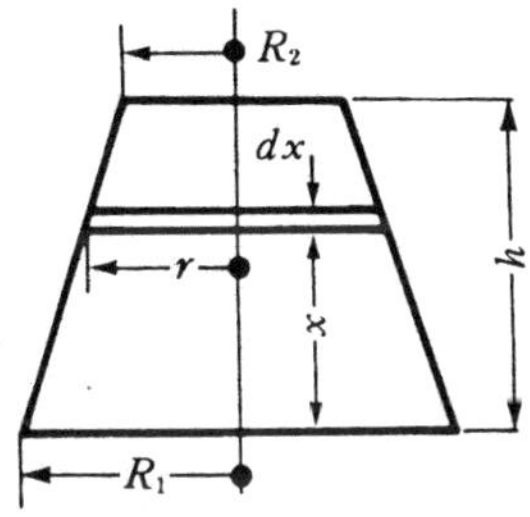

그림 문 17-1

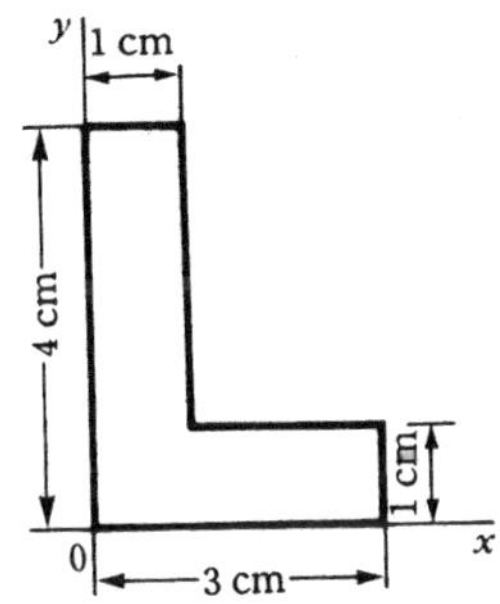

그림 문 17-2

17-2 그림 문 17-2와 같은 평면도형의 점 O를 지나고 면에 수직인 z축 둘레의 면적이 관성 모멘트를 구하라.

해답 $I_z=I_x+I_y=22+10=32\,\text{cm}^4$

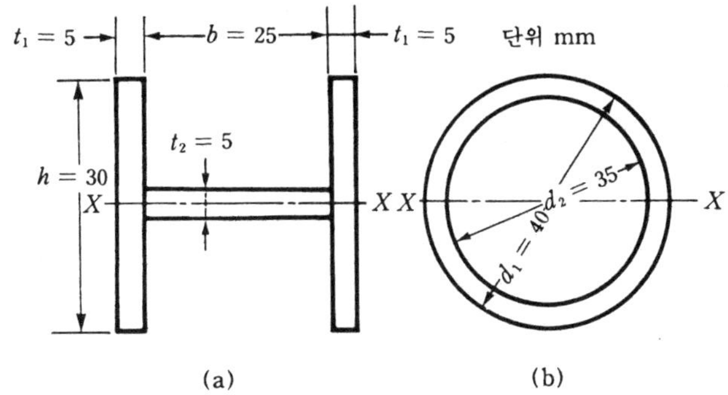

그림 문 17-3

17-3 그림 문 17-3과 같은 모양의 단면을 갖는 보가 있다. 이것과 같은 모양의 판의

관성 모멘트의 계산식을 이용하여 $X-X$축에 관한 이 단면의 단면 2차 모멘트를 계산하라.

해답 $I_A = 2.28 \times 10^3\,\mathrm{mm}^4$, $I_{A'} = 5.20 \times 10^4\,\mathrm{mm}^4$

17-4 그림 문 17-4와 같이 수평축 O 둘레에서 회전할 수 있는 반경 R, 무게 W인 원주가 있다. 이 원주에 끈을 감아 끈의 한 끝에 무게 W'의 추를 달았을 때 추가 낙하하는 가속도 및 끈의 장력을 구하라.

해답 추의 가속도를 a, 끈의 장력을 F라 하면

$$a = \frac{2}{3}g, \quad F = \frac{1}{3}W$$

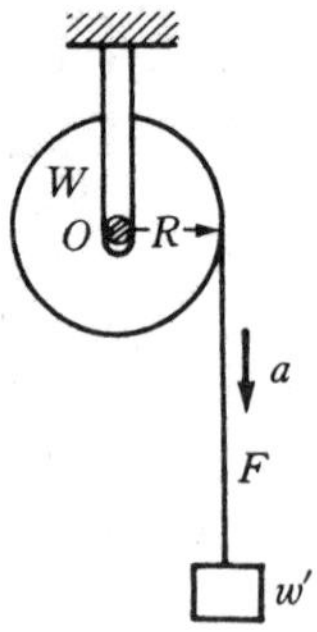

그림 문 17-4

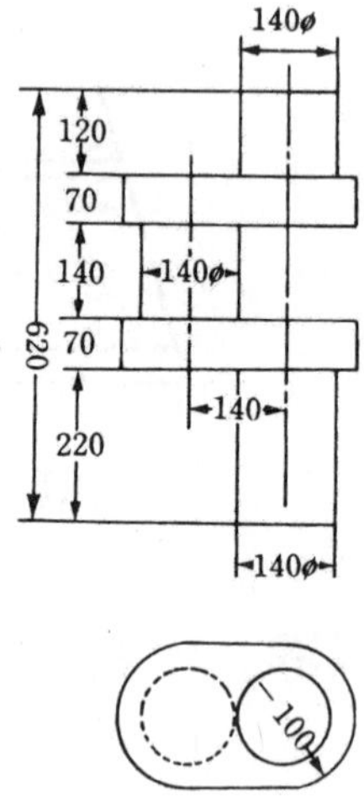

그림 문 17-5

17-5 그림 문 17-5와 같은 크랭크축(비중 7.8)의 회전축 둘레의 관성 모멘트를 구하라.

해답 $15.20\,\mathrm{kg \cdot cm\,s^2}$

17-6 반경 $r=30\,\mathrm{cm}$, 무게 $W=50\,\mathrm{kg}$인 원형 도르래에 무게가 없는 끈이 걸쳐 있어 그 양단에는 추 Q_1, Q_2가 있다. $Q_2=30\,\mathrm{kg}$일 때, Q_1의 낙하 가속도를 중력에 의한 가속도의 1/5이 되게 하자면 Q_1의 무게는 얼마가 되어야 하는가? 단, 끈과 도르래는 미끄럼이 없다고 한다.

해답 $51.25\,\mathrm{kg}$

17-7 그림 문 17-7과 같이 수평축 O의 둘레에서 회전할 수 있는 륜축이 있다. 이 륜축에 서로 반대방향으로 끈을 감고 같은 무게의 추를 매달아 놓았을 때 륜축의 각가속도 및 끈의 장력을 구하라. 여기서 O축 둘레의 륜축의 관성 모멘트를 I_0로 하고, 회전축의 무게, 마찰 등은 무시하기로 한다.

해답

$$\alpha=\frac{w(R-r)}{I_0 g+w(R^2+r^2)}g$$

$$F=w-\frac{w^2(R-r)R}{I_0 g+w(R^2+r^2)}$$

$$F'=w+\frac{w^2(R-r)r}{I_0 g+w(R^2+r^2)}$$

여기서, 우측 추의 가속도 $a=R\alpha$, 좌측 추의 가속도 $a'=r\alpha$이다.

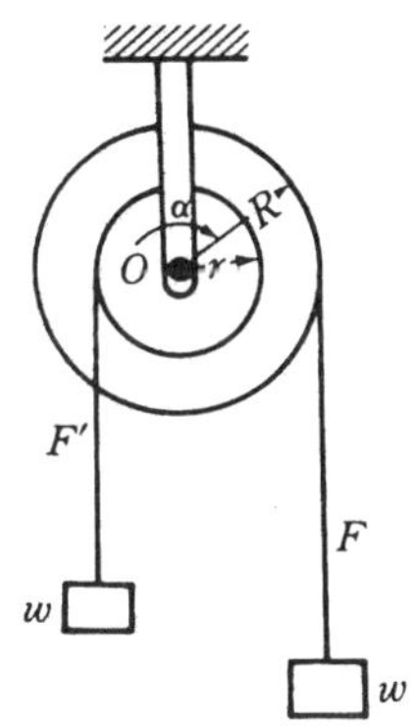

그림 문 17-7

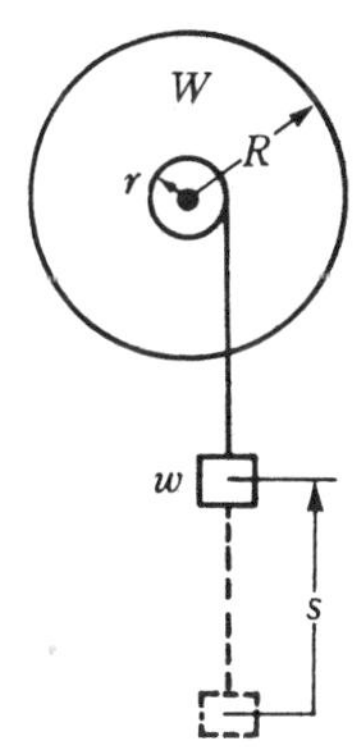

그림 문 17-8

17-8 그림 문 17-8과 같이 반경 R, 무게 W의 원판의 중심에 원형축이 고정되어, 축은 수평하게 지지되어 있다. 이 축에 끈을 감아 무게 W의 추를 한 끝에 달아 놓았을 때 추가 정지의 위치에서 s만큼 낙하할 때의 원판의 각속도를 구하라.

해답 원판의 각속도 ω는 추의 낙하의 선속도 v에서 구한다. 추의 낙하 가속도를 a라 하면 $v=\sqrt{2as}$이다.

a는 원판의 각운동방정식 및 추의 운동방정식에서 구한다.

$$\omega=\sqrt{\frac{4wg^s}{WR^2+2w}}$$

18

일과 회전운동 에너지

1) 회전운동에 있어서의 일

그림 18-1과 같이 축 O 주위에서 각변위 θ만큼 회전운동을 하였을 때 운동을 하는 동안 힘 F가 회전축으로부터 거리 r인 점 OA에 직각으로 계속작용하는 경우, 힘 F가 물체에 한 일은

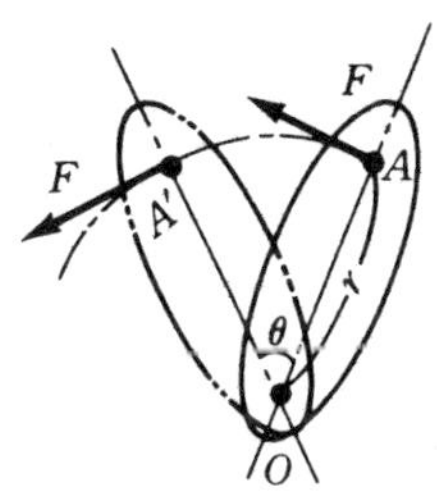

그림 18-1

$$U = F\,\widehat{AA'}$$

여기서, $\widehat{AA'} = r\theta$를 대입하면

$$U = Fr\theta$$

Fr은 이 물체에 작용하는 토크이므로 T로 나타내면 윗식은

$$U = T\theta \qquad (18\text{-}1)$$

즉, 일정한 토크 T를 받아서 θ의 각변위를 한 물체는 T와 θ의 곱에 상당하

는 일을 외부로부터 받는 것이 된다. 또 각변위 사이에 토크가 일정하지 않을 경우는 식 (13-2)와 같이

$$U=\int_0^{\theta} T\,d\theta \qquad (18\text{-}2)$$

로 표시된다.

다음 동력 P는 $\dfrac{du}{dt}$로 되어 식 (18-1), (18-2)의 어느 식을 대입시켜도

$$P=\frac{T\theta}{t}=T\omega \qquad (18\text{-}3)$$

이다.

지금 물체에 토크 T[kg · m]가 작용하여 회전축을 중심으로 N[rpm]으로 회전하고 있을 때 윗식은 다음과 같이 나타낸다.

$$P=\frac{2\pi NT}{60}\ [\text{kg}\cdot\text{m/s}] \qquad (18\text{-}4)$$

2) 회전운동 에너지

그림 18-2와 같이 회전운동하는 물체가 갖는 운동 에너지는 물체의 미소부분이 갖는 운동 에너지를 모두 합하여 미소부분을 무한소로 생각하여 구한다.

$$K\cdot E=\lim_{\Delta W_i\to 0}\sum\frac{1}{2}\,\frac{\Delta W_1}{g}(r_1\omega)^2$$

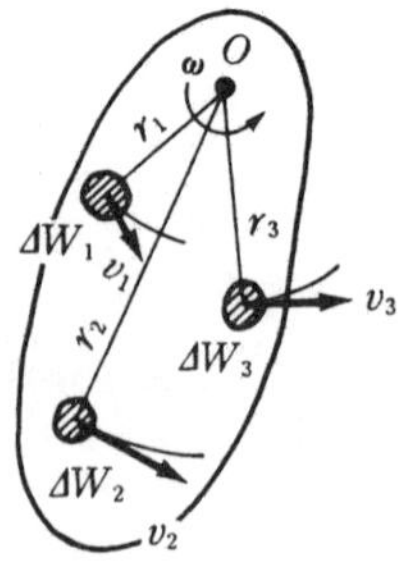

그림 18-2

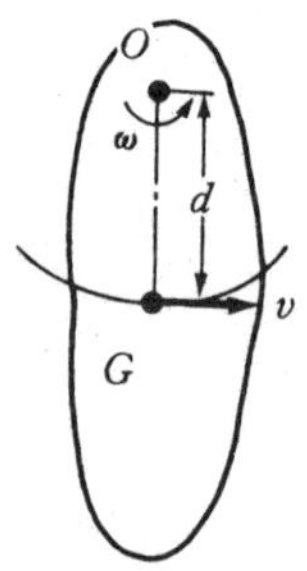

그림 18-3

각속도 ω는 어느 부분에서나 공통이므로 윗식은

$$K \cdot E = \frac{1}{2}\omega^2 \int \frac{dW}{g} r^2$$

식 (17-5)에 의해 이 식을 고쳐 쓰면

$$K \cdot E = \frac{1}{2} I_0 \omega^2 \tag{18-5}$$

여기서, I_0는 O축에 관한 물체의 관성 모멘트이다. 지금 그림 18-3과 같이 O축을 중심으로 회전하는 물체의 중심을 G, G를 지나 O축에 평행인 축에 관한 관성 모멘트를 I_G로 하고 $OG = d$로 하면, I_0와 I_G의 사이에는 식 (17-7)과 같은 관계가 있다. 이것을 식 (18-5)에 대입하면

$$K \cdot E = \frac{1}{2}\left(I_G + \frac{W}{g} d^2\right)\omega^2$$

여기서 중심이 갖는 선속도를 v로 하면 $v = d\omega$이므로 윗식을 고쳐 쓰면

$$K \cdot E = \frac{1}{2} I_G \omega^2 + \frac{1}{2}\frac{W}{g} v^2 \tag{18-6}$$

이 식은 물체가 임의의 O축을 중심으로 회전하고 있을 때 물체가 갖는 운동 에너지로서, 중심을 지나 O축에 평행인 축을 중심으로 하여 각속도 ω로 회전할 때의 운동 에너지와 전체의 질량이 중심에 있어, 중심이 선속도로 병진운동할 때의 운동 에너지의 합으로 나타난다.

또 일과 운동 에너지에 대해서는 병진운동의 경우와 같으므로 식 (17-2)의 각운동 에너지에 $\alpha = \dfrac{d^2\theta}{dt^2}$를 대입하면

$$T = I \frac{d^2\theta}{dt^2}$$

이 식의 양변에 $\dfrac{d\theta}{dt}$를 곱하여 변형하면

$$T \frac{d\theta}{dt} = \frac{1}{2} I \frac{d}{dt}\left(\frac{d\theta}{dt}\right)^2$$

여기서, $t=t_1$에서 $\theta=\theta_1$, $\dfrac{d\theta}{dt}=\omega_1$

$t=t_2$에서 $\theta=\theta_2$, $\dfrac{d\theta}{dt}=\omega_2$

로 하여 윗식을 t_1에서 t_2까지 적분하면

$$\int_{\theta_1}^{\theta_2} T\,d\theta=\frac{1}{2}I{\omega_2}^2-\frac{1}{2}I{\omega_1}^2$$

이 식은 물체가 외부에서 일을 얻으면 그만큼 운동 에너지의 증가를 나타낸다.

예제 18-1

그림 18-4와 같이 반경 R, 무게 W인 구가 수평면상을 회전하면서 속도 v로 직선운동을 하고 있을 때, 구가 갖는 운동 에너지를 구하라.

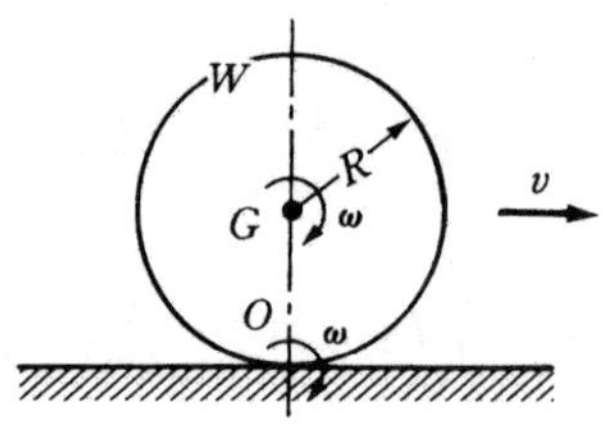

그림 18-4

〔풀이〕 구는 평면운동을 하고 있으므로 순간중심 O를 축으로 하여 회전운운동을 하고 있다고 본다.
따라서 식 (18-6)에서

$$K\cdot E=\frac{1}{2}I_G\omega^2+\frac{1}{2}\frac{W}{g}v^2 \qquad \text{(a)}$$

여기서

$$I_G=\frac{2}{5}\frac{W}{g}R^2 \qquad \text{(b)}$$

$$\omega=\frac{v}{R} \qquad \text{(c)}$$

를 윗식에 대입하면

$$K\cdot E=\frac{1}{2}\frac{2}{5}\frac{W}{g}R^2\left(\frac{v}{R}\right)^2+\frac{1}{2}\frac{W}{g}v^2$$

이것을 정리하면

$$K \cdot E = \frac{7}{10}\frac{W}{g}v^2 \qquad \text{(d)}$$

예제 18-2

그림 18-5와 같이 수평한 축을 갖는 반경 R, 무게 W인 원주의 상반부분에 원둘레의 1/2인 길이에 무게 w'인 밧줄(rope)을 올려놓고 원주에 약간의 각속도를 주어 운동을 시작하였다면 밧줄이 원주에서 완전히 이탈될 때, 원주의 각속도는 얼마인가? 단, 추의 무게, 마찰은 무시하고 밧줄과 원주사이에는 미끄럼이 없는 것으로 한다.

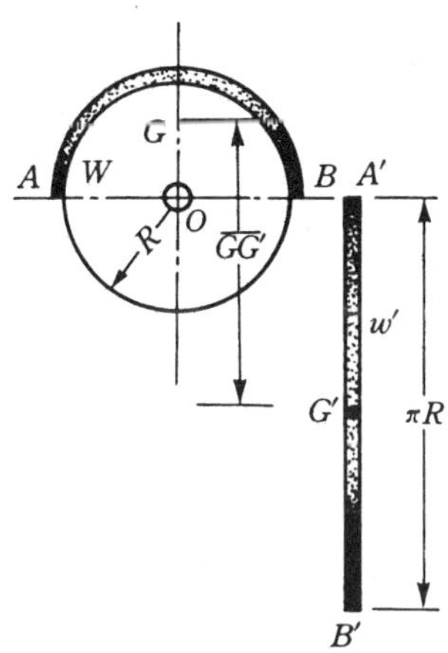

그림 18-5

〔풀 이〕 원주를 약간 회전하면 밧줄은 원주에 대해서 대칭이 아니므로 중력에 의해서 낙하점과 동시에 원주를 회전시킨다. 즉, 중력이 하는 일에 의하여 밧줄과 원주는 운동 에너지를 얻는다. 밧줄이 $A'B'$의 위치에 도달하여 원주로부터 곧 이탈하려고 할 때 갖는 선속도를 v, 그때의 원주의 각속도를 ω라 하면

$$v = R\omega \qquad \text{(a)}$$

또 그때의 밧줄과 원주의 운동 에너지는

$$(K \cdot E)_1 = \frac{1}{2}\frac{w}{g}v^2 \qquad \text{(b)}$$

$$(K \cdot E)_2 = \frac{1}{2}I_0\omega^2 \qquad \text{(c)}$$

여기서, I_0는 원주의 O축에 관한 관성 모멘트이다. 다음에 밧줄 중심의 연직방향의 이동거리는

$$\overline{GG'} = \overline{GO} + \overline{A'G'}$$

이다. 그리고(연습문제 4-4 참조)

$$\overline{GO}=\frac{2R}{\pi}$$

또 $\overline{A'G'}=\frac{\pi R}{2}$ 이므로 중력이 한 일은 다음과 같다.

$$U=w\left(\frac{2R}{\pi}+\frac{\pi R}{2}\right) \tag{d}$$

$$U=(K\cdot E)_1+(K\cdot E)_2$$

로 놓고 ω에 관하여 풀면

$$\omega=\sqrt{\frac{wR(4/\pi+\pi)}{w/g\cdot R^2+I_0}}$$

여기서, $I_0=W/g\cdot R^2/2$ 을 대입하면

$$\omega=\sqrt{\left(\frac{4}{\pi}+\pi\right)\frac{2w}{2w+W}\frac{g}{R}} \tag{e}$$

■◆■

연습문제

E·X·E·R·C·I·S·E

18-1 그림 문 18-1과 같이 반경 r, 무게 W의 구가 평면상을 미끄러지면서 움직일 때와 평면 위를 굴러갈 때의 운동 에너지를 구하라. 여기서 어느 경우나 중심의 병진속도는 v이다.

해답 7/5

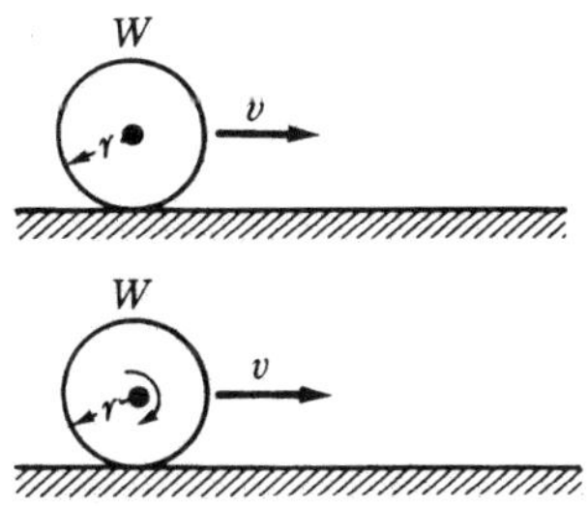

그림 문 18-1

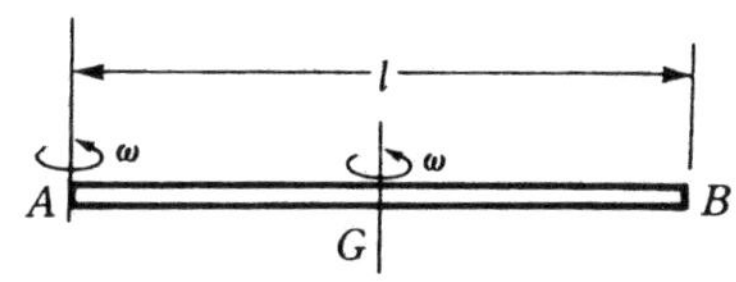

그림 문 18-2

18-2 그림 문 18-2와 같이 길이 l_1, 무게 W의 막대가 중심을 지나는 중심축 및 이것에 평행하고 한쪽 끝 A를 지나는 축의 둘레를 같은 각속도 ω로 회전할 때 두 운동 에너지를 비교하라.

해답 1/4

18-3 그림 문 18-3과 같이 회전축에서 수직으로 나온 길이 l, 무게 w인 팔 끝에 반경 R, 무게 W의 구가 연결되어 있다. 이 장치가 회전축 둘레로 각속도 ω로 회전하고 있을 때의 운동 에너지를 구하라. 단 회전축의 무게는 무시한다.

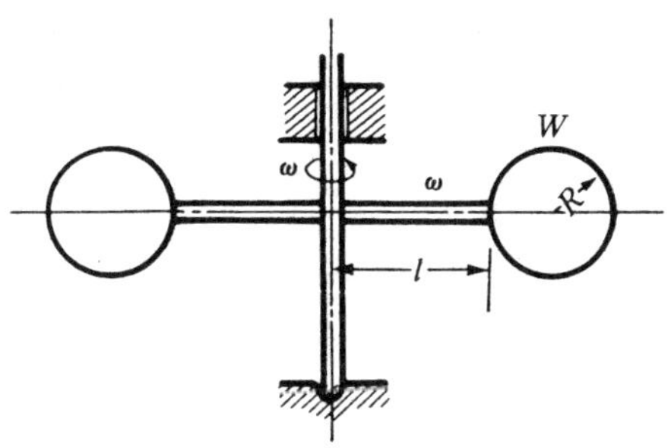

그림 문 18-3

해답 팔(arm) 및 구의 관성 모멘트의 합이 장치의 관성 모멘트이다.

$$K \cdot E = \frac{1}{g}\left\{\frac{w}{3}l^2 + \frac{W}{5}(7R^2 + 10lR + 5l^2)\right\}\omega^2$$

18-4 그림 문 18-4와 같이 바퀴축에 무게 W인 추를 끈으로 매달아 초속도 영에서 놓아 주었을 때 h만큼 낙하한 위치에서 추의 속도를 구하라. 여기서 바퀴 O에 관한 관성 모멘트는 $I_0 = 1.5\,\text{kg}\cdot\text{cm}\cdot\text{s}^2$, $r = 5\,\text{cm}$, $W = 50\,\text{kg}$, $h = 1\,\text{m}$이다.

해답 추가 h만큼 낙하했을 때 추와 바퀴가 갖는 운동 에너지는 이 장치가 외부로부터 하여진 일과 같다.

$$v = \sqrt{\frac{2gh}{1 + I_0 g / Wr^2}}\ 3\,\text{m/s}$$

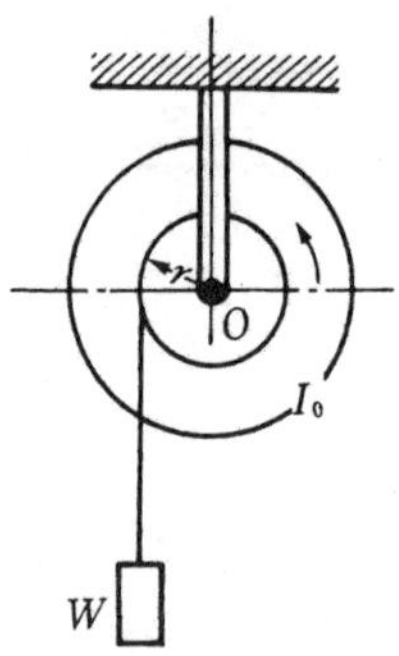

그림 문 18-4

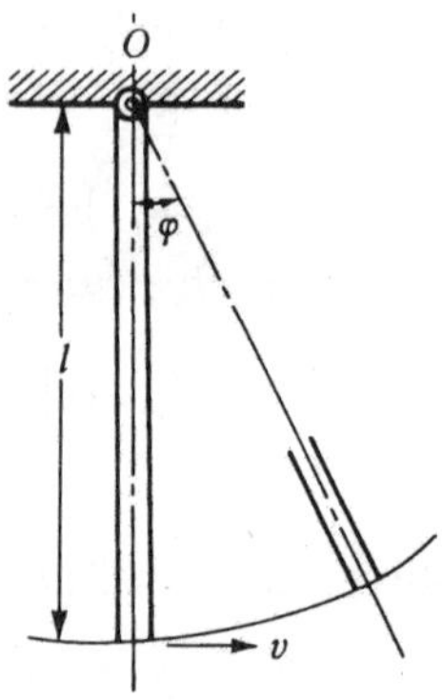

그림 문 18-5

18-5 그림 문 18-5와 같이 길이 l, 무게 W인 막대가 한 끝을 회전축으로 하여 움직인다. 지금 이 막대의 하단에 순간적으로 역적을 작용시켜 v의 선속도가 되었다고 한다. 막대의 기울기를 나타내는 식을 구하여라.

해답 위치 에너지는 막대중심위치의 연직방향의 이동을 고려한다.

$$\phi = \cos^{-1}(1 - v^2/3gl)$$

18-6 그림 문 18-6에서 1288 lb의 균일한 원통 A는 O에 관하여 시계방향으로 2.0 krad/s의 일정한 각속도로서 회전한다. 322 lb의 가느다란 연결봉 B는 A와 161 lb의 블록에 핀 C로 연결되어 있다. 표시된 위치에서 물체계의 운동 에너지를 구하라.

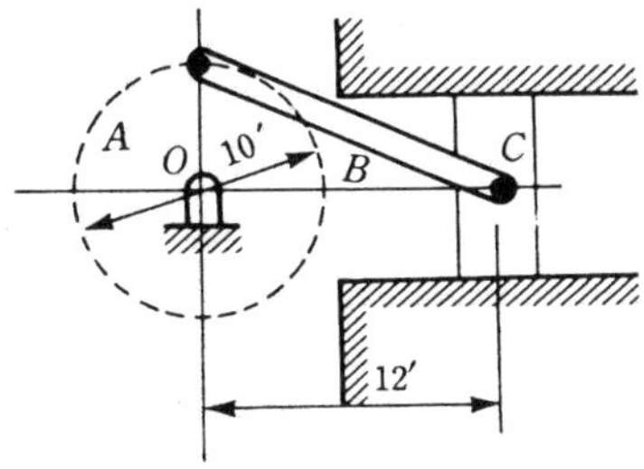

그림 문 18-6

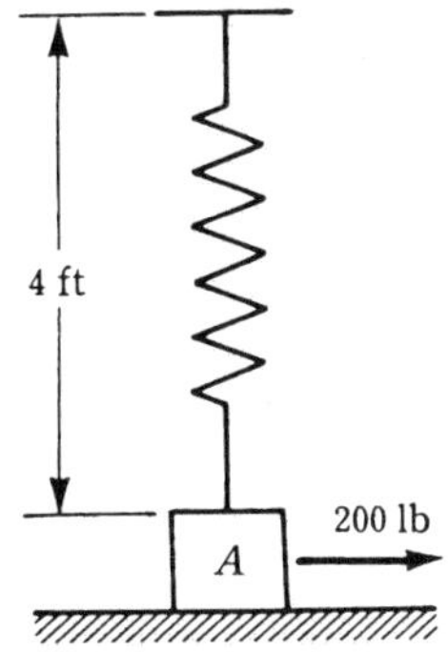

그림 문 18-7

해답 1750 ft · lb

18-7 그림 문 18-7에서 400 lb의 물체 A는 주어진 위치에서 오른쪽으로 6 ft 미끄러졌다. A와 평면간의 운동마찰계수는 0.20, 스프링 상수는 100 lb/ft이고 스프링이 늘어나지 않은 길이는 4 ft이다. 주어진 변위를 하는 동한 A에 한 일을 구하여라.

해답 303 lb · ft

18-8 균질한 원추가 미끄러지지 않고 경사면을 굴러 나갈 때, 이 원추의 중심의 가속도 a를 구하라. 또한 미끄러지지 않게 하기 위한 최소 마찰계수 f도 구하라(그림 문 18-8)

해답 $a=2/3(g \sin\theta)$, $f=\tan\theta/3$

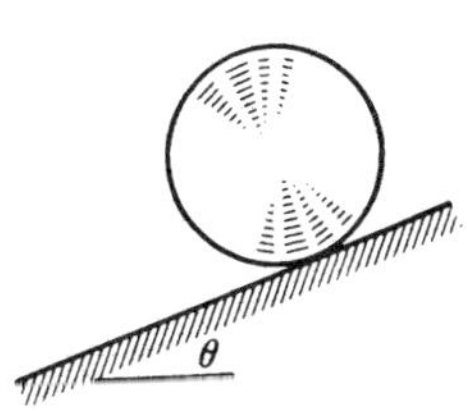

그림 문 18-8

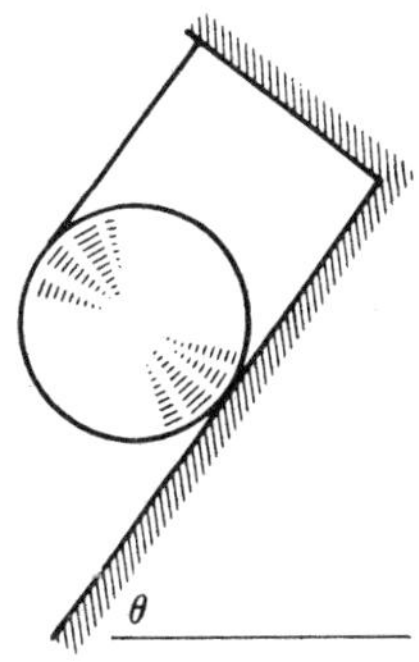

그림 문 18-9

18-9 그림 문 18-9와 같은 계에 대하여 부착된 바퀴들의 중심 G의 가속도 a를 결정하라. 각 케이블은 바퀴의 둘레에 단단히 감겨져 있다.

해답 $a=3.39\ \mathrm{ft/s^2}$

19

각운동량

1) 각운동량과 각충격량

회전운동하는 강체를 정지시키고자 할 때, 관성 모멘트가 클수록 또 각속도가 클수록 정지시키기 어렵다. 그리하여 강체의 회전운동의 정도를 나타내는 역학량으로 관성 모멘트 I와 각속도 ω와의 상승적 $I\omega$를 취하고, 이것을 **각운동량**(angular momentum), 또는 **운동량의 모멘트**(moment of momentum)라 한다.

각운동량을 L이라 하면

$$L = I\omega \tag{19-1}$$

각운동량은 방향과 지향을 갖는 벡터량이나, 윗식은 크기만을 가리킨다. 여기서 식 (17-5)를 식 (19-1)에 대입하면

$$L = \left[\int \frac{dW}{g} r^2\right]\omega$$

각속도 ω는 강체의 각 부분에 공통이므로 적분기호 안에 포함시키면

$$L = \int \frac{dW}{g} r^2 \omega = \int \left(\frac{dW}{g} v\right) r \tag{19-1$'$}$$

여기서, $\dfrac{dW}{g}v$는 강체의 미소부분의 운동량이며, 각운동량은 강체의 각 부분의 운동량의 회전축에 관한 모멘트를 강체 전체에 대하여 총합을 구한 결과와 같다.

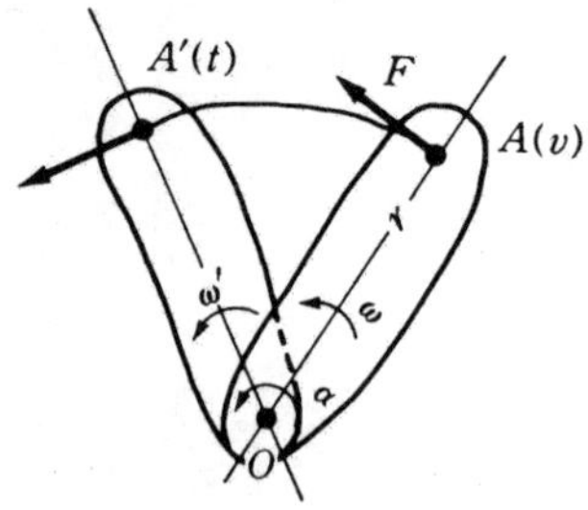

그림 19-1

그림 19-1과 같이 축 O에 관한 관성 모멘트 I인 물체가 ω_0의 등각속도로 회전운동을 하고 있을 때, 운동방향에 일정한 토크 T가 작용하여 α의 각가속도를 일으켰다고 하면

$$T = I\alpha$$

의 각운동방정식이 성립한다.

또 일정한 토크 T가 t시간 작용한 후에 강체의 각속도가 ω이면 각가속도는

$$\alpha = \frac{\omega - \omega_0}{t}$$

로 표시된다. 이것을 윗식에 대입하면

$$Tt = I\omega - I\omega_0 \qquad (19\text{-}2)$$

우변의 제 1항은 토크 T가 t시간 작용한 후에 강체가 갖는 각운동량, 제 2항은 토크 T가 작용하기 전에 강체가 가지고 있는 각운동량이므로 윗식은 병진운동의 식 (14-3)에 해당한다.

식 (19-2)는 곧

$$Tt = Frt = Ir \qquad (19\text{-}3)$$

로 되고, $I\omega = L$, $I\omega_0 = L_0$로 놓고, 식 (19-2)를 고쳐 쓰면

$$Ir = L - L_0 \qquad (19\text{-}4)$$

여기서, Ir을 각충격량(angular impulse), 충격 모멘트, 또는 역적 모멘트

(moment of impulse)라 한다. 윗식은 강체에 충격이 작용하면 그 강체의 각운동량의 변화를 일으키고, 그 변화량은 작용한 충격 모멘트와 같다. 따라서 각운동량은 충격 모멘트와 같이 kg · m · s의 단위를 갖는다.

일반적으로 시간 t 사이에 강체에 토크가 작용하여 각운동량의 변화를 일으킬 경우, 충격 모멘트를 벡터로 표시하면

$$\int_0^t (\mathbf{r} \times \mathbf{F}) dt = \int_0^t \mathbf{T}\, dt = \mathbf{L} - \mathbf{L}_0 \tag{19-5}$$

시간 t가 극히 짧고 그 사이의 $\mathbf{r}$의 변화가 무시할 수 있는 정도라면

$$\mathbf{r} \times \int_0^t \mathbf{F}\, dt = \mathbf{L} - \mathbf{L}_0$$

$$\mathbf{r} \times \mathbf{I} = \mathbf{L} - \mathbf{L}_0 \tag{19-5$'$}$$

2) 각운동량 보존의 법칙

각운동방정식을 변형하면

$$T = I \frac{d\omega}{dt} = \frac{d}{dt}(I\omega)$$

$$T = \frac{dL}{dt} = 0 \tag{19-6}$$

여기서 $T = 0$으로 하면

$$\frac{dL}{dt} = 0$$

그러므로

$$L = \text{const.} \tag{19-7}$$

이것은 외부로부터 강체에 토크가 작용하지 않는 한 그 각운동량은 일정함을 가리킨다. 이것을 각운동량 보존의 법칙(law of conservation of momentum)이라 한다.

예제 19-1

그림 19-2와 같이 매끈한 수평면상에 반경 r, 무게 W인 구를 얹어, 이것에 수평방향의 충격력을 주어 미끄러지지 않고 굴러가게 하자면 어느 점에 작용시키면 되는가?

〔풀이〕 구는 평면운동을 하므로 병진운동의 속도를 v, 회전운동의 각속도를 ω로 하면 구가 미끄러지지 않고 굴러가려면

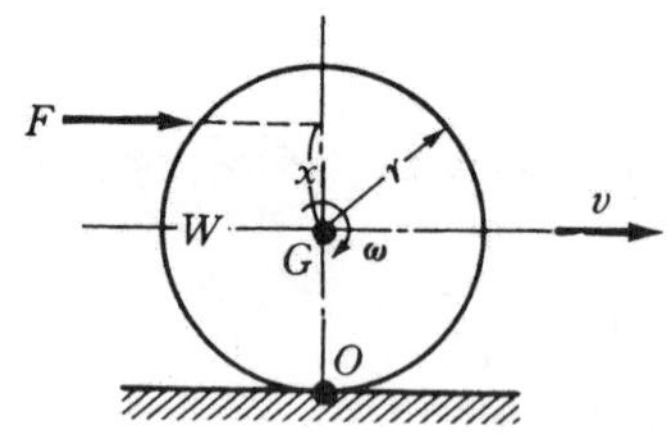

그림 19-2

$$v = r\omega \tag{a}$$

로 되어야 한다.

또 구의 운동은 수평면과의 접점 O를 순간중심으로 하는 회전운동으로 보고 식 (19-2)를 이용하면

$$F(r+x)t = I_0\,\omega \tag{b}$$

여기서, I_0는 O점 주위의 구의 관성 모멘트이며

$$I_0 = \frac{W}{g}\frac{2}{5}r^2 + \frac{W}{g}r^2 \tag{c}$$

으로 표시된다.

또 구의 병진운동에 관하여 역적과 운동량 관계를 적용하면

$$Ft = \frac{W}{g}v \tag{d}$$

식 (a), (c), (d)를 식 (b)에 대입하면

$$x = \frac{2}{5}r \tag{e}$$

로 된다.

예제 19-2

그림 19-3과 같이 직경 D_1, 무게 W_1인 원판이 치수비 n의 치차 A, B 및 클러치를 거쳐 직경 D_2, 무게 W_2인 원판에 연결되어 있다. 클러치를 빼놓은 후 원판 W_1을 ω

의 각속도로 회전시켜 놓고, 돌연 클러치를 넣으면 원판 W_1, W_2는 어떠한 각속도로 운전하는가? 또 치차, 클러치, 축의 무게는 원판의 무게에 비하여 무시한다. 그리고 $W_1=10\,\mathrm{kg}$, $W_2=20\,\mathrm{kg}$, $D_1=10\,\mathrm{cm}$, $D_2=12\,\mathrm{cm}$, $n=3$ 및 클러치를 넣기 전 원판 W_1의 회전수를 240 rpm으로 클러치를 넣었을 때, 양원판의 회전수를 구하라.

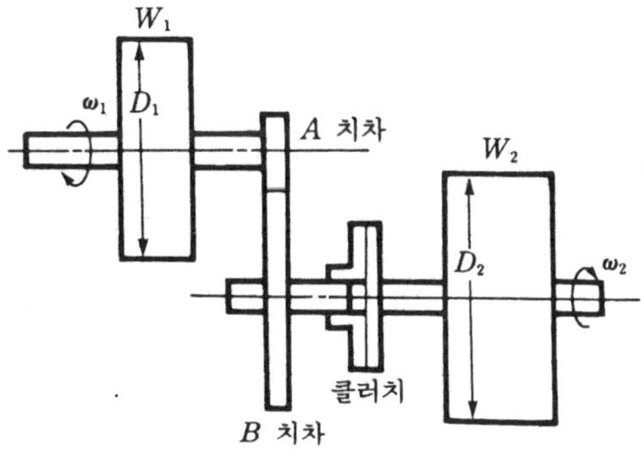

그림 19-3

〔풀 이〕 클러치를 넣은 후의 원판 W_1, W_2의 각속도를 ω_1, ω_2로 하고, 각운동량 보존의 법칙을 적용하면

$$I\omega=I_1\omega_1+I_2\omega_2 \qquad \text{(a)}$$

여기서, I_1, I_2는 원판 W_1, W_2의 관성 모멘트이며

$$\left.\begin{aligned} I_1&=\frac{W_1}{g}\frac{{D_1}^2}{8} \\ I_2&=\frac{W_2}{g}\frac{{D_2}^2}{8} \end{aligned}\right\} \qquad \text{(b)}$$

가 된다.

$$\omega_2=\frac{1}{3}\omega_1 \qquad \text{(c)}$$

식 (c)를 식 (a)에 대입하여 ω_1에 관하여 풀면

$$\omega_1=\frac{\omega}{1+\dfrac{1}{3}\dfrac{I_2}{I_1}} \qquad \text{(d)}$$

따라서 식 (c)에서

$$\omega_2=\frac{\omega}{3+\dfrac{I_2}{I_1}} \qquad \text{(e)}$$

식 (b)에서

$$\frac{I_2}{I_1} = \frac{W_2 D_2^{\ 2}}{W_1 D_1^{\ 2}}$$

이것을 식 (d), (e)에 대입하면

$$\left.\begin{aligned} \omega_1 &= \frac{\omega}{1+\dfrac{1}{3}\dfrac{W_2 D_2^{\ 2}}{W_1 D_1^{\ 2}}} \\ \omega_2 &= \frac{\omega}{3+\dfrac{W_2 D_2^{\ 2}}{W_1 D_1^{\ 2}}} \end{aligned}\right\} \qquad \text{(f)}$$

클러치를 넣은 후 양원판의 회전수가 N_1, N_2 [rpm]이라 하면

$$N_1 = \frac{240}{1+\dfrac{1}{3}\dfrac{20\times12^2}{10\times10^2}} = \frac{240}{1.96} = 122.4\,\text{rpm}$$

$$N_2 = \frac{1}{3}\times122.4 = 40.8\,\text{rpm}$$

■◆■

예제 19-3

그림 19-4와 같이 축 O로 수평회전이 가능한 스프링클러(sprinkler)가 4곳의 노즐로부터 각각 v의 상대속도로 물이 분출할 때, 노즐 출구의 단면적이 S라 하고, 스프링클러의 회전 각속도를 구하라.

〔풀 이〕 단위시간 내에 4곳의 노즐로부터 분출되는 물의 무게 W, 물의 비중량을 γ라 하면,

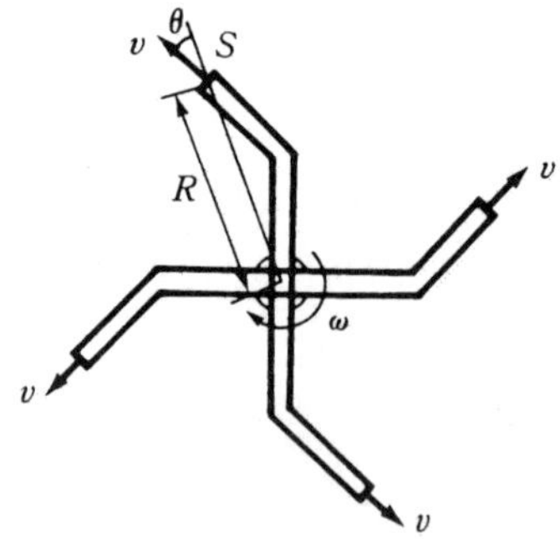

그림 19-4

$$W = 4\gamma S v$$

이다. 물이 끝단으로부터 분출할 경우의 접선방향(스프링클러의 회전원, 접선방향)의 속도성분은 $v\sin\theta$이므로, 스프링클러의 회전 각속도를 ω로 하면, 연직축 O 둘레의

각운동량은

$$\frac{W}{g}R(v\sin\theta - R\omega) = 4\frac{\gamma S v R}{g}(v\sin\theta - R\omega)$$

이 된다. 들어오는 물의 각운동량은 영이므로 이것은 계에 작용하는 외력의 토크와 같지 않으면 안 된다.

회전 중 축 둘레에는 중력에 의한 토크가 작용하지 않으므로

$$4\frac{\gamma S v}{g}R(v\sin\theta - R\omega) = 0$$

$$\therefore \ \omega = \frac{v\sin\theta}{R}$$

■◆■

19-1 그림 문 19-1(a)와 같이 길이가 r이고 무게를 무시할 수 있는 기둥의 한 끝에 무게 W인 추를 단 진자의 O축에 관한 각운동량이 추의 운동량의 O축에 관한 모멘트와 같음을 설명하라. 또 이 결과를 이용하여 그림 (b)와 같이 양 끝에 무게가 W인 같은 구를 매달은 길이 l의 가벼운 기둥을 수평위치에서 낙하시켜 v_0의 속도로 왼쪽 끝에서부터 거리 a가 점 C에 해당되도록 한다. 기둥의 회전 각속도를 구하라.

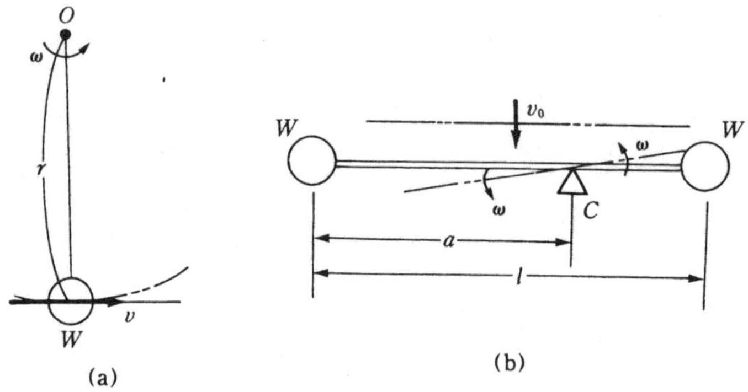

그림 문 19-1

해답 충돌 전후의 각운동량 보존의 법칙을 적용하면

$$\omega = \frac{v_0(2a-l)}{a^2+(l-a)^2}$$

19-2 그림 문 19-2와 같이 마찰이 큰 못에 반경 r, 무게 W인 바퀴가 걸려 있다. 지금 바퀴의 중심을 지나는 수평면 내에 있어서 순간적으로 역적 I_L을 가하면 그 직후의 바퀴는 어느 정도의 각속도를 갖는가?

해답 중심 G를 지나 바퀴면에 직각인 축에 관한 관성 모멘트는

$$I_G = \frac{W}{g}r^2$$

이다.

$$\therefore \ \omega = \frac{I_{L_g}}{2Wr}$$

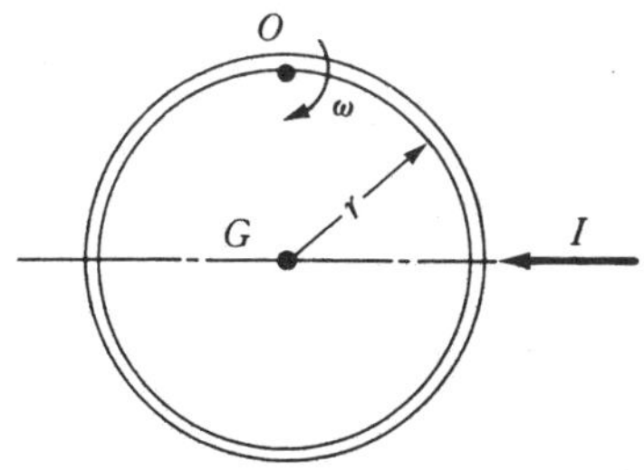

그림 문 19-2

19-3 축과 함께 무게 500 kg, 회전반경 1 m인 헬리컬 기어가 300 rpm으로 갑자기 회전하고 있을 때, 무게 1000 kg, 회전반경 1.2 m인 것을 클러치로 연결시킨다. 연결한 직후의 회전속도를 구하라.

해답 $N=77.3$ rpm

19-4 두 개의 풀리가 같은 평면 내에서 $N_0=100$ rpm과 $N_0'=200$ rpm의 속도로 회전하고 있다. 이 두 풀리들은 같은 두께를 갖는 원판으로 볼 수 있고, 직경의 비가 3 : 2라고 한다. 지금 두 풀리에 갑자기 벨트를 걸어서 연결하면 회전수는 각각 어느 정도가 되는가?

해답 $N=107.6$ rpm, $N'=161.4$ rpm

19-5 그림 문 19-5와 같이 도르래에 실을 걸어 그 양단에 $W_1=9$ kg, $W_2=11$ kg의 추가 매달려 있다. 그 실의 운동(x_1, x_g), 실의 장력 T, 도르래축에 작용하는 반력 X를 구하라. 단, 도르래의 질량, 마찰은 무시한다.

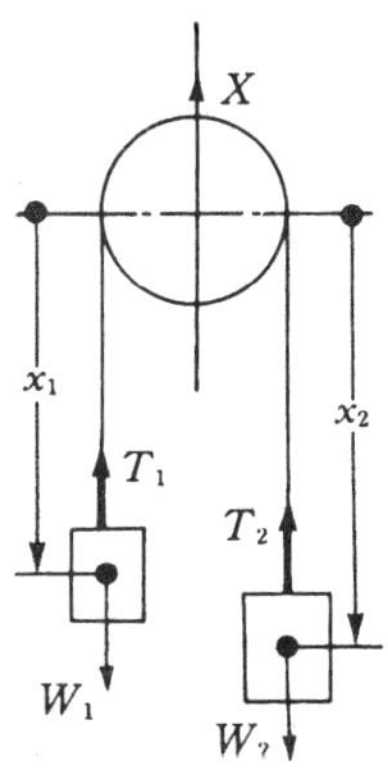

그림 문 19-5

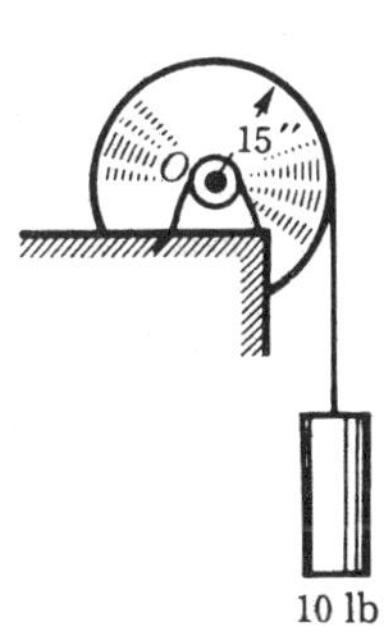

그림 문 19-6

해답 도르래 축에 작용하는 연직상방의 반력을 X, 실의 중심의 좌표를 x_g라 할 때

$$\ddot{x}_1 = \frac{W_1 - W_2}{W_1 + W_2} g = -0.1\,\mathrm{g}$$

$$\ddot{x}_g = \left(\frac{W_1 - W_2}{W_1 + W_2}\right)^2 g = 0.01\,\mathrm{g}$$

$$X = \frac{4W_1 W_2}{W_1 + W_2} = 19.8\,\mathrm{kg}$$

$$T = 9.9\,\mathrm{kg}$$

19-6 그림 문 19-6과 같이 무게가 10 lb인 추가 정지상태로부터 놓아졌을 때 4초 후의 속도 v를 구하여라. 단, 드럼(drum)의 무게는 32.2 lb이며 회전반경은 8 in이고 베어링 O에서의 마찰은 무시한다.

해답 각역적-운동량방정식을 드럼에, 선역적-운동량방정식을 추에 각각 적용, 추의 O에 대한 각 운동량은 이 추의 선운동량과 같다.
$v = 67.2\,\mathrm{ft/s}$

20

복진자

1) 각운동방정식

극히 가벼운 실의 상단을 고정하고 하단에 추를 매달아 연직면내에서 작은 범위로 진동을 하게 하는 장치를 단진자 s(imple pendulum)라 한다. 단진자의 운동은 운동방정식을 세워 놓으면 잘 알 수 있다. 그림 20-1과 같이 경로의 접선방향에 대한 추의 운동방정식은 다음과 같다.

$$\frac{W}{g}\frac{d^2s}{dt^2} = -W\sin\theta \qquad (20\text{-}1)$$

여기서, s는 추의 최하위점의 위치 O를 기점으로 하여 나타낸 경로의 길이이다. $s=l\theta$를 윗식에 대입하면

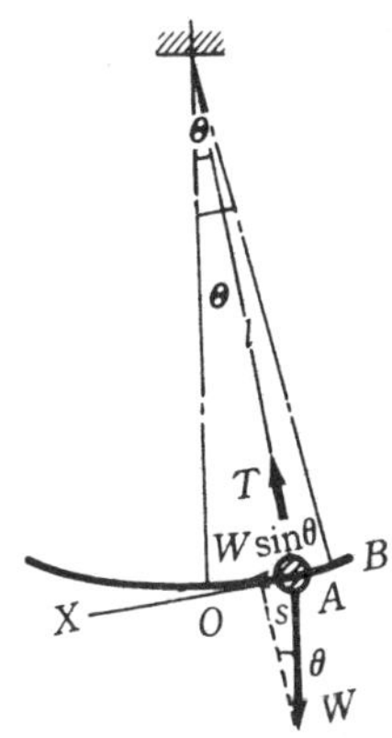

그림 20-1

$$\frac{d^2\theta}{dt^2} = -\frac{g}{l}\sin\theta \tag{20-2}$$

단진자의 운동조건에 따라 경사각 θ가 작다고 하면 $\sin\theta \fallingdotseq \theta$로 볼 수 있으므로 윗식은 다음과 같이 된다.

$$\frac{d^2\theta}{dt^2} = -\frac{g}{l}\theta \tag{20-3}$$

g/l는 상수이므로 윗식은 식 (8-1)과 같은 모양이며, 식 (8-5)를 여기에 적용하면

$$\theta = C_1 \sin\left(\pm\sqrt{\frac{g}{l}}\,t + C_2\right)$$

초기조건을 $t=0$으로 하여 $\theta = \boldsymbol{\Theta}$, $\frac{d\theta}{dt} = 0$에서 상수를 구한다.

$$C_1 = \boldsymbol{\Theta}$$

$$C_2 = \frac{\pi}{2}$$

그러므로 단진자가 지점의 둘레에서 일어나는 각변위는

$$\theta = \boldsymbol{\Theta}\cos\left(\sqrt{\frac{g}{l}}\,t\right) \tag{20-4}$$

또 식 (20-1)을 경로의 길이로 나타내면

$$\frac{d^2 s}{dt^2} = -\frac{g}{l}s$$

진동의 범위가 작다고 하면 추의 경로는 직선으로 볼 수 있으므로, 윗식은 단진동의 가속도를 나타내는 식 (8-1)과 일치한다. 즉 경사각이 작은 범위에서는 단진동을 한다고 보아도 무방하다.

그림 20-2와 같이 고정된 수평축 O의 주위에서 중력에 의하여 미소한 각변위의 진동을 하는 물체를 **복진자**(compound pendulum)라 한다.

복진자의 무게를 W, 회전축에서 중심까지의 거리를 h, 회전축 O에 관한 복진자의 관성 모멘트를 I_0라 하면 각운동방정식은

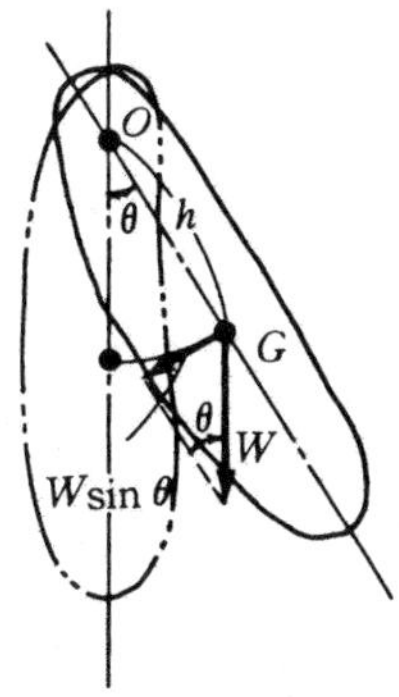

그림 20-2

$$-W\sin\theta h = I_0 \frac{d^2\theta}{dt^2} \qquad (20\text{-}5)$$

부(−)의 기호는 토크가 각변위를 감소시키는 방향으로 작용하는 것을 의미한다. 각변위는 미소하므로 $\sin\theta \fallingdotseq \theta$라 놓고 윗식을 고쳐 쓰면

$$\frac{d^2\theta}{dt^2} = -\frac{Wh}{I_0}\theta \qquad (20\text{-}6)$$

여기서, Wh/I^2는 상수이므로 단진동에 있어서 가속도와 변위의 관계와 같으며, 각가속도는 각변위에 비례하는 크기를 갖고, 각변위를 감소시키는 방향으로 작용한다. 이와 같은 운동을 **각진동**(angular harmonic motion)이라 한다. 초기 조건을

$$t = 0\text{에서} \quad \theta = \theta_0, \quad \frac{d\theta}{dt} = 0 \qquad (20\text{-}7)$$

으로 하고, 식 (20-6)을 단진동의 경우와 같이 적분하면

$$\theta = \theta_0 \cos\sqrt{\frac{Wh}{I_0}}\, t \qquad (20\text{-}8)$$

여기서, $\sqrt{\frac{Wh}{I_0}}$는 각진동의 원진동수이며, 주기를 T라 하면

$$T = 2\pi\sqrt{\frac{I_o}{Wh}} \qquad (20\text{-}9)$$

2) 각속도

식 (20-8)에서

$$\frac{d\theta}{dt} = -\theta_0\sqrt{\frac{Wh}{I_0}}\sin\theta\sqrt{\frac{Wh}{I_0}}\,t \tag{20-10}$$

이 각속도를 각변위로서 나타낸다.

$$\sin^2\sqrt{\frac{Wh}{I_0}}\,t = 1-\cos^2\sqrt{\frac{Wh}{I_0}}$$

식 (20-8)에 의하여 이 식을 고쳐써서 식 (20-6)에 대입하면

$$\left(\frac{d\theta}{dt}\right)^2 = \theta_0{}^2\frac{Wh}{I_0}\frac{\theta_0{}^2-\theta^2}{\theta_0{}^2}$$

여기서 복진자의 중심 G를 지나 회전축 O에 평행한 축에 관한 회전반경을 k_G로 하면

$$I_0 = \frac{W}{g}k_G{}^2 + \frac{W}{g}h^2 \tag{20-11}$$

이것에 의하여 윗식을 고쳐 쓰면

$$\left(\frac{d\theta}{dt}\right)^2 = \frac{gh(\theta_0{}^2-\theta^2)}{k_G{}^2+h^2} \tag{20-12}$$

이 관계식은 복진자에서 일과 운동 에너지로부터 유도할 수 있다. 임의의 위치 θ에 있는 복진자의 중심의 선속도를 v, 그 때의 각속도를 ω라 하면 식 (18-6)에 $I_G = \frac{W}{g}k_G{}^2$, $v = \omega h$를 대입하면

$$K\cdot E = \frac{1}{2}I_G\omega^2 + \frac{1}{2}\frac{W}{g}v^2 = \frac{1}{2}\frac{W}{g}\omega^2(k_G{}^2+h^2)$$

또 그림 20-3과 같이 복진자가 정지한 위치 θ_0에서 θ까지 회전하는 사이에 중력이 하는 일은

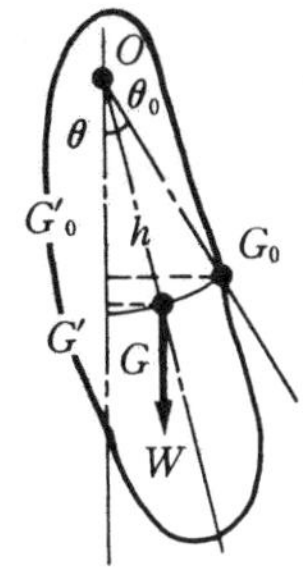

그림 20-3

$$U = Wh(\cos\theta - \cos\theta_0)$$

이 식과 윗식에서

$$\omega^2 = \frac{2gh(\cos\theta - \cos\theta_0)}{{k_G}^2 + h^2} \tag{20-13}$$

여기서, θ, θ_0 모두 미소각이라 보고

$$\cos\theta = 1 - \frac{\theta^2}{2}$$

$$\cos\theta_0 = 1 - \frac{{\theta_0}^2}{2}$$

을 대입하면 식 (20-12)와 일치한다.

복진자와 같은 주기를 갖는 단진자를 그 복진자의 상당단진자(equivalent implse pendulum)라 한다. 상당 당진자의 길이는 식 (20-9)에서 $T = 2\pi\cdot\sqrt{\frac{l}{g}}$로 놓고 구한다.

$$l = \frac{I_0 g}{Wh} \tag{20-14}$$

식 (20-11)에 의하여 윗식은

$$l = \frac{{k_G}^2 + h^2}{h} \tag{20-14$'$}$$

그림 20-4와 같이 O를 회전축으로 하는 복진자에서 중심을 G로 하면, 상당

단진자의 길이를 O에서 OG상에 취한 점 O'를, O를 회전축으로 했을 때 복진자의 진동중심(center of osillation)이라 한다.

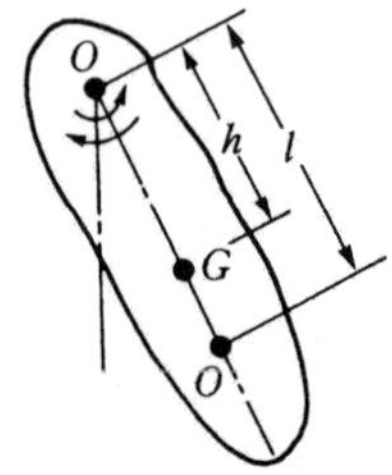

그림 20-4

식 (20-14)′에서

$$h(l-h)=k_G{}^2 \tag{20-15}$$

그러므로 $h(l-h)>0$

여기서 $h>0$이므로, $l-h>0$ 즉 $l>h$가 되고, 진동중심 O'는 중심 G에 관하여 회전축 O의 반대편의 $l-h$인 점에 있음을 알 수 있다.

$l-h=h'$로 놓고 식 (20-15)를 정리하면 다음과 같다.

$$hh'=k_G{}^2 \tag{20-16}$$

지금 O'를 회전축으로 할 때의 상당 단진자의 길이를 l'라 하면 식 (20-14)′와 같이

$$l'=\frac{k_G{}^2+h'^2}{h'}$$

이 식에 식 (20-16)을 대입하면 $l'=l$이 된다. 즉 O'를 회전축으로 하는 경우는 O가 진동중심이 된다.

예제 20-1

그림 20-5와 같이 직사각형 판에 수직한 회전축을 O점에 설치한 복진자의 주기를 구하라.

단, $a=18$ cm, $b=6$ cm, $h=5$ cm로 하여 수치계산을 하라.

〔풀 이〕 식 (20-9)에 있어서

$$I_0 = I_G + \frac{W}{g} h^2 \tag{a}$$

$$I_G = \frac{W}{g} \frac{a^2 + b^2}{12} \tag{b}$$

를 대입하면

$$T = 2\pi \sqrt{\frac{a^2 + b^2 + 12h^2}{12gh}} \tag{c}$$

$$T = 2\pi \sqrt{\frac{18^2 + 6^2 + 12 \times 5^2}{12 \times 980 \times 5}} = 2\pi \sqrt{\frac{55}{4900}} = 0.666 \text{ s}$$

■◆■

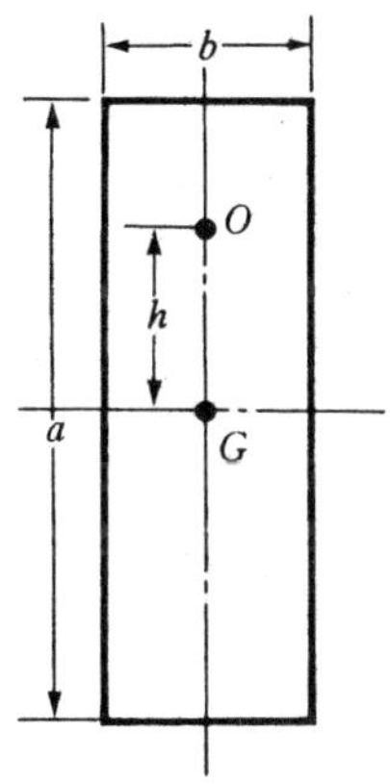

그림 20-5

예제 20-2

그림 20-6과 같이 길이 l_0이고, 무게를 무시할 수 있는 막대의 선단에 반경 r, 무게 W인 구를 설치한 복진자가 있다. O축 주위에서 진동할 때 상당 단진자의 길이를 구하라.

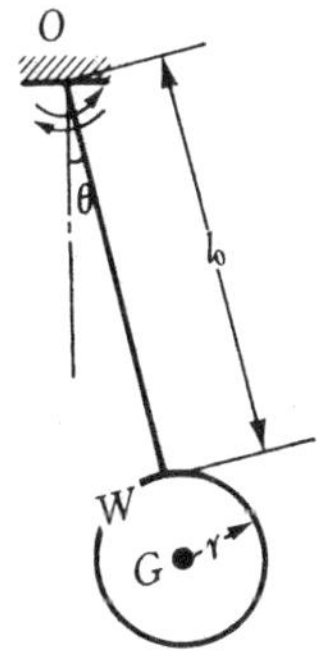

그림 20-6

〔풀 이〕 복진자의 각운동 방정식을 세운다.

$$-W\sin\theta(l_0+r)=I_0\frac{d^2\theta}{dt^2} \tag{a}$$

여기서, $I_0=I_G+\frac{W}{g}(l_0+r)^2$

$$I_G=\frac{W}{g}\frac{2}{5}r^2$$

$$\sin\theta \fallingdotseq \theta$$

로 하여 윗식에 대입하고 각속도에 관하여 풀면

$$\frac{d^2\theta}{dt^2}=-\frac{(l_0+r)}{l_0{}^2+2l_0r+\frac{7}{5}r^2}\theta \tag{b}$$

따라서 주기는

$$T=2\pi\sqrt{\frac{l_0{}^2+2l_0r+\frac{7}{5}r^2}{g(l_0+r)}}$$

가 되고, 단진자의 주기 $T=2\pi\sqrt{\frac{l}{g}}$ 과 비교하면 상당 단진자의 길이는

$$l=\frac{5l_0{}^2+10l_0r+7r^2}{5(l_0+r)} \tag{c}$$

■◆■

예제 20-3

길이 1 m의 기둥을 연직으로 세워 수평한 축을 설치하고 미소한 진동을 시킬 때, 그 주기를 최소로 하자면 회전축을 어디에 설치하면 되는가?

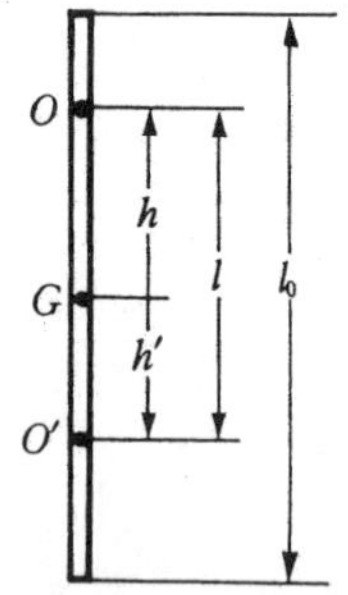

그림 20-7

〔풀 이〕 그림 20-7과 같이 기둥 길이를 l_0, O를 회전축, 진동중심을 O'로 하고 중심에서의 거리를 h, h'로 하면 상당 단진자의 길이는

$$l=h+h' \tag{a}$$

여기서 막대의 중심 G에 관한 관성 모멘트 및 회전반경을 I_G, k_G라 하면

$$I_G = \frac{W}{g}\frac{{l_0}^2}{12}, \quad k_G = \frac{l_0}{\sqrt{12}}$$

그러므로 식 (20-16)에서

$$hh' = \frac{{l_0}^2}{12} \qquad \text{(b)}$$

주기 $T = 2\pi\sqrt{\dfrac{l}{g}}$은 l이 최소일 때 T도 최소가 된다. 그런데

$$(h+h')^2 = (h-h')^2 + 4hh' \qquad \text{(c)}$$

이므로 $h = h'$일 때 l은 최소가 된다.
이 관계식을 식 (b)에 대입하면

$$h = \frac{l_0}{\sqrt{12}} \qquad \text{(d)}$$

$l_0 = 1\,\text{m}$를 대입하면

$$h = 0.289\,\text{m}$$

■◆■

20-1 그림 문 20-1과 같이 길이 l, 무게 w인 가느다란 기둥의 상단을 자유로 회전이 되도록 장치를 하고 하단에 반경 r, 무게 W인 구를 달아 연직면에서 미소한 각도로 진동을 시켰다. 이 복진자, 즉 볼다의 진자(Borda, pendulum)의 주기를 구하라.

해 답 $T=2\pi\sqrt{\dfrac{I_0}{(W+w)h}}$ 이므로 I_0, h를 구하여 대입한다.

$wb=W\left(\dfrac{l}{2}+r-b\right)$, $h=\dfrac{l}{2}+b$,

$$T=2\pi\sqrt{\frac{w\dfrac{l^2}{3}+W\left\{\dfrac{2}{5}r^2+(l+r)^2\right\}}{\left\{w\dfrac{l}{2}+W(l+r)\right\}g}}$$

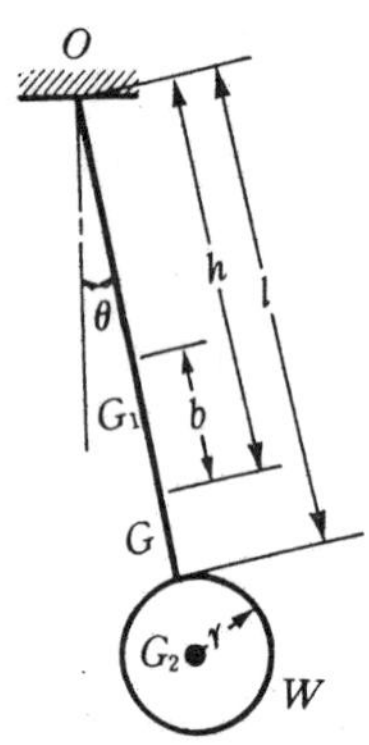

그림 문 20-1

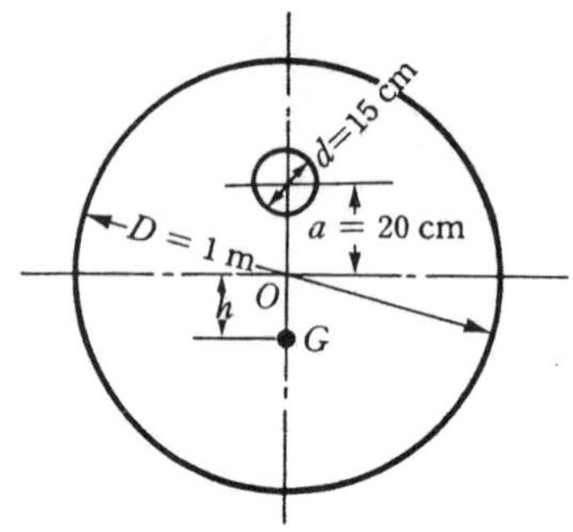

그림 문 20-2

20-2 그림 문 20-2와 같이 직경 1 m의 원판에 직경 15 cm의 구멍이 뚫려 있다. 구멍 중심은 원판의 중심에서 20 cm의 곳에 있다. 원판을 연직면 내에 두고 중심을 지나는 수평축에 대하여 미소한 각도의 진동을 일으켰을 때 이 진자의 주기를 구하라.

해 답 $I_0=\dfrac{\gamma}{g}\dfrac{\pi}{32}(D^4-d^4-8a^2d^2)$, $h=\dfrac{ad^2}{D^2d^2}$, $W=\gamma\dfrac{\pi}{4}(D^2-d^2)$,

$$T=2\pi\sqrt{\frac{D^4-d^4-8a^2d^2}{8ad^2g}}=10.5\text{ s}$$

20-3 그림 문 20-3에서 직경 10 cm인 원판의 중심으로부터 편심 2 cm인 위치에서 원판에 수직인 축을 수평과 30° 기울어지게 한 복진자의 주기를 구하라.

해답 $\frac{d^2\theta}{dt^2}=\frac{2gh\cos\alpha}{r^2+2h^2}\theta$에서 $T=2\pi\sqrt{\frac{r^2+2h^2}{2gh\cos\alpha}}=0.62\text{s}$

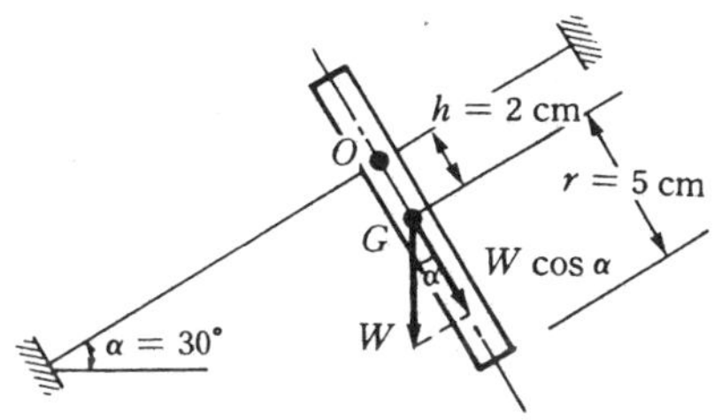

그림 문 20-3

20-4 그림 문 20-4와 같이 길이 $2l_0$, 무게 W인 기둥의 한 끝을 지나는 O축에 대하여 진동할 수 있도록 하였다. 이 복진자의 상당단진자를 구하라.

해답 각가속도의 표시에서 주기를 구하여 단진자의 주기와 비교하면

$$l=\frac{4}{3}l_0$$

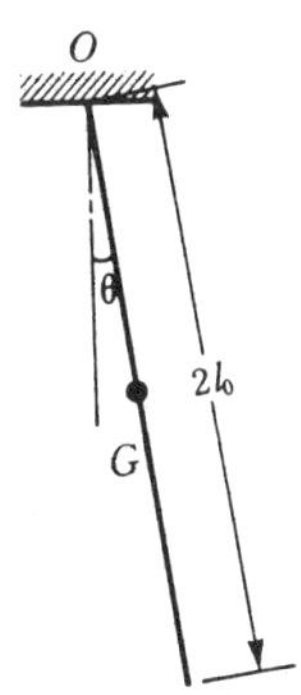

그림 문 20-4

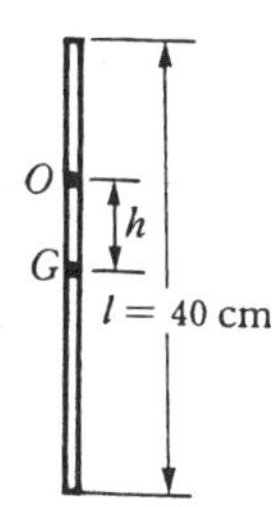

그림 문 20-5

20-5 그림 문 20-5에서 길이 40 cm의 기둥으로서 주기 1초인 복진자를 만드는데, 회전축을 어디에 정하면 되는가?

해답 중심 G에서 h의 거리에 회전축을 취하면 복진자의 주기

$$T=2\pi\sqrt{\frac{l^2+12h^2}{12gh}},$$

$T=1$로 정리하면 근사적으로

$12h^2-300h+l^2=0$에서

$h=17.9\text{ cm}$, 혹은 7.7 cm

21

평면운동을 하는 강체

1) 운동방정식

이미 설명한 바와 같이 강체가 평면운동을 하고 있을 때는 병진운동과 회전운동을 함께 하고 있다고 볼 수 있다. 따라서 강체에 작용하는 힘과 강체에서 일어나는 운동상대의 변화 사이에는 병진운동의 운동방정식, 회전운동의 각운동방정식이 함께 성립되어야 한다. 병진운동에 관해서는 강체를 질점으로 본다.

따라서 중심에 강체의 전질량이 모이고, 중심에는 강체에 작용하는 모든 힘이 작용하여 가속도를 일으킨다고 보아도 관계 없다. 또 강체가 운동하고 있는 평면에 수직한 회전축이라면 회전운동을 어느 축 주위를 회전한다고 생각하여도 같으므로 강체에 작용하는 모든 힘에 의하여 중심을 지나는 축 둘레의 토크가 작용하여 각가속도를 일으킨다고 보아도 무관하다. 그리하여 직교좌표 축 $O-xy$를 취하면 평면운동을 하고 있는 강체의 운동방정식은 다음과 같다.

$$\left.\begin{aligned} X &= \frac{W}{g}a_x \\ Y &= \frac{W}{g}a_y \\ T &= I_G\,\alpha \end{aligned}\right\} \qquad (21\text{-}1)$$

여기서, X, Y는 강체의 각 부분에 작용하는 힘의 좌표축 방향 성분의 대수합, T는 중심에 작용하는 토크의 대수합을 나타낸다.

2) 충격력을 받는 강체의 평면운동

그림 21-1과 같이 무게 W인 강체가 한 점 A에 순간적으로 역적 I_L을 받아서 일어나는 평면운동에 대하여 중심 G에 I_L과 같은 크기와 방향을 갖는 서로 반대 방향의 역적을 생각하면 역적 I_L에 의한 병진운동과 역적 모멘트 $I_L d$에 의하여 회전운동함을 알 수 있다.

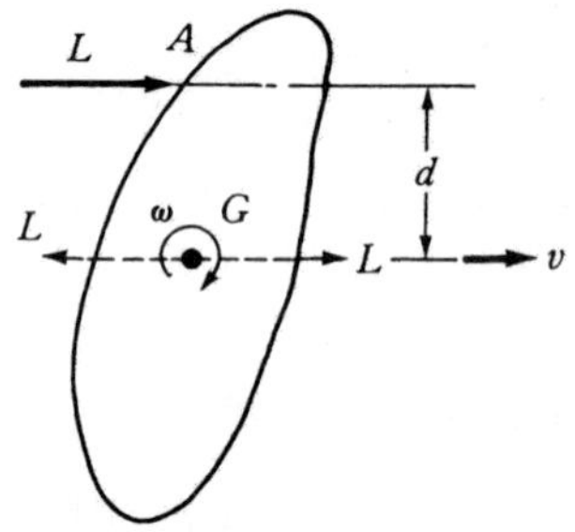

그림 21-1

역적 I_L에 의하여 강체에 일어나는 선속도를 v라 하면

$I_L = \frac{W}{g} v$이므로

$$v = \frac{Ig}{W} \tag{21-2}$$

또 역적의 모멘트 $I_L d$에 의하여 강체에 일어나는 각속도를 ω, 강체의 중심에 관한 관성 모멘트를 I_G라 하면

$I_L d = I_G \omega$이므로

$$\omega = \frac{I_L d}{I_G} \tag{21-3}$$

즉 역적 I_L을 받는 강체는 중심 주위에 ω의 각속도로 회전하면서 v의 등속도로 병진운동을 한다. 또 그림 21-2와 같이 역적 I_L의 작용선에 대하여 직각이고 중심을 지나는 직선상에 병진운동시의 선속도 v와 회전운동시의 선속도 $d'\omega$의 크기가 같은 점 O를 취하고 중심에서 이 점에 이르는 거리를 d'라 하면

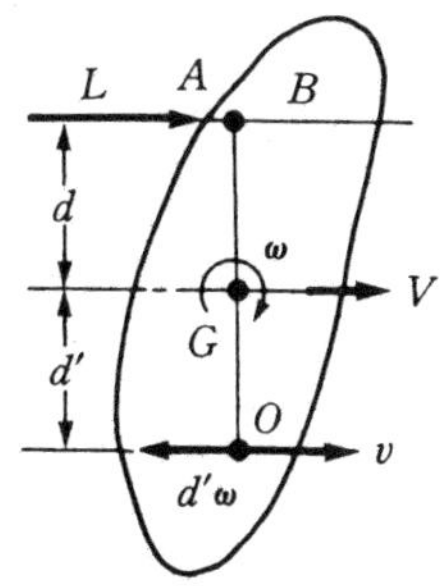

그림 21-2

$$v - d'\omega = 0$$

$$d' = \frac{v}{\omega}$$

이 식에 식 (21-2), (21-3)을 대입하면

$$d' = \frac{I_G a}{Wa}$$

여기서 강체의 중심에 관한 회전반경을 k_G로 하고, $I_G = \frac{W}{g} k_G{}^2$을 윗식에 대입하면

$$dd' = k_G{}^2 \tag{21-4}$$

점 O는 역적 I_L을 받았을 때의 강체의 순간중심이며, 윗식은 역적이 작용하는 위치 및 중심에 관한 강체의 회전반경에 의하여 순간중심이 정해지고, 역적의 크기에는 관계가 없다. 따라서 O점을 지나는 회전축에 의하여 강체를 지지하고 있다고 하면 A점에 역적을 가하여도 O점에서 강체는 충격을 받지 않는다.

이 경우 역적의 작용선상의 점 B를 점 O에 대한 타격의 중심(center of percussion)이라 한다.

예제 21-1

그림 21-3과 같이 반경 r, 무게 W인 원주에 줄을 감고, 매끈한 못 C에 줄을 걸어 줄의 다른 끝에 원주와 같은 무게의 추를 달았나고 한다. 원주 및 추는 어떤 가속도의 운동을 하는가?

〔풀 이〕 원주는 평면운동을, 추는 병진운동을 한다. 원주에 일어나는 선가속도를 a, 각가속도를 α, 추에 일어나는 선가속도를 a'로 하고 줄의 장력을 F라 하면 원주와 추에 대한 운동방정식은 다음과 같다.

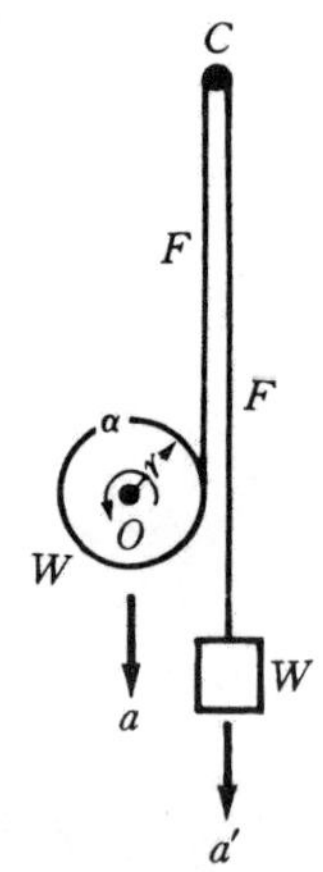

그림 21-3

원주의 병진운동의 운동방정식

$$W-F=\frac{W}{g}a \tag{a}$$

원주의 회전운동의 각운동방정식

$$Fr=I_0\alpha \tag{b}$$

추의 운동방정식

$$W-F=\frac{W}{g}a' \tag{c}$$

또 원주에서 풀려나오는 줄의 길이만큼 추가 낙하하므로

$$r\alpha=a+a' \tag{d}$$

식 (b)에 $I_0=\frac{W}{g}\frac{r^2}{2}$을 대입하면

$$F=\frac{W}{g}\frac{r}{2}\alpha$$

이것을 식 (a)에 대입하면

$$r\alpha=2(g-a) \tag{e}$$

식 (a), (c)에 의하여 $a=a'$이므로 식 (d), (e)에서

$$a=a'=\frac{g}{2} \tag{f}$$

따라서 $\alpha = \dfrac{g}{r}$ (g) ■◆■

예 제 21-2

그림 21-4와 같이 매끈한 평면상에 놓여진 무게 W인 기둥의 중심에서 a의 거리에 있는 점 A에 대하여, 기둥에 직각으로 순간적인 역적 I_L이 작용했을 때, 중심에서 거리 b인 점 B에 v의 선속도를 일으켰다고 한다. 반대로 점 B에 역적 I_L이 작용하였을 때, 점 A의 선속도가 v임을 설명하라.

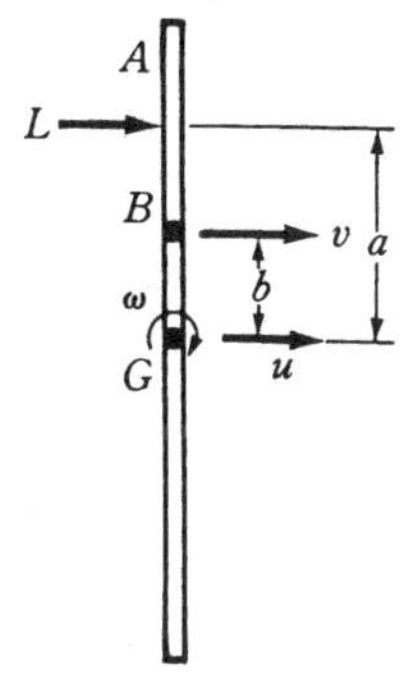

그림 21-4

〔풀이〕 기둥의 중심 G의 병진운동과 중심 G를 지나는 회전축 주위의 회전운동으로 평면운동을 한다.

역적 I_L에 의하여 중심 G가 언는 속도를 u라 하면 식 (21-2)에서

$$u = \frac{I_L g}{W} \tag{a}$$

또, 역적 모멘트 $I_L a$에 의하여 기둥이 G를 지나는 축 둘에에서 얻는 각속도를 ω라 하면, 식 (21-3)에서

$$\omega = \frac{I_L a}{I_G} \tag{b}$$

그러나 점 B의 선속도 v는

$$v = u + b\omega$$

이므로 이 식에 식 (a), (b)를 대입하면

$$v = \frac{I_L g}{W} + \frac{I_L ab}{I_G} \tag{c}$$

다음에 B에 역적 I_L이 작용하였을 때의 점 A의 선속도를 v', 중심의 선속도를 u',

중심을 지나는 회전축 둘레의 각속도를 ω'로 하면 위에서 설명한 바와 같이

$$v' = u' + a\omega'$$

$$u' = \frac{I_L g}{W}$$

$\omega' = \dfrac{I_L b}{I_G}$ 이므로

$$v' = \frac{I_L g}{W} + \frac{I_L ab}{I_G} \qquad \text{(d)}$$

$$\therefore v' = v$$

■◆■

21·1 그림 문 21-1과 같이 무게 W인 원주에 끈을 감고 그 한 끝을 고정한 다음, 원주를 놓았을 때 원주의 축이 S만큼 낙하하는데 소요되는 시간 및 끈의 장력을 구하라.

해답 $t=\sqrt{\frac{3S}{g}},\ F=\frac{W}{3}$

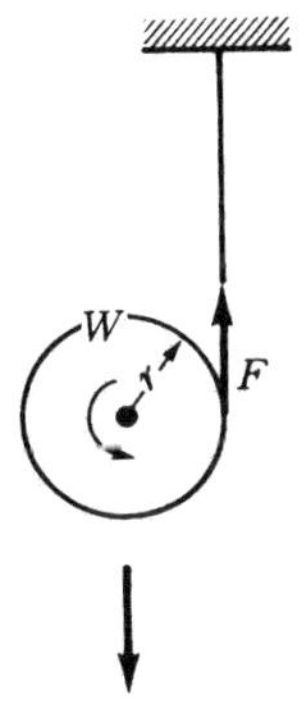

그림 문 21-1

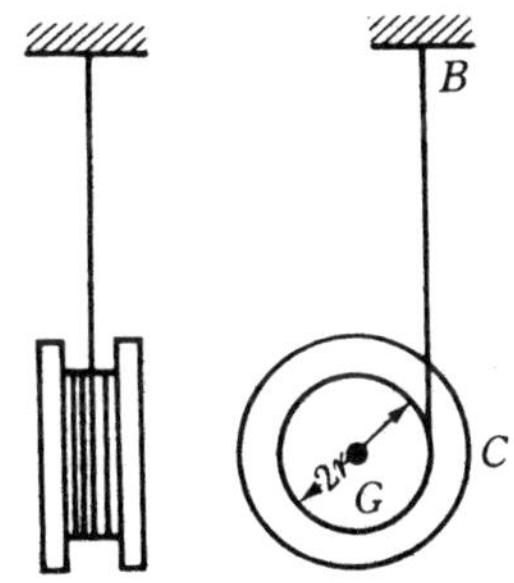

그림 문 21-2

21·2 그림 문 21-2와 같이 반경 r, 무게 W인 원통에 길이 l의 끈이 감기어져 원통의 중심에서 CB만큼 상방에 지지되어 있다. 이 물체를 정지의 상태에서 낙하시켰을 때, 끈이 다 풀어지는 순간의 물체의 속도를 구하라. 여기서 회전축은 항상 수평으로 유지되어 있고, 중심 G를 지나고 수평축에 대한 물체의 관성 모멘트는 I_G이다.

해답 $v=\sqrt{\frac{2Wr^2gl}{Wr^2+I_Gg}}$

21·3 그림 문 21-3에서 경사면 위에 있는 반경 r, 무게 W인 원주의 중심을 지나는 회전축에 끈을 매어, 매끈한 점 A를 거쳐 연직하방으로 추 w를 연결한다. 지금 원주가 경사면을 굴러 올라갈 때 그 가속도를 구하라. 단, 원주의 축은 항상 수평이라야 한다.

해답 병진운동의 선가속도를 a라 하면 마찰력은

$$f=\frac{W}{2}\frac{a}{2},\quad a=\frac{w-W\sin a}{2/3\,W+w}g$$

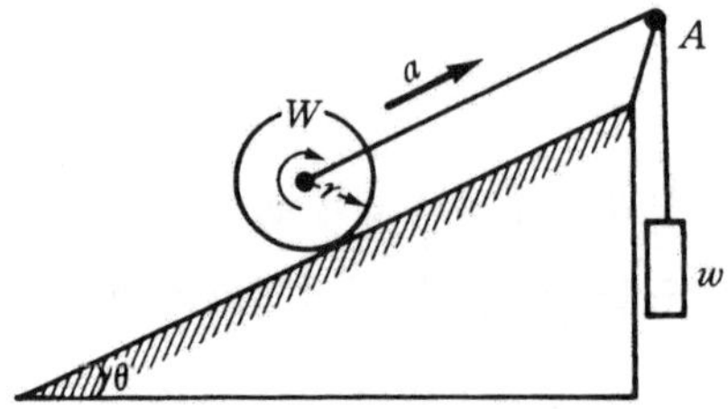

그림 문 21-3

21-4 그림 문 21-4와 같이 길이 l, 무게가 W인 막대가 매끈한 평면상에 놓여 있을 때, 그 한쪽 끝에 막대가 얻을 운동 에너지를 구하라.

해답 막대가 하는 평면운동은 역적방향의 병진운동과 중심 둘레의 회전운동이라 생각되어, 평면의 운동 에너지($K \cdot E$)는 병진운동의 에너지와 회전운동의 에너지의 합으로 구한다.

$K \cdot E = 2 I_L{}^2 g / W$

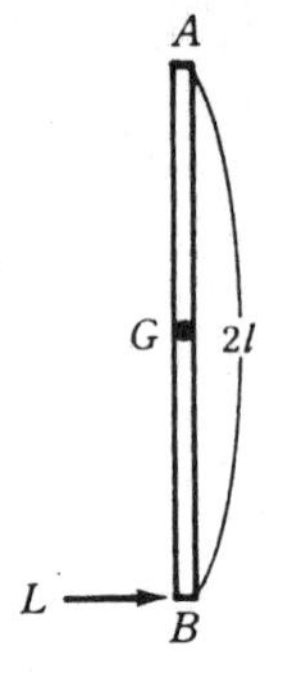

그림 문 21-4

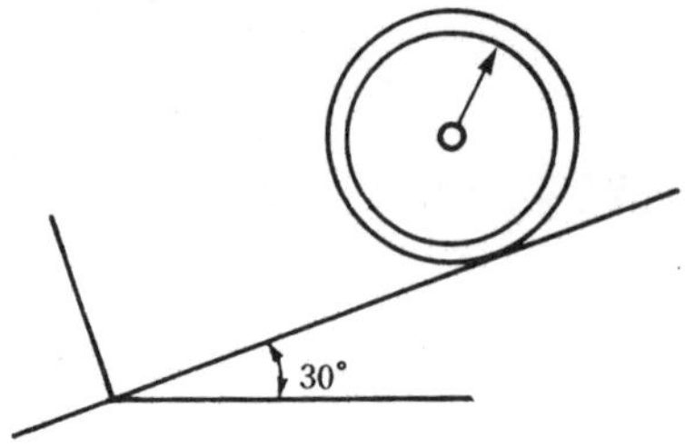

그림 문 21-5

21-5 그림 문 21-5에서 무게가 200 N인 바퀴의 회전반지름은 30 cm이고, 바퀴의 반지름은 34 cm이다. 정지로부터 출발해서 30°의 경사면을 미끄러짐 없이 10 m 굴러가는데 필요한 시간을 구하라.

해답 $t=8.51\text{ s}$

21-6 그림 문 21-6과 같이 질량 m, 반지름 r인 구가 경사면을 정지로부터 미끄러지면

서 굴러내려서 t초 후에 속력이 v가 되었다. 이 때의 각속도와 마찰력을 구하라.

해답 $\omega=\dfrac{2.5(gt\sin\theta-v)}{r}$

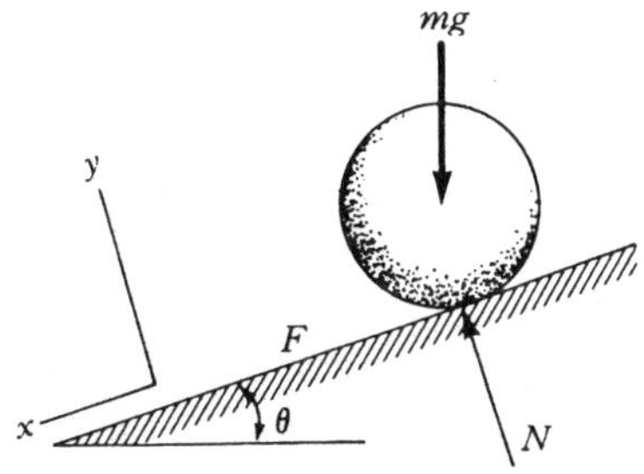

그림 문 21-6

21-7 질량 10 kg, 길이 600 mm인 막대가 O축에 수직으로 자유로이 지지되어 있다. 처음 150 N의 수평방향으로 힘 F가 기둥에 작용한다면, 힘 또는 모멘트 방정식을 이용하여 O에 있어서의 반력의 수평성분을 구하라(그림 문 21-7).

해답 75 N

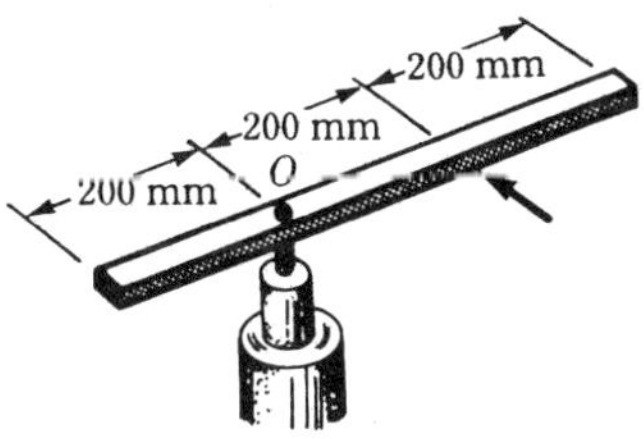

그림 문 21-7

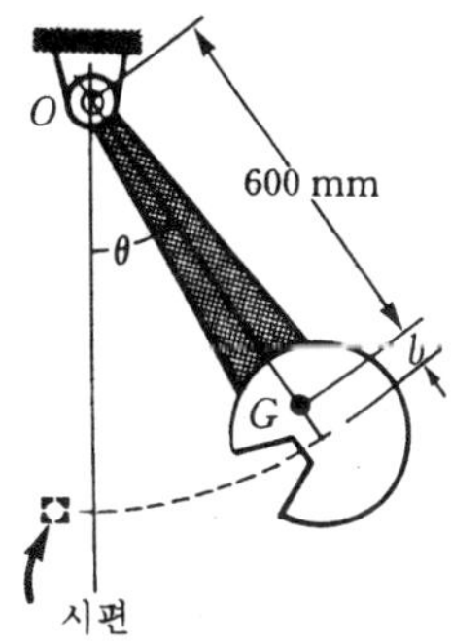

그림 문 21-8

21-8 O를 회전중심으로 질량 35 kg, 회전반경이 65 mm인 충격시험기의 진자가 있다. 진자는 시편을 충격할 때 O점의 베어링에 대한 힘의 수평분력이 작용하지 않도록 되었다. 거리 b를 구하고, 진자가 $\theta=60°$에서 놓여진 후 O의 베어링에 의한 전체의 힘을 구하라(그림 문 21-8).

해답 $b=104.2$ mm
177.2 N

22

고정점을 갖는 강체의 회전운동

1) 관성주축

그림 22-1과 같이 강체의 한 점 O를 지나는 임의 방향의 축 AO에 관한 관성 모멘트는 식 (17-5)를 이용하면 다음과 같이 된다.

$$I = \int \frac{dW}{g} \rho^2 \tag{22-1}$$

ρ는 강체의 미소부분에서 축 OA까지의 거리이다. 여기서 O를 원점으로 하는 임의의 직교좌표축 $O-xyz$를 취하고, 축 OA의 좌표축 방향의 방향 코사인을 l, m, n으로 한

$$\left.\begin{aligned} &\rho^2 = r^2 \sin^2\theta = r^2 - r^2 \cos\theta \\ &r\cos\theta = lx + my + nz \\ &r^2 = x^2 + y^2 + z^2 \\ &l^2 + m^2 + n^2 = 1 \end{aligned}\right\} \tag{22-2}$$

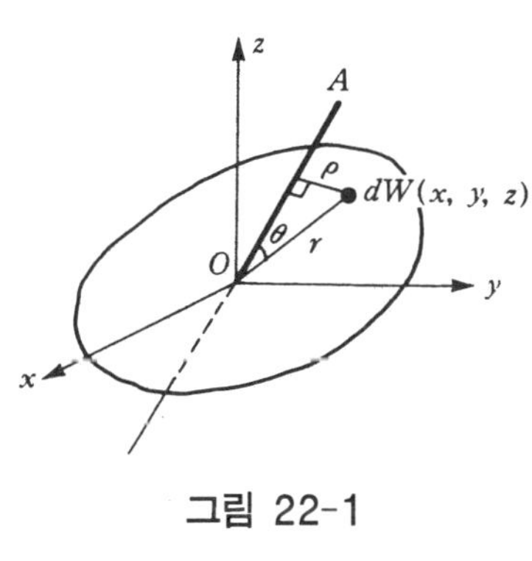

그림 22-1

등의 관계식을 이용하여, 식 (22-1)을 정리하면

$$I=\int\frac{dW}{g}r^2-\int\frac{dW}{g}(lx+my+nz)^2$$

$$=l^2\int\frac{dW}{g}(y^2+z^2)+m^2\int\frac{dW}{g}(z^2+x^2)+n^2\int\frac{dW}{g}(x^2+y^2)$$

$$-2mn\int\frac{dW}{g}yz-2nl\int\frac{dW}{g}zx-2lm\int\frac{dW}{g}xy \qquad (22\text{-}3)$$

여기서, y^2+z^2, z^2+x^2, x^2+y^2은 강체의 미소 요소의 x축, y축, z축에 이르는 거리의 제곱과 같으므로 윗식의 제 1항, 제 2항, 제 3항의 적분은 강체의 x축, y축, z축에 관한 관성 모멘트 I_x, I_y, I_z를 나타낸다.

또 제 4항, 제 5항, 제 6항의 적분을

$$\left.\begin{aligned}\int\frac{dW}{g}yz&=-I_{yz}\\ \int\frac{dW}{g}zx&=-I_{zx}\\ \int\frac{dW}{g}xy&=-I_{xy}\end{aligned}\right\} \qquad (22\text{-}4)$$

라 놓으면 식 (22-3)은 다음과 같이 된다.

$$I=l^2I_x+m^2I_y+n^2I_z+2mnI_{yz}+2nlI_{zx}+2lmI_{xy} \qquad (22\text{-}5)$$

여기서 식 (22-4)에 의한 량을 **관성상승 모멘트**(product of inertia)라 한다.

식 (22-5)는 임의의 직교좌표축의 각 축에 관한 관성 모멘트와 관성상승 모멘트를 알면, 그 좌표축에 관한 임의의 방향(l, m, n)을 갖는 축에 관한 관성 모멘트를 구할 수 있다. 이 관성상승 모멘트는 강체의 모양과 좌표축을 어떻게 설정하는가에 따라 달라지며, 적당한 좌표축을 취하면 그 값을 모두 영으로 할 수 있다. 이 경우의 각 좌표축을 **관성주축**(principle axis of moment of inertia)이라 하고, 관성주축에 관한 관성 모멘트를 **주관성 모멘트**(principle value of moment of inertia)라 한다.

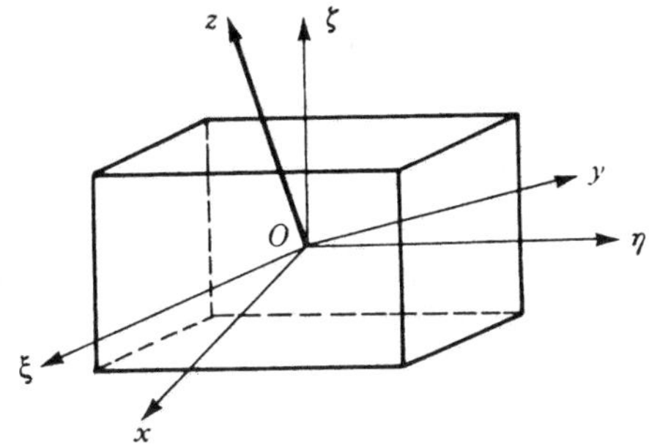

그림 22-2

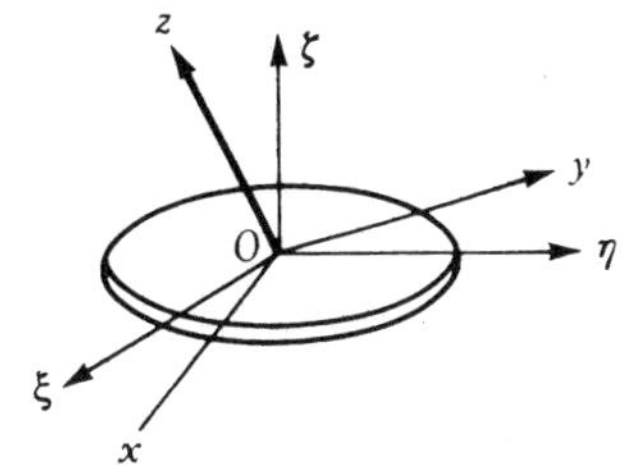

그림 22-3

그림 22-2는 직육면체의 중심, 그림 22-3은 원판 표면의 중심에 관한 관성 주축을 $O-\xi\eta\zeta$로 나타낸 것이다. 그림 22-2에서 ξ, η, ζ축은 직육면체의 각변에 평행이며, $\xi\eta$면은 대칭면이 되어 임의의 점(ξ, η, ζ)에 대하여 반드시 (ξ, η, ζ)인 점이 있으므로, 식 (22-4)에서

$$\int \frac{dW}{g}\eta\zeta = \int \frac{dW}{g}\zeta\xi = 0$$

이고, $\xi\eta$면, $\xi\zeta$면도 대칭면이므로

$$\int \frac{dW}{g}\xi\eta = 0$$

이다. 일반적으로 강체에 대칭면이 있을 때, 그 면내에는 관성주축이 있다.

2) 광의좌표

한 점 O의 둘레를 회전하는 강체의 위치를 나타내는 데는 다음에 설명하는 오일러(Euler)의 각을 쓰는 경우가 많다.

그림 22-4에서 공간에 고정한 직교좌표축을 $O-xyz$, 강체에 고정한 직교좌표축을 $O-\xi\eta\zeta$라 하면

θ : ζ축이 z와 이루는 각

ϕ : $z\zeta$면과 xy면과의 교선 OM이 x축과 이루는 각

ψ : $z\zeta$면과 $\xi\eta$면과의 교선 OL이 ξ축과 이루는 각

을 오일러의 각(Euler's angle)이라 하고, ξ η ζ축의 위치를 나타내는 대로 광의좌표(generlized coordinate)를 사용한다.

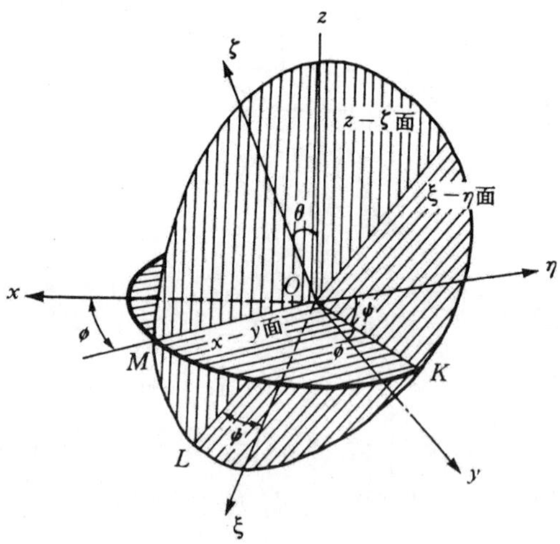

그림 22-4

$z\zeta$면은 xy면과 $\xi\eta$면에 직교되므로

$$\angle MOK = \angle xOy = 90^\circ \quad \therefore \angle yOK = \phi$$
$$\angle LOK = \angle \xi O\eta = 90^\circ \quad \therefore \angle \eta OK = \psi$$

따라서 최초 $O-xyz$와 일치되었던 강체에 고정좌표축이 $O-\xi\eta\zeta$까지 이동함에는 다음과 같은 운동을 하였다고 본다.

① z축 둘레에 ϕ만큼 회전한다.

x축$\leftarrow OM$ $\quad y$축$\rightarrow OK$

② OK축 둘레에 θ만큼 회전한다.

$OM \rightarrow OL$ $\quad z$축$\rightarrow \zeta$축

③ ζ축 둘레에 ψ만큼 회전한다.

$OL \rightarrow \xi$축 $\quad OK \rightarrow \eta$축

즉, z축, OK축, ζ축 둘레의 ϕ, θ, ψ의 회전으로 $O-xyz$에 있던 강체를 $O-\xi\eta\zeta$까지 운동시킬 수가 있다.

3) 강체의 각속도

어느 시각에 $(\theta, \ \phi, \ \psi)$의 위치에 있는 강체가 미소시간 Δt동안에 $\Delta\theta$, $\Delta\phi$, $\Delta\psi$의 위치의 변화를 일으켰다고 할 때, 강체가 공간에 고정된 좌표 $O-xyz$에 관하여 갖는 각속도는 다음과 같이 구한다.

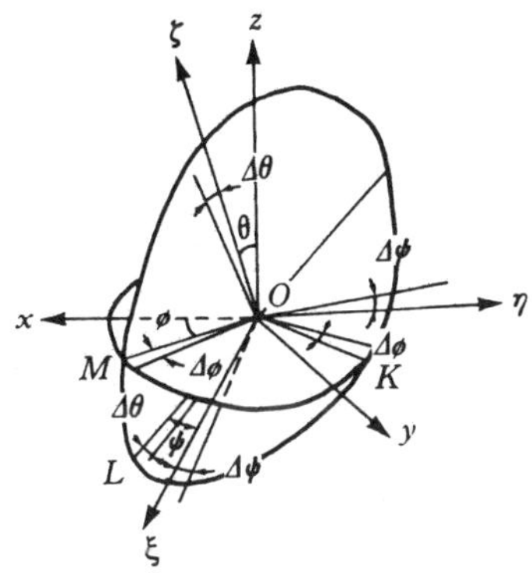

그림 22-5

그림 22-5와 같이 오일러의 각의 변화는 우선 강체에 고정된 축 $O-\xi\eta\zeta$가 $O-LK\zeta$에 대하여 ζ축 둘레에 $\Delta\psi$의 각변위를 하고, 그 $O-LK\zeta$가 $O-MKz$에 대하여 OK축 둘레에 $\Delta\theta$의 각변위를 한 후, 그 $O-MKz$가 좌표축 $O-xyz$에 대해서 z축 둘레에 $\Delta\phi$만큼 회전했다고 생각된다. 여기서 일부 강체 또는 공간에 고정되어 있는 중간의 좌표축 $O-LK\zeta$, $O-MKz$ 등을 고려하여도 각 좌표축은

① $O\rightarrow\xi\eta\zeta$는 $O-LK\zeta$에 대해서 ζ축 둘레에

$$\dot{\psi}=\frac{d\psi}{dt}=\lim_{\Delta t\to 0}\frac{\Delta\psi}{\Delta t}$$

② $O\rightarrow LK\zeta$는 $O-MKz$에 대해서 OK축 둘레에

$$\dot{\theta}=\frac{d\theta}{dt}=\lim_{\Delta t\to 0}\frac{\Delta\theta}{\Delta t}$$

③ $O \to MKz$는 $O-xyz$에 대해서 z축 둘레에

$$\dot{\phi} = \frac{d\phi}{dt} = \lim_{\Delta t \to 0} \frac{\Delta \phi}{\Delta t}$$

의 각속도를 갖는다.

각속도는 회전축상의 벡터로 표시되므로 좌표축 $O-\xi\eta\zeta$(강체)가 좌표축 $O-xyz$에 대하여 갖는 각속도 ω는 위에서 설명한 각가속도의 벡터합으로 구한다.

일반적으로 각속도 성분을 $O-xyz$, 또는 $O-\xi\eta\zeta$와 관계하여 표시하면 편리하므로 $O-\xi\eta\zeta$ 성분을 취하여 그림 22-6에 표시하였다.

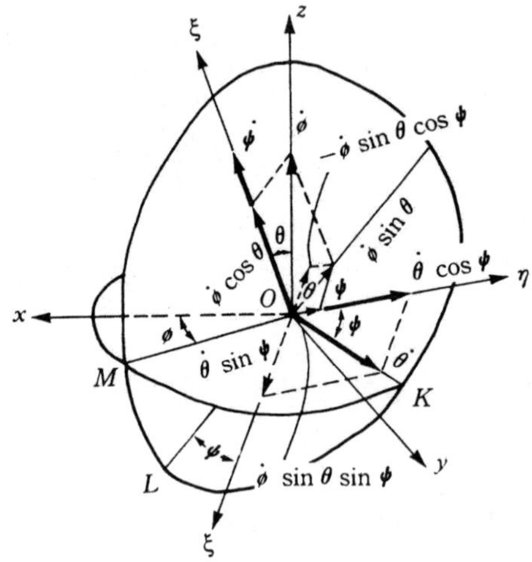

그림 22-6

$$\left.\begin{aligned} \omega_\xi &= \dot{\theta}\sin\psi - \dot{\phi}\sin\theta\cos\psi \\ \omega_\eta &= \dot{\theta}\cos\psi + \dot{\phi}\sin\theta\sin\psi \\ \omega_\zeta &= \dot{\psi} + \dot{\phi}\cos\theta \end{aligned}\right\} \quad (22\text{-}6)$$

지금 ξ, η, ζ 방향의 단위벡터를 $\mathbf{i}'$, $\mathbf{j}'$, $\mathbf{k}'$로 하는 각속도는

$$\boldsymbol{\omega} = \omega_\xi \mathbf{i}' + \omega_\eta \mathbf{j}' + \omega_\zeta \mathbf{k}' \quad (22\text{-}7)$$

로 표시된다.

4) 각운동량과 오일러의 운동방정식

강체가 한 점 O의 둘레에 ω인 각속도로 회전하고 있을 때, O에서 $\mathbf{r}$거리에 있는 점의 속도는 $\boldsymbol{\omega}\times\mathbf{r}$이 된다. 그리하여 그 점에 있는 질점의 무게를 dW로 하여 강체 전체가 O의 둘레에서 갖는 각운동량은 식 (19-1)′를 벡터로 표시하면

$$L=\int \mathbf{r}\times\frac{dW}{g}(\boldsymbol{\omega}\times\mathbf{r}) \tag{22-8}$$

로 된다.

따라서 각운동량의 x, y, z 성분은 다음과 같다.

$$L_x=\int\frac{dW}{g}\{y(\boldsymbol{\omega}\times\mathbf{r})_z-z(\boldsymbol{\omega}\times\mathbf{r})_y\}$$

$$L_y=\int\frac{dW}{g}\{z(\boldsymbol{\omega}\times\mathbf{r})_x-x(\boldsymbol{\omega}\times\mathbf{r})_z\}$$

$$L_z=\int\frac{dW}{g}\{x(\boldsymbol{\omega}\times\mathbf{r})_y-y(\boldsymbol{\omega}\times\mathbf{r})_x\}$$

다시

$$\begin{aligned}L_x&=\int\frac{dW}{g}\{y(\omega_x y-\omega_y x)-z(\omega_z x-\omega_x z)\}\\&=\int\frac{dW}{g}\{\omega_x y^2-\omega_y xy-\omega_z zx+\omega_x z^2\}\\&=\omega_x\int\frac{dW}{g}(y^2+z^2)-\omega_y\int\frac{dW}{g}xy-\omega_z\int\frac{dW}{g}zx\end{aligned}$$

L_y, L_z에 대하여서도 같은 식으로 표시되므로, 관성 모멘트, 관성상승 모멘트를 써서 각운동량 성분으로 나타내면

$$\left.\begin{aligned}L_x&=I_x\omega_x+I_{xy}\omega_y+I_{zx}\omega_z\\L_y&=I_{xy}\omega_x+I_y\omega_y+I_{yz}\omega_z\\L_y&=I_{zx}\omega_x+I_{yz}\omega_y+I_z\omega_z\end{aligned}\right\} \tag{22-9}$$

이고 강체의 고정좌표축으로 O에 관한 관성주축 $O-\xi\eta\zeta$를 취하고, 각운동량의 ξ, η, ζ 성분을 취하면

$$\left.\begin{aligned} L_\xi &= I_\xi\, \omega_\xi \\ L_\eta &= I_\eta\, \omega_\eta \\ L_\zeta &= I_\zeta\, \omega_\zeta \end{aligned}\right\} \tag{22-10}$$

다음에 식 (19-6)에 따라 토크 $\mathbf{T}$를 받아 한 점 O의 둘레에서 회전하고 있는 강체의 각운동방정식을 벡터로 표시하면

$$\frac{d\mathbf{L}}{dt} = \mathbf{T} \tag{22-11}$$

여기서

$$\begin{aligned} \frac{d\mathbf{L}}{dt} &= \frac{d}{dt}(L_\xi\, \mathbf{i}' + L_\eta \mathbf{j}' + L_\zeta \mathbf{k}') \\ &= \frac{dL_\xi}{dt}\, \mathbf{i}' + \frac{dL_\eta}{dt}\, \mathbf{j}' + \frac{dL_\zeta}{dt}\, \mathbf{k}' + L_\xi \frac{d\mathbf{i}'}{dt} \\ &\quad + L_\eta \frac{d\mathbf{j}'}{dt} + L_\zeta \frac{d\mathbf{k}'}{dt} \end{aligned} \tag{22-12}$$

$\dfrac{d\mathbf{i}'}{dt}$, $\dfrac{d\mathbf{j}'}{dt}$, $\dfrac{d\mathbf{k}'}{dt}$는 각각 단위벡터 $\mathbf{i}'$, $\mathbf{j}'$, $\mathbf{k}'$의 선단의 속도이므로

$$\frac{d\mathbf{i}'}{dt} = \boldsymbol{\omega} \times \mathbf{i}'$$

$$\frac{d\mathbf{j}'}{dt} = \boldsymbol{\omega} \times \mathbf{j}'$$

$$\frac{d\mathbf{k}'}{dt} = \boldsymbol{\omega} \times \mathbf{k}'$$

로 고쳐 쓸 수 있다.

식 (22-7)에 의하여 윗식을 다시 고쳐 쓰면

$$\begin{aligned} \frac{d\mathbf{i}'}{dt} &= (\omega_\xi\, \mathbf{i}' + \omega_\eta \mathbf{j}' + \omega_\zeta \mathbf{k}') \times \mathbf{i}' \\ &= \omega_\xi \mathbf{i}' \times \mathbf{i}' + \omega_\eta \mathbf{j}' \times \mathbf{i}' + \omega_\zeta \mathbf{k}' \times \mathbf{i}' \end{aligned}$$

$\dfrac{d\mathbf{j}'}{dt}$, $\dfrac{d\mathbf{k}'}{dt}$에 대해서도 같은 방법으로 벡터 외적의 정의에 따라 정리하면

$$\left.\begin{aligned}\frac{d\mathbf{i}'}{dt} &= \omega_\zeta \mathbf{j}' - \omega_\eta \mathbf{k}' \\ \frac{d\mathbf{j}'}{dt} &= -\omega_\zeta \mathbf{i}' + \omega_\xi \mathbf{k}' \\ \frac{d\mathbf{k}'}{dt} &= \omega_\zeta \mathbf{i}' - \omega_\xi \mathbf{j}'\end{aligned}\right\} \tag{22-13}$$

따라서

$$L_\xi \frac{d\mathbf{i}'}{dt} = \omega_\zeta L_\xi \mathbf{j}' - \omega_\eta L_\xi \mathbf{k}'$$

$$L_\eta \frac{d\mathbf{j}'}{dt} = \omega_\zeta L_\eta \mathbf{i}' + \omega L_\eta \mathbf{k}'$$

$$L_\zeta \frac{d\mathbf{k}'}{dt} = \omega_\eta L_\zeta \mathbf{i}' - \omega_\xi L_\zeta \mathbf{j}'$$

이 식을 식 (22-12)에 대입하면

$$\left.\begin{aligned}\frac{d\mathbf{L}}{dt} =& \left(\frac{dL_\xi}{dt} + \omega_\eta L_\zeta - \omega_\zeta L_\eta\right)\mathbf{i}' \\ &+ \left(\frac{dL_\eta}{dt} + \omega_\zeta L_\xi - \omega_\xi L_\zeta\right)\mathbf{j}' \\ &+ \left(\frac{dL}{dt} + \omega_\xi L_\eta - \omega_\eta L_\xi\right)\mathbf{k}'\end{aligned}\right\} \tag{22-14}$$

따라서 $\frac{d\mathbf{L}}{dt}$의 ξ, η, ζ 성분은 다음과 같이 된다.

$$\left(\frac{d\mathbf{L}}{dt}\right)_\xi = \frac{dL_\xi}{dt} + \omega_\eta L_\zeta - \omega_\zeta L_\eta$$

$$\left(\frac{d\mathbf{L}}{dt}\right)_\eta = \frac{dL_\eta}{dt} + \omega_\zeta L_\xi - \omega_\xi L_\zeta$$

$$\left(\frac{d\mathbf{L}}{dt}\right)_\zeta = \frac{dL_\zeta}{dt} + \omega_\xi L_\eta - \omega_\eta L_\xi$$

여기서, 토크 T의 ξ, η, ζ 성분을 T_ξ, T_η, T_ζ로 하고, 식 (22-11)을 ξ, η, ζ 성분으로 고쳐 쓰면

$$\left.\begin{aligned}\frac{dL_\xi}{dt}+\omega_\eta L_\zeta-\omega_\zeta L_\eta=T_\xi\\ \frac{dL_\eta}{dt}+\omega_\zeta L_\xi-\omega_\xi L_\zeta=T_\eta\\ \frac{dL_\zeta}{dt}+\omega_\xi L_\eta-\omega_\eta L_\xi=T_\zeta\end{aligned}\right\}\qquad(22\text{-}15)$$

여기 $O-\xi\eta\zeta$를 O에 관한 관성주축이라 하고, 식 (22-10)을 윗식에 대입하면

$$\left.\begin{aligned}I_\xi\dot{\omega}_\xi-(I_\eta-I_\zeta)\omega_\eta\omega_\zeta=T_\xi\\ I_\eta\dot{\omega}_\eta-(I_\zeta-I_\xi)\omega_\zeta\omega_\xi=T_\eta\\ I_\zeta\dot{\omega}_\zeta-(I_\xi-I_\eta)\omega_\xi\omega_\eta=T_\zeta\end{aligned}\right\}\qquad(22\text{-}16)$$

이 식을 오일러의 운동방정식(Euler's equation of motion)이라 한다. 이 식은 한 점 둘레를 회전하는 물체가 토크를 받았을 경우 각속도가 어떻게 변하는가를 관성주축 방향의 성분으로서 나타낸 것이다.

5) 팽이의 운동

그림 22-7과 같이 팽이가 축의 하단 O를 회전중심으로 하여 수평면상에서 돌고 있을 때, 토크가 작용하지 않는 것으로 보고 운동을 고찰한다. O를 원점으로 하여 연직 상방에 z축을 취하고, 공간에 고정한 좌표축 $O-xyz$를 취하여 O를 같은 원점으로 한 팽이의 축방향에 ζ축, 이것에 수직으로 ξ, η축을 취하여 팽이의 고정 좌표축이라 생각한다. 팽이는 축에 관하여 대칭으로 되어 있으므로 ξ,

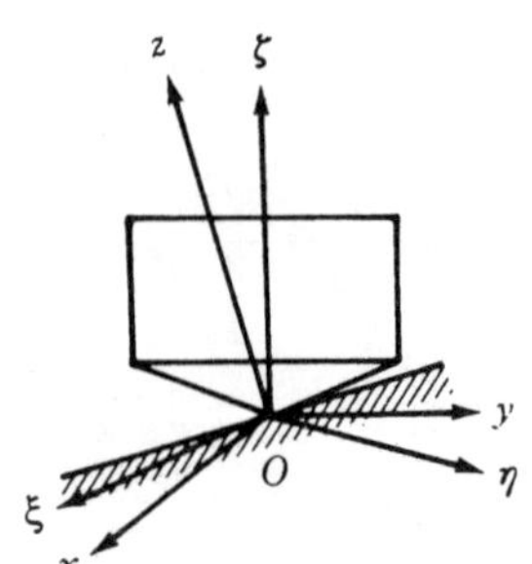

그림 22-7

η, ζ축이 관성주축으로 된다.

식 (22-16)에 있어서

$$\left.\begin{aligned} I_\xi &= I_\eta = A \\ I_\zeta &= C \end{aligned}\right\} \qquad (22\text{-}17)$$

로 놓고 $T_\xi = T_\eta = T_\zeta = 0$으로 하면 오일러의 운동방정식은 다음과 같이 된다.

$$\left.\begin{aligned} &A\dot{\omega}_\xi - (A-C)\,\omega_\eta\,\omega_\zeta = 0 \\ &A\dot{\omega}_\eta + (A-C)\,\omega_\zeta\,\omega_\xi = 0 \\ &C\dot{\omega}_\zeta = 0 \end{aligned}\right\} \qquad (22\text{-}18)$$

이 식의 제 3식에서

$$\omega_\zeta = n\,(\text{const.}) \qquad (22\text{-}19)$$

식 (22-19)를 식 (22-18)의 제 1식, 제 2식에 대입하면

$$A\dot{\omega}_\xi = (A-C)\,n\omega_\eta$$

$$A\dot{\omega}_\eta = -(A-C)\,n\omega_\xi$$

여기서

$$\frac{A-C}{A}\,n = \omega_0 \qquad (22\text{-}20)$$

로 놓고 윗식을 고쳐 쓰면

$$\dot{\omega}_\xi = \omega_0\,\omega_\eta$$

$$\dot{\omega}_\eta = -\,\omega_0\,\omega_\xi$$

이 두 식에서

$$\frac{d^2\omega_\xi}{dt^2} = -\,\omega_0{}^2\omega_\xi$$

$$\frac{d^2\omega_\eta}{dt^2} = -\,\omega_0{}^2\omega_\eta$$

이것을 풀면

$$\left.\begin{aligned} \omega_\xi &= a\sin(\omega_0 t + a) \\ \omega_\eta &= a\cos(\omega_0 t + a) \end{aligned}\right\} \qquad (22\text{-}21)$$

따라서 식 (22-19)와 식 (22-21)에서 팽이가 갖는 각속도 $\boldsymbol{\omega}$의 크기는

$$\boldsymbol{\omega} = \sqrt{a^2 + n^2} \qquad (22\text{-}22)$$

일정이며, 그림 22-8에서 $\boldsymbol{\omega}$가 ξ축과 이루는 각은

$$\left.\begin{aligned} \theta &= \cos^{-1}\frac{\omega_\zeta}{\omega} \\ \theta &= \cos^{-1}\frac{n}{\omega} \end{aligned}\right\} \qquad (22\text{-}23)$$

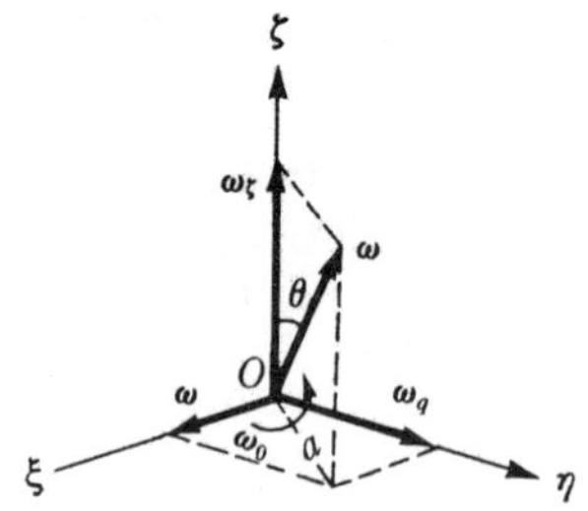

그림 22-8

가 된다. 그리하여 식 (22-21)에서 각속도 $\boldsymbol{\omega}$는 ζ축 둘레를 ω_0의 각속도로 회전함을 알 수 있다.

다음은 공간에 작용하는 좌표축 $O-xyz$에 대한 관계를 고찰하면, 팽이에는 토크가 작용하지 않으므로 각운동량은 변화하지 않는다. 따라서 각운동량은 최초 팽이에 주어진 운동의 초기조건으로 정하여지는 일정한 방향과 크기를 갖는 벡터가 된다. 그리하여 그림 22-9와 같이 각운동량 벡터 $\mathbf{L}$의 방향이 z축과 일치하도록 초기조건이 주어졌다고 한다. 또 ζ축 둘레에서 회전하는 각속도 벡터 ω는 z축과 ζ축의 중간에 있다고 한다. 지금 ζ축과 ω를 포함한 평면내에 ζ축에 직각으로 ξ'축을 취하고, 이 평면에 수직으로 η'축을 취하면 팽이는 축에 관해서 대칭

을 이루므로

$$I_{\xi}' = I_{\eta}' = I_{\xi} = I_{\eta}$$

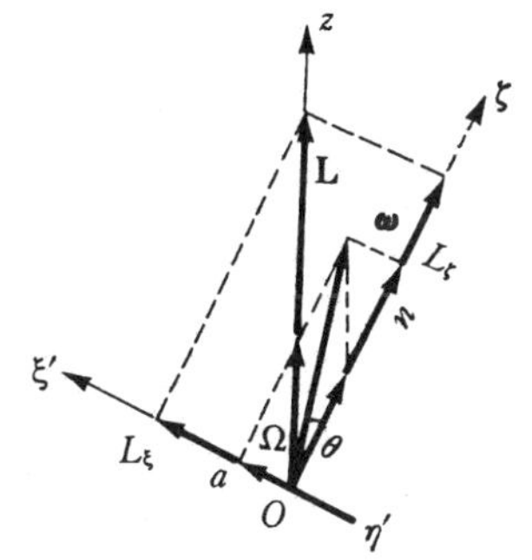

그림 22-9

또한 ω는 η' 성분을 갖지 않으므로 식 (22-17), (22-19), (22-22)와 식 (22-10)에 의하여 각운동량 성분을 구하면 다음과 같다.

$$\left.\begin{aligned} L_{\xi}' &= Aa \\ L_{\eta}' &= O \\ L_{\zeta} &= Cn \end{aligned}\right\} \qquad (22\text{-}24)$$

이 식에서 각운동량 **L**은 $\zeta\xi'$면 내에 있음을 알 수 있고, 초기조건에서 **L**의 방향은 공간에 고정한 z축에 일치되므로, ω 및 ζ축에 따라서 ξ'축은 z축의 주위에서 회전하여야 한다.

지금 ω를 z방향과 ζ 방향으로 분해하고, z성분을 Ω으로 하면 그림 22-9에 의하여

$$\frac{L_{\xi}'}{a} = \frac{L}{\Omega}$$

식 (22-24)를 윗식에 대입하고 Ω에 관하여 풀면

$$\Omega = \frac{L}{A} \qquad (22\text{-}25)$$

또한 ω의 ζ성분은

$$n-\Omega\frac{L_\zeta}{L}=n-\frac{L}{A}\frac{C_n}{L}=n-\frac{C_n}{A}=\left(1-\frac{C}{A}\right)$$

로 되고, 이 값은 식 (22-20)에서 ω_0와 같다.

즉 팽이는 좌표축 $O-\xi'\eta'\zeta'$에 관하여 ζ축의 둘레에서 각속도 ω_0로 회전하고 그 $O-\xi'\eta'\zeta'$축이 공간에 고정한 $O-xyz$축에 관하여 z축($\mathbf{L}$의 방향)의 둘레에서 각속도 Ω로 회전하게 된다.

즉, 각속도 벡터 $\boldsymbol{\omega}$는 각운동량 벡터 $\mathbf{L}$의 둘레에서 원추 모양을 그리며, 이 원추를 하폴호드 추(herpolehode cone)라 한다.

또 팽이에 고정된 $O-\xi\eta\zeta$좌표축에서 보면, 각속도 벡터 $\boldsymbol{\omega}$는 ζ축의 둘레에서 원추를 그린다. 이 원추를 폴호드 추(polehode cone)라 한다.

그림 22-10은 이들의 원추를 나타내며, 팽이는 팽이에 고정한 폴호드 추가 공간에 고정한 하폴호드 추에 접하면서 미끄러지지 않고 굴러가듯 O점 둘레에서 회전운동을 한다.

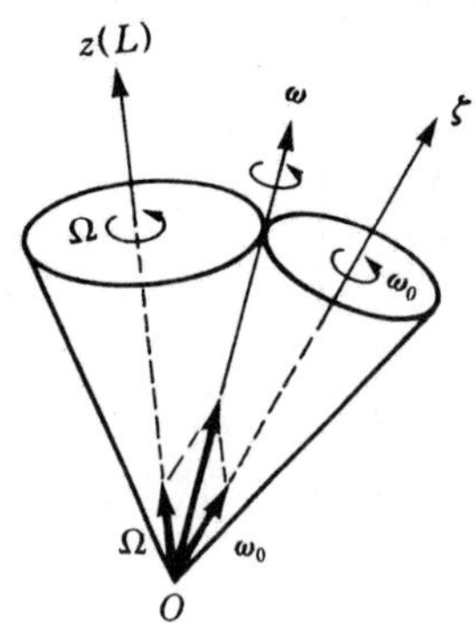

그림 22-10

예제 22-1

어떤 선박의 추진원동기인 터빈 회전체의 무게가 1300 kg 이고 중심 G에서의 회전반경은 20 cm 였다. 회전체는 A, B점에서 수평으로 베어링에 지지되어 있고(선체의 전후방면), 선미에서 볼 때 반시계방향으로 500 rpm 으로 회전하고 있다. 만일 선박이 22 노트(1 knot=1854 km/h)의 속도로 반경 400 m 인 원을 그리면서 좌회전한다면 베어링 부분 A, B에 걸리는 수직반력의 크기는 얼마인가?

〔풀 이〕 베어링의 수직반력은 정역학적 반력 R_1, R_2에 다가 회전체의 자이로스코프 효과로 인한 부가반력 R_y가 가감되어야 한다. 관성 모멘트를 I_{zz}, 자전속도를 $\dot{\psi}$로 하

고, 그림 22-11과 같이 축과 회전방향을 취하면

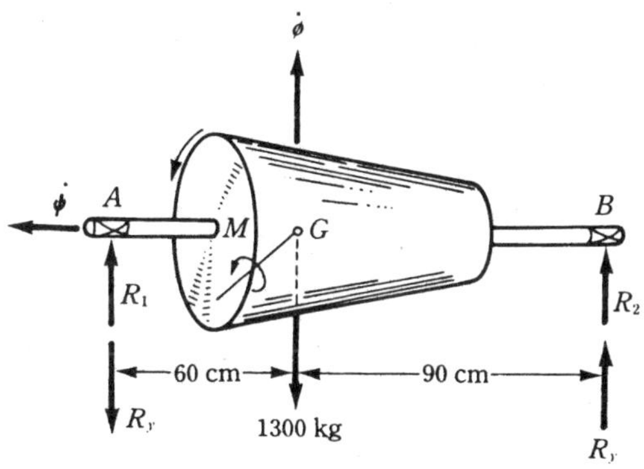

그림 22-11

$$M = I_{zz}\dot{\psi}\dot{\phi}J$$

$$M = (60+90)\,R_y = 150\,R_y\ \text{kg}\cdot\text{cm}$$

$$I_{zz} = \frac{1300}{980}(20)^2 = 531\ \text{kg}\cdot\text{cm}\cdot\text{s}^2$$

$$\dot{\psi} = 5000\,\text{rpm} = \frac{(5000)\,(2\pi)}{60} = 524\ \text{rad/s}$$

$$\dot{\phi} = \frac{22\times1854\times1000}{400} = 102\ \text{rad/h} = 0.028\ \text{rad/s}$$

정역학적 반력은

$$R_1 = 1300\times\frac{90}{150} = 780\ \text{kg}$$

$$R_2 = 1300\times\frac{60}{150} = 520\,\text{kg}$$

이고, 자이로스코프 효과로 인한 부가반력은

$$150\,R_y = (531)\,(524)\,(0.028)$$

$$R_y = 51.9\ \text{kg}$$

따라서 구하는 반력은

$$R_A = R_1 - R_A = 780 - 51.9 = 728.1\,\text{kg}$$

$$R_B = R_2 + R_A = 520 + 51.9 = 571.9\ \text{kg}$$

연습문제

E·X·E·R·C·I·S·E

22-1 정상세차운동을 하는 그림 문 22-1에서 팽이의 순간 회전축 둘레의 관성 모멘트와 운동 에너지를 구하라. 또 중심의 운동 에너지, 중심 둘레의 회전운동의 운동 에너지를 구하고 그 합이 팽이의 운동 에너지와 같음을 설명하라.

해답 $(C\Omega^2 + A\mu^2 \sin\theta)/(\Omega^2 + \mu^2 \sin^2\theta)$, $1/2C\Omega^2 + 1/2A\mu^2 \sin^2\theta$

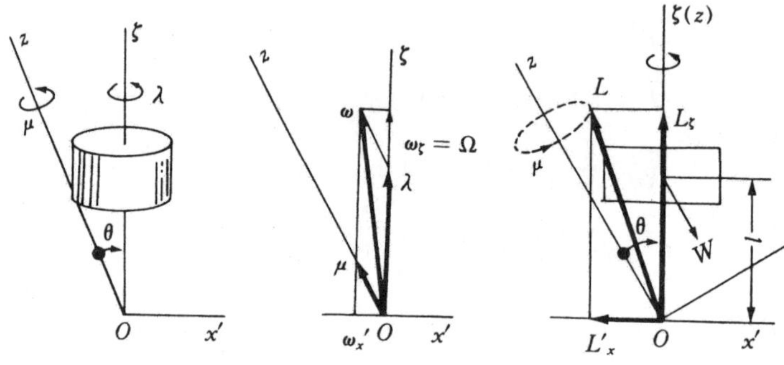

그림 문 22-1

22-2 항공기의 바퀴(회전반경 k=0.6 m)가 이륙시 20 rps로 회전하고 있다. 이 다리를 그림 문 22-2와 같이 O점 둘레에서 각속도 μ=4 rad/s로 90° 회전시켜 기체 내로 접어넣었을 때 지주에 작용하는 자이로 모멘트를 구하라.

해답 554 kg · m

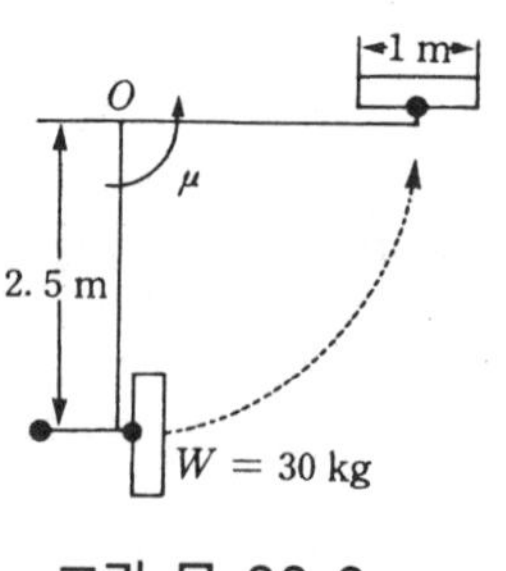

그림 문 22-2

22-3 높이 h, 꼭지각 2α인 직원추가 수평면상에서 굴러 직원추의 축 $O\zeta$는 O점을 지나는 연진축 둘레에서 일정한 각속도 μ로 회전한다. 면에 대한 반력인 합력 R의 작용위치 a는 μ의 함수이다. a를 나타내는 식을 유도하라. 또 이와같은 굴림 운동을 계속할 수가 있는 μ의 한계치를 구하라(그림 문 22-3).

해답 $a=\frac{3}{4}h\cos\alpha+\frac{3}{10}\frac{\mu^2h^2}{g}\tan\alpha,\ \ \mu\leqq\sqrt{\frac{5g(4-3\cos^2\alpha)}{6h\sin\alpha}}$

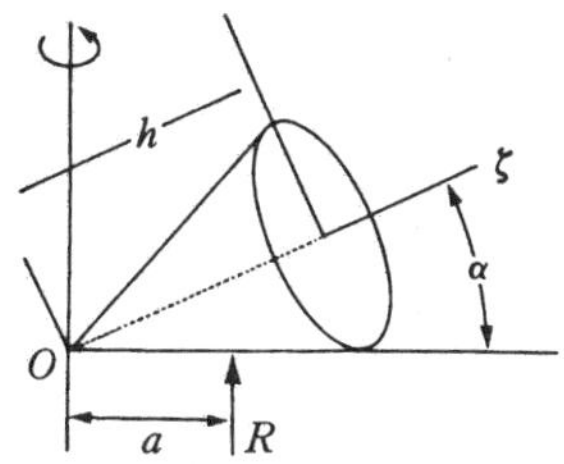

그림 문 22-3

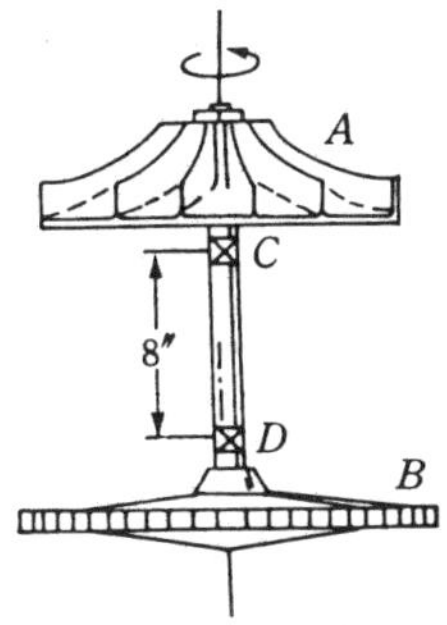

그림 문 22-4

22-4 어느 항공기 기관의 과급기(super charger)의 무게가 4.10 lb이며 회전반경이 2.90 in인 송풍기 A가 달려 있고, 이 송풍기는 무게가 12.20 lb이고, 회전반경이 2.75 in이며, 18,000 rpm로 회전하는 배기 터빈 B에 의하여 구동되고 있으며, 터빈축은 연직방향으로 고정되어 있다. 항공기가 공중선회(수평 비행축을 중심으로 회전)할 때, 터빈축을 고정시키고 있는 베어링 C 및 D에 생기는 빈경방향의 힘을 구하라(그림 문 22-4).

해답 $|C|=|D|=232$ lb

22-5 속도 720 km/h로 운항하고 있는 제트기가 반경 1500 m의 원으로 선회한다. 선회 중에 기체에 작용하는 굽힘 모멘트는 얼마인가? 단, 터빈, 압축기의 회전속도는 6000 rpm이며, 그 회전하는 로터의 무게, 회전반경은 각각 $W=400$ kg, $k=0.2$ m이다.

해답 137 kg · m

22-6 어느 비행기의 쌍엽 프로펠러가 그 차축 x에 대하여 일정한 각속도 ω로 회전하고 있으며, 이 축에 대한 관성 모멘트는 I이다. 또 이 비행기의 선회로 인하여 프로펠러는 z축에 관하여서도 일정한 각속도 Ω로 회전하고 있다. 프로펠러에

작용하는 모멘트 $M_B=M_y+M_z$는 프로펠러 축의 만곡으로서 또 모멘트 M_x는 축의 비틀림에 의하여 각각 지탱된다. 각 모멘트를 $\theta=\omega t$의 함수로 표시하라 (그림 문 22-6).

해답 $M_B=2I\omega\Omega\sin\theta$

$$M_x=\frac{1}{2}I\Omega^2\sin^2 2\theta$$

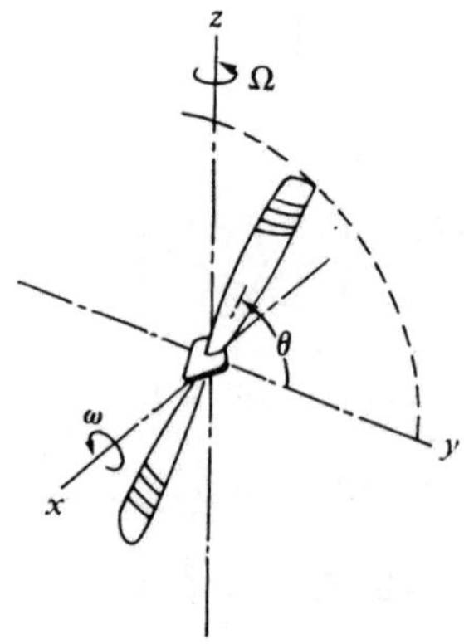

그림 문 22-6

제 5 편

진　동

질량과 탄성체로 결합된 구조물들은 외력이 작용하면 동적 평형상태를 유지하면서 일정한 주기로 떨림현상을 나타낸다. 이러한 현상을 진동(vibration)이라 한다.
스프링에 매달린 물체의 운동, 단진자 또는 비틀림진동 등과 같이 주기적으로 운동을 반복하는 실례를 우리는 많이 볼 수 있다. 질점이나 강체의 진동 외에도 물체는 탄성을 갖고 있으므로, 진동적으로 보면 질량과 스프링의 집합(질량-스프링계)이며, 물체 내의 진동(탄성진동, 파동, 파), 평형점 주위의 진동, 정상운동 주위의 진동 등이 있다. 예를 들면 마찰에 의한 진동, 진공관 발진회로, 유체의 교란, 물체와 전자, 유체의 정상운동 등에 작은 충격(진동)을 주면 진동이 강해지는 경우와 약해지는 경우가 있다. 진동의 지속이 바람직할 경우도 있으나, 대개의 경우 기계진동과 같이 손상을 가져오는 경우가 많다. 고속 정밀화되어 가는 현대기술의 발전 추세로 보아, 공학분야에서 많이 발생하는 진동을 제어하고 이용하는 데 있어서, 진동의 역학적 원리를 잘 이해하여야 된다. 이 장에서는 공업역학의 기본사항을 배운 다음, 주로 진동을 취급하는 기계역학을 공부하려는 학생들을 위하여, 진동의 기초적인 이론을 해설하기로 한다.

23

자유진동과 감쇠진동

힘이 위치의 함수인 경우, 예를 들면 $F(x) = -kx$로 표시되는 힘(탄성체에 많이 나타나는 복원력)이 작용할 때의 운동방정식은

$$mx = -k\ddot{x} \tag{23-1}$$

$\omega^2 = k/m$로 놓으면 식 (8-12)로 부터

$$\ddot{x} + \omega^2 x = 0 \tag{23-2}$$

이 된다. 이러한 기본 방정식으로부터 나타나는 운동이 단진동(simple harmonic motion)이다.

식 (23-2)의 일반해는

$$x = c_1 \sin \omega t + c_2 \cos \omega t = a \cos(\omega t + \alpha) \tag{23-3}$$

이다. 진폭 a(amplitude), 각진동수 ω(angular frequency), 진동수 $n = \omega/2\pi = (1/2\pi)\sqrt{k/m}$, 주기 $T = 2\pi/\omega = 2\pi\sqrt{k/m}$의 단진동이며, $\omega t + \alpha$는 위상(phase), α는 초기위상이다.

복원력(스프링력)이 있는 운동계에서는 처음에 어떤 자극(교란)을 주면, 그 자극이 소멸하여도 그 자체로서 자유로이 그와 같은 운동을 지속하므로, 외력의 개입이 없는 진동을 자유진동(free vibration)이라 한다. 또 각진동수는 계에 의하여 정해지는 특유의 값으로서 고유각진동수(natural angular frequency)라 한다. 자유진동은 실제로는 마찰 등으로 보통 소멸되나, 이와 같이 운동에 저항하여 그 운동을 소멸시키는 데 작용하는 힘을 감쇠력(damping force)이라 한다. 유체

마찰과 같이 속도에 비례하여 감쇠력이 작용할 경우, 이것은 진동을 감쇠시키는 성질을 가지며, 고의로 진동을 감쇠시키던가 혹은 충격을 완화시킬 경우에 사용하는 감쇠는 속도에 비례하는 성질을 이용하게 된다. 그림 23-1과 같이 감쇠력이 작용하는 경우의 운동방정식은

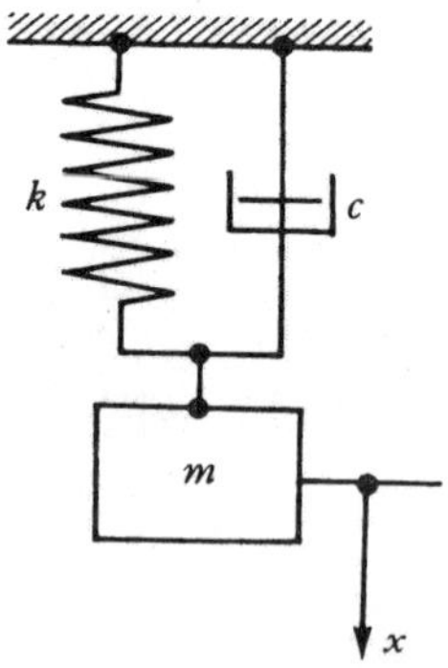

그림 23-1

$$m\ddot{x} = -kx - c\dot{x}$$

즉,

$$m\ddot{x} + c\dot{x} + kx = 0 \qquad (23\text{-}4)$$

가 된다. c를 점성감쇠계수(viscous damping coefficient)라 하고 단위는 kg · s/m이다.

식 (23-4)의 일반해는

$$x = c_1 e^{\lambda_1 t} + c_2 e^{\lambda_2 t}$$

가 되며, 여기서 c_1, c_2는 임의의 상수이다. λ_1, λ_2는 방정식

$$m\lambda^2 + c\lambda + k = 0 \qquad (23\text{-}5)$$

을 만족하는 2근은 다음과 같이 된다.

$$\lambda_1, \lambda_2 = -c/2m \pm \sqrt{(c/2m)^2 - k/m} \qquad (23\text{-}6)$$

(1) $c^2 < 4mk$의 경우

$$\lambda_1, \lambda_2 = -c/2m \pm i\sqrt{k/m-(c/2m)^2}$$

이므로 해는

$$x = e^{\frac{c}{2m}t}(c_1 e^{i\omega t} + c_2 e^{i\omega t})$$

$$= e^{-\frac{c}{2m}t}(c_1' \sin \omega t + c_2' \cos \omega t) \qquad (23\text{-}7)$$

로 된다. 여기서

$$c_1' = i(c_1 - c_2), \quad c_2' = c_1 + c_2$$

$$\omega = \sqrt{k/m-(c/2m)^2}$$

이며, 임의 상수 c_1', c_2'는 초기조건에 따라 정해진다. 이 운동은 시간에 따라 진폭이 작아지는 진동을 나타내며, 이것을 그림으로 나타내기 위하여 식 (23-7)을 고쳐 쓰면

$$x = e^{-\frac{c}{2m}t} x_0 \cos(\omega t + \alpha) \qquad (23\text{-}8)$$

$$x_0 = (c_1'^2 + c_2'^2)^{1/2}, \quad \tan \alpha = -c_1'/c_2'$$

가 된다. 또 시간축의 원점을 옮겨서

$$x = e^{-\frac{c}{2m}t} x_0 \cos \omega t \qquad (23\text{-}9)$$

로 표시할 수 있다. 이와 같은 변형은 편의상 초기조건을 $t=0$에서 $x=x_0$, $\dot{x} = -\frac{c}{2m}x_0$로 될 때에 상당하다. 식 (23-9)로 표시된 운동은 그림 23-2와 같이 2개의 지수곡선 $x_0 e^{-\frac{c}{2m}t}$와 $-x_0 e^{-\frac{c}{2m}t}$의 사이를 주기 $T=2\pi/\omega$로 왕복하면서 점차로 진폭이 작아지는 운동을 하게 된다. 이 진동을 감쇠진동(damped free vibration)이라 한다.

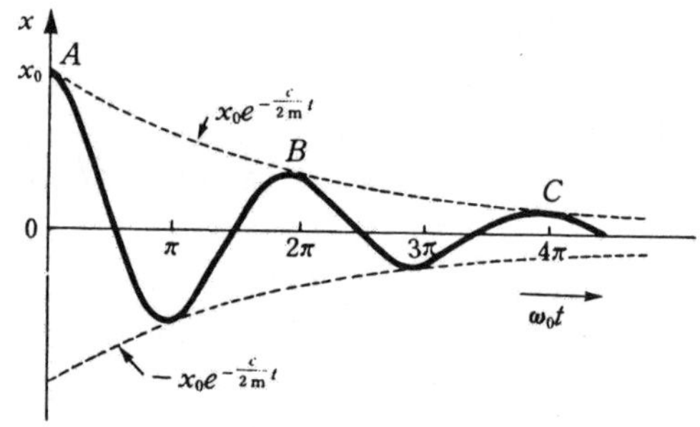

그림 23-2

(2) $c^2 > 4mk$의 경우

λ_1, λ_2는 모두 부(−)의 실수이므로, $e^{\lambda_1 t}$, $e^{\lambda_2 t}$는 어느 것이나 시간에 따라 감소하는 지수곡선이므로, 이것들만 모여서는 진동형태가 되지 않는다. 이 운동은 그림 23-3과 같은 세 모양 중의 어느 운동이 되며, 이것은 초기조건에 의하여 정해지는 c_1, c_2의 값에 의하여 결정된다. 이것을 무주기운동(aperiodic motion)이라 한다.

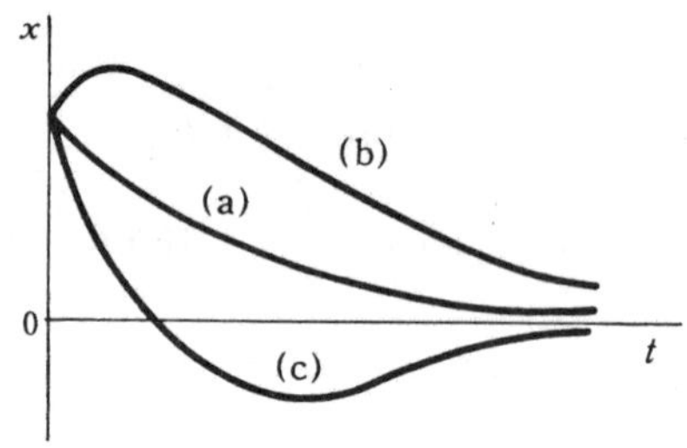

그림 23-3

이러한 현상은 스프링의 효과보다 감쇠가 너무 크기 때문에 일어난다. 이것을 과감쇠(over damping)라 한다.

(3) $c^2 = 4mk$의 경우

특히, $c^2 = 4mk$의 경우에는

$$\lambda_{1,2} = -c/2m(\text{등근}),\quad x = e^{-\frac{c}{2m}t}(c_1 t + c_2)$$

가 된다.

감쇠가 이 경우보다 약간 작아져도 진동이 되므로 진동과 무주기 진동과의 경계로서 임계감쇠(critical damping)라 한다. 이 때, c_c를 임계감쇠계수라고 표시하며

$$c_c = 2\sqrt{mk} = 2m\sqrt{k/m} = 2m\omega_n \tag{23-10}$$

이 된다.

예 제 23-1

무게 3 kg의 물체를 달아 진동시켰을 때, 3초 동안에 10회 진동하는 코일 스프링이 있다. 이 스프링을 2.5 cm 만큼 늘리자면 얼마만한 힘을 주어야 하는가? 또, 물체의 무게를 2배로 하면 주기는 몇 초가 되는가?

〔풀 이〕 $T = 2\pi\sqrt{W/(kg)}$에서

$$\frac{3}{10} = 2\pi\sqrt{\frac{3}{k\times 980}}\ ,\quad k = 1.34\,\text{kg/cm}$$

$$F = -kx = -1.34\times 2.5 = 3.35\,\text{kg}$$

$W' = 2\times W = 6\,\text{kg}$일 때의 주기는

$$T' = 2\pi\sqrt{\frac{2W}{(k'g)}} = \sqrt{2}\,T = \sqrt{2}\times 0.3 = 0.524\,\text{s}$$

예 제 23-2

그림 23-4와 같이 스프링 상수가 1 kg/cm, 2 kg/cm, 3 kg/cm, 4 kg/cm인 스프링에 무게 5 kg의 물체를 달아, 이 물체를 위 또는 아래로 약간 눌렀다 놓으면 어떤 운동을 하는가?

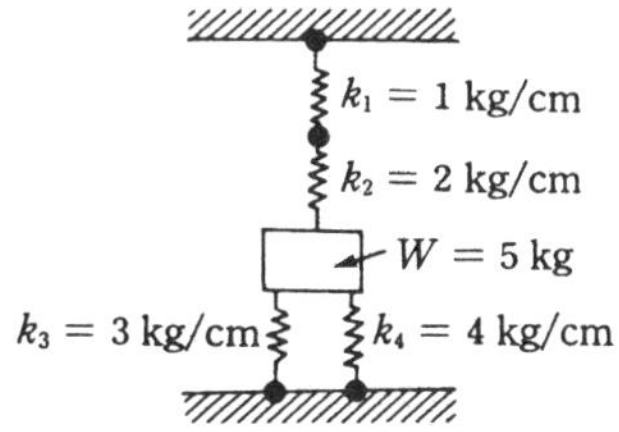

그림 23-4

〔풀 이〕 직렬 스프링 k_1, k_2의 합성 스프링 상수를 $k_{1,2}$라 하면

$$\frac{1}{k_{1,2}}=\frac{1}{k_1}+\frac{1}{k_2} \text{ 이므로 } k_{1,2}=\frac{k_1 k_2}{k_1+k_2}$$

병렬 스프링 k_3, k_4의 합성 스프링 상수를 $k_{3,4}$라 하면, 스프링의 신축량이 같을 때

$$k_{3,4}=k_3+k_4$$

$$k_{1,2}=\frac{1\times 2}{1+2}=0.667 \text{ kg/cm}, \quad k_{3,4}=3+4=7 \text{ kg/cm}$$

$k_{1,2}$와 $k_{3,4}$는 병렬 스프링이 되므로 합성 스프링 상수 k는

$$k=k_{1,2}+k_{3,4}=0.667+7=7.667 \text{ kg/cm}$$

$$\therefore\ T=2\pi\sqrt{\frac{W}{kg}}=2\pi\sqrt{\frac{5}{7.667\times 980}}=0.513 \text{ s}$$

즉, 주기 0.513 s의 단진동 운동을 한다. ■◆■

예제 23-3

$W=5$ kg, $k=4$ kg/cm, $\lambda=0.02$ kg·s/cm의 점성 감쇠진동에 있어서 대수 감쇠율을 구하라.

〔풀 이〕 $\omega_n=\sqrt{\frac{kg}{W}}=\sqrt{\frac{4\times 980}{5}}=\sqrt{784}=28.0 \text{ rad/s}$

한계 감쇠진동 λ_c는

$$\lambda_c=\frac{2W\omega_c}{g}=\frac{2\times 5\times 28}{980}=0.286 \text{ kg}\cdot\text{s/cm}$$

$$\therefore\ \eta=\frac{\lambda}{\lambda_c}=\frac{0.02}{0.286}\fallingdotseq 0.070$$

$$n=\frac{2\pi}{\omega_n\sqrt{1-\eta^2}}=\frac{2\times 3.14}{28\sqrt{1-0.07^2}}=0.225$$

대수 감쇠율 δ는

$$\delta=\eta\omega_n n=0.07\times 28\times 0.225=0.441$$ ■◆■

23-1 질량 20 g의 물체가 진폭 10 cm의 단진동 운동을 하고 있다. 이 물체의 최대 속도가 3 m/s라 하면, 진동중심에서 5 cm인 점에 있어서의 가속도를 구하라.

해답 $45\ \text{m/s}^2$

23-2 그림 문 23-2와 같이 질량 m인 물체에 탄성계수가 각각 k_1, k_2인 두 개의 스프링을 (1) 병렬로 이을 때와 (2) 직렬로 이을 때, 그 주기를 각각 구하라.

해답 (1) $T=2\pi\sqrt{\dfrac{m}{k_1+k_2}}$

(2) $T=2\pi\sqrt{m\left(\dfrac{1}{k_1}+\dfrac{1}{k_2}\right)}$

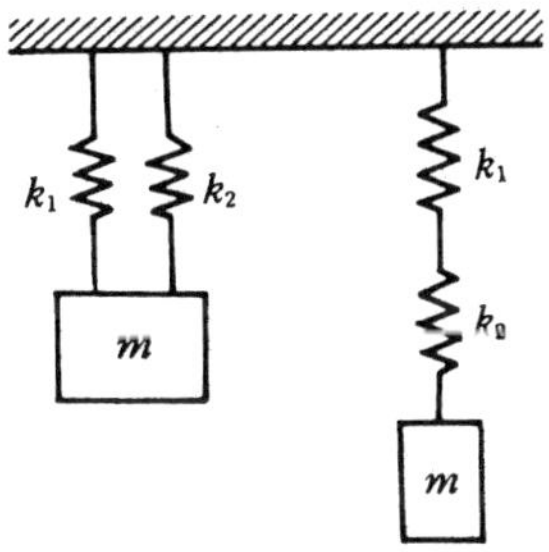

그림 문 23-2

23-3 어떤 스프링에 추를 매달으니 3 cm 늘어났다. 이 추를 아래로 약간 당겼다가 놓을 때, 스프링 진자의 주기를 구하라.

해답 $T=2\pi\sqrt{\dfrac{3\,\text{cm}}{g}}=0.3473\,\text{s}$

23-4 그림 문 23-4와 같은 진동장치에서 고유 진동수 n을 구하라. 각 스프링의 탄성계수는 k이며, 하중을 시시하는 막대의 무게는 실량 m인 추의 무게에 비하여 무시할 수 있다.

해답 $m=\frac{1}{2\pi}\frac{b}{l}\sqrt{\frac{2k}{m}}$

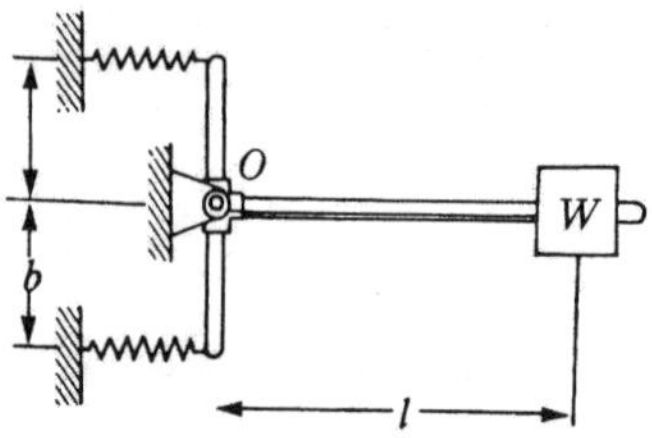

그림 문 23-4

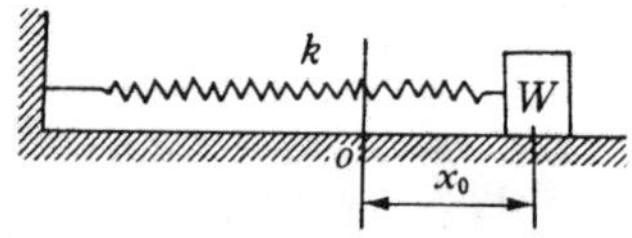

그림 문 23-5

23-5 그림 문 23-5에서 $W=100$ kg, $k=200$ kg/cm가 되는 사이클의 진폭의 측정치가 0.55, 0.45, 0.35였다고 한다. 물체와 윗면의 마찰력을 R, 마찰계수를 μ로 하여 감쇠 자유진동의 고유진동수를 구하라.

해답 $n=7.05$ Hz

23-6 마노미터의 U자관 내의 수주(전장 l)가, 상하로 요동하는 진동의 운동방정식을 유도하라.

해답 $x+\frac{2g'}{l}x=0$

23-7 중량 30 ton인 차량이 10 km/h의 속도로 충돌할 때, 스프링 계수가 100 kg/cm인 스프링으로 완충시켰다. 일단 정지할 때까지의 시간, 완충거리, 스프링의 힘의 최대치를 구하라.

해답 0.868 s, 1.53 m, 15.3 t

23-8 무게 W인 작은 물체가 그림 문 23-8의 (a)에 표시한 것처럼 계수 k[lb/in]인 스프링에 의하여 지지될 때, 그것의 고유진동수는 2.0 c/s이다. 그림 (b)에 표시한 것처럼 계수 5.5 lb/in인 스프링을 부가시킬 때, 진동수는 3.5 c/s로 증가한다. 아래 스프링의 무게 W와 계수 k를 구하라. 이 두 스프링은 전체가 진동하는 동안에 인장을 받는다.

해답 $W=6.52$ lb, $k=32.0$ lb/ft

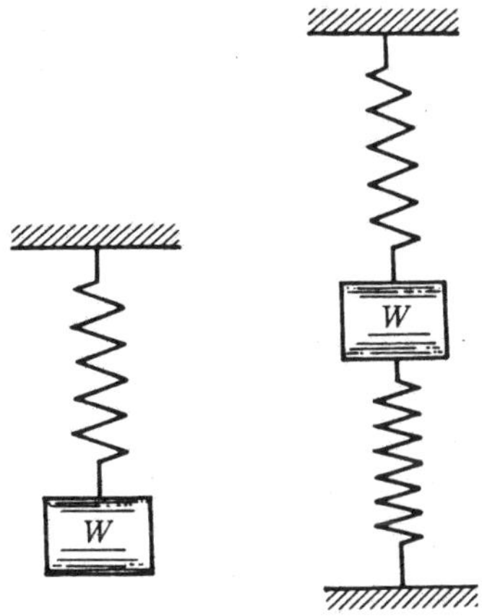

그림 문 23-8

23-9 그림 문 23-9에서 물체의 무게는 96.6 lb이며, 스프링 강도는 391 lb/ft이고, 점성마찰계수는 121 lb · s/ft이다. 임계 감쇠계수와 대수감쇠율을 구하라.

해답 $c_c = 21.6$ lb · s/ft, $\delta = 4.19$

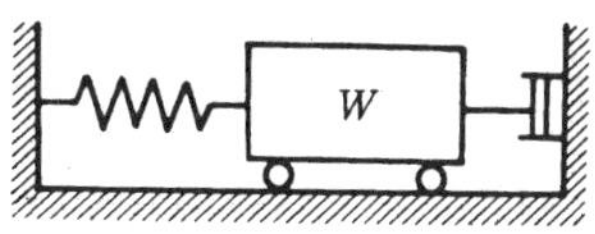

그림 문 23-9

24

강제진동 및 강제진동의 일

1) 강제진동

그림 24-1과 같은 질량-스프링계를 가정한다. 실제의 문제가 되는 진동은 주로 질량과 스프링에 관련된 1 자유도인 직선진동계의 모델로서 충분히 설명되고 이의 대책을 수립하는 수가 많다. 지금 주기적인 힘 $F_0 \sin \omega t$가 작용한다고 하면 기계는 1 자유도의 주기적 운동을 하고 있으므로 진동적인 힘을 다소 가지고 있다. 또 그 자체는 탄성이 있으므로 가진력에 의하여 진동이 발생된다. 실제 진동계에는 감쇠가 있으므로 점성감쇠의 효과에 따라 어떻게 진동이 변하는가를 고찰하여 보자. 운동방정식은

$$m\ddot{x} + c\dot{x} + kx = F_0 \sin \omega t \tag{24-1}$$

이며, 지속진동으로 남는 강제운동만을 생각하면 식 (24-1)에서

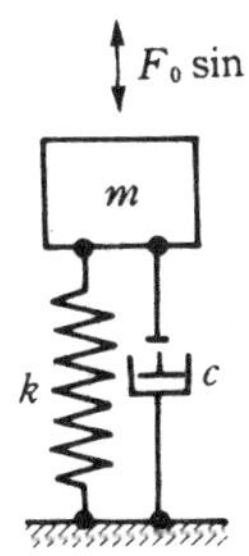

그림 24-1 직선진동계

$$\left.\begin{aligned} x &= x_0 \sin(\omega t - \varphi) \\ x_0 &= \frac{F_0/k}{\sqrt{\left\{1-\left(\frac{\omega}{\omega_n}\right)^2\right\}^2 + \left(2\frac{c}{c_c}\frac{\omega}{\omega_n}\right)^2}} \\ \tan\varphi &= 2\frac{c}{c_c}\frac{\omega}{\omega_n} \Big/ \left\{1-\left(\frac{\omega}{\omega_n}\right)^2\right\} \end{aligned}\right\} \qquad (24\text{-}2)$$

가 된다. 진폭이 최대가 되는 것은 $\omega/\omega_n=\sqrt{1-2(c/c_c)^2}$일 때이다. c/c_c의 값은 보통 그렇게 크지 않는 경우가 많으나, 이 때 진폭은 $\omega/\omega_n \simeq 1$일 때 최대가 된다고 보아도 좋다. 그러나 감쇠가 있으면 그림 24-2와 같이 진폭이 무한대가 되는 일은 없으며, c/c_c의 값이 $1/\sqrt{2}$보다 클 때에는 공진곡선에 극대가 나타나지 않는다. 또, 변위력에 대한 위상의 늦음 φ는 그림 24-3과 같이 변화한다. 공진점($\omega=\omega_n$)에서는 감쇠의 크기에 관계없이 항상 $\varphi=\pi/2$이다.

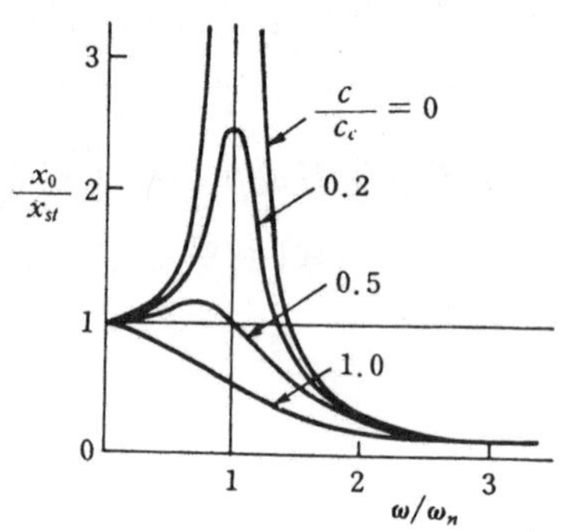

그림 24-2 강제진동의 진폭

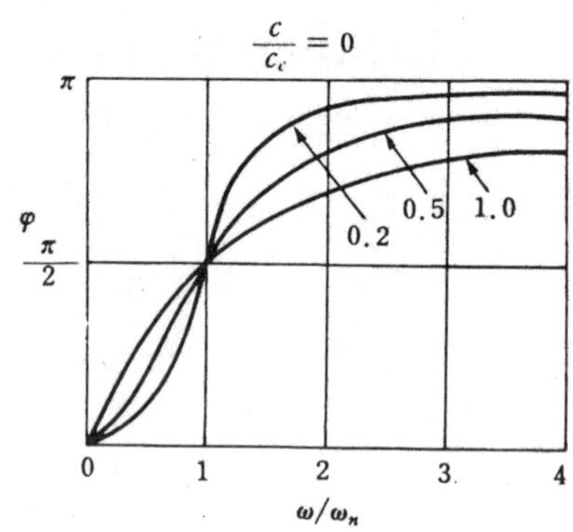

그림 24-3 강제진동의 위상

특히 감쇠가 없는 경우, 공진점 전후에서 위상(位相)의 늦음은 O에서 π로 불연속적으로 변한다. 감쇠진동의 감쇠속도를 고찰하자면, 잇따른 진동의 진폭비를 취하면 편리하다. 제 n번째 진폭을 a_n, 그것부터 1주기 $T=2\pi/\sqrt{k/m-(c/2m)^2}$ 후의 제 $n+1$번째의 진폭을 a_{n+1}이라 하면

$$\frac{a_n}{a_{n+1}} = e^{-\frac{c}{2m}t} = \text{const.} \qquad (24\text{-}3)$$

가 된다. 진폭은 등비 급수적으로 감소한다. 이제 이 비의 대수를 취하면 대수감

쇠율(logarithmic decrement) δ는 다음과 같다.

$$\delta = l_n \frac{a_n}{a_{n+1}} = \frac{c}{2m} T = \frac{2\pi c / c_c}{\sqrt{1-(c/c_c)^2}} \qquad (24\text{-}4)$$

일반적으로 $e^{-\mu t}$에 비례하며 감소량에 대하여 $1/\mu = \tau$는 시간의 차원을 가지므로 이것을 시정수(time constant)라 한다. 시정수가 클수록 감쇠현상이 늦어지고 시간이 길게 걸려 천천히 감소한다. 절반이 되는 시간은 어느 때 측정하여도 같으며 0.693τ이다.

예제 24-1

양 끝 지점이 수평한 회전축 중앙에 무게 $W = 20\,\text{kg}$의 로터가 설치되어 있다. 상하 방향의 굽힘 고유진동수를 구하라. 단, 회전축의 굽힘에 대한 강도는 $k = 150\,\text{kg/mm}$이며, 축의 중량은 고려하지 않는다.

〔풀 이〕 $\omega_n = \sqrt{k/W} = \sqrt{\dfrac{9800 \times 150}{20}} = 271\,\text{rad/s}$

$f_n = 271/2\pi = 43.1\,\text{Hz}$ ■◆■

예제 24-2

고유진동수 $f_n = 10\,\text{Hz}$의 진동계에서 $c/c_c - 0.2$의 댐퍼를 설치하였다. 진폭의 감쇠 비율과 진동수를 구하라.

〔풀 이〕 $\omega = \sqrt{k/m - (c/2m)^2} = \sqrt{\omega_n{}^2 - (c/c_c)^2 \omega_n{}^2}$

$$= \omega_n \sqrt{1-(c/c_c)^2} \fallingdotseq \omega_n \left\{1 - \frac{1}{2}(c/c_c)^2\right\}$$

그러므로 진동수 f는

$$f \fallingdotseq f_n \left\{1 - \frac{1}{2}(c/c_c)^2\right\} = 10\left(1 - \frac{1}{2} \times 0.04\right) = 9.8\,\text{Hz}$$

또

$$\delta = l_n \frac{a_n}{a_{n+1}} = \frac{2\pi(c/c_c)}{\sqrt{1-(c/c_c)^2}}$$

$$\delta \fallingdotseq \frac{0.4\pi}{0.98} = 1.28$$

따라서 진폭의 감쇠비율은 $a_n/a_{n+1} = 3.6$ ■◆■

2) 강제진동의 일

진동하고 있는 물체에 외력 $F=F_0 \sin \omega t$가 작용할 때의 일을 알아 본다.

이 운동은 식 (24-2)로 나타내며, 주기는 $2\pi/\omega$이므로 1주기 동안의 일량은

$$U=\int_0^{2\pi/\omega} F\,dx=\int_0^{2\pi/\omega} F\frac{dx}{dt}\,dt$$
$$=F_0 x_0 \int_0^{2\pi/\omega} \sin \omega t \cos(\omega t-\varphi)\, d(\omega t)$$
$$=\pi F_0 x_0 \sin\varphi \qquad (24\text{-}5)$$

로 된다. 일량은 $\varphi=0$의 경우는 영, $\varphi=\pi/2$일 때 최대로 $\pi F_0 x_0$가 된다.

힘의 방향과 운동방향이 같을 때 힘은 일을 하고, 반대방향일 때는 운동으로부터 일을 취하게 된다.

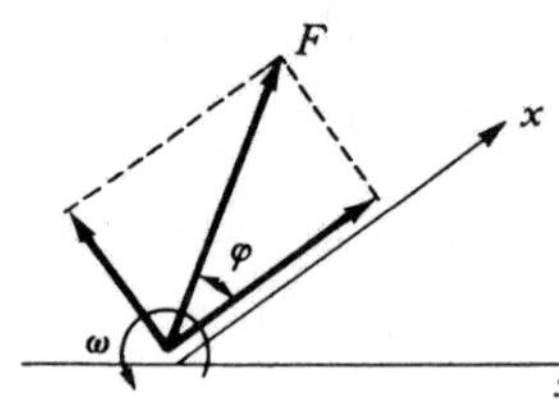

그림 24-4 강제진동의 일

지금 회전벡터 **x**, **F**를 보면 그림 24-4의 한 주기동안 $\varphi=0$의 경우는 일의 출입량이 같으며, 일량은 영이 되고 $\varphi=\pi/2$의 경우에는 힘이 언제나 일을 하고 있다. 즉 $\dot{x}=\omega x_0 \cos(\omega t-\varphi)=\omega x_0 \sin(\omega t-\varphi+\pi/2)$이므로 속도와 동위상의 힘의 성분 $F_0 \sin\varphi$만이 일을 한다고 볼 수 있다. 강제진동의 관성력, 스프링 힘, 감쇠력, 외력을 벡터로 표시하면 그림 24-5와 같이 된다. 이 그림에서 힘의 평형관계와 $\omega^2 \lesseqgtr \omega_n{}^2$에 대응하는 위상(位相)의 변화 상태를 기하학적으로 이해할 수 있다. 감쇠가 없을 경우, 힘의 평형을 유지하자면, $\varphi=0$, π이며, 공진의 과도상태에서는 일이 운동으로 되어 진폭은 증가한다.

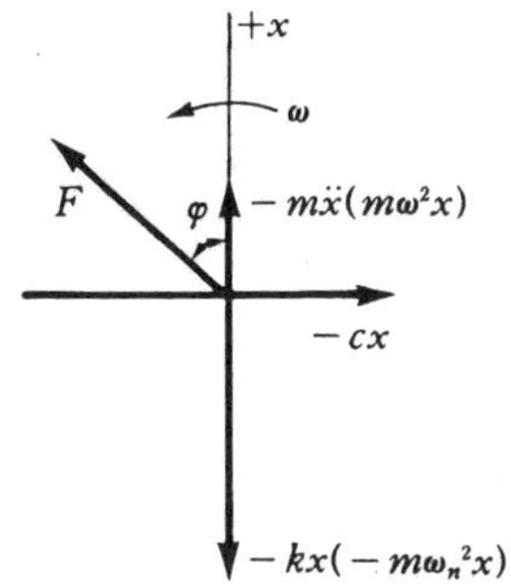

그림 24-5

이 사실을 고찰하자면 처음부터 $\omega=\omega_n$으로 하여

$$\ddot{x}+\omega_n{}^2 x=\frac{F_0}{m}\sin\omega_n t \tag{24-6}$$

를 풀면 된다. 이 때의 해는

$$x=-\frac{F_0}{2m\omega_n}t\cos\omega_n t=\frac{F_0}{2m\omega_n}t\sin(\omega_n t-\pi/2)$$

가 되고 진폭은 t에 비례하여 커짐을 알 수 있다.

예제 24-3

그림 24-6에서 보는 바와 같은 U자관 내의 유체운동의 미분방정식 및 진동의 주기를 구하라.

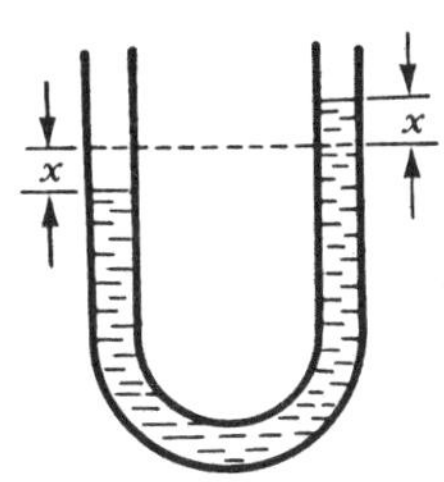

그림 24-6

〔풀 이〕 U자관 속의 유체가 진동할 경우에는 단순한 병신운동도 아니고, 또한 고정축 주위를 회전하는 운동도 아니다. 모든 분자는 어떤 순간에도 같은 속력을 갖고 있으므로 운동 에너지는

$$K \cdot E = \frac{1}{2}\rho\frac{Al}{g'}x^2$$

여기서 l은 유체 기둥의 길이이고, A는 유체의 단면적, ρ는 유체의 단위 넓이의 중량이다. 위치 에너지를 생각하면, 이루어진 일은 길이 x인 경우와 같으므로

$$U = \rho A x^2$$

$(m\ddot{x} + kx)\dot{x} = 0$에서 $\dot{x}$로 나누면 다음 식을 얻는다.

$$\frac{\rho Al}{g'}x + 2\rho Ax = 0, \quad \ddot{x} + \left(\frac{2g'}{l}\right)x = 0$$

따라서 진동의 주기는

$$T = 2\pi\sqrt{\frac{l}{2g}}$$

윗식은 진동의 주기가 관의 형상, 단면적 및 유체의 종류에 아무런 관계가 없음을 말해 준다. ■◆■

연습문제 E·X·E·R·C·I·S·E

24-1 무게 80 kg인 모터가 60 kg/cm의 상수를 갖는 스프링 4개로 받쳐져 있다. 로터의 불평형은 회전축에서 10.5 cm의 위치에 40 g이 존재한다. 모터는 수직방향으로만 운동할 수 있다고 하여 (1) 공진이 일어나는 속도, (2) 100 rpm에 있어서의 모터의 진동의 진폭을 구하라(그림 문 24-1).

해답 (1) 518 rpm (2) 6.6×10^{-3} cm

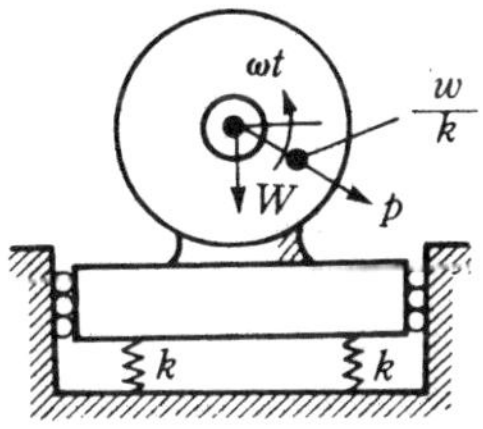

그림 문 24-1

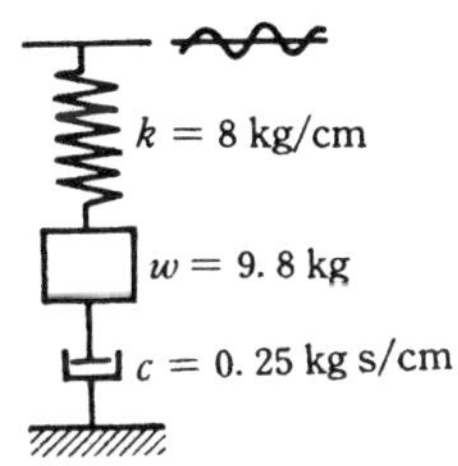

그림 문 24-2

24-2 그림 문 24-2와 같은 질량 · 스프링계의 상지점에 감쇠가 없을 때 고유 진동수에서 진폭 2 mm의 단진동을 한다.

(1) 스프링 힘의 진폭을 구하라.

(2) 추에 가한 힘의 진폭을 구하라.

(3) 상지점에서 운동이 정지한 후, 추의 운동을 가급적 속히 정지시키자면 c의 값을 어느 정도로 하면 되느냐?

해답 (1) 2.41 kg (2) 1.81 kg (3) $c<0.566$ kg · s/cm

24-3 자동차의 차체는 같은 4개의 스프링으로 지지되어, 다 같이 20 cm 압축된다. 이 자동차를 진동대에 올려 놓고 $x=a_0\sin\omega t(a_0=2\text{ cm},\ \ \omega=7\text{ rad})$의 진동을 가하였을 때 차체의 진폭은 얼마가 되는가? 또 진동에 소요되는 일량을 구하라. 단, 차체 무게는 1000 kg이며 각 스프링에는 각각 점성 감쇠계수 1 kg · s/cm인 댐퍼가 설치되어 있다.

해답 4.09 cm, 11.2 kg · m

24-4 회전축으로부터 질량중심 $e=12$ mm의 거리에 추심질량 $m_0=1$ kg을 갖고 반대로 회전하는 두 차륜의 진동장치가 있다. 이 장치의 전 질량은 10 kg이다. 차륜은 공진이 되므로 불평형질량의 연직 위치는 언제 동일하다. 회전속력 1800 rpm에서 회전자의 불평형으로 인하여 고정된 대에 1500 N의 주기력이 전달되도록 가능한 두 등가 스프링 상수의 값을 구하라. 단, 감쇠는 없다.

해답 $k=823$ kN/m, $k'=227$ kN/m

25

비틀림 진동

그림 25-1과 같이 가느다란 강철봉이 윗끝은 고정되고, 아래끝에는 어떤 물체의 중심 O에 고정되어 있다. 이 강철봉을 회전축으로 하여 비틀었다가 급격히 놓으면 강철봉의 탄성에 의하여 물체는 원상태로 돌아 가려 하며, 왕복 회전운동을 한다. 이와 같은 진자를 비틀림 진자(torsional pendulum)라 하고, 이러한 진동을 비틀림 진동(torsional vibration)이라 한다.

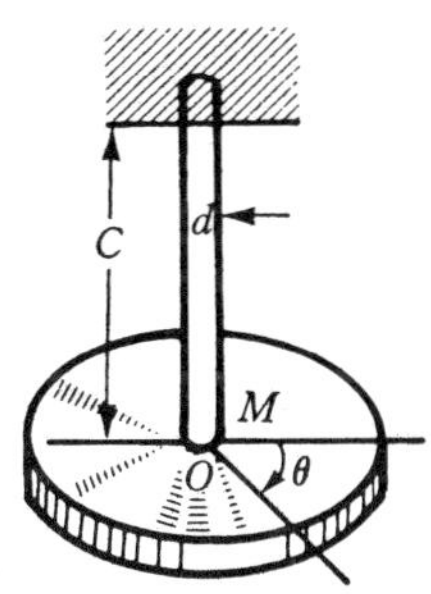

그림 25-1

이 진동을 해석하는 경우, 축의 무게는 무시하고 공기저항이나 축의 불완전 탄성으로 인한 감쇠 영향은 무시한다. 강철봉이 탄성한계 내에서 비틀린다고 하면, 이 때의 저항 모멘트 M은 매달린 물체의 비틀림각 θ에 비례하므로, I_p를 강철봉의 단면 극관성 모멘트, G를 강철봉 축의 전단 탄성계수라 할 때, 이들 관계는

$$M = \frac{I_p G}{l} \cdot \theta \qquad (25\text{-}1)$$

가 된다.

이 때 $M=\frac{I_p G}{l}$라 놓고, K를 축의 비틀림 강성도(torsional stiffness)라 하며, 각 1rad만큼 비트는데 요하는 토크로 kg · m/rad이 많이 쓰인다. 즉, 식 (25-1)은

$$M=-K\theta \tag{25-2}$$

로 되어 매달린 물체의 회전축에 관한 판의 관성 모멘트를 I_G라 하면, 운동의 제 2법칙과 다람벨의 원리에 의하여

$$M=I_G\alpha$$

이므로

$$\alpha=\frac{M}{I_G}=\frac{-K\theta}{I_G}$$

가 되어

$$\ddot{\theta}+\left(\frac{K}{I_G}\right)\theta=0$$

식 (23-2)와 같은 유형으로 다음과 같이 쓸 수 있다.

$$\dot{\theta}+\omega_n{}^2\theta=0 \tag{25-3}$$

k/m를 K/I_G로 대치하면 질량-스프링계의 운동방정식과 같은 모양이 되므로 각속도, 주기, 진동수는 각각

$$\left.\begin{aligned} \omega_n&=\sqrt{\frac{K}{I_G}} \\ T&=\frac{2\pi}{\omega}=2\pi\sqrt{\frac{I_G}{K}} \\ n&=\frac{1}{T}=\frac{1}{2\pi}\sqrt{\frac{K}{I_G}} \end{aligned}\right\} \tag{25-4}$$

축의 길이 l, 재료의 전단 탄성계수 G, 직경 d인 원형 단면의 극관성 모멘트 $I_p=\pi d^4/32$이므로, 비틀림 강성도는

$$K=\frac{\pi d^4 G}{32\,l} \tag{25-5}$$

이고, 직경 D, 무게 W인 균일한 두께의 원판에서 관성 모멘트 $I_G = WD^2/(8g)$이므로 식 (25-4), (25-5)에 의하여 다음과 같은 식을 얻을 수 있다.

$$T = 2\pi\sqrt{\frac{4WD^2 l}{\pi g d^4 G}}, \quad n = \frac{1}{2\pi}\sqrt{\frac{\pi g d^4 G}{4WD^2 l}} \tag{25-6}$$

지금까지는 축의 직경 d가 균일하다고 보았을 경우이고, 축의 직경이 부분에 따라 다를 때에도 균일한 직경의 등가축(equivalent shaft)으로 환산해 두면 편리하다. 예를 들어 각각 축의 길이 l_1, l_2, 직경 d_1, d_2인 두 부분으로 되어 있는 경우를 생각한다. 이 축에 토크 M을 가하면 비틀림각은

$$\theta = \frac{32Ml_1}{\pi d_1{}^4 G} + \frac{32Ml_2}{\pi d_2{}^4 G} = \frac{32M}{\pi d_1{}^4 G}\left(l_1 + l_2\frac{d_1{}^4}{d_2{}^4}\right) \tag{25-7}$$

이 된다. 따라서 이 축의 비틀림각은 균일한 직경 d_1, 길이 l 즉 $l = l_1 + l_2 d_1{}^4/d_2{}^4$인 축의 비틀림각과 일치함을 알 수 있다. 즉 길이 l, 직경 d_1의 축은 주어진 두 종류의 상이한 직경의 축과 같은 비틀림 강성도를 가지므로 이것은 등가축이다. 일반적으로 직경이 서로 다른 여러 개의 부분으로 되어 있는 축에 있어서 그 중 한 부분의 길이 l_n, 직경을 d_n이라고 하면 이 부분을 길이 l, 직경 d, 즉

$$l = l_n \frac{d^4}{d_n{}^4} \tag{25-8}$$

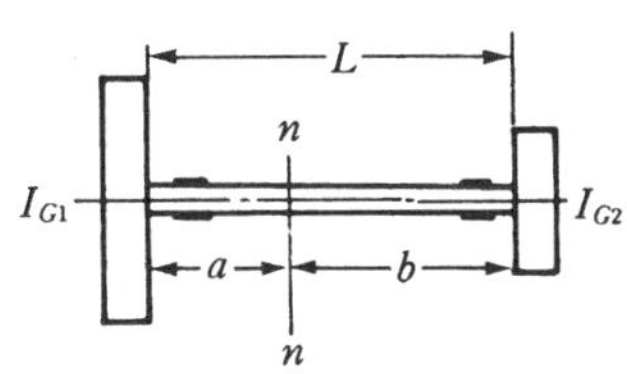

그림 25-2

의 축으로 치환하여도 부분적으로 비틀림 강성도는 변하지 않는다. 그림 25-1의 경우에 대해서 구한 결과는 그림 25-2와 같이 양단에 두 개의 회전질량을 갖는 축의 경우에도 응용이 된다. 예로서 한쪽 끝에 프로펠러를 갖고 다른 쪽 끝에 발전기를 갖는 프로펠러 축을 들 수 있다. 그림 25-2의 축의 양단에 크기가 같고 방향이 반대인 두 개의 비틀림 토크를 가했다가 급격히 제거하면 비틀림 진동이 일

어나고 진동하는 양단의 질량은 항상 반대방향으로 회전한다. 따라서 축의 중간의 어느 곳에서 움직이지 않는 단면 $n-n$이 존재해야 한다. 이런 단면을 절단면(nodal cross section)이라고 하며, 그 위치는 절단면의 좌우 양 부분의 축의 진동주기가 같아야 된다는 조건으로부터 구할 수 있다. 그 이유는, 만일 그렇지 않으면 축의 양단의 질량이 서로 반대방향으로 회전한다는 조건에 맞지 않기 때문이다. 식 (25-4)의 제 1식을 두 개의 축에 각각 적용시키면

$$\sqrt{\frac{I_{G1}}{K_1}}=\sqrt{\frac{I_{G2}}{K_2}} \quad \text{즉} \quad \frac{K_1}{K_2}=\frac{I_{G1}}{I_{G2}} \tag{25-9}$$

여기서 K_1, K_2는 축의 좌우 원판에 대한 비틀림 강성도이며, 각각의 축의 부분의 길이에 반비례한다. 따라서 식 (25-9)로부터

$$\frac{a}{b}=\frac{I_{G2}}{I_{G1}}$$

또 $a+b=l$이므로

$$a=\frac{lI_{G2}}{I_{G1}+I_{G2}}, \quad b=\frac{lG_{G1}}{I_{G1}+I_{G2}} \tag{25-10}$$

축의 좌측 부분에 대한 주기 및 진동수는 각각

$$T=2\pi\sqrt{\frac{I_{G1}}{K_1}}=2\pi\sqrt{\frac{32lI_{G1}I_{G2}}{\pi d^4G(I_{G1}+I_{G2})}} \tag{25-11}$$

$$n=\frac{l}{2\pi}\sqrt{\frac{\pi d^4G(I_{G1}+I_{G2})}{32lI_{G1}I_{G2}}} \tag{25-12}$$

축의 치수와 전단 탄성계수 G와 양단의 질량관성 모멘트를 알면 이들 식으로부터 비틀림 진동에 대한 진동수와 주기를 구할 수 있다.

예 제 25-1

비틀림 강성도 $K=20$ kg · cm/rad 의 철사에 물체를 달아 비틀림 운동을 시킨 바, 진동수가 1.30 Hz 였다. 물체의 관성 모멘트는 얼마인가?

〔풀 이〕 $n=\frac{1}{2\pi}\sqrt{\frac{K}{I_G}}$ $\quad \therefore I_G=\frac{K}{4\pi^2 n^2}$

$n=1.3\,\text{Hz}$, $K=20\,\text{kg}\cdot\text{cm/rad}$에서

$$I_G=\frac{20}{4\pi^2\times 1.3^2}=\frac{20}{66.8}\fallingdotseq 0.2998=0.30\,\text{kg}\cdot\text{cm}\cdot\text{sec}^2$$

예제 25-2

길이 $l=0.6\,\text{m}$, 직경 $d=3.2\,\text{mm}$인 철사의 연직하방 끝에 무게 $W=1.8\,\text{kg}$, 길이 $a=0.6\,\text{m}$ 인 봉 AB가 그림 25-3과 같이 그 중점에 지지되어 수평으로 있다. 이 수평봉의 비틀림 진동의 고유진동수를 계산하라. 단, 이 철사의 전단 탄성계수 $G=0.84\times 10^6\,\text{kg/cm}^2$이고, 수평봉의 단면의 크기와 철사의 질량은 무시한다.

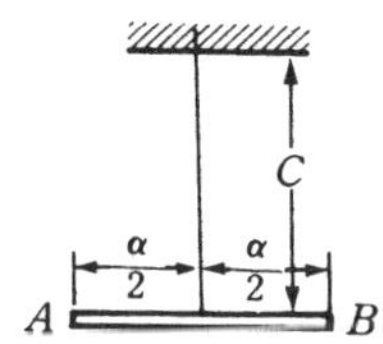

그림 25-3

〔풀 이〕 강축선의 비틀림 강성도 K는

$$\left[K=\frac{\pi d^4 G}{32\,l}\right]$$

$$=\frac{\pi(0.0032)^4\times 0.8^4\times 10^6}{32\times 0.6\times 10^{-4}}=0.144\,\text{kg}\cdot\text{m}$$

수평으로 지지된 봉의 강선에 대한 관성 모멘트

$$\left[I_G=\frac{W}{g}\frac{a^2}{12}\right]$$

$$I_G=\frac{1.8}{9.8}\times\frac{0.6^2}{12}=5.51\times 10^{-3}\,\text{kg}\cdot\text{m}\cdot\text{sec}^2$$

이므로 식 (25-4)에 의한 진동수는

$$n=\frac{1}{2\pi}\sqrt{\frac{0.144}{5.51\times 10^{-3}}}=0.1814\,\text{cps}$$

예제 25-3

그림 25-4와 같이 고정된 강철선에 관성바퀴의 중심부분을 매달았다. 이 바퀴의 중심축(연직축)에 대한 비틀림 진동의 주기를 측정한 결과 T_1이었고, 질량 m인 두 개의

작은 물체를 관성바퀴의 중심으로부터 거리 r인 양쪽에 놓고 측정하였더니, 주기가 늘어 T_2가 되었다. 이 관성바퀴의 중심에 관한 극관성 모멘트 I_G의 식을 구하라.

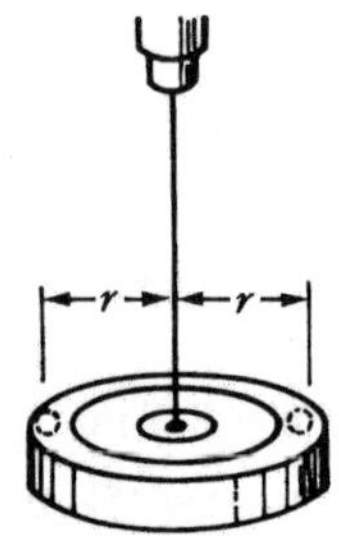

그림 25-4

〔풀 이〕 두 개의 작은 물체 m을 관성바퀴의 위에 올려놓았을 때, 회전축에 관한 관성 모멘트는

$$I_G + 2mr^2$$

이므로 식 (25-4)에 대입하면, 주기 T_1은

$$T_1 = 2\pi\sqrt{\frac{I_G}{K}}$$

주기 T_2는

$$T_2 = 2\pi\sqrt{\frac{I_G + 2mr^2}{K}}$$

T_2를 T_1으로 나누면

$$\frac{T_2}{T_1} = \sqrt{\frac{I_G + 2mr^2}{I_G}} = \sqrt{1 + \frac{2mr^2}{I_G}}$$

$$\therefore\ I_G = \frac{2mr^2}{(T_2 / T_1)^2 - 1}$$

■◆■

25-1 길이 600 mm, 직경 1.5 mm인 강철선의 상단은 고정되고 직경 100 mm, 두께 25 mm인 강철 원판의 중심이 되는 곳에 강철선 하단이 부착되어 있다. 강철의 전단 탄성계수가 80 GPa일 때, 이 계의 진동수를 구하라.

해답 0.94 Hz

25-2 가느다란 강축선의 양쪽 끝에 질량 200 kg인 플라이휠이 각각 달려있는 엔진이 있다. 이 두 플라이휠은 회전반경 400 mm, 직경 60 mm인 평행축에 그들 사이가 700 mm 떨어져 있을 때, 비틀림 진동의 고유진동수를 계산하라.

해답 15.2 Hz

25-3 가느다란 철사 끝에 매단 미지의 관성 모멘트를 갖는 원판이 1분간 40회의 비틀림 반복운동을 하고 있다. 철사를 10° 비틀 때 1.38 kg · cm의 토크가 필요하다면 이 때 원판의 관성 모멘트를 구하라.

해답 0.451 kg · cm · sec^2

◆참·고·문·헌◆

1. 김광식 저, "공업역학" 광림사
2. 윤재복외 공저, "공업역학" 광림사
3. 유철수외 공저, "공업역학" 광명출판사
4. 하재현외 공저, "표준공업역학" 정우사
5. 김희송 저, "신제 공업역학" 형설출판사
6. 오양균 저, "공업역학" 형설출판사
7. 김수선 저, "공업역학" 이우출판사
8. 서성원외 공저, "공업역학" 성민사
9. 이형식 저, "최신 공업역학" 동명사
10. 양준묵외 공저, "공업역학" 형설출판사
11. 김덕윤 저, "기계에 작용하는 힘" 대광서림
12. 김광식 역, "기계진동학" 보성문화사
13. 이용원 저, "기계진동학총정리" 청문각
14. J. L. Meriam, "Engineering Mechanics", John Wiley & Sons, Inc.
15. J. L. Meriam, SI Version "Statics & Dynamics", John Wiley & Sons, Inc.
16. J. L. Meriam, "Mechanics", John Wiley & Sons, Inc.
17. Beer 외 공저, "Mechanics for Engineers", McGRAW-HILL
18. W. G. Mclean, "Engineering Mechanics", McGRAW-HILL
19. Karlheinz Kabus, "Mechanik und Festigkeitslehre" Carl Hanser Verlag München
20. Thomas Kvist, "Technische Mechanik", Technik-Tabellen-Verlag Fikentscher & Co.
21. Hiddon 외 공저, "Engineering Mechanics", PRENTICE-HALL, INC.
22. David Halliday 외 공저, "Fundamentals of Physics", John Wiley & Sons, Inc.
23. 佐野 元 著, "工業力學" ペワー社
24. 青木 弘 著, "工業力學" 養賢堂
25. 宮川 松男外 共著, "工業力學" 朝倉書店
26. 坂本 勇外 共著, "工業力學の基礎" 日刊工業新聞社
27. 遊佐 周逸外 共著, "工業力學" ユロナ社
28. R. C. Hibbele, "Engineering Mechanics" COLLIER MACMILLAN

부록

I. 벡터 연산
II. 수학공식
III. 단위계의 환산
IV. 중요치수
V. 지멱수의 기호
VI. 일반물질의 평균밀도
VII. 평균마찰계수
VIII. 평균반발계수
IX. 삼각함수표
X. 평균도형 및 균질한 강체의 성질

Ⅰ. 벡터 연산

1. 벡터의 정의

방향선분 즉 크기와 방향을 갖는 량으로 평행사변형법칙에 따라 합산한다. 벡터의 길이는 Euclid정규(Euclid norm), 또는 벡터의 크기(magnitude)라고 부른다.

2. 벡터의 표시

벡터량은 굵은 고딕체로 **A**, **B**, **a**, **b**, $\vec{A}$, $\vec{B}$, $\overrightarrow{OP}$, …, 스칼라량은 이탤릭체로 A, B, a, b, $|\mathbf{A}|$, $|\vec{A}|$, $|\overrightarrow{OP}|$, …, 필기할 때 **A**, **B**, **a**, **b**, $\vec{A}$, 또는 **A**, **B** 등으로 벡터를 표시한다. 도식으로 그림 1과 같이 표시한다. 점 O를 벡터의 시점(origin or tail), 점 P를 종점(terminus or tip)이라 한다.

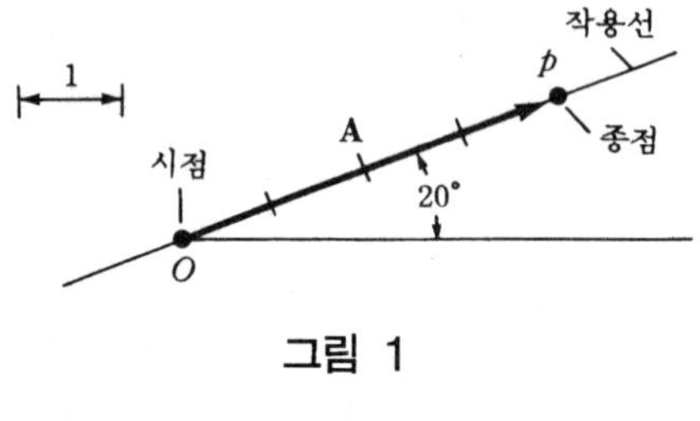

그림 1

3. 벡터의 유형

(1) 고정벡터(fixed vector) : 공간상에 질점 P를 시점으로 하는 벡터〔그림 2(a)〕.

(2) 미끄럼 벡터(sliding vector) : 힘의 작용선을 따라 어느 작용점이든 같이 적용될 수 있는 벡터〔그림 2(b)〕.

(3) 자유벡터(free vector) : 크기와 방향이 보존되는 한 필요에 따라 공간 어디든 작용하는 벡터〔그림 2(c)〕.

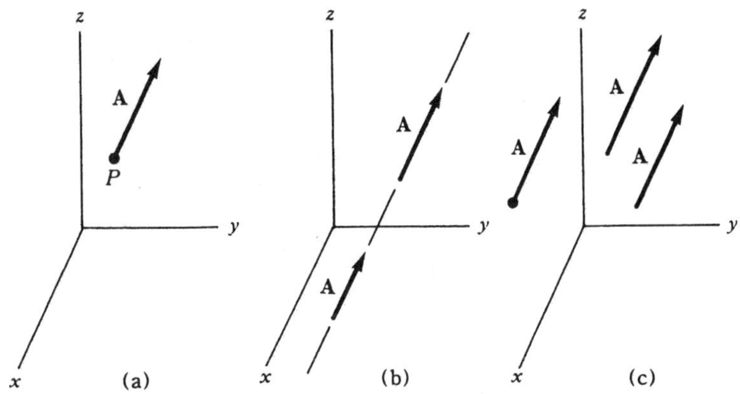

그림 2

그림 3

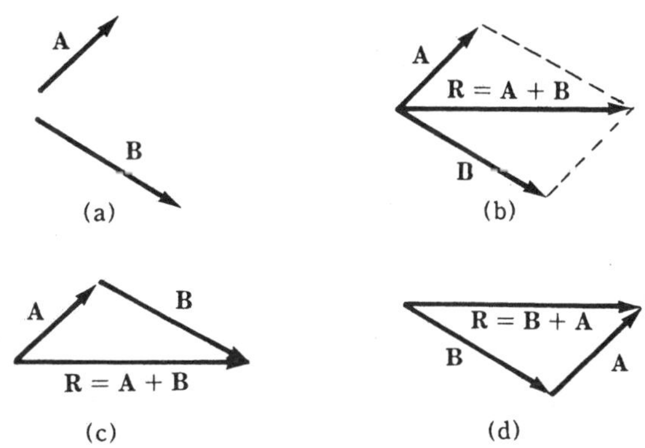

그림 4

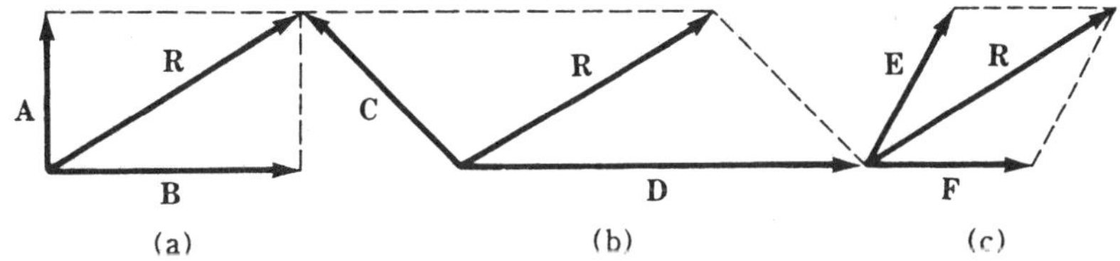

그림 5

(4) 평면 벡터(coplanar vectors) : 동일평면 내에 있는 벡터〔그림 5〕.

(5) collinear vectors : 동일 직선상에서 같은 방향을 갖는 벡터〔그림 6〕.

(6) concurrent vectors : 같은 점을 작용선이 통하여 가는 벡터〔그림 5〕.

(7) 등벡터(equal vectors) : 크기가 같고 방향이 같은 벡터〔그림 3(a)〕.

(8) 부벡터(negative vector) : 크기가 같고 방향이 반대인 벡터〔그림 3(b)〕.

(9) 영벡터(zero vector or null vector) : 크기가 영인 벡터

$$\mathbf{A}=0$$

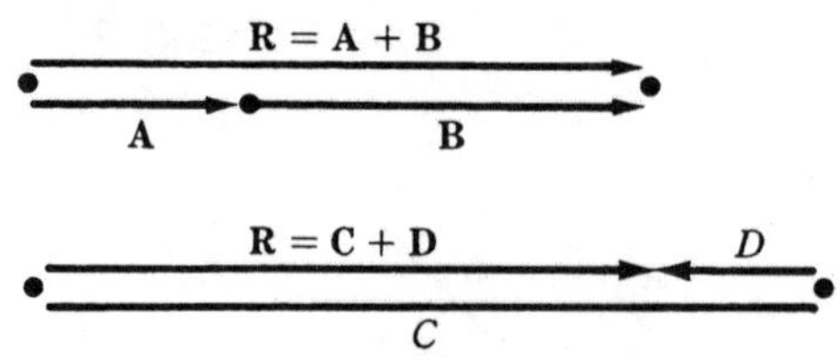

그림 6

4. 벡터의 덧셈과 뺄셈

(1) 벡터의 덧셈 : 평행사변형법 혹은 삼각형법으로 구한다(그림 4, 5). 동일 직선상일 때는 그림 6과 같이 구한다.

(2) 벡터의 뺄셈 : 두 벡터 **A**, **B**의 차는 그림 7에서

$$\mathbf{R}=\mathbf{A}-\mathbf{B}=\mathbf{A}+(-\mathbf{B})$$

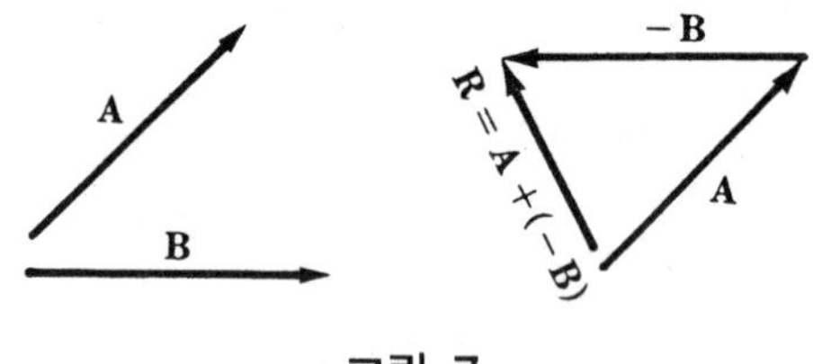

그림 7

5. 벡터 A와 스칼라 $\frac{1}{m}$ 곱 : $\frac{\mathbf{A}}{m}=\frac{1}{m}\mathbf{A}$, $m\neq 0$(그림 8).

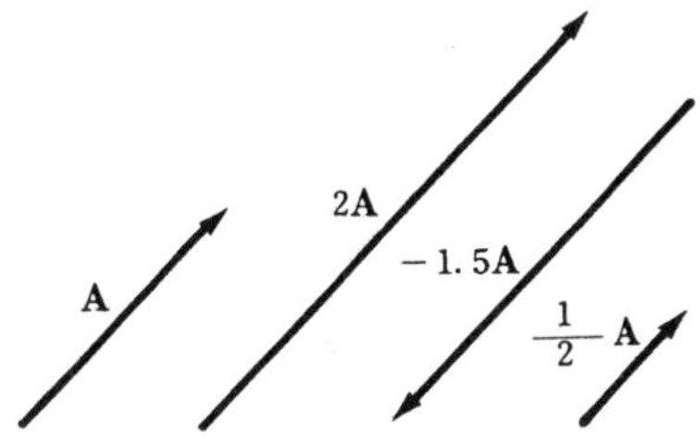

그림 8

6. 직교좌표에서의 벡터

(1) 오른손 법칙에 따르는 직교좌표계〔그림 9〕.

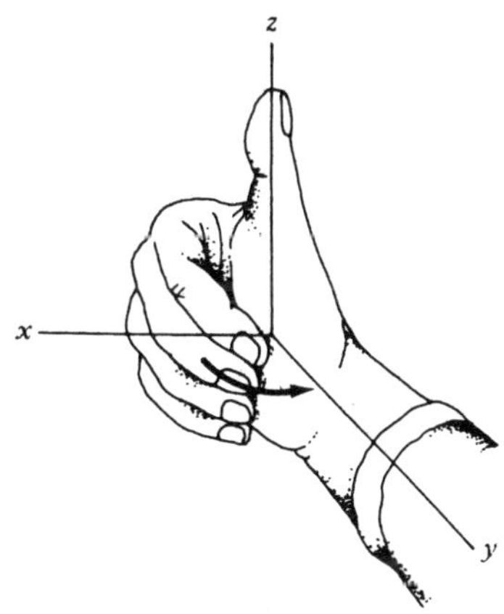

그림 9

(2) 벡터의 직교성분 :

① **A**가 x축을 향할 때〔그림 10(a)〕.

② **A**가 $x-y$평면 내에 있을 때 두 $\mathbf{A}_x$, $\mathbf{A}_y$의 성분은 평행사변형 법칙을 이용〔그림 10(b)〕.

③ **A**가 x, y, z 공간좌표상에 있을 때〔그림 10(c)〕.

$$\mathbf{A} = \mathbf{A}_x + \mathbf{A}_y + \mathbf{A}_z \tag{1}$$

(3) 단위벡터(unit vector) : 차원을 갖고 있지 않으나 방향을 나타내며 크기가 1인 자유벡터를 말한다〔그림 11〕.

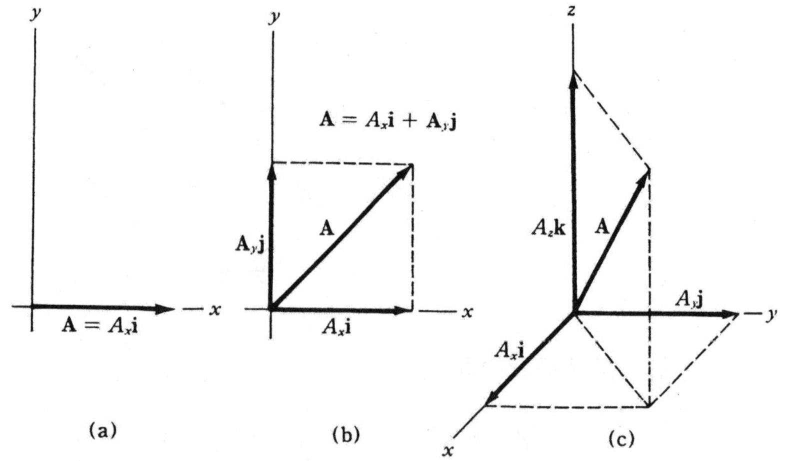

그림 10

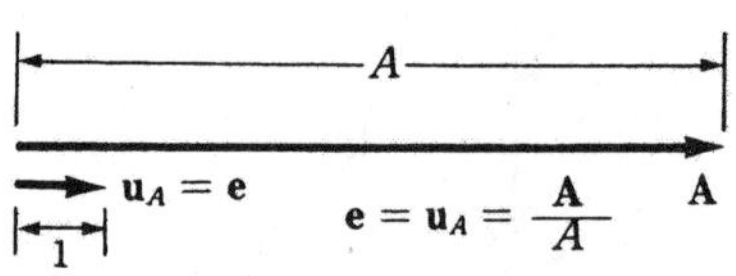

그림 11

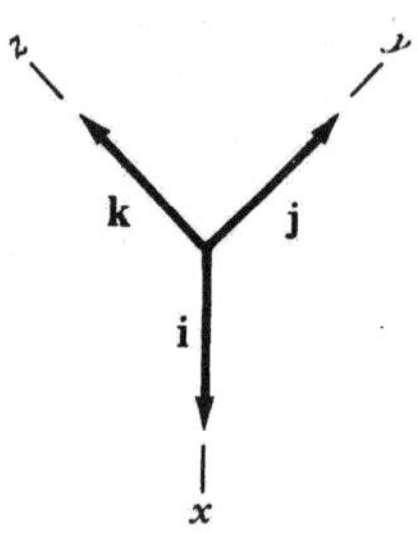

그림 12

어떤 벡터 **A**를 크기 $A \neq 0$인 $|\mathbf{A}|$로 나누면 크기는 1이 된다. 단위벡터 **e**, 또는 **u**는 좌표계에서 **A**의 방향을 나타내는 단위벡터이다.

$$\mathbf{e} = \mathbf{u}_A = \frac{\mathbf{A}}{|\mathbf{A}|} = \frac{\mathbf{A}}{A} \tag{2}$$

$$\mathbf{A} = A\mathbf{u}_A \tag{3}$$

(4) 직교좌표에서의 단위벡터 : 각 좌표축에 평행한 단위벡터를 기본벡터(fundamental vector)라고도 하며, **i**, **j**, **k**로 표시한다. 공간벡터에서 **i**, **j**, **k**는 각 좌표축의 양(+)의 방향을 나타내는 단위벡터이다〔그림 12, 13〕.

$$\mathbf{A} = A_x\mathbf{i} + A_y\mathbf{j} + A_z\mathbf{k} \tag{4}$$

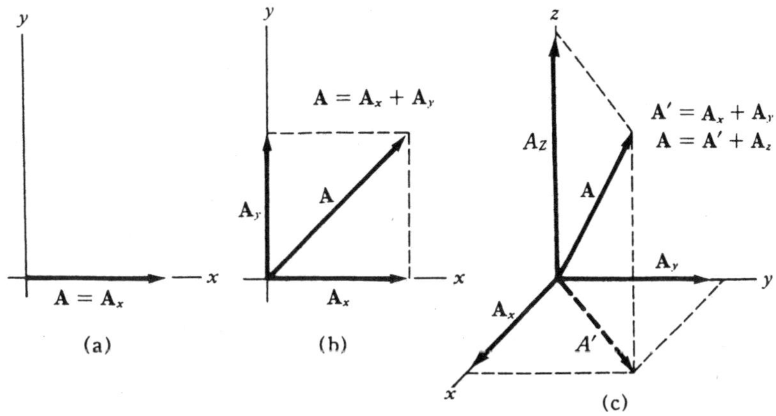

그림 13

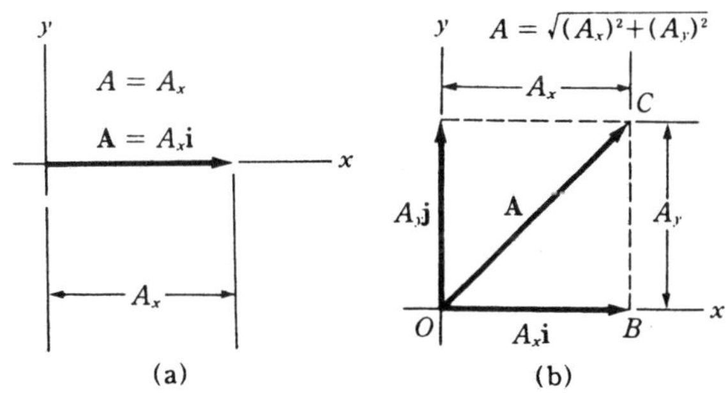

그림 14

(5) 직교좌표에서 벡터의 크기 : 벡터를 직교성분으로 나타내면 크기를 구하기 쉽다[그림 14].

$$A=\sqrt{(A_x)^2+(A_y)^2+(A_z)^2} \tag{5}$$

(6) 작교좌표에서 벡터의 방향

① 벡터의 작용선(시점)과 양의 x, y, z 축과 이루는 좌표 방향각을 α, β, γ로 규정[그림 15].

$$\cos\alpha=\frac{A_x}{A},\quad \cos\beta=\frac{A_y}{A},\quad \cos\gamma=\frac{A_z}{A} \tag{6}$$

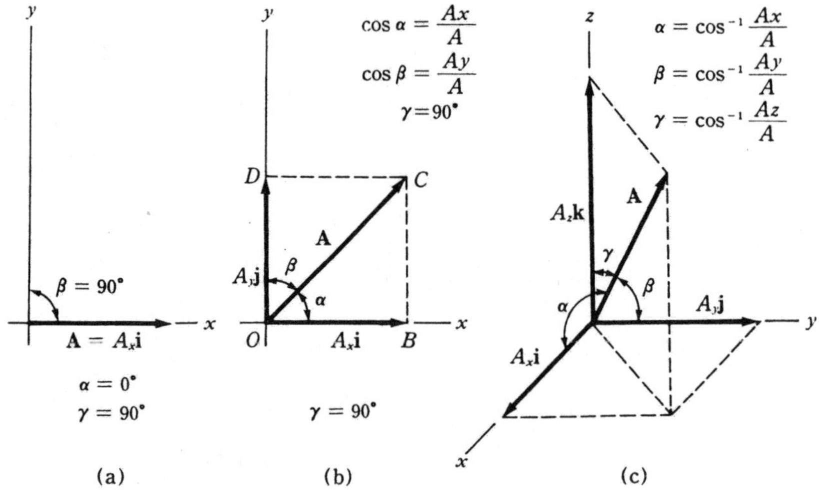

그림 15

② 어떤 벡터 **A**의 방향여현(direction cosines)을 구하려면 단위벡터의 형태로 나타내면 쉽게 구할 수 있다. $\mathbf{A}=A_x\mathbf{i}+A_y\mathbf{j}+A_z\mathbf{k}$를 단위벡터로 표시하면

$$\mathbf{u}_A=\frac{\mathbf{A}}{A}=\frac{A_x}{A}\mathbf{i}+\frac{A_y}{A}\mathbf{j}+\frac{A_z}{A}\mathbf{k} \tag{8}$$

단, $A=\sqrt{(A_x)^2+(A_y)^2+(A_z)^2}$이다. $\mathbf{u}_A$의 **i**, **j**, **k** 성분은 **A**의 방향여현을 나타낸다. 즉

$$\mathbf{u}_A=\cos\alpha\,\mathbf{i}+\cos\beta\,\mathbf{j}+\cos\gamma\,\mathbf{k} \tag{9}$$

③ 방향여현의 제곱의 값의 합은 항상 1이 된다.

$$\cos^2\alpha+\cos^2\beta+\cos^2\gamma=1 \tag{10}$$

④ 벡터 **A**의 크기와 방향각을 알고 있을 때 **A**를 다음과 같은 형태로 표시할 수 있다(그림 16).

$$\begin{aligned}\mathbf{A}&=A\mathbf{u}_A\\&=A\cos\alpha\,\mathbf{i}+A\cos\beta\,\mathbf{j}+A\cos\gamma\,\mathbf{k}\\&=A_x\mathbf{i}+A_y\mathbf{j}+A_z\mathbf{k}\end{aligned} \tag{11}$$

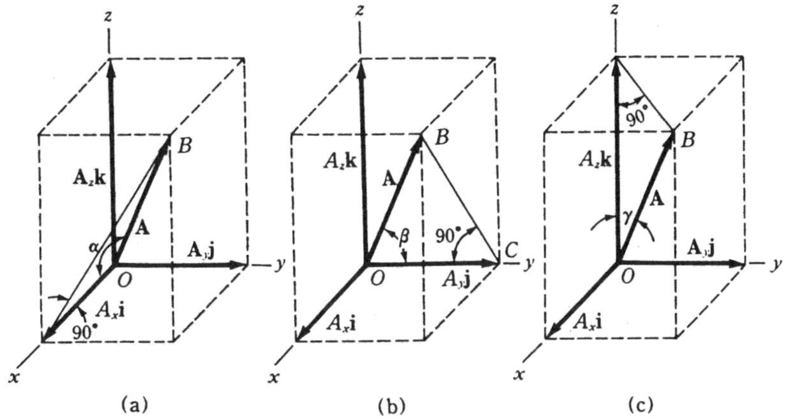

그림 16

7. 직교좌표에서 벡터의 덧셈과 뺄셈

(1) 두 벡터 $\mathbf{A}=A_x\mathbf{i}$, $\mathbf{B}=B_x\mathbf{i}$일 때

$$\mathbf{R}=\mathbf{A}+\mathbf{B}=A_x\mathbf{i}+B_x\mathbf{i}=(A_x+B_x)\,\mathbf{i}$$ 〔그림 17(a)〕

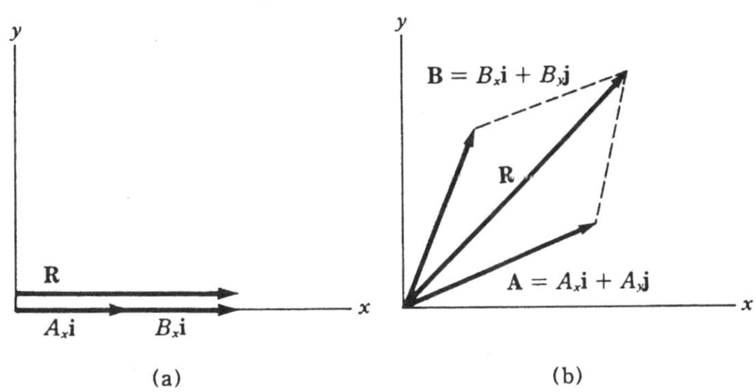

그림 17

두 벡터 $\mathbf{A}=A_x\mathbf{i}+A_y\mathbf{j}$, $\mathbf{B}=B_x\mathbf{i}+B_y\mathbf{j}$일 때

$$\mathbf{R}=\mathbf{A}+\mathbf{B}=(A_x+B_x)\,\mathbf{i}+(A_y+B_y)\,\mathbf{j}$$ 〔그림 17(b)〕

(2) 두 벡터 $\mathbf{A}=A_x\mathbf{i}+A_y\mathbf{j}+A_z\mathbf{k}$, $\mathbf{B}=B_x\mathbf{i}+B_y\mathbf{j}+B_z\mathbf{k}$일 때 〔그림 18〕

$$\mathbf{R}=\mathbf{A}+\mathbf{B}=(A_x+B_x)\,\mathbf{i}+(A_y+B_y)\,\mathbf{j}+(A_z+B_z)\,\mathbf{k}$$

$$\mathbf{R}=\mathbf{A}-\mathbf{B}=(A_x-B_x)\,\mathbf{i}+(A_y-B_y)\,\mathbf{j}+(A_z-B_z)\,\mathbf{k}$$

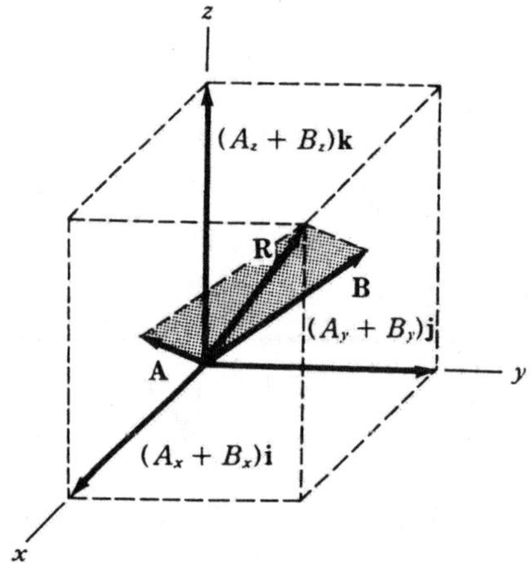

그림 18

8. 공간좌표에서의 위치벡터

(1) 원점 O에서 시간에 따라 변하는 동점 $P(x,\ y,\ z)$로 향하는 위치벡터 (position vector) $\mathbf{r}$은 공간상 어떤 한 점의 위치를 표시한다(그림 19).

$$\mathbf{r} = x\mathbf{i} + y\mathbf{j} + z\mathbf{k}0 \tag{12}$$

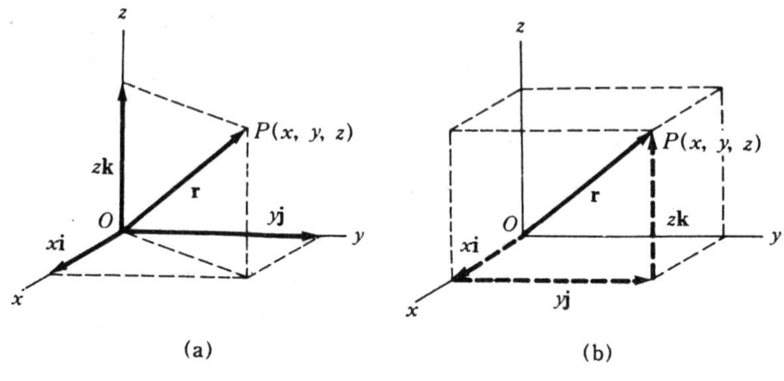

그림 19

(2) 시점 $A(x_A,\ y_A,\ z_A)$에서 종점 $B(x_B,\ y_B,\ z_B)$로 향하는 위치벡터 $\mathbf{r}$은 $\mathbf{r}_A + \mathbf{r} = \mathbf{r}_B$일 때(그림 20).

$$\mathbf{r} = \mathbf{r}_B - \mathbf{r}_A = (x_B\mathbf{i} + y_B\mathbf{j} + z_B\mathbf{k}) - (x_A\mathbf{i} + y_A\mathbf{j} + z_A\mathbf{k})$$

또는

$$\mathbf{r} = (x_B - x_A)\,\mathbf{i} + (y_B - y_A)\,\mathbf{j} + (z_B - z_A)\,\mathbf{k} \tag{13}$$

$\mathbf{r}$의 크기는

$$r = \sqrt{(x_B - x_A)^2 + (y_B - y_A)^2 + (z_B - z_A)^2} \tag{14}$$

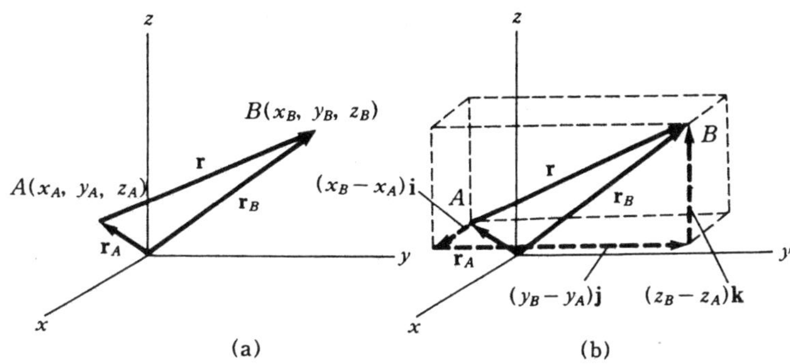

그림 20

$\mathbf{r}$의 방향은 그림 21에서 단위벡터를 사용하여

$$\mathbf{u} = \frac{\mathbf{r}}{r} = \frac{x_B - x_A}{r}\,\mathbf{i} + \frac{y_B - y_A}{r}\,\mathbf{j} + \frac{z_B - z_A}{r}\,\mathbf{k} \tag{15}$$

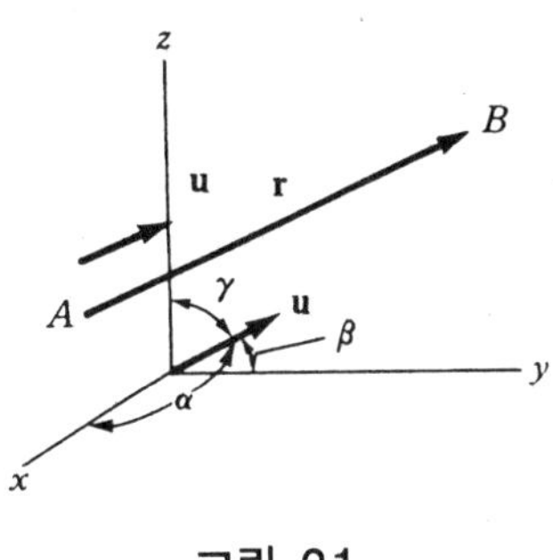

그림 21

좌표축과 이루는 방향각은

$$\alpha = \cos^{-1}\left(\frac{x_B - x_A}{r}\right)$$

$$\beta = \cos^{-1}\left(\frac{y_B - y_A}{r}\right) \tag{16}$$

$$\gamma = \cos^{-1}\left(\frac{z_B - z_A}{r}\right)$$

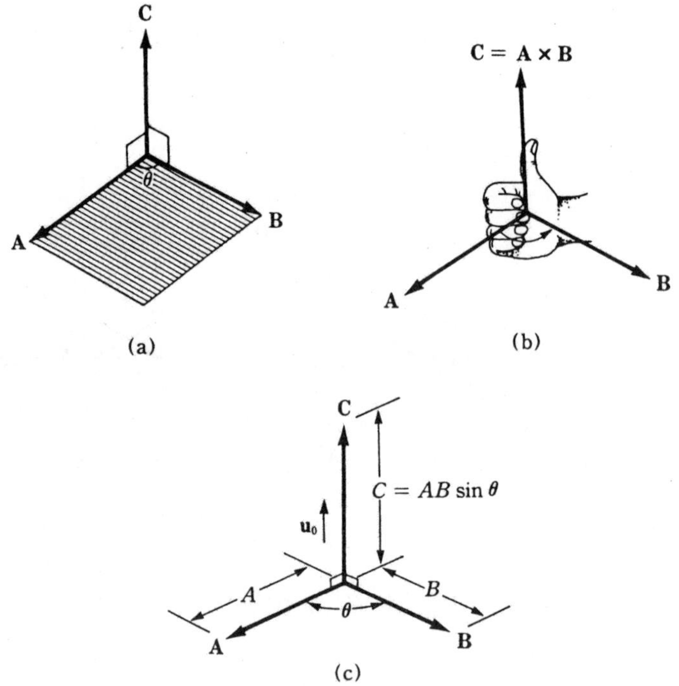

그림 22

9. 벡터적(vector product), 또는 외적(outer product)

크로스(cross product)라고도 하며 **A**와 **B**의 외적으로 새로운 벡터량 **C**가 생길 때 **C**=**A**×**B**로 쓰고, "**C** equals **A** cross **B**"라 읽는다.

(1) 크기 : 벡터 **C**의 크기는 **A**, **B**의 크기와 이들이 이루는 사이 각 ($0° \leq \theta \leq 180°$)으로 결정 (|**C**|는 |**A**|와 |**B**|를 두 변으로 하는 평행사변형의 넓이에 해당)된다〔그림 22(a)〕.

(2) 방향 : 벡터 **C**의 방향은 그림 22(b)와 같이 **A**와 **B**가 이루는 평면에 직각되는(**A**에서 **B**로 회전하는 오른나사의 전진) 방향이고, 그림 22(c)에서 단위벡터를 사용하면

$$\mathbf{C} = \mathbf{A} \times \mathbf{B} = (AB \sin\theta)\,\mathbf{u}_C \tag{17}$$

(3) 벡터적에 대한 중요한 기본 성질

① 두 벡터가 평행할 경우 :

$$\mathbf{A}\times\mathbf{B}=0,\quad \mathbf{A}\times\mathbf{A}=0 \tag{18}$$

($\mathbf{A}\neq 0$, $\mathbf{B}\neq 0$일 때 $AB\sin\theta\,\mathbf{u}_C=0$이면 $\theta=0°$, $\theta=180°$)

② 교환의 법칙은 성립하지 않음(그림 23).

$$\mathbf{A}\times\mathbf{B}\neq\mathbf{B}\times\mathbf{A} \text{ 그러나 } \mathbf{A}\times\mathbf{B}=-\mathbf{B}\times\mathbf{A} \tag{19}$$

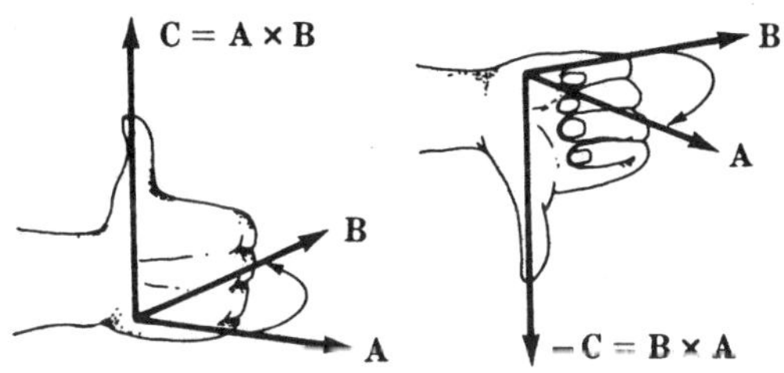

그림 23

③ 스칼라 m의 곱셈 :

$$m(\mathbf{A}\times\mathbf{B})=(m\mathbf{A})\times\mathbf{B}=\mathbf{A}\times(m\mathbf{B})=(\mathbf{A}\times\mathbf{B})m \tag{20}$$

결과 크기는 $|m|AB\sin\theta$이고 $\mathbf{A}\times\mathbf{B}$의 방향과 같다.

④ 분배의 법칙 성립 :

$$\mathbf{A}\times(\mathbf{B}+\mathbf{D})=(\mathbf{A}\times\mathbf{B})+(\mathbf{A}\times\mathbf{D}) \tag{21}$$

⑤ 결합의 법칙은 성립하지 않음 :

$$(\mathbf{A}\times\mathbf{B})\times\mathbf{C}\neq\mathbf{A}\times(\mathbf{B}\times\mathbf{C})$$

⑥ 직교좌표계에서 좌표축을 나타내는 단위벡터들의 외적 $\mathbf{i}\times\mathbf{j}$의 크기는 $(i)(j)(\sin 90°)=(1)(1)(1)=1$, 방향은 $\mathbf{i}\times\mathbf{j}=(1)\mathbf{k}$(그림 24와 같이 오른손 좌표계 이용) 결과

$$\mathbf{i}\times\mathbf{j}=\mathbf{k}\quad \mathbf{i}\times\mathbf{k}=-\mathbf{j}\quad \mathbf{i}\times\mathbf{i}=0$$

$$\mathbf{j}\times\mathbf{k}=\mathbf{i} \quad \mathbf{j}\times\mathbf{i}=-\mathbf{k} \quad \mathbf{j}\times\mathbf{j}=0$$

$$\mathbf{k}\times\mathbf{i}=\mathbf{j} \quad \mathbf{k}\times\mathbf{j}=-\mathbf{i} \quad \mathbf{k}\times\mathbf{k}=0$$

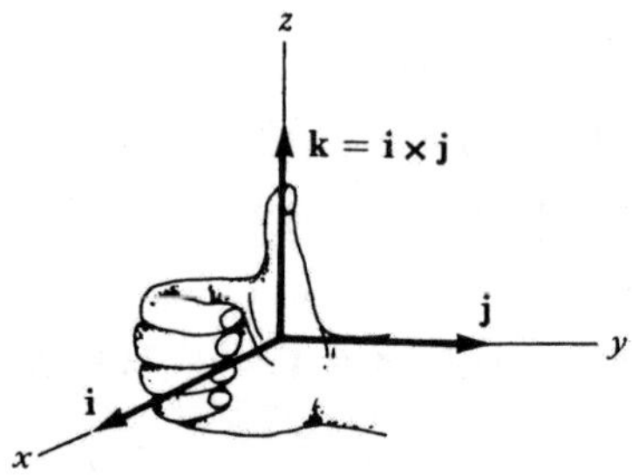

그림 24

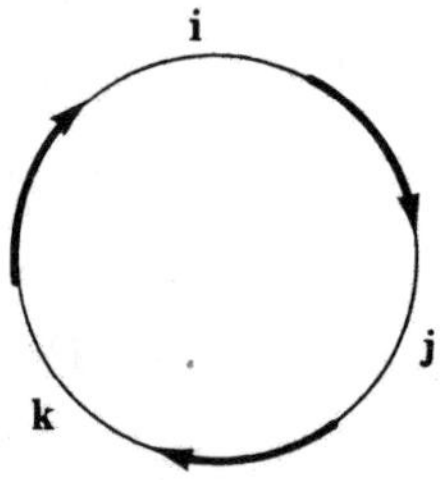

그림 25

두 단위벡터의 크로스가 그림 25와 같이 시계방향 순서이면 결과는 양(+), 반시계방향이면 음(−)이 된다.

예 : 직교좌표계에서 $\mathbf{A}=A_x\mathbf{i}+A_y\mathbf{j}+A_z\mathbf{k}$, $\mathbf{B}=B_x\mathbf{i}+B_y\mathbf{j}+B_z\mathbf{k}$일 때

$$\begin{aligned}\mathbf{A}\times\mathbf{B}&=(A_x\mathbf{i}+A_y\mathbf{j}+A_z\mathbf{k})\times(B_x\mathbf{i}+B_y\mathbf{j}+B_z\mathbf{k}) \qquad (22)\\&=A_xB_x(\mathbf{i}\times\mathbf{i})+A_xB_y(\mathbf{i}\times\mathbf{j})+A_xB_z(\mathbf{i}\times\mathbf{k})\\&\quad+A_yB_x(\mathbf{j}\times\mathbf{i})+A_yB_y(\mathbf{j}\times\mathbf{j})+A_yB_z(\mathbf{j}\times\mathbf{k})\\&\quad+A_zB_x(\mathbf{k}\times\mathbf{i})+A_zB_y(\mathbf{k}\times\mathbf{j})+A_zB_z(\mathbf{k}\times\mathbf{k})\end{aligned}$$

$$\therefore\ \mathbf{A}\times\mathbf{B}=(A_yB_z-A_zB_y)\mathbf{i}-(A_xB_z-A_zB_x)\mathbf{j}+(A_xB_y-A_yB_x)\mathbf{k}$$

행렬식을 이용하면

$$\mathbf{A}\times\mathbf{B}=\begin{vmatrix}\mathbf{i}&\mathbf{j}&\mathbf{k}\\A_x&A_y&A_z\\B_x&B_y&B_z\end{vmatrix}=\begin{vmatrix}A_y&A_z\\B_y&B_z\end{vmatrix}\mathbf{i}-\begin{vmatrix}A_x&A_z\\B_x&B_z\end{vmatrix}\mathbf{j}+\begin{vmatrix}A_x&A_y\\B_x&B_y\end{vmatrix}\mathbf{k} \quad (23)$$

$$\text{요소 } \mathbf{i}=\begin{vmatrix}\mathbf{i}&\mathbf{j}&\mathbf{k}\\A_x&A_y&A_z\\B_x&B_y&B_z\end{vmatrix}=\mathbf{i}(A_yB_z-A_zB_y)$$

$$\text{요소 } \mathbf{j}=\begin{vmatrix}\mathbf{i}&\mathbf{j}&\mathbf{k}\\A_x&A_y&A_z\\B_x&B_y&B_z\end{vmatrix}=-\mathbf{j}(A_xB_z-A_zB_x)$$

요소 $\mathbf{k} = \begin{vmatrix} \mathbf{i} & \mathbf{j} & \mathbf{k} \\ A_x & A_y & A_z \\ B_x & B_y & B_z \end{vmatrix} = \mathbf{k}(A_x B_y - A_y B_x)$

10. 스칼라적(scalar product), 또는 내적(inner product)

"·"를 찍어 표시하므로 "dot product"라고도 하며, 두 벡터 $\mathbf{A}$와 $\mathbf{B}$의 내적은 크기만을 나타내는 스칼라량이며, $\mathbf{A} \cdot \mathbf{B}$로 쓰고 "$\mathbf{A}$ dot $\mathbf{B}$"라 읽는다.

(1) 크기 : 내적 결과 크기는 두 벡터의 크기와 이들 사이의 낀 각 ($0° \leq \theta \leq 180°$)의 여현각과 관계된다.

$$\mathbf{A} \cdot \mathbf{B} = AB\cos\theta \tag{24}$$

(2) 스칼라적에 대한 중요한 기본 성질

① 두 벡터가 직교할 경우 : $\mathbf{A} \cdot \mathbf{B} = 0$

($AB\cos\theta = 0$이므로 $\mathbf{A}$, $\mathbf{B}$모두 영이 아니면 $\cos\theta = 0$이므로 $\theta = 90°$)

② 교환의 법칙 성립 :

$$\mathbf{A} \cdot \mathbf{B} = \mathbf{B} \cdot \mathbf{A} \tag{25}$$

$\mathbf{A}$, $\mathbf{B}$가 등벡터일 때 $\mathbf{A} \cdot \mathbf{B} = A^2 = B^2$

③ 스칼라 m에 의한 곱셈 :

$$m(\mathbf{A} \cdot \mathbf{B}) = (m\mathbf{A}) \cdot \mathbf{B} = \mathbf{A} \cdot (m\mathbf{B}) = (\mathbf{A} \cdot \mathbf{B})m \tag{26}$$

④ 분배의 법칙 성립 :

$$\mathbf{A} \cdot (\mathbf{B} + \mathbf{D}) = (\mathbf{A} \cdot \mathbf{B}) + (\mathbf{A} \cdot \mathbf{D}) \tag{27}$$

⑤ 직교좌표에서 좌표축을 나타내는 단위벡터의 내적 : 직교성과 단위성으로부터

$$\mathbf{i} \cdot \mathbf{i} = \mathbf{j} \cdot \mathbf{j} = \mathbf{k} \cdot \mathbf{k} = (1)(1)\cos 0° = 1$$
$$\mathbf{i} \cdot \mathbf{j} = \mathbf{j} \cdot \mathbf{k} - \mathbf{k} \cdot \mathbf{i} = \mathbf{j} \cdot \mathbf{i} = \mathbf{k} \cdot \mathbf{j} = \mathbf{i} \cdot \mathbf{k} = (1)(1)\cos 90° = 0 \tag{28}$$

예 : 직교좌표계에서 $\mathbf{A} = A_x\mathbf{i} + A_y\mathbf{j} + A_z\mathbf{k}$와 $\mathbf{B} = B_x\mathbf{i} + B_y\mathbf{j} + B_z\mathbf{k}$의

내적은

$$\mathbf{A}\cdot\mathbf{B}=(A_x\mathbf{i}+A_y\mathbf{j}+A_z\mathbf{k})\cdot(B_x\mathbf{i}+B_y\mathbf{j}+B_z\mathbf{k})$$
$$=A_xB_x(\mathbf{i}\cdot\mathbf{i})+A_xB_y(\mathbf{i}\cdot\mathbf{j})+A_xB_z(\mathbf{i}\cdot\mathbf{k})$$
$$+A_yB_x(\mathbf{j}\cdot\mathbf{i})+A_yB_y(\mathbf{j}\cdot\mathbf{j})+A_yB_z(\mathbf{j}\cdot\mathbf{k})$$
$$+A_zB_x(\mathbf{k}\cdot\mathbf{i})+A_zB_y(\mathbf{k}\cdot\mathbf{j})+A_zB_z(\mathbf{k}\cdot\mathbf{k})$$
$$\mathbf{A}\cdot\mathbf{B}=A_xB_x+A_yB_y+A_zB_z \tag{29}$$

(3) 역학에 적용

① 두 벡터 혹은 교차선 사이의 각〔그림 26(a)〕

$$\theta=\cos^{-1}\left(\frac{\mathbf{A}\cdot\mathrm{B}}{AB}\right)\quad 0\le\theta\le\pi$$

② 축에 다른 벡터의 투영길이〔그림 26(b)〕

$a-a$축에 따른 단위벡터 $\mathbf{u}_a$의 크기는 1이므로 투영된 $\mathbf{A}$의 크기는

$$A_p=A\cos\theta=\mathbf{A}\cdot\mathbf{u}_a$$

투영된 벡터 $\mathbf{A}_p$는

$$\mathbf{A}_p=A\cos\theta\mathbf{u}_a=(\mathbf{A}\cdot\mathbf{u}_a)\mathbf{u}_a$$

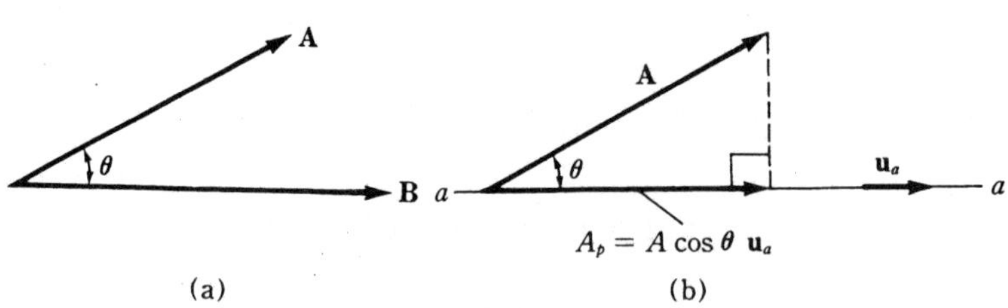

그림 26

11. 스칼라의 삼중적(triple scalar product)

A, **B**, **C** 세 벡터를 $\mathbf{A}\cdot(\mathbf{B}\times\mathbf{C})$, $\mathbf{B}\cdot(\mathbf{C}\times\mathbf{A})$, $\mathbf{C}\cdot(\mathbf{A}\times\mathbf{B})$ 등의 꼴로 결합시켜 벡터를 연산하면 **A**, **B**, **C** 세 벡터를 세 모서리로 하는 평행육면체의 체적이

되며 스칼라량이다. 이와 같은 연산을 스칼라 삼중적이라 한다. $\mathbf{C}\cdot(\mathbf{A}\times\mathbf{B})=(\mathbf{A}\times\mathbf{B})\cdot\mathbf{C}$와 같이 벡터의 순서는 그대로 유지시키는 한 도트와 크로스는 서로 교환할 수 있다. $\mathbf{A}\times(\mathbf{A}\cdot\mathbf{C})$에서 벡터 $\mathbf{A}$가 스칼라 $\mathbf{B}\cdot\mathbf{C}$와 크로스곱을 할 수 없으므로 괄호의 의미가 없으니 괄호가 필요없다. 따라서 다음과 같이 쓸 수 있다. 그림 27에서

$$\mathbf{A}\cdot\mathbf{B}\times\mathbf{C}=\mathbf{A}\times\mathbf{B}\cdot\mathbf{C}$$

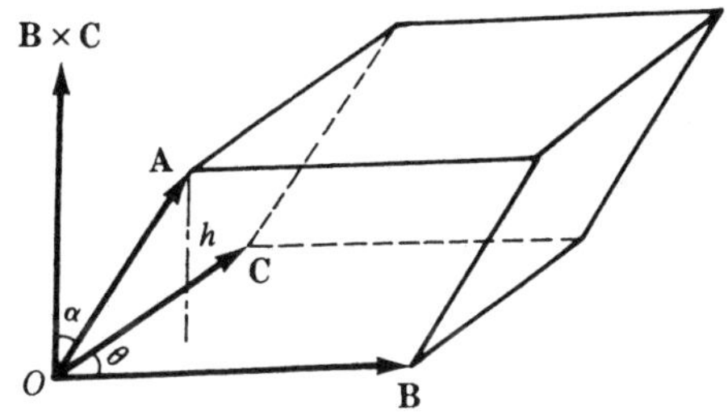

그림 27

행렬식으로

$$(\mathbf{A}\times\mathbf{B})\cdot\mathbf{C}=\begin{vmatrix}\mathbf{i} & \mathbf{j} & \mathbf{k}\\ A_x & A_y & A_z\\ B_x & B_y & B_z\end{vmatrix}\cdot\begin{vmatrix}C_x\mathbf{i} & C_y\mathbf{j} & C_z\mathbf{k}\end{vmatrix}$$

$$=\begin{vmatrix}A_x & A_y & A_z\\ B_x & B_y & B_z\\ C_x & C_y & C_z\end{vmatrix}=\mathbf{A}\cdot(\mathbf{B}\times\mathbf{C})=\mathbf{B}\cdot(\mathbf{C}\times\mathbf{A})=\mathbf{C}\cdot(\mathbf{A}\times\mathbf{B}) \quad (30)$$

$$=A\cdot B\cdot C\sin\theta\cdot\cos\alpha=h\cdot A=\text{Volume}$$

12. 벡터의 삼중적(triple vector product)

세 벡터 $\mathbf{A}$, $\mathbf{B}$, $\mathbf{C}$가 서로 외적의 형태로 $\mathbf{A}\times\mathbf{B}\times\mathbf{C}$와 같이 연산되는 것을 벡터의 삼중적이라 한다.

$(\mathbf{A}\times\mathbf{B})\times\mathbf{C}$에서 괄호는 꼭 사용해야 되는데 이는 크로스 된 벡터가 혼동이 되어 $\mathbf{A}\times\mathbf{B}\times\mathbf{C}$의 표현은 모호해 진다. $(\mathbf{A}\times\mathbf{B})\times\mathbf{C}\neq\mathbf{A}\times(\mathbf{B}\times\mathbf{C})$로 결합의 법칙은 성립하지 않는다. 따라서 동등산 식은

$$(\mathbf{A}\times\mathbf{B})\times\mathbf{C}=\mathbf{C}\cdot\mathbf{A}\mathbf{B}-\mathbf{C}\cdot\mathbf{B}\mathbf{A}$$

$$\mathbf{A} \times (\mathbf{B} \times \mathbf{C}) = \mathbf{A} \cdot \mathbf{C}\mathbf{B} - \mathbf{A} \cdot \mathbf{B}\mathbf{C} \tag{31}$$

13. 벡터의 미분

벡터함수 $\mathbf{P}$가 스칼라변수 t의 1가 연속함수라 하면

$$\frac{\Delta \mathbf{P}}{\Delta t} = \frac{\mathbf{P}(t+\Delta t) - \mathbf{P}(t)}{\Delta t}$$

$\Delta \mathbf{P}/\Delta t$의 Δt가 극한값 영에 접근하면

$$\lim_{\Delta t \to 0} \frac{\Delta \mathbf{P}}{\Delta t} = \frac{d\mathbf{P}}{dt}$$

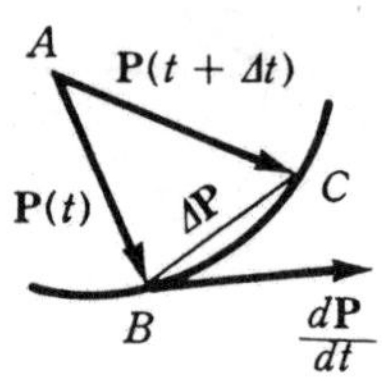

그림 28

여기서, $d\mathbf{P}/dt$는 벡터량이다.

예 : 위치벡터 $\mathbf{R} = x\mathbf{i} + y\mathbf{j} + z\mathbf{k}$의 미분형은

$$d\mathbf{R} = dx\,\mathbf{i} + dy\,\mathbf{j} + dz\,\mathbf{k}$$

$\mathbf{R}$의 시간에 대한 변화율(속도)은

$$\mathbf{V} = \frac{d\mathbf{R}}{dt} = \frac{dx}{dt}\,\mathbf{i} + \frac{dy}{dt}\,\mathbf{j} + \frac{dz}{dt}\,\mathbf{k}$$

가속도는

$$\mathbf{a} = \frac{d\mathbf{V}}{dt} = \frac{d^2\mathbf{R}}{dt^2} = \frac{d^2x}{dt^2}\,\mathbf{i} + \frac{d^2y}{dt^2}\,\mathbf{j} + \frac{d^2z}{dt^2}\,\mathbf{k}$$

벡터 미분에 대한 중요한 기본 성질

(1) $\frac{dP}{dt} = \dot{\mathbf{P}}$

(2) $\frac{d}{dt}(\mathbf{P}+\mathbf{Q}) = \dot{\mathbf{P}} + \dot{\mathbf{Q}}$,

$$\lim_{\Delta t \to 0} \frac{\Delta(\mathbf{P}+\mathbf{Q})}{\Delta t} = \lim_{\Delta t \to 0} \frac{\mathbf{P}(t+\Delta t) - \mathbf{P}(t)}{\Delta t} + \lim_{\Delta t \to 0} \frac{\mathbf{Q}(t+\Delta t) - \mathbf{Q}(t)}{\Delta t}$$

(3) $\frac{d}{dt}(U\mathbf{P}) = U\dot{\mathbf{P}}$ (U는 상수)

(4) $\frac{d}{dt}(U\mathbf{P}) = U\dot{\mathbf{P}} + \dot{U}\mathbf{P}$ (U는 t의 스칼라 연속함수)

(5) $\frac{d}{dt}(\mathbf{P} \cdot \mathbf{Q}) = \mathbf{P} \cdot \dot{\mathbf{Q}} + \dot{\mathbf{P}} \cdot \mathbf{Q}$

(6) $\frac{d}{dt}(\mathbf{P} \times \mathbf{Q}) = \dot{\mathbf{P}} \times \mathbf{Q} + \mathbf{P} \times \dot{\mathbf{Q}}$

(7) $\frac{d}{dt}(\mathbf{P} \cdot \mathbf{Q} \times \mathbf{R}) = \mathbf{P} \cdot \mathbf{Q} \times \dot{\mathbf{R}} + \mathbf{P} \cdot \dot{\mathbf{Q}} \times \mathbf{R} + \dot{\mathbf{P}} \cdot \mathbf{Q} \times \mathbf{R}$

(8) $\frac{d}{dt}\{\mathbf{P} \times (\mathbf{Q} \times \mathbf{R})\} = \mathbf{P} \times (\mathbf{Q} \times \dot{\mathbf{R}}) + \mathbf{P} \times (\dot{\mathbf{Q}} \times \mathbf{R}) + \dot{\mathbf{P}} \times (\mathbf{Q} \times \mathbf{R})$

14. 벡터의 직분

속도 $\mathbf{V}(t)$와 위치벡터 $\mathbf{R}(t)$의 관계인 $\mathbf{V}(t) = \frac{d\mathbf{R}(t)}{dt}$에서

$$\mathbf{R}(t) = \int \mathbf{V}(t)\, dt$$

이므로 $\mathbf{R}(t)$를 $\mathbf{V}(t)$의 적분이라 한다.

벡터를 적분하면 적분상수가 존재하는데 이 때 적분상수의 값은 벡터량이 된다.

벡터적분에 대한 중요한 기본 성질

① $\int c\mathbf{V}(t)\, dt = c\int \mathbf{V}(t)\, dt$ (c는 일반상수)

② $\int c\mu\, dt = c\int \mu\, dt$ (c는 벡터성질을 지닌 상수)

③ $\int c.\, \mathbf{V}(t)\, dt = c\int \mathbf{V}(t)\, dt$

④ $\int c\times \mathbf{V}(t)\,dt = c\times \int V(t)\,dt$

예 : $\mathbf{V}$가 x, y, z의 함수이고 체적요소 $d\tau = dx\cdot dy\cdot dz$이면 전 체적에 걸친 V의 적분은 각 성분의 세 적분의 벡터합으로 쓸 수 있다. 따라서 $\mathbf{i}, \mathbf{j}, \mathbf{k}$를 상수벡터로 하면

$$\int \mathbf{V}\,d\tau = \mathbf{i}\int V_x d\tau + \mathbf{j}\int V_y d\tau + \mathbf{k}\int V_z d\tau$$

Ⅱ. 수학공식

1. 대수

(1) 이차방정식의 근

$ax^2 + bx + c = 0$의 근은

$$x = \frac{-b \pm \sqrt{b^2 - 4ac}}{2a} \qquad \left\{ \begin{array}{l} b^2 - 4ac < 0 \text{일 때 허근} \\ b^2 - 4ac = 0 \text{일 때 실수의 등근} \\ b^2 - 4ac > 0 \text{일 때 서로 다른 실근} \end{array} \right\}$$

(2) 대수

$b^x = y,\quad x = \log_b y$

자연대수

$b = e = 2.718282$

$e^x = y,\quad x = \log_e y = \ln y$

$\log(ab) = \log a + \log b$

$\log(a/b) = \log a - \log b$

$\log(1/n) = -\log n$

$\log a^n = n\log a$

$\log 1 = 0$

$\log_{10} x = 0.4343\ln x$

(3) 행렬식

2차

$$\begin{vmatrix} a_1 & b_1 \\ a_2 & b_2 \end{vmatrix} = a_1 b_2 - a_2 b_1$$

3차

$$\begin{vmatrix} a_1 & b_1 & c_1 \\ a_2 & b_2 & c_2 \\ a_3 & b_3 & c_3 \end{vmatrix} = + a_1 b_2 c_3 + a_2 b_3 c_1 + a_3 b_1 c_2 - a_3 b_2 c_1 - a_2 b_1 c_3 - a_1 b_3 c_2$$

2. 삼각법

(1) 정의

$\sin\theta = a/c$ $\csc\theta = c/a$

$\cos\theta = b/c$ $\sec\theta = c/b$

$\tan\theta = a/b$ $\cot\theta = b/a$

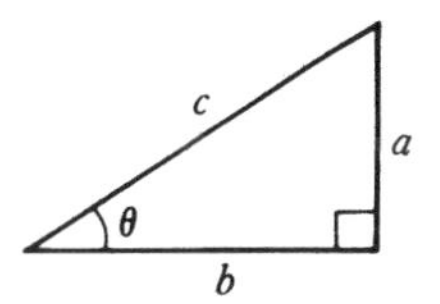

(2) 상한별 부호

	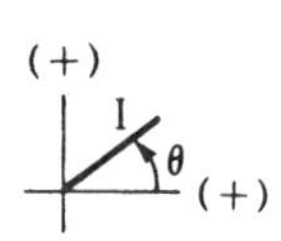	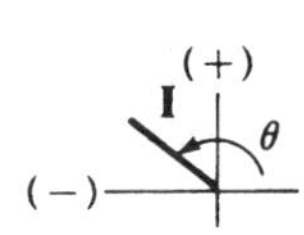	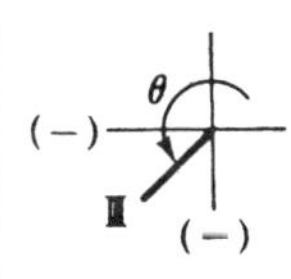	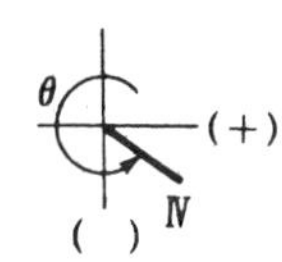
$\sin\theta$	+	+	−	−
$\cos\theta$	+	−	−	+
$\tan\theta$	+	−	+	−
$\csc\theta$	+	+	−	−
$\sec\theta$	+	−	−	+
$\cot\theta$	+	−	+	−

(3) 기본공식

$$\sin^2\theta + \cos^2\theta = 1$$

$$1 + \tan^2\theta = \sec^2\theta$$

$$1 + \cot^2\theta = \csc^2\theta$$

$$\sin\frac{\theta}{2}=\sqrt{\frac{1}{2}(1-\cos\theta)}$$

$$\cos\frac{\theta}{2}=\sqrt{\frac{1}{2}(1+\cos\theta)}$$

$$\sin 2\theta=2\sin\theta\cos\theta$$

$$\cos 2\theta=\cos^2\theta-\sin^2\theta=2\cos^2\theta-1=1-2\sin^2\theta$$

$$\sin\theta=\frac{e^{i\theta}-e^{-i\theta}}{2i} \qquad \cos\theta=\frac{e^{i\theta}+e^{-i\theta}}{2}$$

$$e^{\pm i\theta}=\cos\theta\pm i\sin\theta$$

$$\sin 3\theta=3\sin\theta-4\sin^3\theta$$

$$\cos 3\theta=4\cos^3\theta-3\cos\theta$$

$$\sin(a\pm b)=\sin a\cos b\pm\cos a\sin b$$

$$\cos(a\pm b)=\cos a\cos b\mp\sin a\sin b$$

$$\tan(a\pm b)=\frac{\tan a\pm\tan b}{1\mp\tan a\cdot\tan b}$$

$$\sin a+\sin b=2\sin\frac{a+b}{2}\cdot\cos\frac{a-b}{2}$$

$$\sin a-\sin b=2\cos\frac{a+b}{2}\cdot\sin\frac{a-b}{2}$$

$$\cos a+\cos b=2\cos\frac{a+b}{2}\cdot\cos\frac{a-b}{2}$$

$$\cos a-\cos b=-2\sin\frac{a+b}{2}\cdot\sin\frac{a-b}{2}$$

$$\tan a\pm\tan b=\frac{\sin(a\pm b)}{\cos a\cdot\cos b}$$

$$\sin a\cdot\sin b=\frac{1}{2}\cos(a-b)-\frac{1}{2}\cos(a+b)$$

$$\cos a\cdot\cos b=\frac{1}{2}\cos(a-b)+\frac{1}{2}\cos(a+b)$$

$$\sin a\cdot\cos b=\frac{1}{2}\sin(a+b)+\frac{1}{2}\sin(a-b)$$

$$\tan a\cdot\tan b=\frac{\tan a+\tan b}{\cot a+\cot b}=-\frac{\tan a-\tan b}{\cot a-\cot b}$$

(4) 사인정리

$$\frac{a}{b}=\frac{\sin \angle A}{\sin B}$$

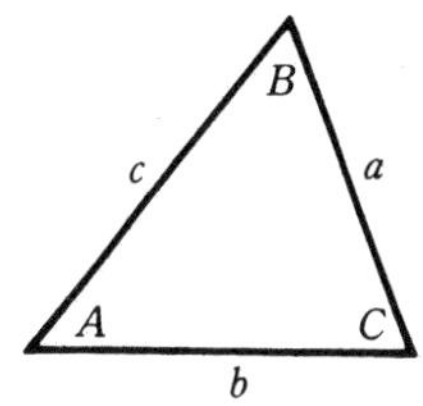

(5) 제 2 코사인 정리

$$c^2=a^2+b^2-2ab\cos \angle C$$

3. 함수의 전개

$$(1\pm x)^n=1\pm nx+\frac{n(n-1)}{2!}x^2\pm\frac{n(n-1)(n-2)}{3!}x^3+\cdots \quad [x^2<1]$$

$$\log_e(1+x)=x-\frac{x^2}{2}+\frac{x^3}{3}-\cdots+(-1)^{n-1}\frac{x^n}{n}+\cdots \quad [-1<x\leqq 1]$$

$$\frac{1}{2}\log_e\left(\frac{1+x}{1-x}\right)=x+\frac{x^3}{3}+\frac{x^5}{5}+\cdots+\frac{x^{2n+1}}{2n+1}+\cdots \quad [-1<x<1]$$

$$e^{\pm x}=1\pm\frac{x}{1!}+\frac{x^2}{2!}\pm\frac{x^3}{3!}+\cdots+(\pm 1)^n\frac{x^n}{n!} \quad [|x|<\infty]$$

$$a^x=1+\frac{x\log a}{1!}+\frac{x^2(\log a)^2}{2!}+\frac{x^3(\log a)^3}{3!}+\cdots \quad [|x|<\infty]$$

$$\sin x=x-\frac{x^3}{3!}+\frac{x^5}{5!}-\frac{x^7}{7!}+\cdots \quad [x^2<\infty]$$

$$\cos x=1-\frac{x^2}{2!}+\frac{x^4}{4!}-\frac{x^6}{6!}+\cdots \quad [x^2<\infty]$$

$$\sinh x=\frac{e^x-e^{-x}}{2}=x+\frac{x^3}{3!}+\frac{x^5}{5!}+\frac{x^7}{7!}+\cdots \quad [x^2<\infty]$$

$$\cosh x=\frac{e^x+e^{-x}}{2}=1+\frac{x^2}{2!}+\frac{x^4}{4!}+\frac{x^6}{6!}+\cdots \quad [x^2<\infty]$$

$$f(x)=\frac{a_0}{2}+\sum_{j=1}a_n\cos\frac{n\pi x}{l}+\sum_{j=1}b_n\sin\frac{n\pi x}{l}$$

단, $a_n=\frac{1}{l}\int_{-l}^{l}f(x)\cos\frac{n\pi x}{l}\,dx$, $b_n=\frac{1}{l}\int_{-l}^{l}f(x)\sin\frac{n\pi x}{l}\,dx$

[Fourier 전개 $-l<x<l$]

4. 미분법

$$\frac{dx^n}{dx}=nx^{n-1},\ \frac{d(uv)}{dx}=u\frac{dv}{dx}+v\frac{du}{dx},\ \frac{d\left(\frac{u}{v}\right)}{dx}=\frac{v\frac{du}{dx}-u\frac{dv}{dx}}{v^2}$$

$$\lim_{\Delta t\to 0}\sin\Delta x=\sin dx=\tan dx=dx$$

$$\lim_{\Delta t\to 0}\cos\Delta x=\cos dx=1$$

$$\frac{d\sin x}{dx}=\cos x,\ \frac{d\cos x}{dx}=-\sin x,\ \frac{d\tan x}{dx}=\sec^2 x$$

$$\frac{d\sinh x}{dx}=\cosh x,\ \frac{d\cosh x}{dx}=\sinh x,\ \frac{d\tanh x}{dx}=\text{sech}^2 x$$

5. 적분법

$$\int x^n\,dx=\frac{x^{n+1}}{n+1}$$

$$\int\frac{dx}{x}=\ln x$$

$$\int\sqrt{a+bx}\,dx=\frac{2}{3b}\sqrt{(a+bx)^3}$$

$$\int x\sqrt{a+bx}\,dx=\frac{2}{15b^2}(3bx-2a)\sqrt{(a+bx)^3}$$

$$\int\frac{dx}{\sqrt{a+bx}}=\frac{2\sqrt{a+bx}}{b}$$

$$\int\frac{x\,dx}{a+bx}=\frac{1}{b^2}[a+bx-a\ln(a+bx)]$$

$$\int\frac{x\,dx}{(a+bx)^n}=\frac{(a+bx)^{1-n}}{b^2}\left(\frac{a+bx}{2-n}-\frac{a}{1-n}\right)$$

$$\int\frac{dx}{a+bx^2}=\frac{1}{\sqrt{ab}}\tan^{-1}\frac{x\sqrt{ab}}{a}\ \text{또는}\ \frac{1}{\sqrt{-ab}}\tanh^{-1}\frac{x\sqrt{-ab}}{a}$$

$$\int\frac{x\,dx}{a+bx^2}=\frac{1}{2b}\ln\frac{a+bx^2}{b}$$

$$\int\sqrt{x^2\pm a^2}\,dx=\frac{1}{2}[x\sqrt{x^2\pm a^2}\pm a^2\ln(x+\sqrt{x^2\pm a^2})]$$

$$\int\sqrt{a^2-x^2}\,dx=\frac{1}{2}\left(x\sqrt{a^2-x^2}+a^2\sin^{-1}\frac{x}{a}\right)$$

$$\int x\sqrt{a^2-x^2}\,dx=-\frac{1}{3}\sqrt{(a^2-x^2)^3}$$

$$\int x^2\sqrt{a^2-x^2}\,dx=-\frac{x}{4}\sqrt{(a^2-x^2)^3}+\frac{a^2}{8}\left(x\sqrt{a^2-x^2}+a^2\sin^{-1}\frac{x}{a}\right)$$

$$\int x^3\sqrt{a^2-x^2}\,dx=-\frac{1}{5}\left(x^2+\frac{2}{3}a^2\right)\sqrt{(a^2-x^2)^3}$$

$$\int\frac{dx}{\sqrt{a+bx+cx^2}}=\frac{1}{\sqrt{c}}\ln\left(\sqrt{a+bx+cx^2}+x\sqrt{c}+\frac{b}{2\sqrt{c}}\right)$$ 또는

$$\frac{-1}{\sqrt{-c}}\sin^{-1}\left(\frac{b+2cx}{\sqrt{b^2-4ac}}\right)$$

$$\int\frac{dx}{\sqrt{x\pm a^2}}=\ln(x+\sqrt{x^2\pm a^2})\qquad\int\frac{x\,dx}{\sqrt{x^2-a^2}}=\sqrt{x^2-a^2}$$

$$\int\frac{dx}{\sqrt{a^2-x^2}}=\sin^{-1}\frac{x}{a}\qquad\int\frac{x\,dx}{\sqrt{a^2\pm x^2}}=\pm\sqrt{a^2\pm x^2}$$

$$\int x\sqrt{x^2\pm a^2}\,dx=\frac{1}{3}\sqrt{(x^2\pm a^2)^3}$$

$$\int x^2\sqrt{x^2\pm a^2}\,dx=\frac{x}{4}\sqrt{(x^2\pm a^2)^3}\mp\frac{a^2}{8}x\sqrt{x^2\pm a^2}$$

$$-\frac{a^4}{8}\ln(x+\sqrt{x^2\pm a^2})$$

$$\int\sin x\,dx=-\cos x$$

$$\int\cos x\,dx=\sin x$$

$$\int\sec x\,dx=\frac{1}{2}\ln\frac{1+\sin x}{1-\sin x}$$

$$\int\sin^2x\,dx=\frac{x}{2}-\frac{\sin 2x}{4}$$

$$\int\cos^2x\,dx=\frac{x}{2}+\frac{\sin 2x}{4}$$

$$\int\sin x\cos x\,dx==\frac{\sin^2x}{2}$$

$$\int\sinh x\,dx=\cosh x$$

$$\int\cosh x\,dx=\sinh x$$

$$\int\tanh x\,dx=\ln\cosh x$$

$$\int \ln x\, dx = x \ln x - x$$

$$\int e^{ax} dx = \frac{e^{ax}}{a}$$

$$\int x e^{ax} dx = \frac{e^{ax}}{a^2}(ax - 1)$$

$$\int e^{ax} \sin px\, dx = \frac{e^{ax}(a \sin px - p \cos px)}{a^2 + p^2}$$

$$\int e^{ax} \cos px\, dx = \frac{e^{ax}(a \cos px + p \sin px)}{a^2 + p^2}$$

$$\int e^{ax} \sin^2 x\, dx = \frac{e^{ax}}{4 + a^2}\left(a \sin^2 x - \sin 2x + \frac{2}{a}\right)$$

$$\int e^{ax} \cos^2 x\, dx = \frac{e^{ax}}{4 + a^2}\left(a \cos^2 x + \sin 2x + \frac{2}{a}\right)$$

$$\int e^{ax} \sin x \cos x\, dx = \frac{e^{ax}}{4 + a^2}\left(\frac{a}{2} \sin 2x - \cos 2x\right)$$

$$\int \sin^3 x\, dx = -\frac{\cos x}{3}(2 + \sin^2 x)$$

$$\int \cos^3 x\, dx = \frac{\sin x}{3}(2 + \cos^2 x)$$

$$\int x \sin x\, dx = \sin x - x \cos x$$

$$\int x \cos x\, dx = \cos x + x \sin x$$

$$\int x^2 \sin x\, dx = 2x \sin x - (x^2 - 2) \cos x$$

$$\int x^2 \cos x\, dx = 2x \cos x + (x^2 - 2) \sin x$$

곡률반경
$$\begin{cases} \rho_{xy} = \dfrac{\left[1 + \left(\dfrac{dy}{dx}\right)^2\right]^{3/2}}{\dfrac{d^2y}{dx^2}} \\[2ex] \rho_{r\theta} = \dfrac{\left[r^2 + \left(\dfrac{dr}{d\theta}\right)^2\right]^{3/2}}{r^2 + 2\left(\dfrac{dr}{d\theta}\right)^2 - r\dfrac{d^2r}{d\theta^2}} \end{cases}$$

6. 정적분법

① $\int_a^b f(x)\,dx = [F(x)]_a^b = F(b) - F(a)$ [단, $\frac{d}{dx}f(x) = f(x)$]

② $\int_a^b f(x)\,dx = -\int_b^a f(x)\,dx$

③ $\int_a^b f(x)\,dx = \int_a^c f(x)\,dx + \int_c^b f(x)\,dx$

④ $\int_u^b \{mf(x) \pm n\phi(x)\}\,dx = m\int_a^b f(x)\,dx \pm n\int_a^b \phi(x)\,dx$

⑤ $\int_a^b f(x)\,dx = \int_{t_1}^{t_2} f\{\phi(t)\}\phi'(t)\,dt$

[단, $x = \phi(t)$, $a = \phi(t_1)$; $b = \phi(t_2)$]

⑥ $\int_a^b f(x)\phi'(x)\,dx = [f(x)\phi(x)]_a^b - \int_a^b f'(x)\phi(x)\,dx$

Ⅲ. 단위계의 환산

길이	1 in. = 25.40 mm	1 mm = 0.03937 in
	1 ft = 0.3048 m	1 m = 39.37 in.
		= 3.281 ft
	1 mile = 1.609 km	1 km = 0.6214 mile
면적	1 in^2 = 6.452 cm^2	1 cm^2 = 0.1550 in^2
	1 ft^2 = 0.09290 m^2	1 m^2 = 10.76 ft^2
체적	1 in^3 = 16.39 cm^3	1 cm^3 = 0.06102 in^3
	1 ft^3 = 0.02832 m^3	1 m^3 = 35.31 ft^3
	1 gal = 3.785 l	
	1 qt = 0.9464 l	
질량	1 oz mass = 28.35 g	
	1 lb mass = 0.4536 kg	
	1 slug(1 lb-sec^2/ft) = 14.59 kg	1 kg = 0.06853 slugs

	$1\,kgf \cdot s^2/m = 9.807\,kg$	$= 0.06853\,lb\text{-}sec^2/ft$
	$1\,ton = 907.2\,kg$	
밀도	$1\,slug/ft^3 = 515.3\,kg/m^3$ $1\,lb\text{-}sec/ft^4 = 515.3\,kg/m^3$ $1\,lbm/in^3 = 2.768 \times 10^4\,kg/m^3$	$1\,Mg/m^3 = 1.941\,slug/ft^3$
힘	$1\,lbf = 4.448\,N$ $= 4.448\,kg \cdot m/s^2$ $1\,kip = 4.448\,kN$ $1\,ozf = 0.2780\,N$ $1\,kgf = 9.807\,N$	$1\,N = 0.2248\,lb$ $= 1\,kg \cdot m/s^2$
속도	$1\,in/sec = 25.40\,mm/s$ $1\,ft/sec = 0.3048\,m/s$ $1\,mile/hr = 0.4470\,m/s$ $= 1.609\,km/hr$ $1\,km/hour = 0.2778\,m/s$ $1\,knot = 1.854\,km/hour$ $= 0.5144\,m/s$	$1\,m/s = 3.281\,ft/sec$ $1\,km/hr = 0.6214\,mph$ $= 0.9113\,ft/sec$
가속도	$1\,in/sec^2 = 25.40\,mm/s^2$ $1\,ft/sec^2 = 0.3048\,m/s^2$	$1\,m/s^2 = 3.281\,ft/sec^2$
일 · 에너지	$1\,ft\text{-}lb = 1.356\,N \cdot m(J)$ $= 1.356\,J$ $1\,kgf \cdot m = 9.807\,J$ $1\,BTU = 1.055 \times 10^3\,J$ $1\,erg = 10^{-7}\,J$ $1\,cal = 4.19\,J$ $1\,watt\ hour = 3.60 \times 10^3\,J$	$1\,J = 0.7376\,ft-lb$
동력	$1\,ft\text{-}lb/sec = 1.356\,W(J/s)$	$1\,W = 0.7376\,ft\text{-}lb/sec$

	1 hp = 745.7 W	1 kW = 1.341 hp
	1 Ps = 735.5 W	1 PS = 75 kgf · m/sec
	1 kcal/sec = 4.186 kW	
	1 BTU/sec = 1.0549 kW	
압력	1 lb/in.^{2}(psi) = 6.895 kN/m^2(kPa)	1 kN/m^2 = 0.1450 lb/in^2
	1 lb/ft^2 = −7.88 N/m^2(Pa)	1 kN/m^2 = 20.89 lb/ft^2
	1 dyne/cm^2 = 0.1 N/m^2	
	1 kgf/cm^2 = 9.18×10^4 N/m^2	
	1 bar = 10^5 N/m^2	
	1 atm = 1.013×10^5 N/m^2	
	= 760 mmHg	
	1 at = 1 kgf/cm^2	
	1 mmAq = 9.807 N/m^2	
	= 1 kgf/m^2	
	1 torr(mmHg) = 133.3 N/m^2	
	1 psi(pound per square inch)	
	= 6.89×10^3 N/m^2	
	1 psf(pound per squarefoot)	
	= 0.4788 N/m^2	
스프링 탄성계수	1 lb/in. = 175.1 N/m	1 N/m = 0.06852 lb/ft
	1 lb/ft = 14.59 N/m	1 kN/m = 5.710 lb/in.
힘의 모멘트	1 in-lb = 0.1130 N · m	1 N · m = 0.7376 ft-lb
	1 ft-lb = 1.356 N · m	= 8.851 in-lb
질량 2차 모멘트	1 slug-ft^2 = 1.355 kg · m^2	1 kg · m^2 = 0.7378 slug-ft^2
	1 lb-sec^2-ft = 1.355 kg · m^2	
면적 관성 모멘트	1 in4 = 0.4162×10^6 mm^4	
질량 관성 모멘트	1 lb · ft · s^2 = 1.356 kg · m^2	

각속도 $1\,\text{rpm} = 6°/\text{sec}$

$= 0.1047\,\text{rad/s}$

$1\,\text{rad/s} = 57.30°/\text{sec}$

$= 9.549\,\text{rpm}$

(※ g의 값이 $9.807\,\text{m/s}^2$로 환산 됨)

Ⅳ. 중요 치수

$\sqrt{2} = 1.4142135624$ $\sqrt[3]{2} = 1.2599210499$

$\sqrt{3} = 1.7320508076$ $\sqrt[3]{3} = 1.4422495703$

$\sqrt{5} = 2.2360679775$ $\sqrt[3]{4} = 1.5874010520$

$\sqrt{7} = 2.6457513111$ $\sqrt[3]{10} = 2.1544346900$

$1/\sqrt{2} = 0.7071067812$ $1/\sqrt{3} = 0.5773502692$

$\pi = 3.141592653589793$ $\dfrac{1}{\pi} = 0.318309886183791$

$\pi^2 = 9.8696044$ $\dfrac{1}{\pi^2} = 0.1013212$

$\sqrt{\pi} = 1.7724539$ $\dfrac{1}{\sqrt{\pi}} = 0.5641896$

$e = 2.718281828459045$ $\log_{10} e = 0.4342944819$

$\dfrac{1}{e} = 0.367879441171442$ $\log_e 10 = 2.3025850930$

$g = 980.665\,\text{cm/sec}^2$(국제표준치)

$1\,\text{rad} = \dfrac{180}{\pi}$ 도 $= 57.295779513082321° = 57°\,17'\,44.806''$

$1° = \dfrac{\pi}{180}\,\text{rad} = 0.0174532952\,\text{rad}$

Ⅴ. 지멱수의 기호

지수	명칭	기호
10^{12}	tera	T
10^{9}	giga	G
10^{6}	mega	M
10^{3}	kilo	k
10^{2}	hecto	h
10^{1}	deka	da
10^{-1}	deci	d
10^{-2}	centi	c
10^{-3}	milli	m
10^{-6}	micro	μ
10^{-9}	nano	n
10^{-12}	pico	p
10^{-15}	femto	f
10^{-18}	atto	a

Ⅵ. 일반물질의 평균밀도

물질	밀도[kg/m^3]	물질	밀도[kg/m^3]
가솔린	673	벽돌(보통)	1,794
강	7,849	석유	865
공기	1.28	수은	13,536
나무(12%수분)		아스팔트	1,362
소나무(미국산)	497	알루미늄	2,771
자작나무	705	은	10,492
참나무	753	자갈(건조)	1,522
납	11,373	주석	7,305
니켈	8,890	청동	7,353
동	8,922	콘크리트	2,403
마그네슘	1,794	텅스텐	19,287
모래(마른)	1,602	티타늄	4,501
모래(젖은)	2,002	황동(석색)	8,746
물	1,000	흙(수분 포함)	1,602

Ⅶ. 평균마찰계수(구분되지 않은 것은 건조상태임)

물질	정	동
강과 강(기름을 친)	0.20	0.10
강과 강	0.75	0.50
경강과 바빗트(기름을 친)	0.15	0.10
경강과 바빗트	0.55	0.34
고무 타이어와 단단한 눈		0.20
고무 타이어와 얼음		0.08
고무 타이어와 자갈		0.57
고무 타이어와 자갈(젖은)		0.50
고무 타이어 포장도로	0.85	0.70
고무 타이어 포장도로(젖은)		0.65
니켈과 니켈(기름을 친)		0.12
니켈과 니켈	1.10	0.53
돌과 콘크리트	0.76	
돌과 흙	0.65	
알루미늄과 알루미늄	1.05	1.4
연강과 알루미늄	0.61	0.47
연강과 청동(기름을 친)		0.17
연강과 청동		0.34
연강과 황동	0.51	0.44
주철과 연강(기름을 친)		0.13
주철과 연강	0.18	0.23
주철과 크레이크 재질		0.37
주철과 주철(기름을 친)		0.08

Ⅷ. 평균반발계수(저속으로 충돌하는 간단한 물체에 대하여)

물질	계수	
강(경화)과 강(경화)		0.79
강(비경화)과 강(비경화)		0.67
강(비경화)과 연		0.19
강(비경화)과 연황동		0.47
강과 코르크		0.58
상아와 상아		0.81
코르크		0.60
연과 연		0.20
연황동(16Cu, 1Sn)과 연황동		0.36
유리와 연황동		0.78
유리와 유리		0.94
유리와 주철		0.91
수철과 연		0.17
주철과 연황동		0.50
주철과 주철		0.66
코르크와 코르크		0.65
주철과 주철	1.10	0.15
주철과 청동(기름을 친)		0.08
주철과 청동		0.22
주철과 황동		0.30
참나무와 참나무(수직, 기름을 친)		0.07
참나무와 참나무(수직)	0.54	0.32
참나무와 참나무(평행, 기름을 친)		0.16
참나무와 참나무(평행)	0.62	0.48
탄소 브러시와 동(전류가 흐르는)		0.40
탄소 브러시와 동(전류가 흐르지 않는)		0.55

IX. 삼각함수표

Deg.	Rad.	sin	cos	tan	cot		
0	0.0000	0.0000	1.0000	0.0000		1.5708	90
1	0.0175	0.0175	0.9998	0.0175	57.290	1.5533	89
2	0.0349	0.0349	0.9994	0.0349	28.636	1.5359	88
3	0.0524	0.0523	0.9986	0.0524	19.081	1.5184	87
4	0.0698	0.0698	0.9976	0.0699	14.301	1.5010	86
5	0.0873	0.0872	0.9962	0.0875	11.430	1.4835	85
6	0.1047	0.1045	0.9945	0.1051	9.5144	1.4661	84
7	0.1222	0.1819	0.9925	0.1228	8.1443	1.4486	83
8	0.1396	0.1392	0.9903	0.1405	7.1154	1.4312	82
9	0.1571	0.1564	0.9877	0.1584	6.3138	1.4137	81
10	0.1745	0.1736	0.9848	0.1763	5.6713	1.3963	80
11	0.1920	0.1908	0.9816	0.1944	5.1446	1.3788	79
12	0.2094	0.2079	0.9781	0.2126	4.7046	1.3614	78
13	0.2269	0.2250	0.9744	0.2309	4.3315	1.3439	77
14	0.2443	0.2419	0.9703	0.2493	4.0108	1.3265	76
15	0.2618	0.2588	0.9659	0.2679	3.7321	1.3090	75
16	0.2793	0.2756	0.9613	0.2867	3.4874	1.2915	74
17	0.2967	0.2924	0.9563	0.3057	3.2709	1.2741	73
18	0.3142	0.3090	0.9511	0.3249	3.0777	1.2566	72
19	0.3316	0.3256	0.9455	0.3443	2.9042	1.2392	71
20	0.3491	0.3420	0.9397	0.3640	2.7475	1.2217	70
21	0.3665	0.3584	0.9336	0.3839	2.6051	1.2043	69
22	0.3840	0.3746	0.9272	0.4040	2.4751	1.1868	68
23	0.4014	0.3907	0.9205	0.4245	2.3559	1.1694	67
24	0.4189	0.4067	0.9135	0.4452	2.2460	1.1519	66
25	0.4363	0.4226	0.9063	0.4663	2.1445	1.1345	65
26	0.4538	0.4384	0.8988	0.4877	2.0503	1.1170	64
27	0.4712	0.4540	0.8910	0.5095	1.9626	1.0996	63
28	0.4887	0.4695	0.8829	0.5317	1.8807	1.0821	62
29	0.5061	0.4848	0.8746	0.5543	1.8040	1.0647	61

30	0.5236	0.5000	0.8660	0.5774	1.7321	1.0472	60
31	0.5411	0.5150	0.8572	0.6009	1.6643	1.0297	59
32	0.5585	0.5299	0.8480	0.6249	1.6003	1.0123	58
33	0.5760	0.5446	0.8387	0.6494	1.5399	0.9948	57
34	0.5934	0.5592	0.8290	0.6745	1.4826	0.9774	56
35	0.6109	0.5736	0.8192	0.7002	1.4281	0.9599	55
36	0.6283	0.5878	0.8090	0.7265	1.3764	0.9425	54
37	0.6458	0.6018	0.7986	0.7536	1.3270	0.9250	53
38	0.6632	0.6157	0.7880	0.7813	1.2799	0.9076	52
39	0.6807	0.6293	0.7771	0.8098	1.2349	0.8901	51
40	0.6981	0.6428	0.7660	0.8391	1.1918	0.8727	50
41	0.7156	0.6561	0.7547	0.8693	1.1504	0.8552	49
42	0.7330	0.6691	0.7431	0.9004	1.1106	0.8378	48
43	0.7505	0.6820	0.7314	0.9325	1.0724	0.8203	47
44	0.7679	0.6947	0.7193	0.9657	1.0355	0.8029	46
45	0.7854	0.7071	0.7071	1.0000	1.0000	0.7854	45
		cos	sin	cot	tan	Rad.	Deg.

X. 평면도형 및 균질한 강체의 성질

면적 및 호의 원심

	도형	$\overline{x}$	$\overline{y}$	면적
3각형 면적	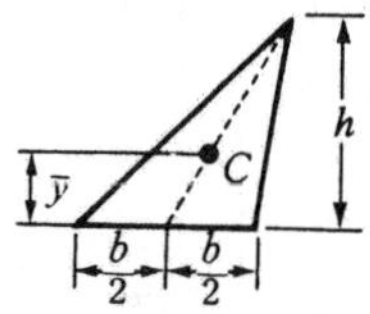		$\frac{h}{3}$	$\frac{bh}{2}$
$\frac{1}{4}$ 원면적	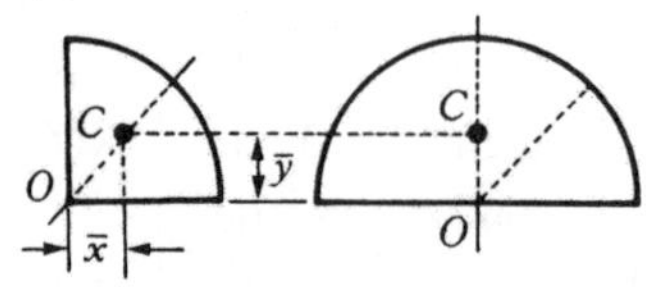	$\frac{4r}{3\pi}$	$\frac{\Delta r}{3\pi}$	$\frac{\pi r^2}{4}$
반원면적		0	$\frac{4r}{3\pi}$	$\frac{\pi r^2}{2}$
반포물선형 면적	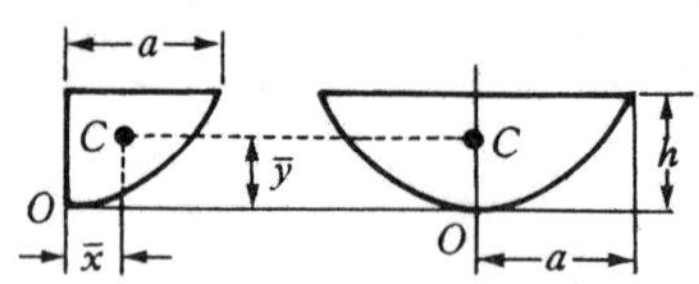	$\frac{3a}{8}$	$\frac{3h}{5}$	$\frac{2ah}{3}$
포물선형 면적		0	$\frac{3h}{5}$	$\frac{4ah}{3}$
포물선삼각소간	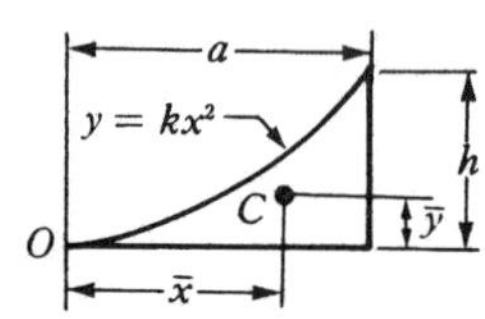	$\frac{3a}{4}$	$\frac{3h}{10}$	$\frac{ah}{3}$
부채꼴 면적	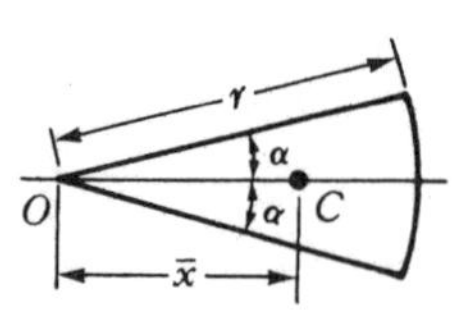	$\frac{2r\sin\alpha}{3\alpha}$		αr^2

$\frac{1}{4}$ 원호	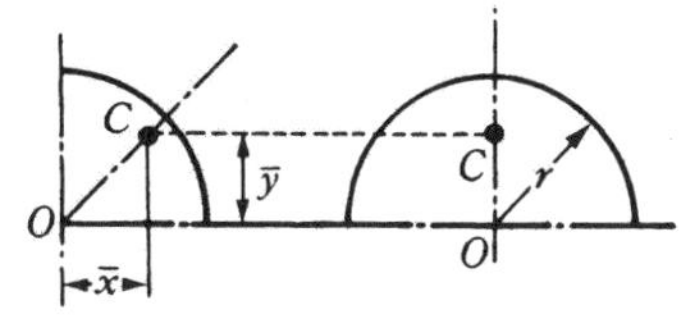	$\frac{2r}{\pi}$	$\frac{2r}{\pi}$	$\frac{\pi r}{2}$
반원호		0	$\frac{2r}{\pi}$	πr
부분원호	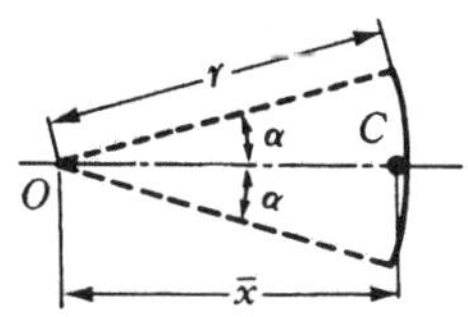	$\frac{r\sin\alpha}{\alpha}$	0	$2\alpha r$

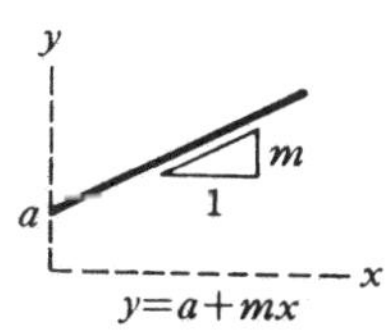

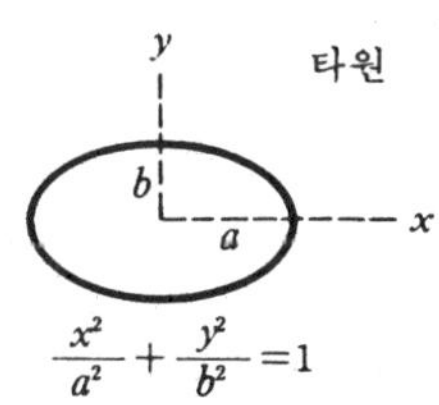

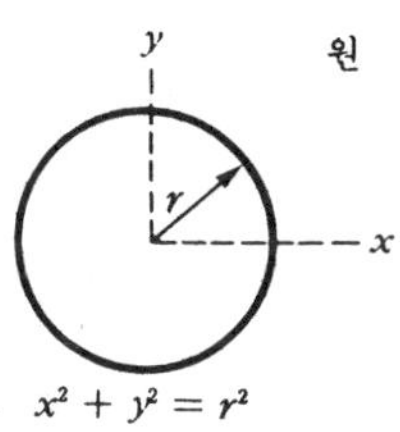

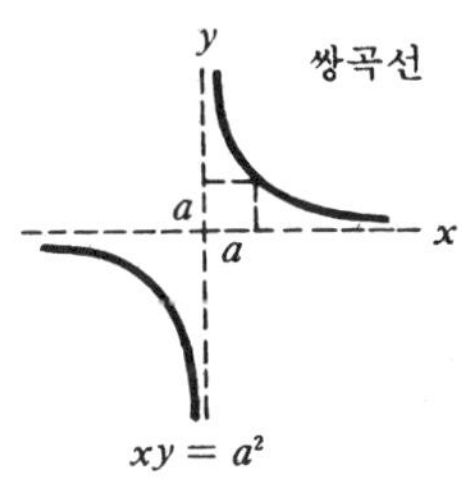

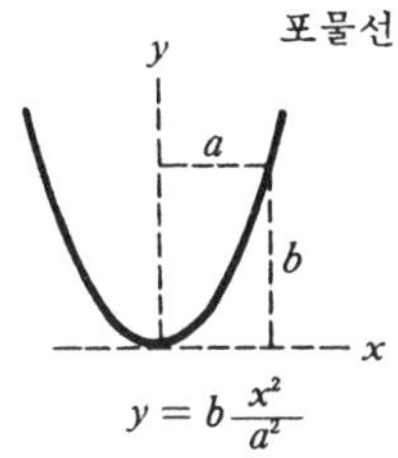

체적원심

	도형	x	체적
반구	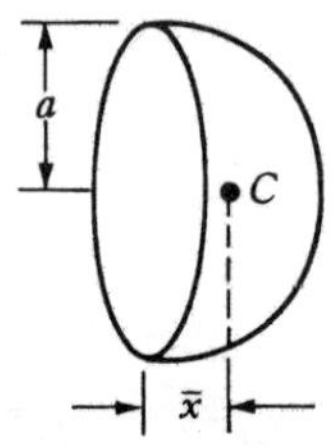	$\frac{3a}{8}$	$\frac{2}{3}\pi a^3$
회전반타원체	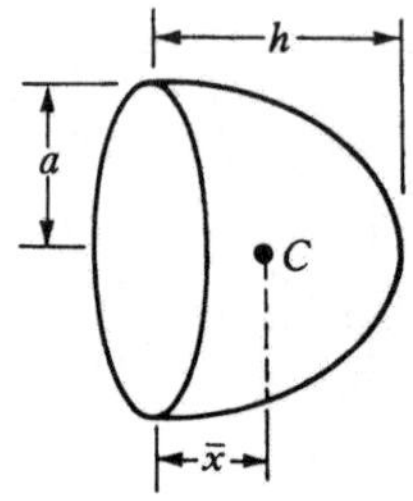	$\frac{3h}{8}$	$\frac{2}{3}\pi a^2 h$
회전포물체	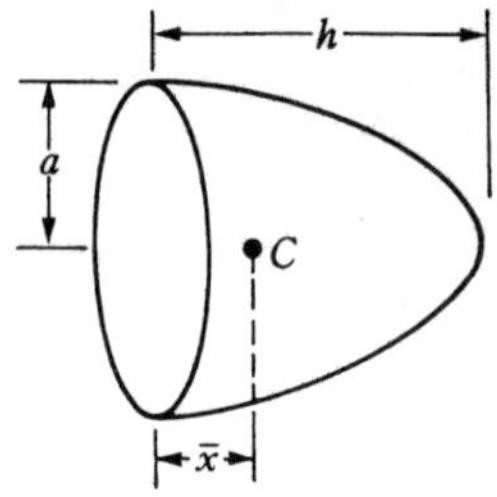	$\frac{h}{3}$	$\frac{1}{2}\pi a^2 h$
원추체	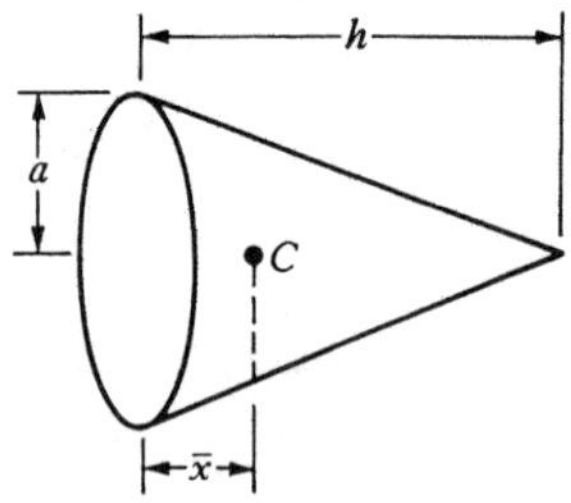	$\frac{h}{4}$	$\frac{1}{3}\pi a^2 h$

각추체	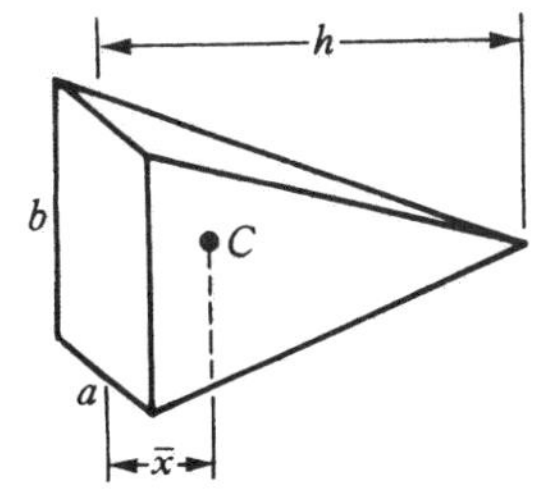	$\dfrac{h}{4}$	$\dfrac{1}{3}abh$

관성 모멘트

4각형	$I_{x'}=\dfrac{1}{12}bh^3$ $I_{y'}=\dfrac{1}{12}b^3h$ $I_x=\dfrac{1}{3}bh^3$ $I_y=\dfrac{1}{3}b^3h$ $I_c=\dfrac{1}{12}bh(b^2+h^2)$	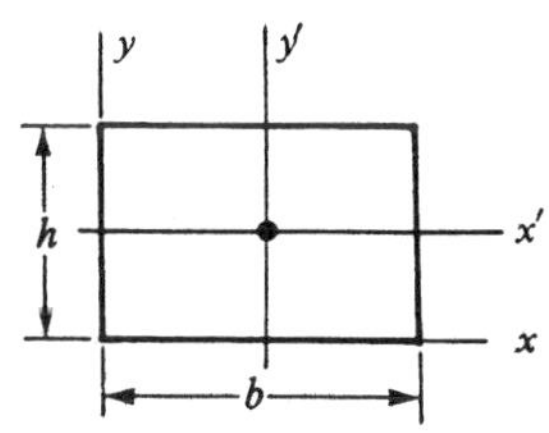
3각형	$I_{x'}=\dfrac{1}{36}bh^3$ $I_x=\dfrac{1}{12}bh^3$	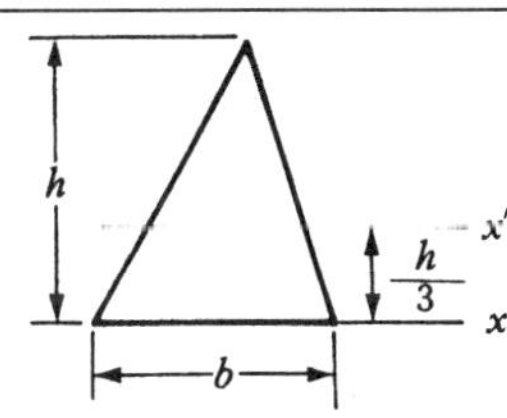
원	$I_x=I_y=\dfrac{1}{4}\pi r^4$ $I_0=\dfrac{1}{2}\pi r^4$	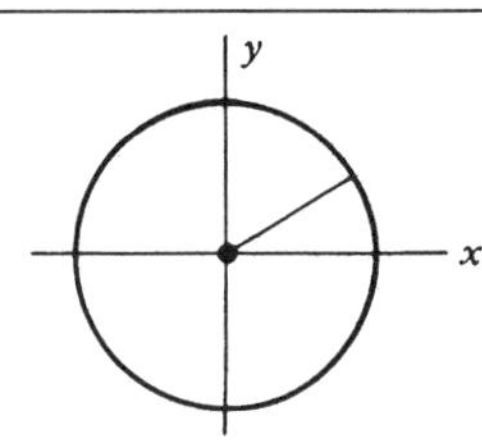
반원	$I_x=I_y=\dfrac{1}{8}\pi r^4$ $I_0=\dfrac{1}{4}\pi r^4$	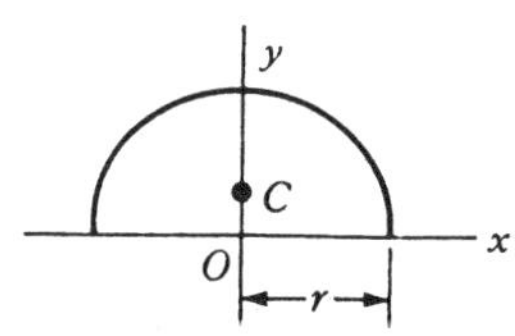

$\frac{1}{4}$ 원	$I_x = I_y = \frac{1}{16}\pi r^4$ $I_0 = \frac{1}{8}\pi r^4$	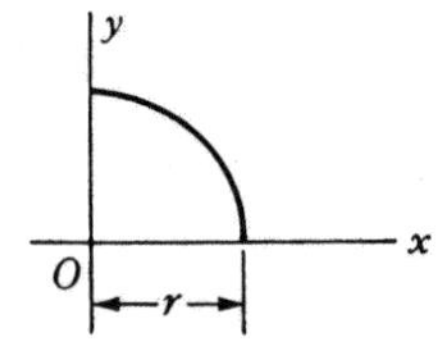
타원	$I_x = \frac{1}{4}\pi a b^3$ $I_y = \frac{1}{4}\pi a^3 b$ $I_0 = \frac{1}{4}\pi a b(a^2 + b^2)$	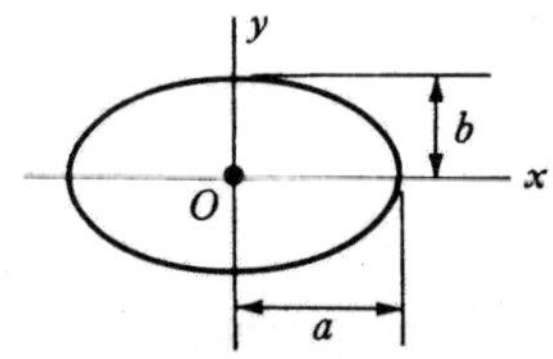

질량관성 모멘트

가늘고 긴 막대	$I_y = I_x = \frac{1}{12} mL^2$	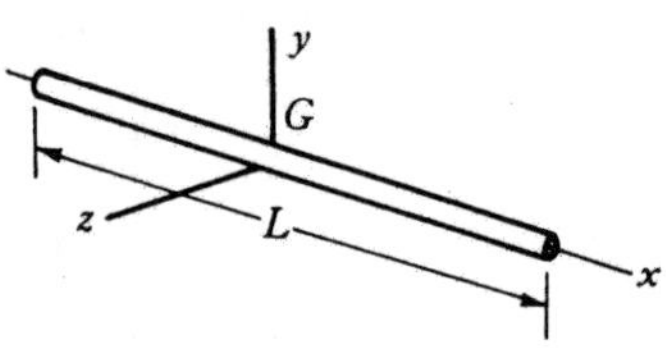
얇은 직사각형판	$I_x = \frac{1}{12} m(b^2 + c^2)$ $I_y = \frac{1}{12} mc^2$ $I_z = \frac{1}{12} mb^2$	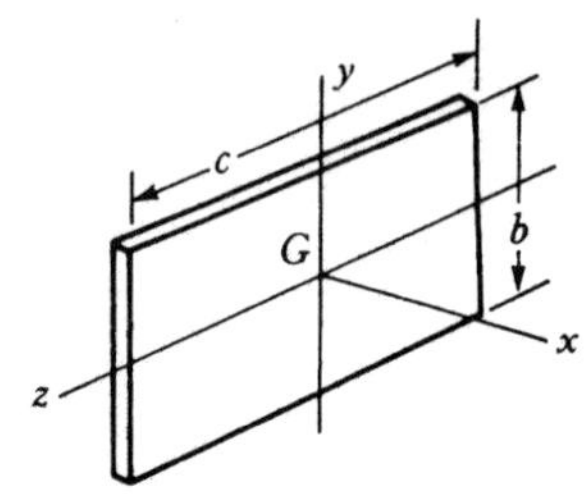
직4각형 기둥	$I_x = \frac{1}{12} m(b^2 + c^2)$ $I_y = \frac{1}{12} m(c^2 + a^2)$ $I_z = \frac{1}{12} m(a^2 + b^2)$	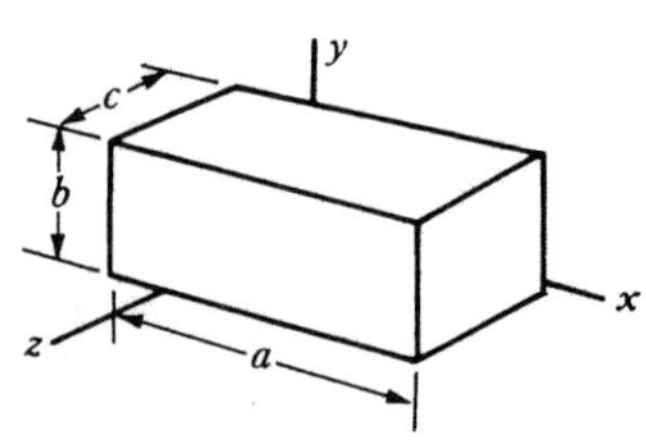

엷은 원판	$I_x = \frac{1}{2} mr^2$ $I_y = I_z = \frac{1}{4} mr^2$	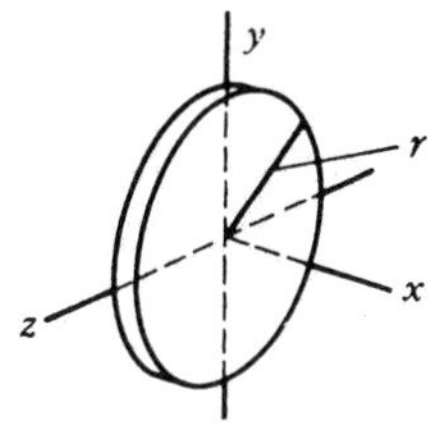
원기둥	$I_x = \frac{1}{2} ma^2$ $I_y = I_z = \frac{1}{12} m(3a^2 + L^2)$	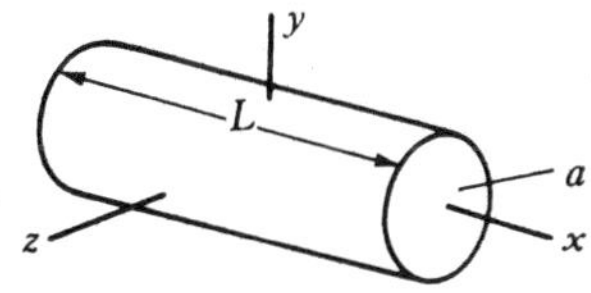
원뿔	$I_x = \frac{3}{10} ma^2$ $I_y = I_z = \frac{3}{5} m\left(\frac{1}{4} a^2 + h^2\right)$	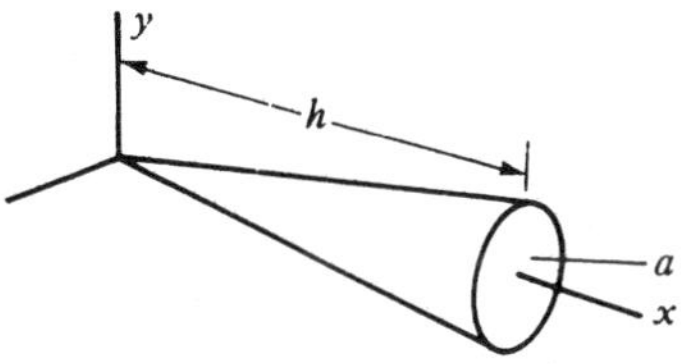
구	$I_x = I_y = I_z = \frac{2}{5} ma^2$	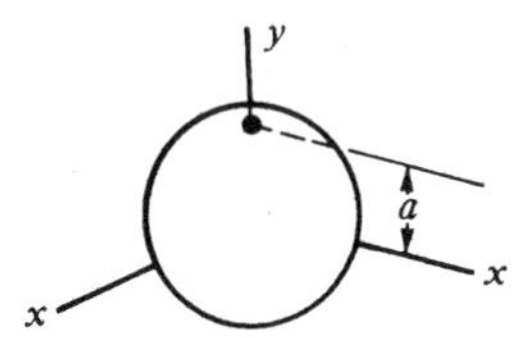

찾아보기

ㄱ

가상 일 / 253
가상 일의 원리 / 254
가상변위 / 253
가속도 / 126
각가속도 / 150
각변위 / 149
각속도(angular velocity) / 149
각운동(angular motion) / 149
각운동량 / 305
각운동량 보존의 법칙 / 307
각운동방정식 / 278
각진동 / 317
각진동수 / 357
각진동의 원진동수 / 317
각충격량 / 306
감쇠력 / 357
감쇠진동 / 359
강성 / 56
강체(rigid body) / 183
강체구 / 55
경로(path) / 121
경로길이 / 121
경사충돌 / 243
고유각진동수 / 357
고정궤적 / 190
골조구조 / 81
공간 트러스 / 81
공률 / 232
과감쇠 / 360
관성 모멘트 / 278, 281
관성(inertia) / 201
관성능률 / 278
관성력 / 264
관성반경 / 280
관성상승 모멘트 / 338
관성의 법칙 / 201
관성저항 / 264
관성좌표계 / 261
관성주축 / 338
광의좌표 / 340
구름마찰 / 209
구름마찰계수 / 214
구름마찰력 / 214
구심가속도 / 156
구조물해석 / 53
국제단위계 / 3
극(pole) / 33
극관성 모멘트 / 282
극좌표(polar coordinate) / 150
극한평형 / 210
기계적 에너지 / 228
기계효율 / 234

ㄴ

낙체(falling body) / 139
내력(internal force) / 83
내적 / 399

ㄷ

다람벨의 원리 / 264
단면 2차 모멘트 / 283
단면법/ 85
단순 트러스 / 81
단진동 / 161
단진동 / 357
단진자 / 315
대수감쇠율 / 369
도식해법 / 17
도심 / 98
도해법 / 86
동경(radius vector) / 122
동력(power) / 232
동역학(dynamics) / 199
동역학적 평형 265
등가속도 직선운동 / 137
등가속도운동 / 137
등가축 / 377
등속운동 / 124

ㄹ

라멘(rahmen) / 81
라미의 정리 / 59

ㅁ

마찰 / 209
마찰력 / 209
마찰원추 / 211
맥스웰 선도 / 86
면적도심 / 97
모멘트의 원리 / 14
무게(weight) / 93
무주기운동 / 360
미끄럼 마찰 / 209

ㅂ

바리논의 정리 / 14
반발계수 / 243
법선가속도 / 127
벡터의 미분 / 402
벡터의 삼중적 / 401
벡터의 적분 / 403
벡터의 정의 / 386
벡터적 / 396
변위(displacement) / 122
변위벡터 / 122
병진운동(translation) / 121
보존계 / 230
보존력 / 230
보존력(conservative force) / 225
보존력장 / 230
복진자 / 316
부재(nember) / 81
분리속도 / 243
비틀림 강성도 / 376
비틀림 진동 / 375
비틀림 진자 / 375

ㅅ

사선 / 33
삼각형법 / 19
상당길이(module) / 4
상당단진자 / 319
상대가속도 / 173
상대속도 / 172
상대운동 / 171
선가속도 / 150
선도심 / 97
선속도 / 150
선역적 / 240
선운동량 / 239
성분 / 5

소성충돌 / 243
속도(velocity) / 123
속도도 / 130
속력 / 123
순간중심 / 189
순간중심의 궤적 / 190
순간회전축 / 189
스칼라 삼중적 / 401
스칼라적 / 399
스테너의 정리 / 282
스프링 상수 / 226
시력도(force diagram) / 33
시정수 / 369

ㅇ

아몽톤의 법칙 / 211
안정구조물 / 82
압축재(compression member) / 83
에너지(energy) / 228
역적(impulse) / 240
역학적 에너지 / 228
역학적 에너지 보존의 원칙 / 231
연력도(string or funicular polygon) / 33
오일러의 각 / 340
오일러의 운동방정식 / 346
외적 / 396
우력 모멘트(moment of couple) / 24
우력(couple) / 24
운동량보존의 법칙 / 242
운동마찰계수 / 211
운동마찰력 / 211
운동방정식 / 202
운동에너지 / 228
운동학(kinematics) / 119
운반가속도 / 173
운반속도 / 172
원심력(centrifugal force) / 268
원운동(circular motion) / 153
원진동수 / 163
위상 / 357
위치벡터 / 122
위치에너지 / 228
이동거리 / 121
이동궤적 / 191
인장재(tension member force) / 83
일의 원리 / 225
임계감쇠 / 361
임계감쇠계수 / 361

ㅈ

자유물체도(FBD) / 53
자유벡터 / 25
자유진동 / 357
절단면 / 378
절대가속도 / 173
절대속도 / 172
절대운동 / 171
절점(joint) / 81
점성감쇠계수 / 358
접근속도 / 243
접선가속도 / 127
정지마찰 / 210
정지마찰각 / 211
정지마찰계수 / 210
주관성 모멘트 / 338
주기(pertod) / 164
중량 / 202
중력 / 202
중력 / 93
중력가속도 / 139
중심(center gravity) / 93
직각성분 / 5
직교축의 정리 / 282
직선진동계 / 367
직접충돌 / 243
진동(vibration) / 355
진동중심 / 165
진동중심 / 320
진폭 / 357
진폭(amplitude) / 164
질량 / 201
질량 2차 모멘트 / 281

질량소 / 95
질량중심 / 96
질점(particle) / 57
질점운동학 / 121
짝힘 / 24

ㅊ

참고원 / 165
체적도심 / 97
초속도(initial velocity) / 138
충격력 / 240
충돌(impact) / 243

ㅋ

코리오리 가속도 / 177
코리오리의 힘 / 268
쿨롱의 법칙 / 211
크레모너(Cremona)의 해법 / 88

ㅌ

타격의 중심 / 329
탄성 에너지 / 228
토크(torque) / 12
토크(torque) / 277
트러스 해석 / 83
트러스(truss) / 81

ㅍ

파프스-굴디누스의 정리 / 103
파프스의 정리 / 103
편심충돌 / 243
평면 트러스 / 81
평면역계 / 17
평면운동 / 184
평행역계 / 21
평행축 정리 / 282
평형상태 / 53
포물체(projectile) / 142
폴호드 추 / 350

ㅎ

하폴호드 추 / 350
해석법 / 17
향심경사충돌 / 245
향심직접충돌 / 244
향심충돌 243
호도그래프(hodograph) / 130
회전반경 / 280
회전운동 / 183
효율(efficiency) / 234
힘의 모멘트 / 12
힘의 분해(resolution of force) / 5
힘의 이동성 원리 / 4
힘의 작용선 / 4